NONGYAO
SHENGWU
HUAXUE
JICHU

农药生物化学基础

万树青　江定心　李丽春　卢海博　编著

化学工业出版社

·北京·

内容简介

本书系统地论述了化学农药毒理学的生物化学机理。第一章至第六章主要介绍了农药生物化学原理，包括农药代谢、选择毒性、创制新农药和毒理、药理的生物化学；第七章至第十五章分别论述了杀虫剂、杀菌剂、除草剂、植物生长调节剂、杀线虫剂和杀鼠剂以及治理农药抗性的生物化学机理，其中，第八章和第九章重点介绍了光活化农药和害虫行为控制剂的生物化学原理。本书有助于提高我国农药学科的人才培养水平，在农药创新、指导农药合理使用等方面具有重要的参考价值。

本书可作为高等院校农药学专业、医学毒理学和环境保护专业的本科生和研究生教学用参考教材和农药研究与开发机构人员研究用参考书。

图书在版编目（CIP）数据

农药生物化学基础/万树青等编著. —北京：化学工业出版社，2022.9

ISBN 978-7-122-41613-1

Ⅰ.①农… Ⅱ.①万… Ⅲ.①农药-生物化学

Ⅳ.①TQ450.1

中国版本图书馆 CIP 数据核字（2022）第 098547 号

责任编辑：刘 军 孙高洁 冉海滢 　　　　文字编辑：李 雪 陈小滔

责任校对：边 涛 　　　　　　　　　　　装帧设计：王晓宇

出版发行：化学工业出版社（北京市东城区青年湖南街 13 号 邮政编码 100011）

印　　装：大厂聚鑫印刷有限责任公司

710mm×1000mm 1/16 印张 23¾ 字数 451 千字 2023 年 1 月北京第 1 版第 1 次印刷

购书咨询：010-64518888 　　　　　　　售后服务：010-64518899

网　　址：http://www.cip.com.cn

凡购买本书，如有缺损质量问题，本社销售中心负责调换。

定　　价： 98.00 元 　　　　　　　　　　版权所有 违者必究

前言

农药生物化学是农药学的重要组成部分，在现代农药发展进程中，化学与生物学的前沿学科如分子生物学、分子遗传学、种群遗传学和生物化学向农药学的渗透，给农药学带来了勃勃生机，在病虫草对农药的抗性研究中，由于分子遗传学、种群遗传学和生物化学的参与，促成了抗性研究朝着微观和宏观两个层面发展。抗性基因 DNA 分子突变的结构分析，抗性基因的调节、扩增和过度表达，田间种群抗性基因频率监测，抗性生理生化机制的研究等，这些生物学的研究成果，为农药抗性的治理提供了理论依据。同样，在新农药创制中，伴随着生物学的参与，出现了许多新的模型，如天然产物模型、生物合理设计、前体农药合成等。化学与生物学相结合的新型农药创新体系的建立，摆脱了单纯依靠于化学的随机合成、随机筛选模式的耗时、耗力、投资巨大等束缚。一大批作用机理独特、高效低毒、环境和谐的新型农药不断涌现，已成为当今农药学科发展的主要方向。在农药分子与靶标酶分子的相互作用、农药毒性的"三致"检测、构效关系研究的靶标活性测定、农药残留检测的酯酶抑制作用的快速检测以及免疫学的抗体抗原特异性反应的精确检测等研究中，农药与有机体相互作用的生化酶学反应原理成为了这些研究的关键，彰显着生物学，特别是生物化学在农药学科中的作用和地位。

随着农药创新体系的不断完善，生物学将在创新农药中发挥重要作用，也将给农药学的发展增添无限活力。农药生物化学是阐述农药分子与靶标分子相互作用原理和创新农药重要的思维源泉，也是科学应用农药的理论依据。为了促进农药学科的发展和农药学人才培养的需要，2000 年华南农业大学和其他农业院校首次为农药学专业研究生开设"农药生物化学"课程，主要讲授杀虫剂中的神经毒剂、呼吸毒剂、肌肉毒剂、消化毒剂和发育毒剂以及昆虫行为干扰剂；杀菌剂中的麦角甾醇合成抑制剂；除草剂中的乙酰乳酸合成酶抑制剂；杀鼠剂中的抗凝血剂与它们的作用靶标相互作用的生理生化反应；有害生物对农药产生抗性的生化机制和原理。为了提高农药学专业研究生的教学质量，在没有全国统编农药生物化学相关教材的情况下，笔者编写了"农药生物化学"讲义，便于修学本课程的研究生学习参考。

本书是在原"农药生物化学"讲义基础上，结合笔者十多年的教学工作的总结，不断收集农药学研究成果，最终编写而成。书中补充了许多新的内容，如农药生物化学研究方法、生化酶学原理与农药代谢、农药选择毒性生化原理、创新农药生物化学思维与研究等，以期为推动我国农药学科发展以及提高农药学教学和人才培养质量提供参考。

全书共分十五章，第一章至第六章为总论，分别为绪论、研究方法、农药代谢、农药选择毒性、创制新农药生物化学思路、农药作用方式和机理概述；第七章至第十五章分别阐述杀虫剂、杀菌剂、除草剂、杀鼠剂、杀线虫剂以及植物生长调节剂的生物化学，重点讨论光活化农药、昆虫行为控制剂以及农药抗性生物化学机理。本书第二章、第十五章由江定心编写，第七章由李丽春编写，第十章至第十一章由卢海博编写，其余章节由万树青编写，全书由万树青统稿。

值此书出版之际，感谢华南农业大学植物保护学院农药系对农药生物化学教学工作的指导和支持。化学工业出版社的编辑在编写工作中给予了支持与帮助，在此一并表示衷心感谢。

由于笔者学识水平有限，特别是本书涉及学科较多、知识面较广，书中不当和疏漏之处在所难免，欢迎读者批评指正。

万树青
2022 年 3 月

目录

第一章 绪 论

第一节 农药生物化学基本概念

1. 农药学

农药学是研究农药化学及农药生产工艺学、农药毒理学、农药制剂学技术、农药环境毒理学的一门综合性科学。在 19 世纪末已初具雏形。随着化学和现代科技的发展，特别是 20 世纪中期以来有机合成农药的兴起和广泛应用，推动了现代农药的发展，同时也暴露其诸多弊端。为了解决化学农药的环境污染、残留和毒性问题，各学科的交叉渗透是解决农药问题的重要途径。因此，农药学逐步形成一门内涵广泛并涉及多重边缘学科的综合性科学。

2. 农药生物化学

农药生物化学是农药学科最重要的分支之一。它是利用生物化学的原理和方法，研究各类农药的作用机理及农药分子与有机体靶标相互作用，解释农药的毒理学机制，同时研究农药在机体中的代谢及其代谢后效应的一门科学，是新型农药创制、农药科学合理使用、农药污染环境和农药抗性治理的科学依据和理论基础。

3. 农药作用方式

农药作用方式是指农药进入有害生物体内并达到作用部位（靶标）的途径和方法。

杀虫、杀螨剂作用方式：杀虫和杀螨剂常规的作用方式有触杀、胃毒、熏蒸、内吸，其中内吸是一种特殊的胃毒作用；特异性杀虫剂作用方式有杀卵、引诱、拒食、驱避、调节生长发育等。

杀菌剂作用方式：①保护性杀菌剂，即在病害流行前（即当病原菌接触寄主或侵入寄主之前）施用于植物体可能受害的部位，以保护植物不受侵染的药剂；②治疗性杀菌剂，在植物已经感病以后，可用一些非内吸杀菌剂，如硫黄直接杀死病菌，或用具内渗作用的杀菌剂，可渗入到植物组织内部杀死病菌，或用内吸性杀菌剂直接进入植物体内，随着植物体液运输传导而起治疗作用的杀菌剂；③铲除性杀菌剂，对病原菌有直接强烈杀伤作用的药剂。这类药剂常为植物生长期不能忍受，故一般只用于播前土壤处理、植物休眠期或种苗处理。

除草剂作用方式：①输导型除草剂，用后通过内吸作用传导至杂草的敏感部位或整个植株，使之中毒死亡的药剂；②触杀型除草剂，不能在植物体内传导移动，只能杀死所接触到的植物组织的药剂。在除草剂中，习惯上又常分为选择性和灭生性两大类。严格地讲，这不能作为作用方式的划分。选择性除草剂即在一定的剂量范围内杀死或抑制部分植物，而对另外一些植物无影响的药剂。灭生性除草剂指在常用剂量下可以杀死所有接触到药剂的绿色植物体的药剂。

4. 农药作用机理

作用机理是指农药分子进入有机体后，与作用靶标相互作用，对机体产生生理和生化的影响和结构损伤以及后续作用效应。

杀虫剂作用机理主要包括：

（1）作用于昆虫神经系统　包括抑制乙酰胆碱酯酶，干扰离子通道功能，作用于乙酰胆碱受体、γ-氨基丁酸受体、章鱼胺受体和鱼尼丁受体等。

（2）作用于呼吸系统　呼吸毒剂分为外呼吸抑制剂和内呼吸抑制剂，外呼吸抑制剂主要是指矿物油类能机械地堵塞昆虫气门，使昆虫窒息的制剂。大多数呼吸毒剂为内呼吸抑制剂如各种熏蒸毒剂，鱼藤酮、氟乙酸及其类似物，它们作用于呼吸作用的酶系即三羧酸循环和电子传递系统，抑制氧化代谢过程的酶系。

（3）作用于消化系统　消化毒剂主要作用靶标为昆虫中肠细胞，目前已知的 Bt 内毒素及二氢沉香呋喃类化合物属于消化毒剂。

（4）作用于昆虫内分泌系统　昆虫生长发育调节剂是一类特殊影响昆虫正常生长发育的药剂，它通过干扰造成昆虫生长发育中生理生化过程而使其表现出生长发育异常，并逐渐死亡，其靶标是昆虫所特有的蜕皮、变态发育过程。主要包括保幼激素类似物、几丁质合成抑制、蜕皮激素类、抗保幼激素类。

杀菌剂作用机理主要类型有：①抑制或干扰病菌生物能量的生成即破坏病菌的呼吸代谢；②抑制或干扰病菌的生物合成，主要抑制真菌的细胞膜组分麦角甾醇合成和其他的如黑色素等生物合成；③破坏细胞结构，主要是破坏细菌细胞壁结构；④对病菌的间接作用，主要是药剂诱导植物次生代谢产生抗菌代谢物，提高植物的抗病性。

除草剂作用机理类型有：①抑制光合作用，主要是中断光合电子传递链，阻止 ATP 和 NADPH 的形成；②破坏植物呼吸作用，影响呼吸链的电子传递，干扰氧化磷酸化 ATP 的合成；③抑制植物的生物合成，包括抑制光合色素的合成、蛋白质及氨基酸的合成；④干扰植物激素的平衡，抑制植物正常的生长发育；⑤抑制微管形成和组织发育，影响植物细胞的分裂和分化。

5. 前体农药

前体农药通常是指那些在进入生物体后，通过代谢形成了比原化合物具有更高生理活性的一类化合物。

2,4-二氯苯氧丁酸和 2-甲基-4-氯苯氧丁酸，大多数双子叶植物（豆类除外）能将其氧化成芳氧基乙酸，因而对双子叶植物具有强烈除草作用。

2-氯乙基膦酸，可在植物体内分解释放出乙烯，乙烯是重要的植物激素，具有促进果实成熟、刺激伤流、调节部分植物性别转化等生理作用。

有机磷杀虫剂中硫代磷酸衍生物，当其进入昆虫和其他动物体内后，在氧化酶的作用下，会转化成毒性更高的磷酸衍生物。以对硫磷和马拉硫磷为例，在氧化酶作用下，可在机体内分别转化成对氧磷和马拉氧磷。转化后的两种杀虫剂均可增强毒性。除氧化作用外，机体内还存在水解作用，在水解酶作用下，对氧磷和马拉氧磷可在碳-氧键间进行水解。水解后的两种杀虫剂，其对有机体的毒性有所降低。

乙酰甲胺磷实际为前体杀虫剂，只有进入昆虫体内才能水解为甲胺磷，其是毒性更强的杀虫活性成分。前体农药可用于高毒农药低毒化设计和应用。

6. RNAi 农药

RNAi 农药是指在体外制备的能够诱发病原菌和昆虫某基因沉默从而达到防治目的的双链 RNA（dsRNA）或者微型小 RNA（siRNA）产品。

RNAi 农药也叫"基因农药"，通过将 RNAi（RNA 干扰）分子与黏土纳米颗粒紧密结合，让 RNAi 长时间停留在植物叶面，从而可将 RNAi 沉默基因的作用时间延长到 20 天以上。

原理：基因沉默技术利用了一种纯天然防御系统。当病毒侵入细胞后，细胞会将病毒的 RNA 剪成多个短小片段，这些短链 RNA 能识别出细胞内匹配的 RNA 序列并与其结合。RNAi 技术通过注射与病毒 RNA 序列匹配的 RNAi，能阻止病毒在寄主细胞内复制，从而使病毒基因沉默。

RNAi 技术在植物防虫方面取得良好成效。研究发现，通过喷洒含有与特定基因序列匹配的小分子双链 RNA，可以让一些病虫和植物体内的特定基因关闭。

7. 光活化农药

光活化农药是低毒化合物，但进入生物体内在光照下就会产生毒性，同时又可以迅速自然降解为无害物。

光活化农药被害虫取食后，活性成分在黑暗条件下对害虫低毒，甚至无毒；经光照后，活性成分的生物活性能大大提高，表现出优良的防效。从万寿菊中分离的三联噻吩及其类似物、从茵陈中分离的茵陈二炔以及从鬼针草分离的多炔类化合物，这些均为光敏化合物，在太阳光或紫外线的作用下，能显著提高它们的毒杀活性。

毒杀作用机制分为光动力反应（photodynamic response）和光诱发毒性反应（photogenotoxic response）。当光敏化合物吸收光子能量后，光敏化合物的基态转变为激发态分子，激发态的能量可转移给氧分子，使三线态氧转变为单线态氧

$(^1O_2)$，$^1O_2$ 这种活性态的氧与细胞内的蛋白质、氨基酸、蛋白酶类和脂质分子等发生氧化反应，在细胞内主要攻击靶标为生物膜，使细胞结构迅速分解，个体死亡。这种需氧参与的氧化反应即为光动力反应，其实质是光敏分子受光子激活后，能转移能量使细胞内的某些分子转变为自由基与自由基离子，这些自由基与自由基离子可氧化细胞内的生物分子，破坏细胞结构，干扰细胞代谢。有的光敏分子可嵌入 DNA 分子螺旋的沟槽内，当受光激活后，与 DNA 分子的碱基发生共价加合反应，使 DNA 分子的复制和转录功能受到干扰，产生遗传毒性效应，这一类作用方式为光诱发毒性反应。

8. 导向农药

农药有效成分与导向载体偶联后能在植物体内向特定部位定向累积的农药称为导向农药（guiding pesticide）。此概念由华南农业大学徐汉虹教授首次提出，与常规农药相比，导向农药最根本的特点是其导向性，有害生物在什么地方为害，农药就向什么地方累积。通过向特定部位累积，抵御有害生物，大大提高农药的使用效率，使农药用量大幅度降低。导向农药能解决目前因农药的广泛使用而引起的生态问题和残留问题，开拓一条开发高效、低毒、与环境相容性好的农药新途径；同时，导向农药还将拓宽农药的范围，扩大农药的防治谱，降低农药使用成本，使一些农药老品种焕发青春，使大量难合成的植物性高效农药应用于田间成为可能。

9. 生物农药

利用生物活体或其代谢产物，针对农业有害生物进行灭杀或抑制的制剂称为生物农药。生物农药通常包括有害生物寄生线虫、天敌、微生物［真菌、细菌、核型多角体病毒（NPV）］、转基因生物及微生物所产生的抗生素等。

使用生物农药即为生物防治，是农业有害生物防治的方法之一，具有环境相容性好，不伤及天敌等优点。近年来生物农药品种逐渐增加，特别是 Bt，有了较快的发展。但生物农药的药效缓慢，防治效果受环境因素（温度、湿度）的影响，且制剂的贮藏稳定性不足，从而阻碍了生物农药的更快发展。但与化学农药相比，它还是一类很有发展前景的农药。

10. 植物源农药

植物源农药应属生物农药范畴，植物源农药的应用已有悠久的历史，并有许多取得成功的实例，目前仍然是农药研究的一个重要领域。研究的目的在于弄清楚活性物质的化学结构与活性，在此基础上进行结构优化，开发实用化合物，或者是直接利用植物的某些部分作为原料，应用于病虫害防治。

已加工为农药的植物有 10 余种之多，如鱼藤、除虫菊、烟草、印棟、川棟、银杏、羊角拗、苦皮藤、苦参、藜芦、毒扁豆等。植物源活性成分主要有除虫菊素、烟碱、鱼藤酮、藜芦、印棟素和马钱子碱等。

11. 微生物农药

微生物农药（microbial pesticide）是指以细菌、真菌、病毒和原生动物或经基因修饰的微生物活体为有效成分，防治病、虫、草、鼠等有害生物的微生物源农药。它包括以菌治虫、以菌治菌、以菌除草等。这类农药具有选择性强，对人、畜、农作物和自然环境安全，不伤害天敌，不易产生抗性等特点。这些微生物农药包括细菌、真菌、病毒或其代谢物，例如苏云金杆菌、白僵菌、绿僵菌、核多角体病毒、C型肉毒梭菌外毒素等。随着人们对环境保护越来越高的要求，微生物农药无疑是今后农药的发展方向之一。

12. 抗生素农药

抗生素农药是细菌、真菌和放线菌等微生物产生的可以在较低浓度下抑制或杀死其他生物的次生代谢产物。次生代谢产物种类繁多，是开发新型农药的重要资源。现常用抗生素农药：杀虫剂有阿维菌素、多杀霉素、杀粉蝶素等；杀菌剂有井冈霉素、中生菌素、宁南霉素、多抗霉素、春雷霉素、灭瘟素等；除草剂有双丙氨素、茴香菌素、杀草素等。

13. 生物化学农药

生物化学农药（biochemical pesticide）属天然产物农药，是动、植物体内所合成的次生代谢物，包括植物、动物和微生物源的活性物质。如印楝素能使沙漠蝗虫停止取食；川楝素对害虫具有显著的产卵忌避作用；丁布是能量传递抑制剂，能抑制ATP的合成；鱼藤酮能阻断昆虫的正常能量代谢；喜树碱是昆虫不育剂；从植物中筛选出昆虫保幼激素类似物，可使大马利筋长蝽生成超龄幼虫；烟碱和山梗烷醇酮可作为兴奋剂而作用于乙酰胆碱型的烟碱胆碱能受体，使昆虫呈现假兴奋；木防己苦毒素、莨菪碱能阻断昆虫的神经传递；DL-阿拉伯茶酮能使昆虫神经系统过量释放去甲肾上腺素，对动物心血管系统和食欲产生抑制作用；从胡椒科植物中分离的胡椒酰胺类物质具有神经毒素的作用；苦皮藤根皮中分离出的苦皮藤素Ⅳ是一种昆虫麻醉剂，已广泛用于害虫的防治。

许多动物活性物质具有杀虫、抑菌作用。如沙蚕毒素是从海洋生物沙蚕中分离的杀虫成分；昆虫信息素已在虫害综合治理中发挥着重要的作用；分离或合成的性外激素能够影响昆虫交配，还可将害虫引诱到有病原细菌、真菌、病毒和原生动物的地方，被引诱来的害虫将病菌带回种群使疾病在种群中蔓延从而消灭更多的害虫；昆虫保幼激素和蜕皮激素也能成功抑制害虫生长繁衍，从而加速其衰亡。

14. 转基因作物农药（抗病、虫、草）

转基因作物是利用基因工程技术将原有作物的基因加入其他生物的遗传物质，并将不良基因移除，从而形成品质更好的作物。通常转基因作物，可增加作物的产量、改善品质，提高抗旱、抗寒及其抗虫、抗病和抗除草剂的特性。如转苏云金芽孢杆菌（*Bacillus thuringiensis*，Bt）的毒素基因到棉花基因组中，转基因棉花（抗虫棉），在作物的叶片上表达毒素，害虫取食后中毒死亡。这种转基因抗虫棉是目前种植最广泛的转基因作物。大大减少了化学杀虫剂的使用量，减少了农药对环境的污染。基于作物具备杀虫的功能，有人将此类转基因作物称为转基因作物农药。

但在研发阶段和大规模推广转基因作物阶段中，需加强转基因作物的环境安全性评价，需制订出生物多样性保护方案及抗性基因漂移带来的生态环境的问题等相应措施，使基因工程技术造福于人类。

15. 生物合理设计

利用靶标生物体生命过程中某个特定的关键性生理生化作用机理作为研究模型，设计和合成能影响该机理的化合物，从中筛选先导化合物的过程称为生物合理设计。

生物合理设计（biorational design）是创制新型农药最重要的途径之一，是当今绿色化学农药创制的基本方法，其可以从源头上克服传统化学农药的毒副作用。

16. 农药选择毒性

农药选择毒性指农药对某一生物体的毒性较大，而对另一种生物体的毒性较小的现象。微生物、植物、动物以及人类，也可指同一机体的不同器官、组织、细胞或亚微结构对农药毒性不同反应程度为选择毒性（selective toxicity）。人们常利用选择毒性创制农药等，例如：干扰光合作用的除草剂，可杀死杂草而对人畜几乎无毒；马拉硫磷对温血动物的毒性小，而对昆虫毒性大，可用作杀虫剂。

17. 先导化合物

先导化合物（lead compound）是通过各种途径和手段得到的具有某种生物活性和化学结构的化合物，用于进一步的结构改造和修饰，是现代新药研究的出发点。在新药研究过程中，通过化合物活性筛选而获得具有生物活性的先导化合物是创新药物研究的基础。

通过生物测定，从众多的候选化合物中发现和选定的具有某种药物活性的新化合物，一般具有新颖的化学结构，并有衍生化和改变结构的发展潜力，可用作研究模型，经过结构优化，开发出受专利保护的新药品种。

第二节　农药发展历史和农药在防治病虫草害的作用

一、农药发展历史

1. 世界农药发展史

农药的使用历史可追溯到公元前 1000 多年，在古希腊已有用硫黄熏蒸害虫及防病的记录，中国也在公元前 7 世纪至公元前 5 世纪用莽草、蜃炭灰、牧鞠等灭杀害虫。农药的发展历史，大致分为两个阶段：

第一阶段是在 20 世纪 40 年代以前，是以天然药物及矿物农药为主的天然和无机农药时代。

早期人类常常把包括农牧业病虫草的严重自然灾害视为天灾。后来，通过长期的生产和生活过程，逐渐认识到一些天然药物具有防治农牧业中有害生物的性能。到 17 世纪，陆续发现了一些真正具有实用价值的农药药物，人们把烟草、松脂、除虫菊、鱼藤等杀虫植物加工成制剂作为农药使用。1763 年，法国人用烟草及石灰粉防治蚜虫，这是世界首次报道的杀虫剂。1800 年，美国人 Jimtikoff 发现高加索部族人用除虫菊粉杀虱、蚤，其后 1828 年将除虫菊加工成防治卫生害虫的杀虫粉出售。1848 年，Qxky 制造了鱼藤粉。在此时期，除虫菊花的贸易维持了中亚一些地区的经济发展。此类药剂的普遍使用，是早期农药发展历史的重大事件，至今还在被使用。

在公元 900 年，中国开始使用雄黄防治害虫，从 19 世纪 70 年代到 20 世纪 40 年代间，人类相继制造出一批无机农药，即砷酸钙、砷酸铅、磷化铝、硫酸铜等用于防治病虫害，其间当数 1851 年法国人首次用等量的生石灰与硫黄加水共煮制成的石硫合剂和 1882 年法国人 Milardet 在波尔多地区发现硫酸铜与石灰乳混合剂防治葡萄霜霉病，并命名为波尔多液，并从 1885 年起作为保护性杀菌剂一直在世界各地广泛应用至今。

第二阶段为有机合成的化学农药问世与发展。

首先从合成有机氯开始，在 20 世纪 40 年代出现了滴滴涕、六六六。1945 年后，出现了有机磷类杀虫剂，20 世纪 50 年代又发现了氨基甲酸酯类杀虫剂。这时期的杀虫剂用量在 $0.75\sim3kg/hm^2$。

在当代，高残留农药的环境污染和残留问题引起了世界各国的关注和重视。从 20 世纪 70 年代开始，许多国家陆续禁用滴滴涕、六六六等高残留有机氯农药，并建立了环境保护机构，以进一步加强对农药的管理。美国 1970 年建立了环保法律体系，把农药登记中的审批工作由农业部划归为环保局管理，并把慢性毒性及对环境影响列于考虑的首位。鉴此，20 世纪 70 年代后，世界农药处于品种更新时期。不少农药公司将农药开发的目标指向高效、低毒的方向，并十分重视它们对生态环境的影响，通过努力开发了一系列高效低毒、选择性强的农药新品种。

在杀虫剂方面，仿生农药如拟除虫菊酯、沙蚕毒素类、烟碱类的农药被开发和应用。尤其是拟除虫菊酯类杀虫剂的开发，被认为是杀虫剂农药的一个新突破。另外，在这段时间内还开发了不少包括几丁质合成抑制剂的昆虫调节剂。此类杀虫剂的开发称之为"第三代杀虫剂"，包括噻嗪酮、灭幼脲、杀虫隆、氟苯脲、抑食肼、啶虫隆、烯虫酯等。此后又出现了称之为"第四代杀虫剂"的昆虫行为调节剂，包括信息素和拒食剂等。

在杀菌剂方面，抑制麦角甾醇生物合成抑制剂的开发是该时期的特点。此类杀菌剂有吗啉类、哌嗪类、咪唑类、吡唑类和嘧啶类等。它们均含有氮杂环化合物，主要品种有十三吗啉、嗪胺灵、丁硫啶、甲嘧醇、抑霉唑、咪鲜胺、三唑酮等，均能防治由子囊菌亚门、担子菌亚门、半知菌亚门引起的作物病害。由于它们能被植物吸收并在体内传导，故兼具保护和治疗作用，它们的药效比前期的药剂提高一个数量级，其中尤以三唑类杀菌剂的开发更为重要。

在杀鼠剂方面，除了常用的神经急性杀鼠剂外，相继开发出了第一代和第二代抗凝血杀鼠剂，安全性得以改善。而在植物生长调节剂中则出现了油菜素内酯。这些新出现的化合物，不仅化学结构新颖，作用靶标有别于以往品种，而且活性大为提高［亩（1 亩＝667m^2）用量达到小于 10g 有效成分，也有人称之为超高效农药］。它们的出现引起人们跟踪研究的兴趣，从而拉开了农药全面高效化的序幕。其后，在杀虫剂中又出现了以吡虫啉为代表的新烟碱类似物，虫酰肼（tebufenozide）为代表的双酰肼类蜕皮激素类似物；杀菌剂中出现了甲氧基丙烯酸酯类化合物和植物抗病诱导剂 Bion；在 ALS 抑制剂中又出现非磺酰脲类的化合物，以及以磺草酮（sulcotrione）为代表的抑制丙酮酸对羟基苯酯过氧化酶的除草剂。它们的特点也是化学结构新颖、活性高，进一步加速了高效化的进程。1971 年美国成立环保局（EPA）对农药加强了管理，有关农药登记所需的毒性和环境评价资料逐渐增加。此后获得农药登记许可的化合物在环境相容性方面日益趋好。同时一些对社会和环境具有负面影响的农药如滴滴涕、六六六、除草醚、杀虫脒、内吸磷、八甲磷、有机汞化合物等相继遭到了国际上禁用或限制使用。因此，可以说，从 20 世纪 70 年代开始农药已进入品种更新换代时期。新品种的特点是：毒性低，活性高，环境相容性好，作用机制及化学结构新颖。

通过品种更新，20 世纪末农药的面貌已发生很大变化，在克服负面影响方面也有了很大进展。化学农药品种的更新，得益于化学、生物等相关科学技术的发展。现代科学技术为化学农药的进一步发展提供了条件：如合成化学中的催化反应、定向合成等为合成复杂化合物、光活性化合物提供了方便；各种色谱分离技术和 NMR 等化学结构鉴定技术为鉴定新活性化合物的结构提供了有力的工具。另外，计算机辅助分子设计，生测方法以及农药生物学方面在农药靶标的研究进展，亦为新农药的创制提供了有利条件。表 1-1 统计了具有代表性的化学农药品种生产和应用情况。

表 1-1 具有代表性的化学农药品种生产和应用情况

年份	农药类型	农药品种
1850	除草剂	硫酸亚铁（ferrous sulphate）
1882	杀菌剂	波尔多（bordeaux mixture）
1930	除草剂	二硝酚（DNOC）
1931	杀菌剂	福美双（thiram）
1939	杀虫剂	滴滴涕（DDT）（1944 商业化）
1942	除草剂	2,4-二氯苯氧乙酸（2,4-D）
1943	杀菌剂	代森锌（zineb）
1944	杀虫剂	六氯环己烷（HCH，lindane）
1946	杀虫剂	对硫磷（parathion）
1948	杀虫剂	艾氏剂（aldrin），狄氏剂（dieldrin）
1949	杀菌剂	克菌丹（captan）
1952	杀虫剂	二嗪磷（diazinon）
1953	除草剂	2 甲 4 氯丙酸（mecoprop）
1955	除草剂	百草枯（paraquate）（商业化 1962）
1956	杀虫剂	甲萘威（carbaryl）
1965	杀虫剂	涕灭威（aldicarb）
1968	杀菌剂	苯菌灵（benomyl）
1971	除草剂	草甘膦（glyphosate）
1972	杀虫剂	除虫脲（diflubenzuron）
1973	杀虫剂	氯氰菊酯（permethrin）
1990	杀虫剂	吡虫啉（imidacloprid）
1996	杀菌剂	嘧菌酯（azoxystrobin）
—	杀虫剂	多杀菌素（spinosad）

注：引自 Graham Matthews，2006。

2. 中国现代农药发展历史和农药学学科的建设

我国现代合成农药的研究始于 1930 年，当年浙江植物病虫防治所建立了药剂研究室。新中国成立后，我国现代农药工业才得以发展，1957 年，我国建成第一家生产有机磷杀虫剂农药厂——天津农药厂后，开始了有机磷农药对硫磷、内吸磷、甲拌磷、敌百虫等品种的生产。1983 年，我国停止了高残留有机氯杀虫剂六六六、滴滴涕的生产，取而代之的是扩大有机磷和氨基甲酸酯类的产量，并开发了拟除虫菊酯类及其他杀虫剂。同时，甲霜磷、三唑酮、三环唑、代森锰锌、百菌清等高效杀菌剂也相继投产。

随着改革开放和农药登记制度的实施，我国引进了一批当时比较先进的农药新产品和新技术，初步形成了包括农药原药生产，制剂加工，配套原料中间体、助剂以及农药科研开发、推广使用在内的较为完整的一体化农药工业体系。

我国已成为全球农药生产和出口大国。随着我国农业现代化水平的提高，我国农业生产过程中农药使用水平也随之提升，推动了我国农药行业的发展。另外，由于全球农药行业产业转移，我国已成为全球重要的农药原药生产基地。

在我国农药发展 70 多年的历史中，经历了以仿制为主向创新农药发展的转变过程。在"七五""八五"期间，化工部设立了"创制化学新农药"国家攻关项目，承担此项目的单位，开始了我国创新农药的历程。20 世纪末，在国务院的主持策划下，决定在南方组建上海、南京、杭州、长沙四个新农药创制基地，并在天津、沈阳建立了两个农药开发工程中心。创新农药机制的构建，合成了一批新结构的化合物，其中标志性的成果即氟吗啉和单嘧磺隆两个创制品种问世，同时构建了适合我国国情的创新农药的平台，培养了一大批农药学的人才。这些机构的建立，标志着我国进入了创新农药的大国。随着创新体系的不断完善，生物学将在创新农药中发挥重要作用，也将给农药学的发展增添无限活力。

农药学学科属植物保护学科下的二级学科，农药学涉及农药化学合成及农药制剂工艺学、农药毒理学、农药使用技术、农药环境毒理学等领域，是多学科交叉的综合学科。

从 1952 年北京农业大学（现中国农业大学）首创农药学专业，由著名化学家、农药学奠基人黄瑞纶、胡秉方二位教授创建，农药学科，经过了近七十年的发展，为我国农药学科的发展和人才培养作出了重要贡献。南开大学元素有机化学研究所是在我国著名化学家杨石先教授的关怀指导下，由著名有机化学家陈茹玉院士和农药化学家李正名院士等老一辈科学家在 20 世纪 60 年代初创建的，是我国创制化学农药的领军机构，其主要研究方向为农药化学与农药生物学，包括：①新型高效农药的分子设计、合成、生物活性及构效关系；②天然源农药的分离、鉴定、合成及结构改造；③农药的高效微量筛选；④高效农药的作用靶酶、结构生物学和药理基因组学。华中师范大学化学农药研究所是著名有机磷化学家张景龄教授创建的，在有机磷杀虫剂研究和开发中作出了创新性的贡献，在国内外产生了重要的影响，成为国内开展新农药创制基础研究与人才培养的重要基地之一，2003 年经教育部批准成立农药与化学生物学教育部重点实验室，其研究方向主要包括：①绿色农药的分子设计与合成；②农药活性杂环的合成方法学；③农药残留分析与环境化学；④农药化学生物学。

华南农业大学植物保护学院农药学系，在赵善欢院士的领导下，自 20 世纪 40 年代开始，系统开展植物性农药的研究，经过几代学者的努力和不断创新，在植物性农药、光活化农药、农药残留检测与分析、农药剂型研究、农药生物技术等研究领域积累了深厚的工作基础，并开辟了导向农药这一全新的领域研究，成为华南地区农药研究和人才培养基地，2003 年经教育部批准成立天然农药与化学生物学教育部重点实验室。研究方向主要包括：①天然农药与生物制药；②农药残留和环境毒理；③昆虫毒理与有害生物抗性；④农药剂型加工与应用；

⑤农药生物技术；⑥新农药设计合成和导向农药。由徐汉虹教授主导的"导向农药"成为实验室的研究亮点。贵州大学农药学科依托于绿色农药与农业生物工程教育部重点实验室，研究方向涉及：①绿色农药设计、合成及靶标发现与作用机制研究；②农药分析与环境效应；③农药及功能分子的有机合成方法学研究；④有害生物持续控制技术。在绿色农药设计、合成及靶标发现与作用机制研究方面，创制出国际首个免疫诱抗型农作物病毒病害调控剂——毒氟磷新品种。

近二三十年来，中国近 40 所农业院校以及部分综合性大学和师范大学普遍设置了农药学和制药工程专业，培养农药学本科生、硕士和博士研究生，各个学校根据研究方向和培养目标的不同，开设的课程也存在差异，但农药学专业课程主要有农药学、农药化学、农药制剂学、农药生物学和农药生物化学等。

二、农药在防治病、虫、草、鼠等有害生物的作用

1. 农药在现代农业生产中的重要作用

农药特别是 20 世纪 40 年代发展起来的化学农药在控制农林作物病、虫、草、鼠等有害生物的为害，提高农业综合能力，促进粮食增产和农业可持续发展等方面，发挥了极其重要的作用。

由于化学农药防治农作物有害生物具有高效、快速、经济、简便等特点，而被世界各国广泛使用。已有报道显示，化学农药的应用，使得全世界每年可挽回农作物总产量 30%～40% 的损失，挽回经济损失 3000 亿美元。诺贝尔奖获得者小麦育种家 Borlang 说："没有化学农药，人类将面临饥饿危险。"Copping 博士在 2002 年曾指出，如果停止使用化学农药，将使水果减产 78%，蔬菜减产 54%，谷物减产 32%。英国试验证明，一年期间不使用农药，将导致马铃薯产量下降 42%，甜菜下降 67%，而两年不用，则损失增加一倍。

中国农业的发展离不开农药，它在保障农业生产和在国民经济中的重要性上不言而喻。据统计，我国年平均使用农药 28 万余吨，施用药剂的面积达 3.2 亿公顷次。通过使用农药每年可挽回粮食损失 4800 万吨，棉花 180 万吨，蔬菜 5800 万吨，水果 620 万吨，总价值在 550 亿元左右。近年来，由于许多高效、低毒、低残留新农药的出现，农药使用投入产出比已高达 1∶10 以上，一般农药品种的投入产出比也在 1∶4 以上。由此可见，农药在现代农业生产中的作用是巨大的。

随着世界人口的不断增长，而地球上可开垦的土地有限，同时，城市化建设和土壤沙化加剧，可耕地面积有逐步减小的趋势。伴随地球气候变暖，异常极端气候的频繁发生，给农业生产和人类生存环境带来巨大威胁。为了确保人类发展的需要，保障农业生产，人类必须未雨绸缪。提高作物单位面积产量是其重要策略之一，其中农药的科学使用将起着举足轻重的作用。

2. 农药的负面影响以及克服的途径

农药在农业生产作出了巨大贡献，但它对人、畜，环境，农产品等带来诸多负面影响，特别在农药管理和使用不当的情况下，造成的影响也是不能回避的。农药负面影响主要源于农药化合物本身，生产中的废弃物与产品中的杂质，使用不当三个方面，其中使用不当是重要的影响因子。农药的负面影响主要表现在以下四个方面：①农药人、畜中毒；②环境污染；③有害生物的抗药性；④农药药害。

克服农药的负面影响主要采用的策略主要有：①不断创新高效、低毒、低残留新农药；②加强农药管理；③加强人员培训，不断提高使用者科技文化水平。

第三节　农药学学科研究领域

1. 农药合成

农药合成是农药学科最重要的领域，主要基于有机化学的基本理论和新技术为基础，合成具有生物活性化合物，开发出最佳的合成路线。随着人们对农药各方面的性能要求不断提高，自 20 世纪 70 年代以来，广泛探索及寻找生物源的活性物质，即先导化合物，成为新型农药研制的重要途径。20 世纪 80 年代以来，利用酶催化拆分技术及不对称合成方法合成向活性光学异构体的研究取得了很大进展，使农药合成向精细化迈进了一大步。

2. 农药剂型加工及应用技术

大多数农药的有效成分不能直接使用，一般必须加工制成各种剂型，才能满足使用时的各种要求，农药的各种剂型也是农药商品销售、流通的主要形式。剂型的加工主要是应用物理化学原理，研究各种助剂作用和性能，采用适当的方法，制成不同形式的制剂量，以利在不同的情况下充分发挥有效成分的作用，加工成的剂型要求贮藏稳定和对使用者安全。农药的加工与应用技术有密切关系，高效药剂必须配以优良的加工技术以及适当的施药方法，才能充分发挥有效成分的应有效果，以减少不良的副作用。现代化学农药的超高效性以及实用上的多样化要求，促进了剂型加工技术的发展与提高。

3. 农药分析与残留检测

采用化学定性、定量分析的基本原理和方法，对农药的成分及理化性质进行分析，以鉴定农药含量，研究农药在动、植物体内以及环境中的残留也是农药学研究的范畴。由于仪器分析的发展和普及，不仅气相色谱、液相色谱等精密分析方法广泛用于农药残留分析，高精度的气质联用仪以及专化性很强的酶联免疫法也都在残留分析中得以应用。

4. 农药生物测定与药效试验

农药的生物活性必须由供试生物对其产生特定的生理反应来决定。决定生物活性类型和大小的测试过程称生物测定。传统农药一般是通过观察供试生物的死亡、抑制生长发育或发病程度等与剂量之间的关系，以确定生物活性的大小。药效试验是用于检验农药在实际使用条件下的综合效应的，一般在田间进行，以求符合实际。大面积示范或推广使用之前，都必须进行田间小区试验，为实际应用提供依据，试验要采用正确的结合实际的设计，以利于统计分析试验。

5. 农药作用方式和作用机理研究

农药作用方式和作用机理研究是科学合理使用农药，实现施用农药的最大效益的基础。常言道"求真务实"，求真就是科学家探索和阐明农药的作用方式和作用机理，而务实则是管理部门和生产企业，依据每种农药的特性即作用方式和作用机理制定相应的操作规范，保障施用者正确使用。

作用方式和作用机理的研究，是一项系统工作，它涉及群体、个体、组织、细胞以及分子水平，由于仪器设备改进，促使研究水平向微观发展。目前转录组学和代谢组学在农药作用机理研究上得到了越来越广泛的应用并展现出良好的前景，并成为新型农药的研制、毒理学分析、安全评价和作用机理研究的发展方向。

第四节　农药生物化学研究内容及其在农药研发中的作用

农药学是一门综合性交叉学科，涉及现代科学的方方面面，它涉及化学、生物学、环境科学和许多渗透到农药学领域的前沿学科，如量子化学、生理学、分子生物学、细胞生物学、现代分析技术、种群遗传学、生物化学等。生物化学渗透到农药学研究中，可指导农药的创制与合成、作用机理的研究、抗性机理研究、构效关系研究、环境安全研究和剂型研究等。

农药生物化学在农药研究与开发中的作用主要体现在：

1. 绿色农药的分子设计及合成

发展、完善绿色农药生物合理设计的理论及实践，重点开展分子构效关系研究；选择若干有研究基础的重要靶标，利用生物化学研究这些具有农学意义的靶标酶与农药分子的相互作用机理及结构，开展受体结构已知和受体结构未知的新药设计，从生物学反馈信息中不断提高所建模型的准确性，为高效率地设计合成新药奠定良好的基础并指导合成；发展农药（包括对现有高效品种）的绿色有机合成方法研究，其中包括新绿色合成方法的设计、仿生合成、立体有择合成、生物合成及组合化学合成等。

2. 快速、灵敏、微量的新农药筛选模型的建立及应用

寻找农药新靶标，开展农药靶标的化学分子生物学研究，建立一些有结构生物学基础的农药分子设计生物模型；发展、完善新农药筛选模型，特别是快速、灵敏、微量的除草剂及杀虫剂筛选模型，充分利用现代仪器分析方法及生物技术，建立多种微量的、以靶标酶为对象的除草剂及杀虫剂通量筛选体系。

3. 天然源农药的研究

深入开展我国特有的天然动植物农药活性物质研究，分离、分析天然源农药活性成分，特别是天然源杀虫剂、植物病毒抑制剂等，研究、抽提这些天然源农药的药效团结构，进一步对这些药效团结构进行化学组合改造，合成、筛选有实用前景的生物活性物质。

参 考 文 献

[1] Matthews G A. Pesticides：health，safety and the envronment. UK：Blackwell Publishing，2007.

[2] Michael R，James D，Ronald J. Herbicide activity：toxicology，biochemistry and molecular biology. Holland：IOS，1997.

[3] Simon J. The toxicology and biochemistry of insecticides. London：CRC Press Taylor & Francis Croup，2008.

[4] Stenersen J. Chemical pesticides：mode of action and toxicology. USA：CRC，2004.

[5] 解昆仑，郭珍，古勤生."RNAi 农药"防治植物病毒病的研究进展.中国植保导刊，2020，40(1)：29-34.

[6] 宋倩，梅向东，宁君.除草剂的主要作用靶标及作用机理.农药，2008，47(10)：703-705.

[7] 孙利净，韩秋月，胡满.γ-氨基丁酸（GABA）受体的研究进展.黑龙江畜牧兽医，2016，(4)：80-83.

[8] 吴文君.从天然产物到新农药创制.北京：化学工业出版社，2006.

[9] 徐汉虹.植物化学保护学.第 5 版.北京：中国农业出版社，2018.

[10] 徐筱杰，陈丽蓉.化学及生物体系中的分子识别.化学进展，1996，8(3)：189-201.

第二章　农药生物化学研究方法

　　生物化学技术是研究生物内源物质的化学组成、结构、功能以及在生命过程中化学物质代谢变化规律、调节控制等实验方法。从农药生物化学角度来说，掌握生物化学理论和技术，不仅能更深刻地理解防治病、虫、草、鼠、软体动物等有害生物农药作用靶标的生理功能，还可从蛋白质、核酸的分子结构变化来探讨农药对有害生物的作用机理以及有害生物的抗药性机理。常用的生物化学技术主要包括生物大分子的提取、分离、鉴定等方法与技巧。根据分子的大小进行分离与鉴定的包括凝胶过滤法、超速离心法、超滤法、SDS 电泳分析等；根据分子荷电情况进行分离与鉴定的包括等电聚焦电泳法、离子交换层析法等；根据吸收光谱和放射性等性质进行分离与鉴定的包括紫外分光光度法、红外分光光度法、荧光分光光度法、X 射线结构分析法、电子顺磁共振法、电子自旋共振法和核磁共振法，以及放射性核素示踪法和放射免疫分析法等；根据疏水相互作用或氢键形成的引力进行分离与鉴定的包括层析法、反相高效液相层析、分子杂交技术等；根据特异相互作用进行分离与鉴定的包括亲和层析、免疫化学分析法等。

第一节　生物大分子制备的基本技术

　　蛋白质、酶和核酸等生物大分子是生命物质基础之一，存在于自然界中复杂的体系中，它们在细胞中的含量极低，将其从复杂的体系中分离出来并保持活性难度较大，其结构与功能的研究是探索生命奥秘的关键，因此首先要得到高度纯化并具有生物活性的目标物质。生物大分子的制备工作涉及物理、化学和生物等各方面知识，但基本原理不外乎两方面。一是用混合物中几个组分分配率的差别，把它们分配到可用机械方法分离的两个或几个物相中，如盐析，有机溶剂提取，层析和结晶等；二是将混合物置于单一物相中，通过物理力场的作用使各组分分配到不同区域而达到分离目的，如电泳，超速离心，超滤等。在所有这些方法的应用中必须注意保存生物大分子的完整性，防止酸、碱、高温，剧烈机械作用而导致所提物质生物活性的丧失。在实际工作中，很难用单一方法实现蛋白质的分离纯化，往往要综合几种方法才能提纯出一种蛋白质。理想的蛋白质分离提纯方法，要求产品纯度和总回收率越高越好，但实际上两者难以兼顾，因此在考虑实验目的和蛋白质性质的前提下确定分离提纯的条件和方法，不得不在两者之间作适当的选择，从而得到较理想的效果。到目前为止，还没有单独的或一套现成的方法能把任何一种蛋白质从复杂的混合物中提取出来，但对任何一种蛋白质都可以根据物理、化学性质及生物学特性，选择一套合适的提纯程序来获得高纯度的蛋白质。

微生物、植物和动物都是制备生物大分子如蛋白质的原材料，所选用的材料主要依据实验目的来确定。对于微生物，应注意它的生长期，在微生物的对数生长期，酶和核酸的含量较高，可以获得高产量，以微生物为材料时可分为利用微生物菌体分泌到培养基中的代谢产物、胞外酶等和利用菌体含有的生化物质蛋白质、核酸和胞内酶等。植物材料必须经过去壳、脱脂并注意植物品种和生长发育状况不同，其中所含生物大分子的量变化很大，另外与季节性关系密切。对动物组织，必须选择有效成分含量丰富的脏器组织为原材料，先进行捣碎、脱脂等处理。另外，对预处理好的材料，应冷冻保存，对于易分解的生物大分子应选用新鲜材料制备。

蛋白质等生物大分子的纯化一般采用层析法，各种层析法虽然实验原理和实验方法大相径庭，但基本原理却一样。即在所有层析法中，均有固定相和流动相。为了更方便阐明层析技术的基本原理，引入"有效分配系数"这一概念，即在一定温度、压力和一定溶剂系统中，一种物质分配达到平衡时，物质在固定相中的总量与在流动相中的总量的比值。由于流动相连续不断地流过固定相，因此物质在固定相上的平衡是连续发生的，在一个正常的工作过程中发生着上千次的平衡，所发生的平衡次数称为"理论塔板数"，理论塔板数越多，则分离效果越好。为了提高层析的理论塔板数，通常使用细长的层析柱，并尽可能使用细颗粒的固定相，但过细的颗粒会影响流速，使流动相经过固定相时的速度要慢些，以使蛋白在两相中能够达到分配平衡，样品体积越小，展开后形成的峰越集中，也能提高分离效果。

总之，由于样品中各组分在特定固定相和流动相中分配系数的不同，致使它们通过柱子的速度有差异，分配系数小的组分先流出柱子，从而与分配系数大的组分分离，在层析柱上各组分的峰形则取决于理论塔板数，增加理论塔板数，组分间的分离效果就更为优越。

一、生物大分子的提取

大部分生物大分子如蛋白质等都可溶于水、稀盐、稀酸或碱溶液，少数与脂类结合的蛋白质则溶于乙醇、丙酮、丁醇等有机溶剂中，因此可采用不同溶剂提取分离和纯化蛋白质及酶等生物大分子。

1. 水溶液提取法

稀盐和缓冲系统的水溶液对蛋白质、酶等生物大分子稳定性好、溶解度大、是提取蛋白质等生物大分子最常用的溶剂，通常用量是原材料体积的 1～5 倍，提取时需要搅拌均匀，利于蛋白质、酶等生物大分子的溶解。提取的温度要视有效成分性质而定。一方面多数蛋白质、酶等生物大分子的溶解度随着温度的升高而增大，缩短提取时间；但另一方面，温度升高会使蛋白质、酶等生物大分子变性失活，因此提取蛋白质和酶等生物大分子时一般采用低温（5℃以下）操作。为了避免蛋白质、酶等生物大分子提取过程中的降解，可加入蛋白水解酶抑制剂（如二异丙基氟磷酸、碘乙酸等）。影响生物大分子如蛋白质、酶提取的影响因子包括：

（1）pH 值　蛋白质和酶等生物大分子是具有等电点的两性电解质，提取液的 pH 值应选择在偏离等电点两侧的 pH 范围内。用稀酸或稀碱提取时，应防止过酸或过碱而引起蛋白质、酶等生物大分子可解离基团发生变化，从而导致蛋白质、酶等生物大分子构象的不可逆变化，一般来说，提取碱性蛋白质、酶等生物大分子用偏酸性的提取液提取，而酸性蛋白质、酶等生物大分子用偏碱性的提取液提取。

（2）盐浓度　稀盐浓度可促进蛋白质、酶等生物大分子的溶解，称为盐溶作用。同时稀盐溶液因盐离子与蛋白质、酶等生物大分子部分结合，具有保护蛋白质、酶等生物大分子不易变性的优点，因此在提取液中加入少量 NaCl 等中性盐，一般以 0.15mol/L 浓度为宜，缓冲液常采用 0.02～0.05mol/L 磷酸盐和碳酸盐等渗盐溶液。

2. 有机溶剂提取法

一些和脂质结合比较牢固或分子中非极性侧链较多的蛋白质和酶等生物大分子不溶于水、稀盐溶液、稀酸或稀碱中，可用乙醇、丙酮和丁醇等有机溶剂，它们具有一定的亲水性，还有较强的亲脂性，是理想的提取脂蛋白等生物大分子的提取液，但必须在低温下操作。丁醇作为溶剂提取一些与脂质结合紧密的蛋白质和酶等生物大分子特别优越，一是因为丁醇亲脂性强，特别是溶解磷脂的能力强；二是丁醇兼具亲水性，在溶解度范围内不会引起蛋白质、酶等生物大分子的变性失活。另外，丁醇提取法的 pH 值及温度选择范围较广，也适用于动植物及微生物材料。

二、生物大分子的分离纯化

1. 基于生物大分子溶解度差异的分离方法

（1）蛋白质的盐析　蛋白质等生物大分子含有羧基、氨基和羟基等亲水基团，这些基团与极性水分子相互作用形成水化层，也称水化膜，包围于蛋白质分子周围形成 1～100nm 大小的亲水胶体，从而削弱了蛋白质分子之间的作用力。蛋白质分子表面亲水基团越多，水化膜越厚，蛋白质分子与溶剂分子之间的亲和力越大，因而溶解度也越大。亲水胶体在水中的稳定因素为电荷和水化膜。由于中性盐的亲水性大于蛋白质分子的亲水性，因此中性盐对蛋白质的溶解度有显著影响，一般在低盐浓度下随着盐浓度升高，可增加蛋白质分子表面的电荷，增强蛋白质分子与水分子的作用，从而使蛋白质在水溶液中的溶解度增大的现象称为盐溶；当盐浓度继续升高时，溶质与蛋白质争夺水分子，破坏蛋白质胶体颗粒表面的水化膜，另一方面又大量中和蛋白质颗粒上的电荷，从而使水中蛋白质颗粒积聚而沉淀析出，这种现象称盐析。盐析时若溶液 pH 值在蛋白质等电点则效果更好。由于各种蛋白质分子颗粒大小、亲水程度不同，故盐析所需的盐浓度也不一样，因此调节混合蛋白质溶液中的中性盐浓度可使各种蛋白质分段沉淀。

影响盐析的因素有：①温度，除对温度敏感的蛋白质在低温（4℃）操作外，一般可在室温中进行，温度低蛋白质的溶解度也降低；但有的蛋白质（如血红蛋白、肌红蛋白、乳清蛋白）在较高的温度（25℃）比 0℃时溶解度低，更容易盐析；②pH 值，大多数蛋白质在等电点时，在浓盐溶液中的溶解度最低；③蛋白质浓度，蛋白质浓度高时，欲分离的蛋白质常常夹杂着其他蛋白质一起沉淀出来（共沉现象）；因此在盐析前血清要加等量生理盐水稀释，使蛋白质含量在 2.5%～3.0%。

蛋白质盐析常用的中性盐主要有硫酸铵、硫酸镁、硫酸钠、氯化钠、磷酸钠等。其中应用最多的为硫酸铵，它的优点是温度系数小而溶解度大（25℃时饱和溶液为 4.1mol/L，即 767g/L；0℃时饱和溶解度为 3.9mol/L，即 676g/L），在这一溶解度范围内，很多蛋白质和酶都可以盐析出来；另外硫酸铵分段盐析效果也比其他盐好，不易引起蛋白质变性。硫酸铵溶液的 pH 常在 4.5～5.5 之间，当用其他 pH 值进行盐析时，需用硫酸或氨水调节。

蛋白质在用盐析沉淀分离后，需要将蛋白质中的盐除去，常用的办法是透析，即把蛋白质溶液装入透析袋内（常用的是玻璃纸），用缓冲液进行透析，并不断地更换缓冲液，因透析所需时间较长，所以最好在低温中进行。也可用 G-25 或 G-50 葡萄糖凝胶柱除盐，所用的时间就比较短。

（2）等电点沉淀法　利用蛋白质在等电点时溶解度最低，而各种蛋白质具有不同的等电点来分离蛋白质的方法，称为等电点沉淀法。蛋白质在静电状态时颗粒之间的静电斥力最小，因而溶解度也最小，可利用调节溶液的 pH 达到某一蛋白质的等电点使之沉淀，但此法很少单独使用，可与盐析法、超过滤技术结合使用。

（3）低温有机溶剂沉淀法　用与水可混溶的有机溶剂甲醇、乙醇或丙酮，可使多数蛋白质溶解度降低并析出，此法分辨力比盐析高，但在常温下蛋白质较易变性，因此一般在低温下进行，通常将有机溶剂冷却，并在不断搅拌下加入有机溶剂以防止局部浓度过高，引起蛋白质变性。用此法析出的沉淀一般比盐析法易过滤或离心沉淀。分离后的蛋白质沉淀应立即用水或缓冲液溶解，以达到降低有机溶剂浓度的目的。

（4）吸附与分配层析技术 吸附层析技术是混合物随流动相通过吸附剂组成的固定相时，由于吸附剂对不同物质的吸附能力的差异而被分离的方法。在任何两相之间均会形成表面，其中一个特质在表面密集的现象称为吸附。凡能把其他物质聚集在表面的物质称为吸附剂。聚集在吸附剂表面的物质称为被吸附物，在吸附剂与被吸附物之间既有物理吸附又有化学吸附。物理吸附是通过物质间的范德化力作用形成的，也称为范德华吸附，其特点是吸附快，无选择性。在一定条件下，吸附过程和脱吸附过程是同时进行的，如果在单位时间内吸附在表面的分子与离开此表面的分子的数量是相同的，则称为吸附平衡。用于吸附层析的吸附剂的种类很多，其中无机吸附剂主要有氧化铝、活性炭、硅胶、碱金属碳酸盐及其他盐类等；有机吸附剂主要有纤维素、淀粉、蔗糖、菊糖、乳糖、聚酰胺等。所选吸附剂应具有最大表面积和足够吸附能力，同时对欲分离样品中的不同组分有不同的吸附力，且与洗脱剂、样品溶剂及样品不发生化学反应也不溶于这些试剂中。此外，吸附剂还需颗粒均匀，操作过程中要有足够的稳定性。

分配层析技术是以一种多孔物质吸附一种极性溶剂作为固定相，用一种与该固定相不相溶的非极性溶剂作为流动相，样品溶于流动相中，随流动相进行连续、不断的分配，由于样品中各组分分配系数的差异，移动速度不同，使样品中各组分分开，如纸层析等，纸层析技术成本低，易操作，可用于分离、定性及定量分析。在发酵工业中常用于菌种筛选阶段的物质鉴定，但其对核酸和蛋白质类大分子的分辨率低，使用范围受到限制。

（5）高效液相层析技术 为获得较高的层析分离效果，根据层析技术理论，必须提高层析的理论塔板数，这样一方面需要使用粒径小的填料，高径比更大的柱子，更慢的流速等；另一方面采取填料过细，流速太慢，分离时间太长，增加纵向扩散的影响，对柱效的提高不利。为了提高理论塔板数，又不至于使实验时间增长，采用降低填料直径，并通过增压维持必要的流速的方法，这就是高效液相色谱（HPLC）技术。

在高效液相层析技术中较其他层析技术有特色的是反相层析技术。反相层析技术是相对于正相层析技术而言。在我们常用的层析技术中，一般是固定相的极性大于流动相的极性，这样洗脱时极性小的分子先被洗脱下来，而反相层析技术是使用极性比流动相小的物质作为固定相，如在多孔硅胶上键合十八烷基、辛烷基、乙烷基等，这样反相层析进行洗脱时极性最大的组分先被洗脱下来，成为分离小分子活性物质（如多肽）强有力的工具。

2. 根据生物大分子分子量大小差别的分离方法

（1）透析与超滤 透析法是利用半透膜将分子大小不同的生物大分子如蛋白质分开。超滤法是利用高压力或离心力，加强水和其他小的溶质分子通过半透膜，而生物大分子留在膜上，可选择不同孔径的滤膜截留不同分子量的生物大分子如蛋白质。

（2）凝胶层析技术　当带有不同组分的样品缓慢流经凝胶层析柱时，分子量大或分子体积大的物质不易进入凝胶微孔，而是从凝胶间隙通过，下移速度较快，而分子量较小的物质能够扩散进入凝胶微孔，下移速度较慢，从而使样品的不同分子量或不同分子体积的组分得以分离。凝胶过滤层析技术主要用于脱盐、样品浓缩及分子量测定等方面。柱中最常用的填充材料是葡萄糖凝胶（sephadex gel）和琼脂糖凝胶（agarose gel）。

3. 根据生物大分子带电性进行分离

生物大分子如蛋白质在不同 pH 环境中带电性和电荷数量不同，可将其分开。

（1）电泳法　在电场的作用下，由于待分离样品中各种分子带电性及分子本身大小、形状等性质的差异，使带电分子产生不同的迁移速度，从而对样品进行分离、鉴定或提纯的技术为电泳法。在两个平行电极上加一定的电压，在电极中间产生电场，稀溶液中电场对带电分子的作用力与所带净电荷和电场强度正相关，这种作用力使带电分子向电荷相反的电极方向移动，在移动过程中分子会受到介质黏滞力的阻碍，黏滞力的大小与分子大小、形状、电泳介质孔径大小以及缓冲液黏度有关，并与带电分子的移动速度成正比。在单位电场强度下带电分子的迁移速度称为电泳迁移率，迁移率与所带净电荷成正比，与分子大小和缓冲液的黏度成反比，带电分子由于各自的电荷和形状大小不同，在电泳过程中具有不同的迁移速度，形成依次排列的不同区带而被分开。有时即使两个分子具有相似的电荷，如果它们的分子大小不同，所受的阻力不同，迁移速度也不同，在电泳过程中也可以被分离。有些类型的电泳几乎完全依赖于分子所带的电荷不同进行分离，如等电聚焦电泳；而有些电泳则主要依靠分子大小的不同即电泳过程中产生的阻力不同而得到分离，如 SDS-聚丙烯酰胺凝胶电泳。按分离的原理不同可将电泳分为区带电泳、自由界面电泳、等速电泳和等电聚焦电泳；按介质不同可分为纸电泳、醋酸纤维薄膜电泳、琼脂凝胶电泳、聚丙烯酰胺凝胶电泳（PAGE）和 SDS-聚丙烯酰胺凝胶电泳（SDS-PAGE）；按支持介质形状不同分为薄层电泳、板电泳和柱电泳。

值得重视的是等电聚焦电泳，这是利用一种两性电解质作为载体，电泳时两性电解质形成一个由正极到负极逐渐增加的 pH 梯度，当带一定电荷的蛋白质在其中泳动时，到达各自等电点的 pH 位置就停止，此法可用于分析和制备各种生物大分子如蛋白质。这项技术的关键是交换剂中有一个稳定的、连续的、线性的 pH 梯度环境。

（2）离子交换层析法　离子交换层析技术是根据目标生物大分子如蛋白质表面所带电荷与杂质不同来进行分离的一种层析技术。离子交换剂是通过化学反应将能够解离的基团引入到惰性载体上，如果解离基团带负电荷就能够结合阳离子称为阳离子交换剂；如果解离基团带正电荷就能够结合阴离子则称为阴离子交换剂。生物大分子如蛋白质是两性物质，在其等电点时不带任何电荷，与交换剂没有吸附作用，当 pH 值小于等电点时，分子带正电，可结合在阳离子交换剂上；当 pH 值大于等电点时，分子带负电，可与阴离子交换剂发生作用。在一定条件下，电荷密度越大，结合越紧密，在柱中的移动速度越慢。因此，各种不同的生物大分子所带电荷不同，它们对离子交换剂的亲和力也不同，这种差异为分离生物大分子的混合物提供了可能。

带电的生物大分子与交换剂的结合是可逆的，一般用 pH 梯度和盐浓度梯度溶液可把吸附在柱上的生物大分子洗脱下来。对多组分的样品，每个组分都有各自所带的静电荷量，当洗脱 pH 值达到某个组分的 pI 点时，该组分失去表面电荷，被洗脱下来。当然要获得较好的分离效果，还必须选择其他合适的条件如交换剂颗粒大小、柱长度等。

根据可交换离子的性质，离子交换剂可分为阳离子交换剂和阴离子交换剂；根据酸碱性的强弱又可分为强酸、强碱、弱酸、弱碱型离子交换剂。强酸和强碱型交换剂能在较为广泛的 pH 值范围内（2～12）完全解离，弱酸型交换剂在 pH 为 4，弱碱型交换剂在 pH 高于 9 时就难于解离，失去交换能力。在充分考虑被分离生物大分子如蛋白质所带电荷及电性强弱、分子的大小与数量、环境中共存离子所带电性与数量的基础上，按所需交换树脂的性能（粒度、交联度、密度、稳定性、交换量）要求，选择确定合适的交换树脂。

4. 依据配体特异性的分离方法——亲和层析技术

亲和层析法（aflinity chromatography）是分离生物大分子一种极为有效的方法，它经常只需经过一步处理即可使某种待提纯的生物大分子如蛋白质从很复杂的混合物中分离出来，而且纯度很高。亲和层析法是利用生物大分子与配体之间所具有的专一亲和力而设计的层析方法。如酶和酶抑制剂、抗原和抗体、酶蛋白与辅酶之间均有相应的亲和力，在一定的条件下它们能够形成紧密结合的复合物。如将不溶性的载体上固定复合物的某一组分，就可以从溶液中专一地分离和提纯另一组分。采用亲和层析技术的优点是可以得到基本纯的产品，且分离速度快，因此在生物大分子的分离和提纯中占有特殊的地位。

将亲和层析欲分离物质的配体在不降低生物活性的条件下与不溶的载体结合固定后装入色谱柱中，在有利于配体与欲分离生物大分子之间形成络合物的条件下将样品加入亲和层析柱中，样品中只有欲分离物与配体形成络合物而被吸附，不形成络合物的杂质则直接流出柱子。充分洗涤后，将所有不能专一吸附的杂质除去，使用能破坏欲分离生物大分子-配体络合的洗脱液，促使欲分离生物大分子与配体分离，将目的生物大分子洗脱下来，从而达到分离提纯的目的。

其中，亲和层析载体是负载配体的支持物，直接影响目的生物大分子与配体之间的相互作用，理想的载体应具有以下条件：①均一，有一定的硬度，不溶于水；②多孔网状结构，易被大分子物质渗透；③具有相当数量可供偶联反应的基团；④没有吸附能力，不会发生非专一性吸附；⑤有足够的化学稳定性，能经得吸附、洗脱和再生时所用的各种试剂的处理；⑥不受微生物腐蚀和酶解；⑦亲水。目前，没有一种载体能够满足以上所有条件，较常用的载体有琼脂糖凝胶、交联葡聚糖凝胶、聚丙烯酰胺凝胶和多孔玻璃等，最常用的是琼脂糖凝胶。

配体是亲和层析中最重要的部分，配体的选择应满足以下三个标准：①能和欲分离的目的生物大分子发生专一性吸附，亲和力越大越好；②吸附后在适当的条件下能够分离，且分离所使用的条件对生物大分子的活性不产生影响；③配体上必须有适当的基团能够用化学方法偶联到载体上，且这种偶联不损害配体与蛋白的专一性结合。此外，小分子配体与目的生物大分子吸附专一性较差，常常在缓冲液中加入共配体和寻找最佳的实验条件来增强目的生物大分子和配体的亲和力。

第二节　细胞组分的分离和检测技术

细胞组分的分离和检测主要是获得有活性的亚细胞结构或分离相当纯度的亚细胞器用于电泳或色谱分析。细胞组分的分离与纯化分为传统的离心分离纯化法和免疫磁珠分离纯化法。离心方法包括差速离心法和密度梯度离心法（速度区带密度梯度离心法和等密度梯度离心法）。差速离心法用于分离大小、形状不同的组分，根据颗粒沉降速度不同得以分离。速度区带密度梯度离心法用于分离大小差异不显著的组分；等密度梯度离心法按细胞组分的浮力密度不同进行分离的方法，适用于大小、形态相似而密度不同的组分的分离。免疫磁珠或称免疫磁性微球，具有超顺磁性，可通过抗体与靶细胞器特异性结合并使之具有磁响应性。将免疫磁珠与待分离的混合物共同孵育，免疫磁珠就可通过抗原抗体反应选择性地与靶细胞器物质结合，当此复合物通过一个磁场装置时，与免疫磁珠结合的靶细胞器就会被磁场滞留，从而与其他复杂物质分离开来。

一般在选用合理的方法对细胞或组织进行破碎后，首先要进行差速离心法，即根据不同离心速度所产生的不同离心力将各种细胞组分和颗粒分离开来。经过多次差速离心也可纯化各种亚细胞器，但常常是事倍功半，很大的离心工作量，却得到不太高的纯度。此时，可以将差速离心得到的沉淀物再进行密度梯度离心进一步纯化。在速度区带离心中，由于不同组分颗粒在梯度液中沉降速率的差别，而在离心的某一时刻形成了数个含有单一组分颗粒的区带。样品在离心后与梯度液一起收集，用常规技术去除梯度液后就得到了某个较纯的成分。每个单一组分的沉降速率取决于它们的形状、尺寸、密度、离心力的大小、梯度液的密度和黏性系数。与速度区带离心法不同，等密度梯度离心是根据细胞组分颗粒的不同密度来进行离心分离的，即根据组分颗粒的浮力。细胞组分沉淀可以铺在梯度液之上，也可置于梯度液之下，甚至和梯度液混在一起。在离心过程中由于组分颗粒各单一成分向各自的等密度区靠拢即达到了分离纯化的目的。

一、膜提取技术

细胞中的膜结构是整个细胞及多种细胞器的界膜，对于保持细胞和细胞器的独立性是必不可少的，同时很多重要的功能是在膜结构上完成的。因此，分离出形态与结构完整的，具有生物活性的，纯度高的样品对研究其生物学功能非常重要。目前细胞膜分离方法主要分为：

（1）先分离后提取　如选用冷热交替法、反复冻融法、超声破碎法、玻璃匀浆法、自溶法和酶处理法使得细胞破碎，然后通过梯度离心得到含有膜蛋白的粗组分。

（2）用特殊的去污剂选择性地分离　在多数情况下，都是采用去垢剂将疏水蛋白从膜结构中溶解下来，然后将蛋白质稳定。去垢剂的选择通常是依据对所需要蛋白质的提取效率来确定，但在某些情况下，还要考虑到后面的纯化步骤。虽然很多膜蛋白必须在去垢剂的协助下进行纯化，但最终仍可能需要除去去垢剂，这常常会引起蛋白质失活，但如果蛋白质是用于测序的话影响不大。如果不是用于测序的，可考虑使用能够黏附去垢剂的疏水珠。

（3）膜蛋白色谱（chromatography of membrane protein，CMP）　分离强疏水性蛋白、多肽混合物的层析系统，一般由去垢剂（如 SDS）溶解膜蛋白后形成 SDS-膜蛋白，并由羟基磷灰石为固定相的柱子分离纯化。羟基磷灰石柱具有阴离子磷酸基团（P-端），又具有阳离子钙（C-端），与固定相结合主要与膜蛋白的大小、SDS 结合量有关。利用原子散射法研究 cAMP 的分离机制发现，样品与 SDS 结合后在离子交换柱上存在 SDS 分子、带电荷氨基酸与固定相中带电离子间的交换，从而达到分级分离的目的。

（4）顺序抽提法　根据细胞蛋白溶解性的差异，用具有不同溶解能力的蛋白溶解液进行抽提的方法。用 Tris 碱溶液裂解细胞提取高溶解性蛋白；把未溶解的小珠用标准液溶解提取高疏水性蛋白；最后用含复合表面活性剂的蛋白溶解液，可以再次抽提前两次抽提后不能溶解的膜蛋白。

（5）离心蛋白提取法　采用高渗的蛋白裂解液让细胞溶涨破裂后，超高速离心法提取细胞膜蛋白。

（6）去污剂法　提取时先用裂解液裂胞膜（选用不同的去污试剂是关键），梯度离心分离细胞器，然后分级抽提。例如，去掉细胞器之后的碎片就是核膜，再裂解得到核膜蛋白。而膜蛋白是裂解胞膜时不溶的部分。

膜蛋白定性鉴定常用的方法有双向免疫扩散、免疫电泳及聚丙烯酰胺凝胶电泳等。纯化蛋白质浓度的定量测定可用双缩脲法、酚试剂法或紫外光吸收法定量鉴定膜蛋白，方便迅速。

二、叶绿体、线粒体、溶酶体、细胞核的分离提取技术

（1）叶绿体　叶绿体是植物细胞所特有的能量转换细胞器，光合作用就是在叶绿体中进行的，由于具有这一重要功能，所以叶绿体一直是细胞生物学、遗传学和分子生物学的重要研究对象。提取叶绿体主要采用梯度离心法。

（2）线粒体　线粒体是细胞中重要的细胞器，存在于绝大多数活细胞中，它的主要功能是提供细胞内各种物质代谢所需要的能量。线粒体的提取是根据线粒体具有完整的结构，一定的大小和质量，低温条件下在等渗液中破碎细胞，差速离心后，获得线粒体。

（3）溶酶体　溶酶体是由一层单位膜包围，内含多种酸性水解酶的泡状结构，溶酶体含有多种水解酶，其中包括蛋白酶、核酸降解酶和糖苷酶等。其主要功能是对细胞内物质如蛋白质、核酸、多糖类等的消化。溶酶体的分离纯化方法可采用分级离心，再用等密度梯度离心纯化。

（4）细胞核　细胞核作为一个功能单位，完整地保存遗传物质，并指导RNA合成，表达出相应的蛋白，在一定程度上细胞核控制着细胞的代谢、生长、分化和繁殖活动。细胞核的分离一般可采用单次密度梯度离心分离法和连续密度梯度离心分离法。

第三节　酶学研究方法

一、酶反应动力学研究法

酶促反应速度受底物浓度、酶浓度、温度、pH值、激动剂、抑制剂等的影响。酶促反应动力学是研究酶促反应的速度以及影响酶反应速度的各种因素的科学。对酶促反应速度的影响因素有：

1.底物浓度的影响

酶促反应实验表明：在酶浓度不变时，不同的底物浓度与反应速度的关系为一矩形双曲线，即当底物浓度较低时，反应速度的增加与底物浓度的增加成正比（一级反应）；此后随底物浓度的增加，反应速度的增加量逐渐减少（混合级反应）；最后当底物浓度增加到一定量时，反应速度达到最大值，不再随底物浓度

的增加而增加（零级反应）。

2. 酶浓度对酶促反应速度的影响

在一定温度和 pH 值下，酶促反应在底物浓度足够大时，速度与酶的浓度成正比。

3. 温度对酶促反应速度的影响

酶促反应与其他化学反应一样，随温度的增加，反应速度加快。在一定范围内，反应速度达到最大时对应的温度称为该酶促反应的最适温度。温度影响反应体系中的活化分子数，温度增加，活化分子数增加，反应速度增加，但过高的温度使酶变性失活，反应速度下降。最适温度不是酶的特征常数，因为一种酶的最适温度不是一成不变的，它受到酶的纯度、底物、激活剂、抑制剂、酶反应时间等因素的影响，因此酶的最适温度与其他反应条件有关。

4. pH 值对酶促反应速度的影响

大多数酶的活性受 pH 值的影响显著，在某一 pH 值下表现最大活力，高于或低于此 pH 值，酶活力显著下降。酶速度-pH 值曲线是较窄的钟罩型曲线。酶的活性基团的解离受 pH 值影响，底物有的也能解离，其解离状态也受 pH 值的影响，在某一反应 pH 值下，二者的解离状态最有利于它们的结合。酶促反应表现出最大活力，此 pH 值称为酶的最适 pH 值，当反应 pH 值偏离最适 pH 值时，酶促反应速度显著下降。此外，过高或过低 pH 值都会影响酶分子活性中心的构象，或引起酶的变性失活。

酶活力是指酶催化特定化学反应的能力。其大小通常用在一定条件下酶催化某一特定化学反应的速度来表示。一定量的酶制剂催化某一化学反应速度快、活力大，反之活力小。酶活力的测定方法主要有：

① 分光光度法　产物与适当的化学试剂生成有色物质或产物有紫外吸收的能力可采用此方法；

② 测压法　产物中有气体，测气压增加量；

③ 滴定法　产物中有酸生成，用碱滴定；

④ 荧光法　产物中有荧光物质生成或产物与荧光试剂反应生成荧光产物可用此方法；

⑤ 旋光法　产物中有旋光物质可采用此方法。

二、 抑制剂对酶反应速率影响的研究方法

凡能使酶的活性下降而不引起酶蛋白变性的物质称为酶的抑制剂。使酶变性失活（称为酶的钝化）的因素如强酸、强碱等，不属于抑制剂。通常抑制剂分为可逆抑制剂和不可逆抑制剂。

可逆抑制剂与酶以非共价键结合，用透析等物理方法除去抑制剂后，酶的活

性可以恢复，即抑制剂与酶的结合是可逆的。

不可逆抑制作用的抑制剂，通常以共价键方式与酶的必需基团进行不可逆结合而使酶失去活性。其中抑制剂与酶分子中一类或几类基团作用，不论是必需基团还是非必需基团均可共价结合，由于其中必需基团也被抑制剂结合，从而导致酶的抑制失活。如某些重金属能与酶分子的巯基进行不可逆结合，许多以巯基作为必需基团的酶会因此被抑制，称为非专一性不可逆抑制剂；专一作用于酶的活性中心或其必需基团进行共价结合，从而抑制酶活性。如有机磷杀虫剂能专一作用于胆碱酯酶活性中心的丝氨酸残基，使其磷酰化而不可逆抑制酶的活性，称为专一性不可逆抑制剂。

竞争性抑制剂是指抑制剂和底物结构相似，与游离酶的结合有竞争作用，互相排斥，已结合底物的酶复合物不能再结合竞争性抑制剂，同样已结合竞争性抑制剂的酶复合物不能再结合底物。

非竞争性抑制剂是指抑制剂和底物与酶的结合完全互不相关，既不排斥也不促进结合，抑制剂可以和酶结合，也可以和酶底物复合物结合，但非竞争性抑制剂一旦与酶底物复合物结合后，酶将不能被复活。

反竞争性抑制剂是指抑制剂必须与酶和底物复合物中间产物结合，该抑制剂与单独的酶不结合，即抑制剂与底物可同时与酶的不同部位结合，必须有底物存在，抑制剂才能对酶产生抑制作用。

第四节　生物传感器检测技术

一、酶传感器

酶传感器是生物传感器中最早被研究和应用的一类，它由信号转换器和固定化的生物活性物质酶两部分组成。根据信号的转换器不同，酶传感器又可分为酶电极传感器、热敏电阻酶传感器、离子敏场效应晶体管酶传感器和光纤维传感器。其主要依据酶能催化底物反应，从而使特定物质的量发生变化，用氢离子电极、过氧化氢电极、氨气敏电极、二氧化碳气敏电极、其他离子选择性电极、离子敏场效应晶体管等转换电信号的装置与固定化的酶组合，就可构成酶传感器。酶生物传感器已超越了化学传感器测定生物反应时局限于反应的电化学过程的限制，而是根据生物学反应中产生的各种信息流效应、热效应、场效应和质量变化等来设计出各种各样更精确、更灵敏的酶传感器探测装置。如乙酰胆碱酯酶电流型生物传感器为以氯化乙酰硫代胆碱为底物，在乙酰胆碱酯酶的催化作用下可以水解为乙酸和巯基胆碱，巯基胆碱具有电活性，在外加电势的作用下，电极表面被氧化，产生的氧化电流强度反映巯基胆碱在电极表面的浓度，当乙酰胆碱酯酶被有机磷农药抑制时，氧化电流的大小可以准确地反映出酶被抑制的程度，从而可以检测农药的量或分析化合物的活性。虽然酶生物传感器具有灵敏度高等优点，但也存在长期稳定性、可靠性和一致性还不够理想的问题。

二、微生物传感器

将微生物固定在载体上制作出的传感器称为微生物传感器。微生物传感器由固定化的微生物、换能器和信号输出装置组成，利用固定化微生物代谢消耗溶液中的溶解氧或产生一些电活性物质并放出光或热的原理实现待测物质的定量测定。其中固定化微生物是传感器的信息捕捉功能元件，是影响传感器性能的核心部件。它既要求将微生物限制在一定的空间，不流失，又要求保持微生物的固有活性和良好的机械性能。固定化技术决定传感器的稳定性、灵敏性和使用寿命等性能指标。

三、免疫传感器

当一种特异蛋白如抗原侵入生物体后，体内即可产生能识别这些外源化合物并把它们从体内排除的抗体。抗原和抗体结合即发生免疫反应，其特异性高，即具有极高的选择性和灵敏度。免疫传感器就是利用抗原对抗体的识别功能而研制成的生物传感器。非标记免疫传感器是将抗体或抗原固相化在电极上，当其与溶液中的待测特异抗原或抗体结合后，引起电极表面膜和溶液交界面电荷密度的改变，产生膜电位的变化，变化程度与溶液中待测抗原或抗体的浓度成比例。标记免疫传感器则是将特异抗原或抗体用酶标记后，在反应溶液中其可与待测抗原或抗体竞争电极上抗体或抗原，取出电极洗涤去除游离抗原或抗体后，再浸入含酶的底物的溶液中测定。

第五节　放射性同位素标记技术

同位素可用于追踪物质的运行和变化规律。借助同位素原子以研究有机反应历程的方法。即同位素用于追踪物质运行和变化过程时，叫做示踪元素。用示踪元素标记的化合物，其化学性质不变。科学家通过追踪示踪元素标记的化合物，可以弄清化学反应的详细过程。这种科学研究方法叫做同位素标记法。同位素标记法也叫同位素示踪法。

同位素示踪所利用的放射性核素（或稳定性核素）及它们的化合物，与自然界存在的相应普通元素及其化合物之间的化学性质和生物学性质是相同的，只是具有不同的核物理性质。因此，就可以用同位素作为一种标记，制成含有同位素的标记化合物（如标记食物，药物和代谢物质等）代替相应的非标记化合物。利用放射性同位素不断地放出特征的核物理性质，就可以用核探测器随时追踪它在体内或体外的位置、数量及其转变等，稳定性同位素虽然不释放射线，但可以利用它与普通相应同位素的质量之差，通过质谱仪、气相层析仪、核磁共振等质量分析仪器来测定。放射性同位素和稳定性同位素都可作为示踪剂，但是，稳定性同位素作为示踪剂其灵敏度较低，可获得的种类少，价格较昂贵，其应用范围受到限制；而用放射性同位素作为示踪剂不仅灵敏度，测量方法简便易行，能准确地定量，准确地定位及符合所研究对象的生理条件等特点。

如研究细胞器在外分泌蛋白合成的作用时，标记某一氨基酸如亮氨酸，通过观察细胞中放射性物质在不同时间出现的位置，就可以看出明确的细胞器在外分泌蛋白的合成和运输中的作用。

第六节　细胞膜离子通道电生理技术

生物细胞膜以脂质双分子层为支架，镶嵌着不同特性的蛋白质，其中部分蛋白为离子通道蛋白，通常也称为跨膜蛋白。离子通道蛋白一般具有离子选择性，即某种离子只能通过与其相应的通道跨膜扩散，各离子通道在不同状态下，对相应离子的通透性不同；门控特性，即失活状态不仅是通道处于关闭状态，而且只有在经过一个额外刺激使通道从失活关闭状态进入静息关闭状态后，通道才能再次接受外界刺激而激活开放。从电学特点上看，细胞膜上离子通道蛋白对离子选择性导致细胞膜内外离子的不同分布态势，这种态势在不同状态下的动态变化是可兴奋细胞静息电位和动作电位的基础，即形成这种电现象可等效地模拟为电阻-电容器，因此具有电学特性。当膜上离子通道开放而引起带电离子跨膜流动时，就相当于在电容器上充电或放电而产生电位差，即跨膜电位。膜电位的高低决定于跨膜电位化学梯度。在膜两侧离子浓度不变的情况下，膜电位则取决于膜电导的改变，即离子通透性的改变；反之，膜电导的大小又受到膜电位的控制，即离子通透性的电压依赖性。因此，利用细胞膜的电学特性就可以用于分析离子通道电流及其开闭时程、选择性等离子通道和神经递质结合蛋白分子结构与生物学功能关系；也可用于分析药物在其离子通道蛋白靶标受体上的作用位点以及激动剂和拮抗剂的亲和力，离子通道开放、关闭的动力学特征及受体的失敏等活动的特征。离子通道一般包括配体门控通道如乙酰胆碱、谷氨酸、五羟色胺受体等阳离子通道和甘氨酸、γ-氨基丁酸受体阴离子通道；电压门控通道如钾、钠、钙离子通道；环核苷酸门控通道如气味分子与 G 蛋白偶联型受体结合，激活腺苷酸环化酶，产生 cAMP，开启 cAMP 门控阳离子通道，引起钠离子内流，膜去极化，产生神经冲动，最终形成嗅觉或味觉；机械门控通道，其中一类是牵拉活化或失活的离子通道，另一类是剪切力敏感的离子通道，这些离子通道蛋白是很多杀虫剂的作用靶标。基于细胞膜电学特性，为了研究离子通道功能，人们采用记录离子通道电流来间接反映离子通道功能，即采用胞内电极或胞外电极检测膜电位开发出双电极电压钳和膜片钳分析技术。

一、双电极电压钳技术

利用负反馈原理将膜电位在空间和时间上固定于某一恒定的测定值，以研究动作电位产生过程中的离子通透性与膜电位之间的依从关系的技术。电压钳制术是利用负反馈电路，在一定时间内将跨膜电位保持在某个选定的电位水平，此电位称为保持电位，并以放大器记录，该放大器与一个反馈放大器连接，这一反馈电流通过膜，抵消因加电压而引起的离子电流，通过电流监视器测量电流，电流的大小即可反应离子通道的特性。电压钳技术能精确反映由离子通道的开放和关闭，引起的膜电导的改变，能描述离子通透性变化的时间关系以及分析离子通透性变化与膜电位的关系，可以测定细胞的膜电位、膜电流和突触后电位。电压门控离子通道、配体门控离子通道以及一些受化学因子如神经递质、激素、细胞内的第二信使、外源药物和一些配体门控离子通道如 NMDA 受体等调控的电压门控离子通道均受到膜电位变化的影响，因此研究电压门控离子通道、化学因子调控的配体门控离子通道均需检测膜电位的变化，最早设计用于分析膜电位的仪器由 Cole 和 Marmont 设计的电压钳，后由 Hodgkin、Huxley 和 Katz 进一步改进设计双电极电压钳。双电极电压钳是采用两个胞内电极，一个电极监测细胞膜电位，另外一个电极注射电流，用于调控细胞膜电位。尽管双电极电压钳限制应用于神经系统巨轴突细胞或骨骼肌细胞等大型细胞，但其在揭示细胞膜离子通道生物物理特性方面仍发挥了重要作用。在电压钳技术基础上，采用单个胞外电极的方法，Neher 和 Sakmann 设计出了目前广泛使用的膜片钳技术。但双电极电压钳技术在爪蟾卵母细胞异源表达离子通道或蛋白受体的电生理特性分析方面仍然具有其不可替代的优势。

二、膜片钳技术

膜片钳是一种通过微电极与细胞膜之间形成紧密封接，采用电压钳或电流钳技术对生物膜上单一的或多个离子通道的电活动进行记录的微电极技术。该技术可将微电极尖端所吸附的一个至几个平方微米的细胞膜的电位固定在一个水平上，对通过通道的微小离子电流作动态或静态观察。主要采用一个尖端光洁、直径 $0.5\sim3\mu m$ 的玻璃微电极同神经或肌细胞的膜接触而不刺入，然后在微电极的另一端开口施加适当的负压，将与电极尖端接触的小片膜轻度吸入电极尖端的纤细开口，这样在小片膜周边与微电极开口的玻璃之间形成紧密封接，在理想状态下电阻可达数十兆欧。实际上把吸附在微电极尖端开口的小片膜与其余部分的膜在电学上完全分开，如果这小片膜上只包含一个或几个通道蛋白分子，那么此微电极就可以测量出单一开放的离子电流或电导。膜片钳技术主要通过保持跨膜电压，即电压钳位，测量通过膜离子电流大小的技术。通过研究离子通道的离子流，从而了解离子运输、信号传递等信息。目前膜片钳技术有细胞贴附记录、内面向外记录、外面向外记录和全细胞记录四种基本记录模式。前三种为单通道记录模式，其中内面向外和外面向外记录模式为游离膜片的记录模式。将电极接触细胞膜，轻轻地给予负压吸引，就形成了细胞贴附记录模式。将电极迅速提起，脱离细胞，因为细胞膜具有流动性，黏着在电极尖端上的细胞膜会自动融合，从而形成一个囊泡，当将电极提出浴液液面而短暂（10^{-2} s）暴露在空气中时，囊泡的外表面会破裂，再次将电极放入浴液，就形成了内面向外记录模式。另外，如果将电极放入低钙浴液中，囊泡的外表面也会破裂，同样可形成内面向外记录模式。形成细胞贴附记录模式后，采用继续施加负压或电击的方法打破细胞膜，即形成了全细胞记录模式。在形成全细胞记录模式后，将电极缓缓提起，逐渐脱离细胞，同样因为细胞膜具有流动性，黏着在电极尖端上的细胞膜会自动融合，这样细胞外面就朝向电极类端外，形成外膜向外记录模式。

参 考 文 献

[1] 孙彦.生物分离工程.第 2 版.北京：化学工业出版社，2005.

[2] 徐跃飞，孔英.生物化学与分子生物学实验技术，北京：化学工业出版社，2011.

[3] Anderson N G. Studies on isolated cell components：Ⅷ. high resolution gradient differential centrifugation. Experimental cell research，1955，9(3)：446-459.

[4] Wilbur K M，Anderson N G. Studies on isolated cell components：I. Nuclear isolation by differential centrifugation. Experimental Cell Research，1951，2(1)：47-57.

[5] Schmitz B，Radbruch A，Kümmel T，et al. Magnetic activated cell sorting（MACS）-a new immunomagnetic method for megakaryocytic cell isolation：comparison of different separation techniques. European journal of haematology，1994，52(5)：267-275.

[6] Pidgeon C，Cai S J，Bernal C. Mobile phase effects on membrane protein elution during immobilized artificial membrane chromatography. Journal of Chromatography A，1996，721(2)：213-230.

[7] Strop P，Brunger A T. Refractive index-based determination of detergent concentration and its application to the study of membrane proteins. Protein Science，2005，14(8)：2207-2211.

[8] Frey P A，Hegeman A D. Enzymatic reaction mechanisms. Oxford University Press，2007.

[9] Guan B，Chen X，Zhang H. Two-electrode voltage clamp. Methods Mol Biol，2013，998：79-89.

[10] Martina M，Taverna S. Patch-clamp methods and protocols. Springer，2014.

第三章　农药代谢生化酶学与代谢类型

农药在动植体内以及环境中和靶标生物的代谢，称生物转化或降解。有关代谢途径、代谢率以及代谢产物的作用，是农药生物化学研究的最重要的内容。当然，大多数的代谢研究旨在为管理机构提供化学农药使用后所产生的残留的数据。有关代谢的研究对于深入理解农药活性或毒性和新型化合物的筛选以及开发能起到重大的影响。哺乳动物对农药的代谢研究的重要任务是促进人们进一步了解该化学农药给哺乳动物所致的毒性，并且希望有助于将该毒性从对哺乳动物外推到对人类的影响。就家畜而论，实际上也需要对人类消费的畜产品中化学品的残留量提供一个容许值。就植物而论，代谢研究将有助于了解和治理农药对植物的毒性或是药害问题。本章主要讨论农药代谢的主要生物化学反应类型、代谢作用以及利用生物化学原理和方法探讨农药代谢途径及其所产生的影响。

第一节　酶学与酶促反应动力学基础

酶（enzyme）是由活细胞产生的、对其底物具有高度特异性和高度催化效能的蛋白质或 RNA。酶的催化作用有赖于酶分子的一级结构及空间结构的完整。酶分子变性或亚基解聚均可导致酶活性丧失。

一、生化酶学基础

1. 酶的特性

① 酶属生物大分子，分子量至少在 1 万以上，大的可达百万。

② 酶是一类极为重要的生物催化剂（biocatalyst）。由于酶的作用，生物体内的化学反应在极为温和的条件下也能高效和特异地进行。

③ 酶的化学本质是蛋白质（protein）或 RNA（ribonucleic acid），因此它也具有一级、二级、三级，乃至四级结构。

④ 按其分子组成的不同，可分为单纯酶和结合酶。仅含有蛋白质的称为单纯酶；结合酶则由酶蛋白和辅助因子组成，只有两者结合成全酶才具有催化活性。

2. 酶的化学组成

（1）单纯酶　单纯酶分子中只有氨基酸残基组成的肽链。例如，大多数水解酶单纯由蛋白质组成。

（2）结合酶 酶分子中除了多肽链组成的蛋白质，还有非蛋白成分。如金属离子、铁卟啉或含 B 族维生素的小分子有机物。结合酶的蛋白质部分称为酶蛋白（apoenzyme），非蛋白质部分统称为辅助因子（cofactor），两者一起组成全酶（holoenzyme）；只有全酶才有催化活性，如果两者分开则酶活力消失。非蛋白质部分如铁卟啉或含 B 族维生素的化合物若与酶蛋白以共价键相连的称为辅基（prosthetic group），用透析或超滤等方法不能使其与酶蛋白分开；反之两者以非共价键相连的称为辅酶（coenzyme），可用上述方法把两者分开。辅助因子有两大类，一类是金属离子，且常为辅基，起传递电子的作用；另一类是小分子有机化合物，主要起传递氢原子、电子或某些化学基团的作用。

结合酶中的金属离子有多方面功能，有的可能是酶活性中心的组成成分；有的可能在稳定酶分子的构象上起作用；有的可能作为桥梁使酶与底物相连接。辅酶与辅基在催化反应中作为氢或某些化学基团的载体，起传递氢或化学基团的作用。体内酶的种类很多，但酶的辅助因子种类并不多，常见到几种酶均有用某种相同的金属离子作为辅助因子的例子，同样的情况亦见于辅酶与辅基，如 3-磷酸甘油醛脱氢酶和乳酸脱氢酶均以 NAD^+（烟酰胺腺嘌呤二核苷酸，辅酶Ⅰ）为辅酶。酶催化反应的特异性取决于酶蛋白部分，而辅酶与辅基的作用是参与具体的反应过程中氢及一些特殊化学基团的运载。对需要辅助因子的酶来说，辅助因子也是活性中心的组成部分。

酶蛋白的大部分氨基酸残基并不与底物接触。组成酶活性中心的氨基酸残基的侧链存在不同的功能基团，如$-NH_2$、$-COOH$、$-SH$、$-OH$ 和咪唑基等，它们来自酶分子多肽链的不同部位。有的基团在与底物结合时起结合基团（binding group）的作用，有的在催化反应中起催化基团（catalytic group）的作用。但有的基团既在结合中起作用，又在催化中起作用，所以常将活性部位的功能基团统称为必需基团（essential group）。

3. 酶的空间结构

通过多肽链的盘曲折叠，组成一个在酶分子表面、具有三维空间结构的孔穴或裂隙，以容纳进入的底物与之结合并催化底物转变为产物，这个区域即称为酶的活性中心。酶的活性中心（active center）只是酶分子中很小的部分。酶催化反应的特异性实际上取决于酶活性中心的结合基团、催化基团及其空间结构。图 3-1 为酶活性中心示意图。

而酶活性中心以外的功能基团在形成并维持酶的空间构象上也是必需的，故称为活性中心以外的必需基团。如酶分子中的二硫键（$-S-S-$），在维系酶的空间结构中发挥重要作用，当二硫键受到破坏，酶将失去活性。

4. 酶的分类与命名法

1961 年国际生物化学和分子生物学学会（IUBMB）以酶的分类为依据，提

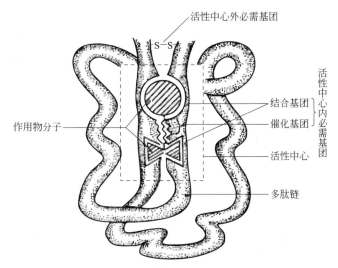

图 3-1　酶活性中心示意图

出系统命名法，规定每一个酶有一个系统名称（systematic name），它标明酶的所有底物和反应性质。各底物名称之间用"："分开。如草酸氧化酶，因为有草酸和氧两个底物，应用"："隔开，又因是氧化反应，所以其系统命名为"草酸：氧氧化酶"；如有水作为底物，则水可以不写。有时底物名称太长，为了使用方便，国际酶学学会从每种酶的习惯名称中，选定一个简便和实用的作为推荐名称（recommended name）。可从手册和数据库中检索。

国际系统分类法按酶促反应类型，将酶分成六个大类：

（1）氧化还原酶类（oxidoreductases）　催化底物进行氧化还原反应的酶类。包括电子或氢的转移以及分子氧参加的反应。常见的有脱氢酶、氧化酶、还原酶和过氧化物酶等。

（2）转移酶类（transferases）　催化底物进行某些基团转移或交换的酶类，如甲基转移酶、氨基转移酶、转硫酶等。

（3）水解酶类（hydrolases）　催化底物进行水解反应的酶类。如淀粉酶、糖苷酶、蛋白酶等。

（4）裂解酶类（lyases）或裂合酶类（synthases）　催化底物通过非水解途径移去一个基团形成双键或其逆反应的酶类，如脱水酶、脱羧酸酶、醛缩酶等。如果催化底物进行逆反应，使其中一底物失去双键，两底物间形成新的化学键，此时为裂合酶类。

（5）异构酶类（isomerases）　催化各种同分异构体、几何异构体或光学异构体间相互转换的酶类。如异构酶、消旋酶等。

（6）连接酶类（ligases）或合成酶类（synthetases）　催化两分子底物连接

成一个分子化合物的酶类。

上述六大类酶用 EC（enzyme commission）加 1.2.3.4.5.6 编号表示，再按酶所催化的化学键和参加反应的基团，将大类再进一步分成亚类和亚亚类，最后为该酶在这亚亚类中的排序。如 α-淀粉酶的国际系统分类编号为：EC3.2.1.1。

EC3——hydrolases 水解酶类；

EC3.2——glycosylases 转葡糖基酶亚类；

EC3.2.1——glycosidases 糖苷酶亚亚类，如能水解 O-和 S-糖基化合物；

EC3.2.1.1——α-amylase α-淀粉酶。

值得注意的是，即使是同一名称和 EC 编号，由于来自不同的物种或不同的组织和细胞，如来自动物胰脏、麦芽等和枯草杆菌 BF7658 的 α-淀粉酶等，其一级结构或反应机制不同，虽然都能催化淀粉的水解反应，但有不同的活力和最适合反应条件。

可以按照酶在国际分类编号或其推荐名，从酶手册（Enzyme Handbook）、酶数据库中检索到该酶的结构、特性、活力测定和 K_m 值等有用信息。

5. 酶活力的表示方法

酶活力（enzyme activity）也称酶活性，是指酶催化一定化学反应的能力。酶活力的大小可以用在一定条件下，其所催化的某一化学反应的转化速率来表示，即酶催化的转化速率越快，酶的活力就越高；反之，速率越慢，酶的活力就越低。所以，测定酶的活力就是测定酶促转化速率。酶促转化速率可以用单位时间内单位体积中底物的减少量或产物的增加量来表示。酶活力的测定既可以通过定量测定酶反应的产物或底物数量随反应时间的变化来进行，也可以通过定量测定酶反应底物中某一性质的变化，如黏度变化来测定。通常是在酶的最适 pH 值和离子强度以及指定的温度下测定酶活力。

常用下列三种方式表示酶活力大小：

（1）酶活力单位（U） 指酶活力的度量单位。1961 年国际酶学会议规定：1 个酶活力单位是指在特定条件（25℃，其他为最适条件）下，在 1min 内能转化 1μmol 底物的酶量，或是转化底物中 1μmol 的有关基团的酶量，称为一个国际单位（IU，又称 U）。酶活力单位主要用来表示酶活力大小，通常用酶量来表示。

酶活力单位也可用 Kat 表示，规定为：在最适条件下，1s 能使 1mol 底物转化的酶量。Kat 和 U 的换算关系：$1Kat = 6 \times 10^7 U$，$1U = 16.67n\ Kat$。

（2）酶的比活力（specific activity） 是指每毫克质量的蛋白质中所含的某种酶的催化活力。是用来度量酶纯度的指标，是生产和酶学研究中经常使用的基本数据。

（3）酶的转化数（Kcat） 指在单位时间内每一活性中心或每分子酶所能转换的底物分子数。

二、酶促反应动力学

酶促反应动力学（kinetics of enzyme-catalyzed reactions）主要研究酶催化的反应速度以及影响反应速度的各种因素。在探讨各种因素对酶促反应速度的影响时，通常测定其初始速度来代表酶促反应速度，即底物转化量<5%时的反应速度。酶促反应动力学是研究酶促反应速率及其影响因素的科学。这些因素包括酶浓度、底物浓度、pH值、温度、激活剂和抑制剂等。

1. 底物浓度影响

（1）底物浓度对酶促反应的饱和现象 由图3-2可知，在酶浓度不变时，不同底物浓度与反应速度的关系为一矩形双曲线，即当底物浓度较低时，反应速度的增加与底物浓度的增加成正比。

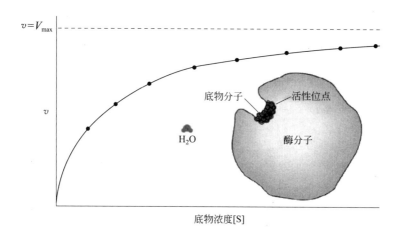

图 3-2 底物浓度对酶促反应的影响

（2）米氏方程及米氏常数 Michaelis 和 Menten 于 1913 年推导出了上述矩形双曲线的数学表达式，即米氏方程：

$$V = V_{max} \frac{[S]}{K_m + [S]}$$

式中，V_{max} 为最大反应速度；K_m 为米氏常数。

（3）K_m 和 V_{max} 的意义

① 当 $V = V_{max}/2$ 时，$K_m = [S]$；因此，K_m 等于酶促反应速度达最大值一半时的底物浓度；

② $1/K_m$ 可以反映酶与底物亲和力的大小，即 K_m 值越小，则酶与底物的亲和力越大；反之，则越小；

③ K_m 可用于判断反应级数：当 $[S] \leqslant 0.01K_m$ 时，$v = (V_{max}/K_m)[S]$，反应为一级反应，即反应速度与底物浓度成正比；当 $[S] \geqslant 100K_m$ 时，$v = V_{max}$，

反应为零级反应，即反应速度与底物浓度无关；当 $0.01K_m <$ ［S］$< 100K_m$ 时，反应处于零级反应和一级反应之间，为混合级反应；

④ K_m 是酶的特征性常数：在一定条件下，某种酶的 K_m 值是恒定的，因而可以通过测定不同酶（特别是一组同工酶）的 K_m 值，来判断是否为不同的酶；

⑤ K_m 可用来判断酶的最适底物：当酶有几种不同的底物存在时，K_m 值最小者，为该酶的最适底物；

⑥ K_m 可用来确定酶活性测定时所需的底物浓度：当 ［S］$= 10K_m$ 时，$v = 91\% V_{max}$，为最合适的测定酶活性所需的底物浓度；

⑦ V_{max} 可用于酶的转换数的计算：当酶的总浓度和最大速度已知时，可计算出酶的转换数，即单位时间内每个酶分子催化底物转变为产物的分子数；

⑧ 如果一个酶有多个底物，则对每一种底物各有一个特定的 K_m，其中 K_m 值最小的底物大都是该酶最适底物或天然底物。

（4）K_m 和 V_{max} 的测定　固定反应中的酶浓度，设计不同浓度的底物，测定酶促反应的起始速度，即可获得 K_m 和 V_{max} 值，见图 3-3 的米氏方程的模拟作图。

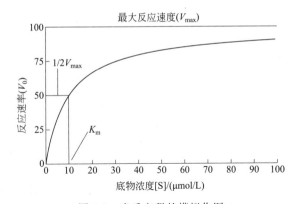

图 3-3　米氏方程的模拟作图

以 $V_{max} = 100$，$K_m = 10$ 模拟的米氏方程作图，

其中，V_0 表零级反应的反应速率，其与底物浓度的零次方成正比

但直接从起始速度对底物浓度的图中确定 K_m 和 V_{max} 值是很困难的，因为曲线接近 V_{max} 值时是一个渐近过程。因此通常情况下，可通过米氏方程的双倒数形式来测定。即 Lineweaver-Burk 作图，也称为双倒数方程（double-reciprcal plot）：

$$\frac{1}{V} = \frac{K_m + ［S］}{V_{max} \cdot ［S］} = \frac{K_m}{V_{max}} \times \frac{1}{［S］} + \frac{1}{V_{max}}$$

将 $1/V$ 对 $1/［S］$ 作图，即可得到一条直线，该直线在 Y 轴的截距即为 $1/V_{max}$，

在 X 轴上的截距即为 $1/K_\mathrm{m}$ 的绝对值，图 3-4 为酶促反应 Lineweaver-Burk 示意图。

2. 酶浓度影响

当反应系统中底物的浓度足够大时，随着酶浓度增加，反应速率逐渐加快，即酶促反应速度与酶浓度成正比，即 $V=k[\mathrm{E}]$。

3. 温度影响

一般来说，酶促反应速度随温度的增高而加快，但当温度增加达到某一点后，由于酶蛋白的热变性作用，反应速度迅速下降。酶促反应速度随温度升高而达到一最大值时的温度就称为酶的最适温度。酶的最适温度与实验条件有关，因而它不是酶的特征性常数。低温时由于活化分子数目减少，反应速度会降低，但温度升高后，酶活性又可恢复（图 3-5）。

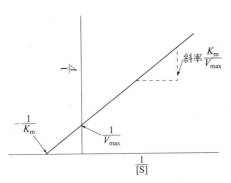

图 3-4　酶促反应 Lineweaver-Burk 示意图

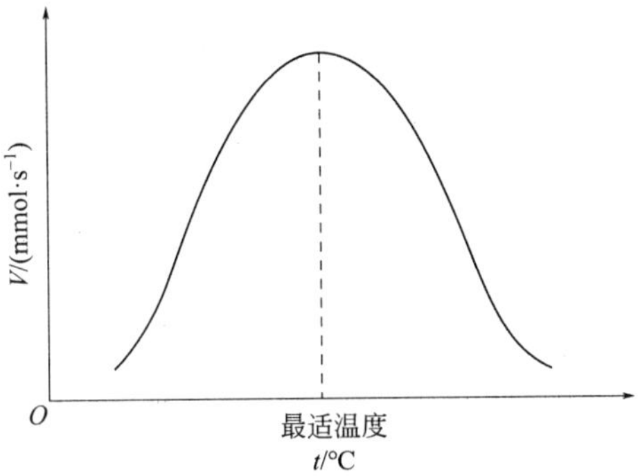

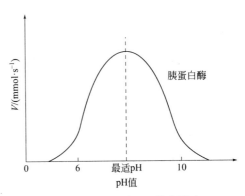

图 3-5　酶的活性受温度影响的示意图

4. pH 影响

观察 pH 对酶促反应速度的影响，通常为一钟形曲线，即 pH 过高或过低均可导致酶催化活性的下降。酶催化活性最高时溶液的 pH 值就称为酶的最适 pH。人体内大多数酶的最适 pH 6.5～8.0，酶的最适 pH 是酶的特征性常数（图 3-6）。

5. 抑制剂影响

凡是能降低酶促反应速度，但不引起酶分子变性失活的物质统称为酶的抑制剂。按照抑制剂的抑制作用，可将其分为不可逆抑制作用和可逆抑制作用两大类。

图 3-6　酶活性受 pH 值的影响

（1）不可逆抑制作用　抑制剂与酶分子的必需基团共价结合引起酶活性的抑制，且不能采用透析等简单方法使酶活性恢复的抑制作用就是不可逆抑制作用。

酶的不可逆抑制作用包括专一性不可逆抑制（如有机磷农药对胆碱酯酶的抑制）和非专一性不可逆抑制（如路易斯气对巯基酶的抑制）两种。非专一性不可逆抑制是指抑制剂与酶活性中心及活性中心以外某一类或几类必需基团发生化学反应引起酶失活，抑制剂能与蛋白酶侧链的氨基、羟基、胍基、巯基、酚基等发生反应，但对其所反应基团的选择性常常是不强的。专一性不可逆抑制是指抑制剂专一性地和某一种活性部位的必需基团反应，并使酶失活。

专一性不可逆抑制又可分为 K_s 型不可逆抑制和 K_{cat} 型不可逆抑制。K_s 型不可逆抑制指具有与底物相似的结构，同时还带有一个能与酶催化中心的必需基团进行化学反应的活泼基团。K_{cat} 型不可逆抑制指具有与底物相似的结构，不仅能与酶结合，而且潜伏的反应基团能被酶催化而活化，并能与酶活性中心的特定的必需基团进行不可逆结合，是一种自杀性的底物。

如有机磷杀虫剂对硫磷、内吸磷、特普、乙硫磷等为乙酰胆碱酯酶的非专一性不可逆抑制剂，能与机体蛋白酶及酯酶活性中心 Ser-OH 形成磷酯键，使酶失活，反应式见下：

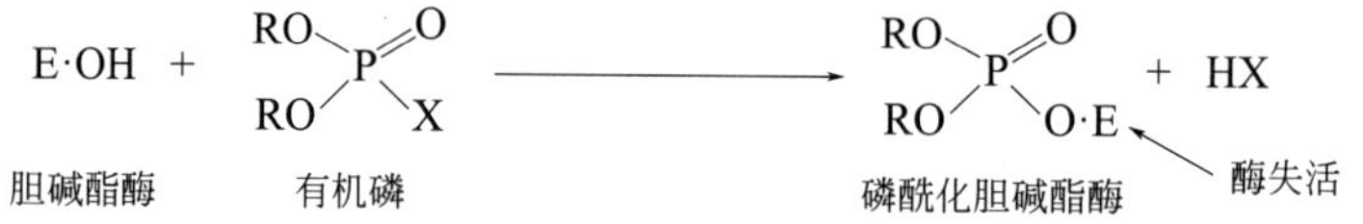

当人、畜中毒后不久，可用解磷定解毒。解毒机理是解磷定能与磷酰化胆碱酯酶中的磷酰基结合，将其胆碱酯酶游离，使酶恢复活性，反应式见下：

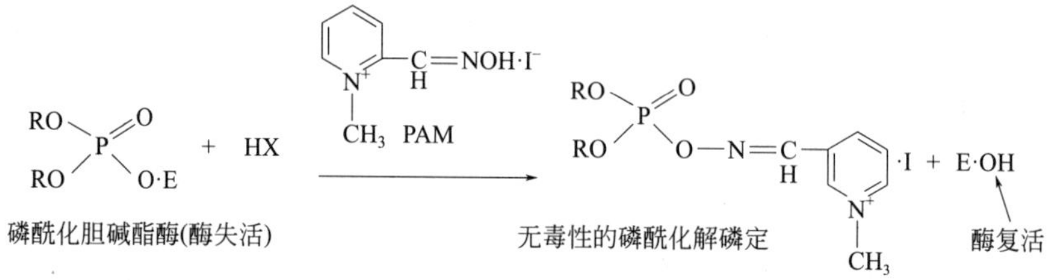

有机汞和有机砷化合物（路易斯气）不可逆抑制机体内的巯基酶，使酶的巯基烷化、失活。此类化合物主要与还原型硫辛酸辅酶反应，抑制丙酮酸氧化系统。可用二巯基丙醇、半胱氨酸、谷胱甘肽等过量的巯基化合物解毒，反应式见下：

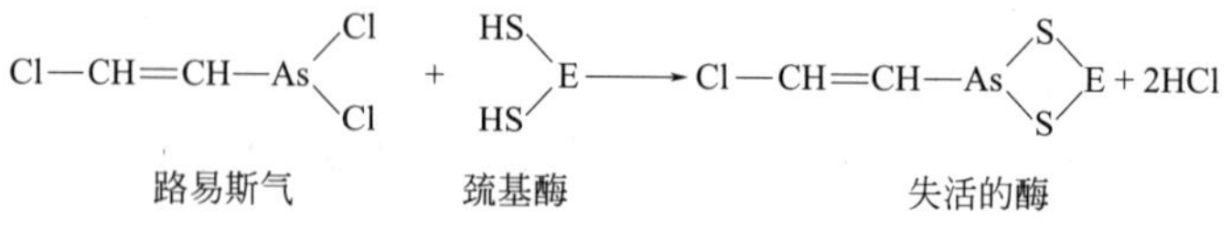

常见的不可逆抑制剂有：重金属 Ag、Cu、Hg、Cd、Pb 能抑制细胞内大多数酶；含卤素的烷化物；碘乙酸、乙酸碘乙酰胺、卤乙酰苯均与酶巯基结合；氰

化物、硫化物、CO 与含有铁卟啉的酶中的 Fe^{2+} 结合，使细胞呼吸受阻；青霉素，能抑制细菌细胞壁合成酶糖肽转肽酶，使细胞壁合成受阻。

（2）可逆抑制作用　抑制剂以非共价键与酶分子可逆性结合造成酶活性的抑制，且可采用透析等简单方法去除抑制剂而使酶活性完全恢复的抑制作用就是可逆抑制作用。可逆抑制作用包括竞争性、反竞争性和非竞争性抑制几种类型。

① 竞争性抑制（competitive inhibition）。抑制剂与底物竞争与酶的同一活性中心结合，从而干扰了酶与底物的结合，使酶的催化活性降低，这种作用就称为竞争性抑制作用，见图 3-7。

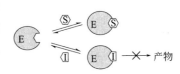

图 3-7　竞争性抑制示意图

竞争性抑制特点：a.竞争性抑制剂往往是酶的底物类似物或反应产物；b.抑制剂与酶的结合部位和底物与酶的结合部位相同；c.抑制剂浓度越大，则抑制作用越大，但增加底物浓度可使抑制程度减小；d.动力学参数 K_m 值增大，V_{max} 值不变，竞争性抑制曲线见图 3-8。

动力学方程：

$$V = \frac{V_{max} \cdot [S]}{K_m\left(1 + \dfrac{[I]}{K_i}\right) + [S]}$$

双倒数式：

$$\frac{1}{V} = \frac{K_m}{V_{max}}\left(1 + \frac{[I]}{K_i}\right) \times \frac{1}{[S]} + \frac{1}{V_{max}}$$

将动力学方程以 V 对 $[S]$ 作图得图 3-8(a)，用双倒数式作图得图 3-8(b)。

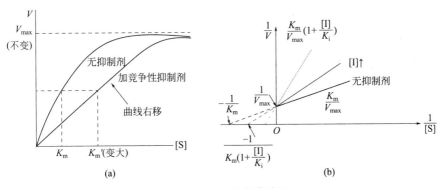

(a)　　　　　　　　　　　　　　(b)

图 3-8　竞争性抑制曲线图

典型的例子是丙二酸对琥珀酸脱氢酶（底物为琥珀酸）的竞争性抑制和磺胺类药物（对氨基苯磺酰胺）对二氢叶酸合成酶（底物为对氨基苯甲酸）的竞争性抑制。

丙二酸与琥珀酸竞争琥珀酸脱氢酶：

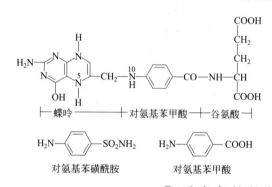

琥珀酸　　　丙二酸

$$\text{琥珀酸} \xrightleftharpoons[\underset{FAD \quad FADH_2}{}]{琥珀酸脱氢酶} \text{延胡索酸}$$

对氨基苯磺酰胺与对氨基苯甲酸竞争性抑制二氢叶酸合成酶：

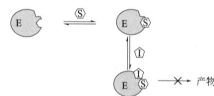

├── 蝶呤 ──┤├── 对氨基苯甲酸 ──┤├ 谷氨酸 ┤

H_2N—〈苯环〉—SO_2NH_2　　　H_2N—〈苯环〉—$COOH$

对氨基苯磺酰胺　　　　　　　　对氨基苯甲酸

② 反 竞 争 性 抑 制 （uncompetitive inhibition） 抑制剂不能与游离酶结合，但可与 ES 复合物结合并阻止产物生成，使酶的催化活性降低，称酶的反竞争性抑制，如图 3-9 所示。

反竞争性抑制特点：a. 抑制剂与底物可同时与酶的不同部位结合；b. 必须有底物存在，抑制剂才能对酶产生抑制作用；c. 动力学参数 K_m 减小，V_{max} 降低。

图 3-9　反竞争性抑制示意图

动力学方程：

$$V = \dfrac{\dfrac{V_{max}}{1+\dfrac{[I]}{K_i}} \cdot [S]}{\dfrac{K_m}{1+\dfrac{[I]}{K_i}} + [S]}$$

双倒数方程：$\dfrac{1}{V} = \dfrac{K_m}{V_{max}} \times \dfrac{1}{[S]} + \dfrac{1}{V_{max}} \times \left(1 + \dfrac{[I]}{K_i}\right)$

由动力学方程式和双倒数方程式作图得 3-10（a）和 3-10（b）。

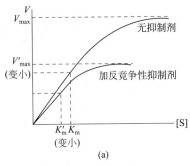
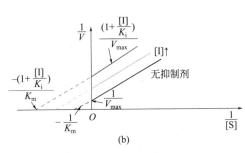

图 3-10　反竞争性抑制曲线示意图

③ 非竞争性抑制（non-competitive inhibition）。抑制剂既可以与游离酶结合，也可以与 ES 复合物结合，使酶的催化活性降低，称为非竞争性抑制，见图 3-11。

非竞争性抑制特点：a. 底物和抑制剂分别独立地与酶的不同部位相结合；b. 抑制剂对酶与底物的结合无影响，故底物浓度的改变对抑制程度无影响；c. 动力学参数 K_m 值不变，V_{max} 值降低。

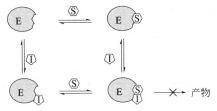

图 3-11　非竞争性抑制示意图

动力学方程：

$$V = \dfrac{\dfrac{V_{max}}{1+\dfrac{[I]}{K_i}} \cdot [S]}{K_m + [S]}$$

双倒数方程：$\dfrac{1}{V} = \dfrac{K_m}{V_{max}}\left(1+\dfrac{[I]}{K_i}\right) \times \dfrac{1}{[S]} + \dfrac{1}{V_{max}} \times \left(1+\dfrac{[I]}{K_i}\right)$

由动力学方程式和双倒数方程式作图得 3-12（a）和 3-12（b）。

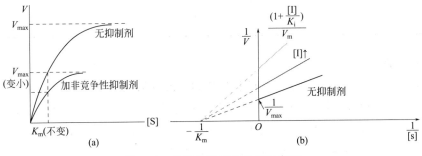

图 3-12　非竞争性抑制曲线示意图

三种类型的可逆抑制作用比较：

① 竞争性抑制　抑制剂与底物竞争酶的活性中心，使酶的有效浓度降低，降低了酶与底物的亲和力，K_m 增大。当 $[S] \gg [I]$，所有的酶都将以 ES 的形式存在，酶促反应速率仍然能够达到最大值。因此，V_{max} 不变。

② 非竞争性抑制　加入非竞争性抑制剂后，底物与酶的结合不受影响，所以，K_m 不变。抑制剂和底物同时与酶结合，即使底物足以使酶饱和，总有一定比例的无活性的 ESI 存在，降低了酶的有效浓度，酶促反应速率达不到最大值。因此，V_{max} 减小。

③ 反竞争性抑制　加入反竞争性抑制剂，酶和底物结合还可以同时与抑制剂结合，存在一定比例的无活性的 ESI，酶促反应速率就不会达到最大值，V_{max} 减小。反竞争性抑制还能与 ES 结合，降低了 [ES]，化学平衡向有利于 ES 形成的方向移动，K_m 减小。三种类型的可逆抑制作用比较见表 3-1。

表 3-1　三种类型的可逆抑制作用比较

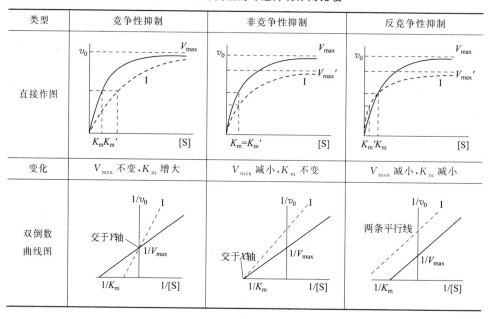

类型	竞争性抑制	非竞争性抑制	反竞争性抑制
直接作图			
变化	V_{max} 不变，K_m 增大	V_{max} 减小，K_m 不变	V_{max} 减小，K_m 减小
双倒数曲线图			

6. 激活剂影响

能够促使酶促反应速度加快的物质称为酶的激活剂。

激活剂种类包括：①无机阳离子，如钠离子、钾离子、铜离子、钙离子等；②无机阴离子，如氯离子、溴离子、碘离子、硫酸盐离子、磷酸盐离子等；③有机化合物，如维生素 C、半胱氨酸、还原性谷胱甘肽等。

许多酶只有当某一种适当的激活剂存在时，才表现出催化活性或强化其催化活性，这称为对酶的激活作用。

第二节　农药代谢的主要酶类及其代谢类型

一、农药代谢的基本概念

代谢是生物体内所发生的用于维持生命的一系列有序化学反应的总称。这些反应进程使得生物体能够生长和繁殖、保持它们的结构以及对外界环境做出反应。代谢通常被分为两类：分解代谢可以对大的分子进行分解以获得能量；合成代谢则可以利用能量来合成细胞中的各个组分，如蛋白质和核酸等。代谢可以被认为是生物体不断进行物质和能量交换的过程，一旦物质和能量的交换停止，生物体的结构就会解体。

1. 农药代谢

作为外源化合物的农药进入生物体后，通过多种酶对这些外源化合物所产生的化学作用称为农药代谢，亦称生物转化。代谢引起化合物分子结构的变化，这种变化的产物即代谢产物。一般情况下，代谢产物对有机体比原化合物产生更低的毒性，这是因为代谢产物更具极性，更易溶于水，从而更容易从体内排出，这种降低毒性的代谢称为解毒代谢。还有一类则是当农药化合物进入机体后，经体内代谢所产生的化合物增加了机体毒性，表现出毒性效应，称为增毒代谢。

2. 代谢反应类型

（1）初级代谢反应：在生物化学领域，初级代谢主要指有机体通过分解代谢和合成代谢生成维持生命活动的物质和能量，如氨基酸、核苷酸、多糖、脂类、维生素等，通过代谢活动产生自身生长和繁殖所必需的物质。这种代谢的过程，称为初级代谢。

而在农药代谢反应中，进入有机体内的大多数农药难溶于水，它们在机体内经生物体内酶的作用下，经氧化、水解和还原，可引起极性基团的插入，使农药分子的极性增强，这些反应称为初级代谢反应。

（2）次级代谢反应：在生物化学领域，次级代谢主要指有机体在一定范围内生物特异的代谢。次级代谢的产物对维持生命具有重要意义。次生代谢物为生物碱、类萜（ferpenoid）、酚类、抗菌物质、色素等，其生理意义目前并不完全清楚。

农药次级代谢是指农药的初级代谢物在生物体内代谢酶的作用下，使内源物质与农药初级代谢物结合或称轭合，形成极性更强的和更易排出体外的分子，这个过程称为次级代谢反应。

3. 代谢对农药药效和毒性的影响

代谢对农药的选择活性具有重要意义，是农药选择毒性重要因素之一。农药的代谢程度是它们在土壤、植物和动物体内产生特效的决定因素之一。代谢作用往往与有害生物抗性有密切的关系。

二、农药代谢的主要酶类及其代谢类型

（一）初级代谢酶与代谢反应

1. 水解酶

广泛分布于动物和植物的各种组织中以及细胞中的不同部位，水解酶不需要任何辅酶，但有时需要阳离子活化。脂类、酰胺类和磷酸酯类化合物在体内可被广泛存在的水解酶水解。水解酶包括酯酶和酰胺酶。脂类外源化学物可被酯酶催化水解生成醇和酸，酰胺类可被酰胺酶催化水解生成酸和胺。水解酶分为：磷酸酯酶，对 R—O—P 键起作用；羧酸酯酶，对 RCO—OR′起作用；酰胺酶，对 RCONHR′起作用。

（1）磷酸酯酶（phosphatase）　通常是指催化正磷酸酯化合物水解的酶类或是水解磷酸酯及多聚磷酸化合物酶类的总称。它能水解有机磷酯类化合物磷酸酯键的酶。

典型的有机磷酸酯水解酶包括有机磷酸水解酶（Organophosphorus hydrolase，OPH）、甲基对硫磷水解酶（methyl parathion hydrolase，MPH 或 methyl parathion-degrading enzyme，MPD）、有机磷酸酐水解酶（organosphorous acid anhydrolase，OPAA）、二异丙基氟磷酸酯酶（diisopropyl Fluoro Phosphate，DFPase）和对氧磷酶（paraoxonase，PON）等。

① 有机磷酸酯水解酶（OPH）　从广谱有机磷降解菌（黄杆菌 *Flavobacterium* sp.，ATCC27551）和缺陷假单胞菌（*Pseudomonas diminuta* MG）细胞分离纯化获得的有机磷水解酶（OPH），可分解多种有机磷酸酯。

OPH 是一种典型的磷酸三酯酶（PTE），可作用于 P—O 键、P—CN 键、P—F 键和 P—S 键的有机磷酸酯。OPH 为同源二聚体，单体含有 356 个氨基酸残基，分子质量约 36kDa，高级结构为规则的 TIM 桶折叠 [图 3-13（a）]，即 8 个 α-螺旋包围 8 个 β 片层。每个 β 片层和 α-螺旋在桶末端缠绕成环。其活性中心位于 TIM 桶末端。活性部位包含双核金属中心，与核心 β 片层 C 末端残基相连，核心 β 片层同时参与形成折叠 C 末端，其环状区域为底物结合位点。双核金属中心富含组氨酸，便于结合 Zn^{2+}。α-金属由 H55、H57 和 D301 稳定；β-金属由 H201 和 H230 稳定 [图 3-13（b）]。OPH 催化需要一或两个金属离子。

OPH 酶活性中心有三个疏水口袋，分别与底物分子的三个取代基作用，影响离去基团释放速率，并决定酶的专一性。大口袋（H254、H257 和 L271）和小口袋（M317、G60、I106、L303 和 S308）对于酶识别底物侧链疏水性如中心

磷原子手性十分重要，口袋（W131、F132、F306 和 Y309）则控制离去基团释放［图 3-13(c)］。

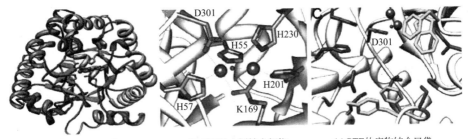

(a) PTE 的单体结构　　(b) PTE 的金属结合部位　　(c) PTE 的底物结合口袋

图 3-13　PTE 的晶体结构（李丹丹，2017）

OPH 是目前研究较为深入的有机磷广谱水解酶，其最适底物为对氧磷，而对其他有机磷神经毒剂水解活性相对较弱。

OPH 催化对氧磷水解的反应历程可大致分为四个阶段：

第一，金属中心的 Zn^{2+} 去质子化一个水分子，产生的桥连氢氧根与双核 Zn^{2+} 和 D301 配位连接；

第二，底物结合到酶的活性中心活性部位，桥连氢氧根亲核进攻底物分子中的磷原子，同时 D301 获得氢氧根上的 H 质子；

第三，β-Zn^{2+} 极化磷酰基氧，导致 β-Zn^{2+} 与氢氧根的结合减弱，磷中心推电子效应增强，底物 P—O 键断裂，释放离去基团（即第一个产物对硝基苯酚），形成酶与第二产物的复合物，酶-产物复合物由金属 Zn^{2+} 中心稳定；

第四，质子通过 D301 迁移到 H252 并远离酶的活性位点，释放第二个产物，活性空腔恢复到原始状态，进入下一轮的酶促反应。

② 甲基对硫磷水解酶（MPD）　甲基对硫磷水解酶是从恶臭假单胞菌（*Pseudomonas putida*）、假单胞菌（*Pseudomonas* sp.，WBC-3）和邻单胞菌（*Plesiomonas* sp.，strain M6）中分离提纯的，能高效水解甲基对硫磷，均能利用甲基对硫磷作为唯一的碳源和氮源生长。但 MPD 对其他有机磷酸酯活性较低，底物范围较窄。

在结构上 MPD 是一种二聚体蛋白，单体折叠成典型的 β-内酰胺酶花式 $\alpha\beta$/$\beta\alpha$ 结构，与 TIM 桶折叠有明显区别［图 3-14(a)］。MPD 单体含有 331 个氨基酸残基，分子质量约 45kDa。MPD 和 PTE 的双核金属中心结构相似，但参与稳定金属离子和氨基酸残基不同。MPD 活性依赖于 Cd^{2+}，酶的双核金属中心由等物质的量的 Zn^{2+} 和 Cd^{2+} 组成。MPD 双核金属 α/β 与 D255 侧链羧基和一个桥接氢氧根配位连接，周围是组氨酸富集区，分布有 H234、H147、H149、H152、H302 和 D151。α-金属由 H152、H302 和 D151 稳定，呈八面体结构，β-金属也是八面体结构，由 H147、H149、H234 和两个桥接配位体稳定 [图 3-14 (b)]。MPD 活性部位和 PTE 有相似结构的疏水口袋。离去基团的口袋由 F119、W179 和 Phe196 组成，另外两个疏水口袋分别是大口袋（R72、L258、L273）和小口袋（L65 和 L67）[图 3-14 (c)]。

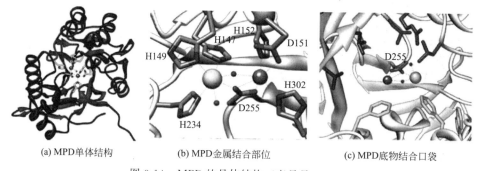

(a) MPD单体结构　　　(b) MPD金属结合部位　　　(c) MPD底物结合口袋

图 3-14　MPD 的晶体结构（李丹丹，2017）

　　有关 MPD 催化机制，因 MPD 和 OPH 都能高效水解以对硝基酚为离去基团的磷酸酯化合物，推测两类酶具有相似的催化机制。

　　③ 有机磷酸酐水解酶（OPAA）　OPAA 是从水蛹交替单胞菌（*Alteromonas undina*）和交替单胞菌（*Alteromonas haloplanktis*）中分离提纯获得的。在结构上 OPAA 与其他有机磷水解酶具有相似的双核金属中心、活性空腔催化机制以及对映体选择机制。

　　OPAA 是典型的细菌脯氨酸肽酶，具有部分磷酸三酯酶活性。OPAA 由 517 个氨基酸组成，分子质量约 58kDa，晶体结构为四聚体蛋白，由两个同源二聚体组成。每个亚基包含球状的 N 端结构域和饼式的皮塔（pita-bread）折叠状的 C 端结构域。双核金属 Mn^{2+} 位于 C 端结构中心，A 金属配位连接 H336 和 E381；B 金属与 D244 形成两个配位键；E420 和 D255 参与稳定金属中心。OPAA/产物复合体结构显示金属中心桥接氧原子。据此推测游离酶在水溶液中存有金属辅因子桥接氢氧根的状态。

　　OPAA 底物结合部位也有三个口袋，小口袋由 Y212、V342 和 H343 组成；大口袋由 L225、H226、H332 和 R418 组成，它们共同负责结合底物。OPAA 离去基团口袋由 F292 和 L366 构成，其偏爱体积较小的基团，如氟离子。OPAA 能有效提高脯氨酸肽酶在高温下水解有机磷酸酯的稳定性。

　　OPAA 催化机制与 OPH 很相似，都以桥连氢氧根亲核进攻底物磷中心作为催化起始步骤，但二者在有机磷底物结合酶活性中的方式上有明显的区别。在水解反应上，游离磷酰氧结合到 A 金属，酯氧基延伸到小口袋与 B 金属连接；底物的双配位基允许氢氧根攻击底物磷中心，但不破坏金属离子，离去基团解离，形成一个由四个配位键稳定的磷酰化产物，这个反应在 OPH 中没有发现，但在

OPAA 晶体结构中可以观察到。

④ 二异丙基氟磷酸酯酶（DFP 酶）和对氧磷酶（PON）　DFP 酶由美国科学家 Mazur 于 1941 年从哺乳动物中分离出来，它可水解二异丙基氟磷酸酯和含有 P-F 键或 P-CN 键的神经毒剂。DFP 酶可催化水解二异丙基氰磷酸酯分子中的 P-F 键，使其断裂产生磷酸二异丙基酯和 HF。1972 年又从枪乌贼（*Loligo vulgaris*）中发现 DFP 酶。根据晶体结构和催化机制的差异，DFP 酶分为 Mazur 型（分子质量 40～96kDa）和鱿鱼型（分子质量 35～40kDa）。Mazur 型 DFP 酶广泛分布于哺乳动物体内，对梭曼 GD（甲氟磷酸酯，一种神经毒剂）活性很高。有 Mn^{2+} 激活现象，并需要 Mg^{2+} 作为辅基。鱿鱼型 DFP 酶主要存在于鱿鱼的神经节和肝胰组织中，Mn^{2+} 对酶促反应没有影响，但需要 Ca^{2+} 作为辅基。

对氧磷酶主要存在于哺乳动物体内，但在鸟类中也有分布。该酶可降低对氧磷中毒率。

对氧磷酶同工酶包括 PON1、PON2 和 PON3。其中 PON1（血清对氧磷酶）能水解有机磷酸酯和氨基甲酸酯，是有机磷解毒代谢的关键酶。人血清 PON1 主要由肝脏分泌，其含量对于保护人体免受毒剂损伤十分重要。

DFP 酶和 PON1 都是六片层 β-螺旋折叠的钙离子依赖型水解酶，四个 β 片层组成一个螺旋，一对钙离子（结构钙和催化钙）位于螺旋中心。结构钙包埋于螺旋纵深，不直接参与催化，但对维持螺旋稳定很重要。结构钙在 DFP 酶中由 D232、H274 稳定。而在 PON1 中由 D169、D54 稳定。此外，结构钙与三个有序水分子连接，扩展了 β-螺旋折叠核心区域的氢键网络，形成了特殊的微环境。催化钙促进底物水解。DFP 酶的催化钙由 D229、E21、N120 和 N175 稳定。这个钙离子连接三个水分子，其中两个来自中央核心区，位于活性部位下方，第三个分子则位于底物结合位点。

在 PON1 中，催化钙由 D769 和 E53 稳定。另外，连接三个天冬氨酸配体（N168、N224 和 N270），其中一个参与底物结合。

DFP 酶活性部位为疏水裂缝，钙离子位于裂缝底部的一侧。钙离子所在侧面包含 W244、T195、F173 和 M148；另一侧包含 Y144、M90、172 和 E37；R146 和 H287 则对峙排列，填充了裂缝中央的缺口。

PON1 底物结合位点有三个区域：大口袋 Y71、H115、H134、S137、S116、D183、H184 和 K192 构成延伸的空腔；中心口袋由 S193、M196、F222、F292 和 F293 组成；小口袋则由 L69、L240、H285、I291、I332、V346 和 F347 组成。PON1 结构中有一个额外的 α-螺旋，极大地提高了酶的专一性，即 PON1 仅限一内酯酶活性。DFP 酶不存在这种限制，具有较宽的底物谱，能水解 P—F、P—CN 和 P—O 键型的有机磷毒剂。

Wpmore（2014）提出了 DFP 酶和 PON 催化水解二异丙基氟磷酸酯的二种

不同的机制：a.D229 作为亲核剂，底物二异丙基氟磷酸酯的磷酰基氧与 Ca^{2+} 配体结合，D229 亲核攻击磷原子，形成磷酰化酶-五价中间产物。随后 P—F 键断裂并释放 F^-，同时产生一个四价磷酰化中间产物，接着水分子攻击 D229 羰基氧，酶-产物复合体水解，D229 的一个氧原子转移到产物中，DFP 酶重新生成；b.活化的水分子作为亲核剂，D229 从水分子中转移一个质子，活化水分子亲核攻击底物磷原子，水分子中另一质子转移到 E21，同时水分子的氧与磷原子连接，P—F 键断裂并释放。

（2）羧酸酯酶（crboxlesterase，CaEs，EC 3.1.1.1）　羧酸酯酶广泛分布于动物的肝、肾、小肠、心、肌肉、肺、脑、睾丸、呼吸组织、脂肪组织、白细胞、血液等。然而，CaEs 在这些组织中的表达及活性随不同的生物而不同，且差别很大。CaEs 基因具有多态性，尤其是在一个单独的 CaE（CaE2 或 CES2）中就已鉴定到 15 个单核苷酸多态性（SNPs）。目前 ESTHER 数据库中就有 5237 个核苷基因序列是编码酯酶的序列，其中 318 个序列是编码 CaEs 的序列。

CaEs 在许多杀虫剂、药物以及体内代谢中起着重要的作用，CaEs 能水解拟除虫菊酯、氨基甲酸酯和有机磷酸酯。

① 酯酶的分类。根据酯酶与有机磷杀虫剂（如对氧磷）作用方式分为 A、B、C 三类。由于此种分类较简单，且无其他命名体系，因而被广泛认同和使用。

水解有机磷化合物的酶（EC 3.1.1.2）包括活性位点带有酰基化的半胱氨酸的化合物的酶（EC 3.1.8.1），被定义为 A 酯酶；被有机磷化合物（如对氧磷）逐步抑制和活性位点带有丝氨酸残基的酶（EC 3.1.1.1）被定义为 B 酯酶；对有机磷产生抗性但不能降解有机磷的酶被定义为 C 酯酶（乙酰酯酶或 EC 3.1.1.6）。因此，A 类酯酶可以水解有机磷酸酯；B 类酯酶可以被有机磷酸酯所抑制；C 类酯酶既不被磷酸酯所抑制也不会降解磷酸酯，但它们可以优先与醋酸酯起作用。

② 酯酶的水解机制。通用的催化机制包含了一个催化三连体，由丝氨酸、组氨酸以及谷氨酸或是天冬氨酸残基构成。人羧酸酯酶 1（hCE1）的催化三连体是丝氨酸 221、组氨酸 468、谷氨酸 354。然而最近研究发现了潜在的第四个具有催化功能的丝氨酸残基。羧酸酯酶通过两步过程完成水解酯，首先羧酸酯酶的活性中心的 Ser 被含羧酸酯键的化合物酰基化，形成酰基化酯酶，化合物再与酯酶酰基化，分解掉一个羟基化基团。第二步酰基化酯酶在有 H_2O 的亲核攻击下，分解成羧酸和去酰基化的羧酸酯酶。此酯酶还可以与含羧酸酯键的化合物重新反应。

CaEs 催化水解氯菊酯：

图 3-15 表示水解氯菊酯的整个过程。首先一个质子从丝氨酸转移到组氨酸，使得丝氨酸羟基变得更具亲核性。接着组氨酸与谷氨酸或是天冬氨酸间形成氢键而变得稳定。亲核性的丝氨酸攻击底物酯中缺电子的羰基部分，诱导形成四面体中间体，此四面体中间体由于氧阴离子洞中的两个甘氨酸而变得稳定。接着此中间体解体形成酰基化酶复合物，在此过程中释放丝氨酸和底物中的乙醇部分。随后被水分子激活的组氨酸攻击酰基酶复合物，重复上面的步骤且释放底物中酸的部分。最终，被保留下来的丝氨酸残基为谷氨酸空间位置的确定提供结构支持，从而稳定了催化三联体。

CaEs 催化水解氯菊酯形成相应水解产物（3-苯氧基苯基）甲醇和 3-(2,2-二氯乙烯基)-2,2-二甲基环丙烷羧酸。

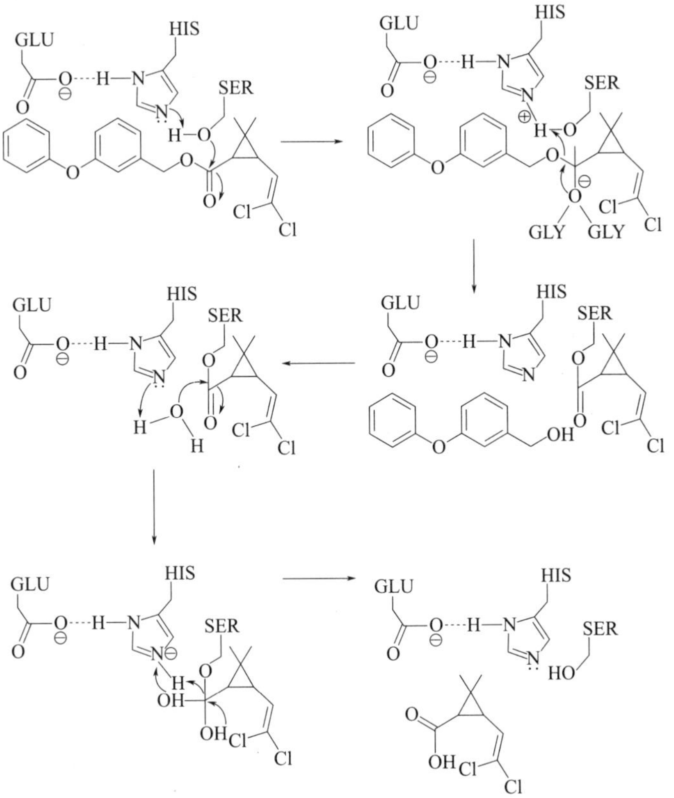

图 3-15　CaEs 对氯菊酯的催化水解机制（郭晶，2007）

GLU：谷氨酸；HIS：组氨酸；SER：丝氨酸；GLY：谷氨酸

③ 酯酶在杀虫剂代谢中的作用。三类杀虫剂都可以与 CaE 反应，分别是拟除虫菊酯类、有机磷类、氨基甲酸酯类，因为它们都是含酯化合物。杀虫剂代谢

的主要途径涉及很多不同的酶系统，这些系统主要包括 P450 单加氧酶、谷胱甘肽-S-转移酶（GSTs）、磷酸三酯酶、CaEs 等。众所周知，在哺乳动物和昆虫体内，CaEs 水平的可变性和同工酶的相对丰富性是使带有酯类的杀虫剂产生具有选择性毒性的原因所在。

另外，含酯化合物的立体化学也是极其重要的。许多杀虫剂如拟除虫菊酯和某些有机磷，它们结构中的手性中心在很大程度上可影响其代谢。因有机磷和拟除虫菊酯立体结构不同而导致不同毒效，因此特异性立体结构的水解作用对毒性的决定是至关重要的。

在研究烯丙菊酯、苄呋菊酯、苯醚菊酯、氯菊酯以及氯氰菊酯等拟除虫菊酯的代谢中，发现哺乳动物和昆虫中的酯酶对反式异构体水解速率比相应的顺式异构体快。这种发现恰为通常观察到的反式异构体低毒的现象提供了理论依据。近年来在以水解拟除虫菊酯的重组 CaE（是从老鼠肝脏分离而来的）的研究中发现，对反式氯菊酯的水解速率比顺式氯菊酯快 22 倍，对反式氯氰菊酯的水解速率比顺式氯氰菊酯快 4 倍。此外，对 4 种氰戊菊酯异构体进行测定的结果发现，对氰戊菊酯的对映异构体（αR，2R）和（αS，2R）的水解速率分别比氰戊菊酯（αR，2S）快 50 倍和 5 倍。毒力最高的氰戊菊酯对映异构体（αS，2S）（即 S-氰戊菊酯）几乎没有被 CaE 水解的迹象。

常见几种农药酯酶代谢反应：

a. 马拉硫磷，又名马拉松，在羧酸酯酶作用下水解。因而降低了其毒性。

马拉硫磷

b. 2,4-D 酯在羧酸酯酶作用下生成 2,4-D(2,4-二氯苯氧乙酸)。2,4-D 常用作植物生长调节剂和除草剂。因用量和浓度的不同，对同一植物组织有不同的效果。在低浓度时，可促进坐果和无籽果实的发育；浓度稍高就会引起生长上的畸形；更高浓度可以杀死植物，可作除草剂。

2,4-D酯   2,4-D

（3）酰胺水解酶（amidohydrolase）　又称氨基水解酶，自然界广泛存在，是一类作用于分子内 C—N 键，催化酰胺水解生成羧酸和氨的水解酶。根据酰胺酶氨基酸序列，可将其分为腈水解酶家族和酰胺酶标签家族两大类。腈水解酶家族成员的催化三联体为 Lys-Lys-Glu，其催化过程比较一致，Lys 主要负责催化三联体为 Ser-*cis*Ser-Lys，但不同来源的酰胺水解酶之间的催化机理差异较大。依据 Lys 所扮演的角色可以将其催化机制分为广义酸催化和广义碱催化两种模式。

酰胺水解酶在农药的降解，农药的选择性起到重要的作用，如水稻田施用敌稗除草剂能有效防治稗草，而对同科的水稻安全。原因是水稻能迅速水解敌稗，生成无活性的 3,4-二氯苯胺和丙酸。水解酶为酰胺水解酶，主要原因是由于水稻和稗草叶中含有的酰胺水解酶活性差异造成的选择性。

在动物牛体内乐果可被羧基酰胺酶降解为无毒的乐果酸和甲胺。

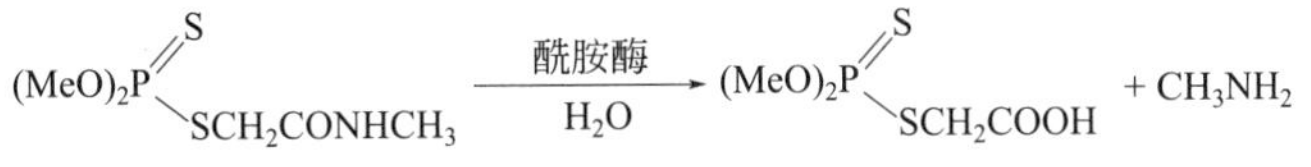

$$(MeO)_2P\overset{S}{\underset{SCH_2CONHCH_3}{}} \xrightarrow[H_2O]{酰胺酶} (MeO)_2P\overset{S}{\underset{SCH_2COOH}{}} + CH_3NH_2$$

乐果 　　　　　　　　　　　　乐果酸

（4）环氧水解酶　环氧水解酶（epoxide hydrolases，EHs，EC3.3.2.3），广泛存在于哺乳动物、植物、昆虫和微生物等生物有机体内，它的主要生理功能是在动物体内降解具毒性的环氧化物。在植物和昆虫中参与含环氧类信号分子的代谢与调控以及参与微生物环氧类碳源的代谢等。如保幼激素环氧水解酶（JHEH）是家蚕保幼激素代谢中一个重要酶，它可将保幼激素代谢为保幼激素二醇。

EHs 是在代谢外源化合物中起着重要作用的水解酶，这种酶存在于肝微粒体或其他细胞中，是一类酶促反应不需要金属离子和辅酶的酶类，它可将环氧化物水解成二醇。

EHs 的结构与功能：从土壤杆菌（*Agrobacterium radiobacter*）中分离出环氧水解酶（ArEH）属 α/β 水解酶系，其催化结构由 α/β 水解酶折叠结构域和 1 个盖结构域组成（图 3-16）。来自于 α/β 结构域的 Asp107、His275 与 Asp246 所组成的催化三联体位于 2 个酪氨酸 Tyr152/Tyr215 中，在催化过程中与底物结合和辅助环氧开环作用。而老鼠（*Muss musculus*）的环氧化酶（MssEH）的 C 端具有与 ArEH 类似的 α/β 的结构域与盖结构域，该结构中活性位点位于 1 个 L 形通道中，与它所催化的长链脂肪酸环氧化物非常吻合。在它的 N 端还包含 1 个不具催化功能的结构域，对 MssEH 二聚体的形成起重要作用。第 3 个 α/β 水解酶型是来源于黑曲霉（*Aspergillus niger*）的环氧化水解酶（AnEH）。随后相继发现了哺乳动物微粒体环氧水解酶（mEH），人的环氧水解酶（HssEH），马铃薯（*Solanum tuberosum*）的环氧水解酶（StEH），结核杆菌（*Mycobacterium tubercalosis*）的环氧水解酶（MtEHA）。

催化机理：催化机理见图 3-17。图中 Asp 在催化反应中的第一步中作为亲核试剂进攻环氧酯原子，与底物形成酯中间体，其余 2 个残基 His 与 Asp 通过夺取水分中的质子，产生 OH⁻ 亲核进攻酯中间体，发生水解，释放邻位二醇，完

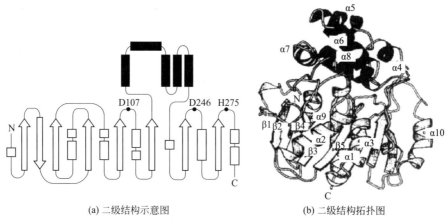

(a) 二级结构示意图　　　　(b) 二级结构拓扑图

图 3-16　环氧水解酶结构图

成催化反应的第二步。水解过程中酯中间体的羰基氧所形成的氧负离子与空间上邻近的二个主链氨基酸组成的氧洞，从而形成稳定结构。催化反应还涉及 2 个来自帽子结构域的 Tyr，通过与环氧原子形成氢键增加其电负性，起着固定底物结合位置和辅助环氧开环的作用。

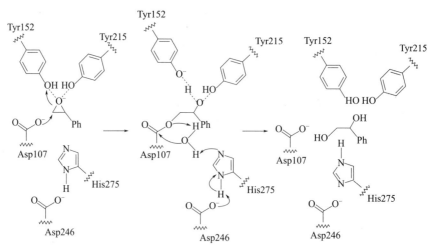

图 3-17　环氧水解酶活性部位与催化机理（彭华松，2003）

杀虫剂甲萘威［carbaryl，（1-萘基)-N-甲基氨基甲酸酯］的代谢途径之一是首先被微粒体氧化酶氧化为环氧化物，然后在环氧水解酶催化下生成反式二醇。

2. 氧化酶

微粒体多功能氧化酶系（microsomal mixed function oxidases，MFO），又称细胞色素 P450 氧化酶。

MFO 是存在于某些细胞的光滑内质网上的一种氧化酶系。在还原辅酶 II（NADPH）和分子氧存在的情况下，催化各种内源和外源化合物的氧化。该酶系广泛分布于动物、植物和微生物体内，主要功能有：①催化内源性物质，催化甾类化合物、胆酸、脂肪酸、前列腺素、信息激素的生物合成和降解等，维持机体的正常功能；②催化外源性物质，可对外源性物质包括农药起到解毒或活化的作用。

（1）昆虫微粒体多功能氧化酶系

众所周知，昆虫的细胞色素 P450 酶系是单加氧酶系统的末端氧化酶，它的存在形式多种多样，其中，家蝇（*Musca domestica*）有 6 种，麻蝇（*Sarcophaga bullata*）、伏蝇（*Phormia regina*）有 4 种，黑腹果蝇（*Drosophia melanogaster*）有 3 种，黑凤蝶（*Papilio polyxenes*）有 2 种。细胞色素 P450 的多样性决定了细胞色素 P450 单加氧酶系统具有广泛底物特异性，能够氧化各种亲脂性的有机分子的官能团。命名为 CYP 的细胞色素 P450 蛋白质是由阿拉伯数字定义的蛋白质家族（成员中的同源性大于 40%），大写字母指亚族（同源性大于 55%），阿拉伯数字指单个的蛋白质。如 CYP6A1，每一种形式都是由它自己的基因编码的，基因惯用斜体表示。迄今为止，已发现多于 660 种昆虫 P450 基因，分布在 *CYP4*、*CYP6*、*CYP9*、*CYP12*、*CYP15A*、*CYP18A*、*CYP28A*、*CYP29A*、*CYP48*、*CYP49*、*CYP301* ～ *CYP318*、*CYP321A*、*CYP319A*、*CYP321A*、*CYP324*、*CYP325*、*CYP329* 和 *CYP332*～*CYP343* 家族以及它们的亚族，已经在不同的基因序列中得以鉴定。这些基因在家蝇中有 *CYP6A1*、*CYP6A3*、*CYP6A4*、*CYP6A5*、*CYP6C1* 和 *CYP6D1*；果蝇（*Drosophila melanogaster*）中有 *CYP6a2*、*CYP6g1*、*CYP4d1*、*CYP4d2* 和 *CYP4e1*；麻蝇、小麦瘿蚊（*Mayetiola destructor*）中有 *CYP6AZi*、*CYP6BA1*；棉铃虫（*Helicoverpa amigera*）中有 *CYP6B2*、*CYP6B6* 和 *CYP6B7*；玉米螟（*Helicoverpa zea*）中有 *CYP6B8* 和 *CYP6B9*；烟青虫（*Heliothis virescens*）中有 *CYP9A1*；烟草天蛾（*Manduca sexta*）中有 *CYP4M1*、*CYP4M2*、*CYP4M3*、*CYP9A2*、*CYP9A4* 和 *CYP9A5*；黑凤蝶中有 *CYP6B1*、*CYP6B3*；玉米根虫（*Diabrotica virgifera virgifera*）中有 *CYP4Aj1*、*CYP4G18* 和 *CYP4Ak1*；褐飞虱（*Nilaparvata lugens*）中有 *CYP6AX1*、*CYP6AY1*；蜜蜂（*Apis mellifera*）中有 *CYP6AQ1*、*CYP6AR1*、*CYP6AS1*、*CYP6BC1*、*CYP6BD1* 和 *CYP6BE1*；蟑螂（*Blaberus discoidalis*）中有 *CYP4C1*。*CYP6* 基因在昆虫 P450 基因中是最为丰富的。这些基因涉及外源物质的代谢和杀虫剂抗性机制，该机制是由苯巴比妥、农药、天然产物所诱导产生

的。CYP4 基因也涉及农药代谢和化学通信的功能。除了细胞色素 P450 酶系外，几个线粒体细胞色素 P450 也参与杀虫剂的代谢。已有报道称，二嗪磷抗性家蝇的线粒体，CYP12A1 能够代谢多种杀虫剂，但不能代谢蜕皮激素、保幼激素或脂肪酸；线粒体 CYP12a4 能使果蝇抗虱螨脲。

大量研究表明，昆虫细胞色素 P450 的 CYP4、CYP6、CYP9 等家族成员与抗药性相关，它们对杀虫剂的催化降解能力，在这些年明显地提高了。

多功能氧化酶不是一种单一的酶，而是一组酶。将细胞匀浆进行超离心分离时，可以发现这种酶主要存在于细胞的微粒体组分中。微粒体氧化酶系是多酶复合体，一般认为由细胞色素 P450、NADPH-黄素蛋白还原酶、NADH-细胞色素 b_5 还原酶、6-磷酸葡萄糖酶、细胞色素 b_5、酯酶及核苷二磷酸酯酶等成分组成，其中细胞色素 P450 是生物体内微粒体氧化酶系的重要组成部分。

细胞色素 P450 的作用机制是分子氧中的一个氧原子被还原成水，另一个氧原子与底物（AH_2）结合，反应过程中由 NADPH-黄素蛋白还原酶供给电子，其反应式如下：

$$RH + (NADPH + H^+) + O_2 \longrightarrow ROH + (NADP^+) + H_2O$$

虽然细胞色素 P450 及其他微粒体多功能氧化酶的作用还没有完全研究清楚，但是大部分反应过程已经了解，如图 3-18 所示。

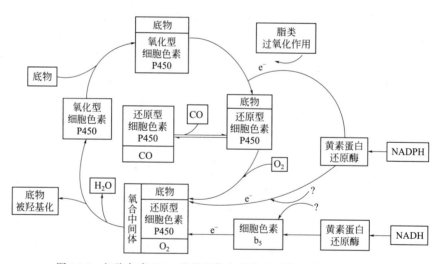

图 3-18　细胞色素 P450 及微粒体电子传递系统（徐汉虹，2018）

图 3-18 表明细胞色素 P450 在氧化代谢中的作用机制。整个反应分为下列四步：

第一步，氧化型细胞色素 P450（Fe^{3+}）与底物形成复合体；

第二步，从 NADPH 经过黄素蛋白还原酶供给电子，使氧化型细胞色素 P450

（Fe^{3+}）-底物复合体还原为亚铁（Fe^{2+}）还原型复合体；

第三步，还原型（Fe^{2+}）细胞色素 P450-底物复合体与 CO 反应生成一个 CO 复合体，其差示光谱吸收峰在 450nm。在氧分子（O_2）存在时，还原型复合体与氧形成氧合中间体；

第四步，氧合中间体转变为羟基化底物及 H_2O，而还原型细胞色素 P450（Fe^{2+}）则转变为氧化型细胞色素 P450（Fe^{3+}）。

第四步反应过程尚不清楚。可能存在第二条电子传递途径，即从 NADH 供羟基化底物和水。

由细胞色素 P450 单加氧酶系所进行的反应中，主要参与农药代谢的反应有环氧化反应、羟基化反应、N-脱烷基化反应、O-脱烷基化反应和磺化氧化脱硫反应等。

① 环氧化反应（epoxidation）　环氧化反应是一种重要的微粒体反应。例如，环二烯杀虫剂艾氏剂可被氧化成环氧狄氏剂，将七氯氧化成环氧七氯。这些反应中，药物的毒性没有很大程度的增加，但在环境中残留时间比它们的前体化合物更久。重要的是一些环氧化反应产物具有更高的活性，形成细胞大分子如蛋白质、RNA 和 DNA 的加合物，导致化学致癌。

② 羟基化反应（hydroxylation）　羟基可与脂肪族或芳香族的碳原子发生羟基化反应。细胞色素 P450 单加氧酶能将 DDT 和氨基甲酸酯杀虫剂甲萘威羟基化（图 3-19 和图 3-20）。微粒体羟基化的结果通常是排毒。

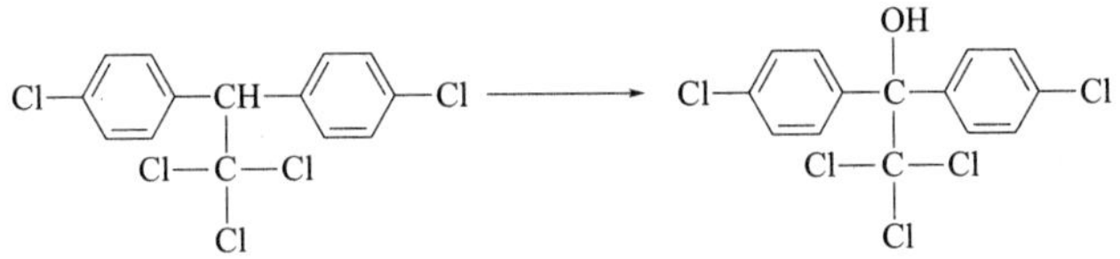

图 3-19　DDT 的脂肪族羟基化

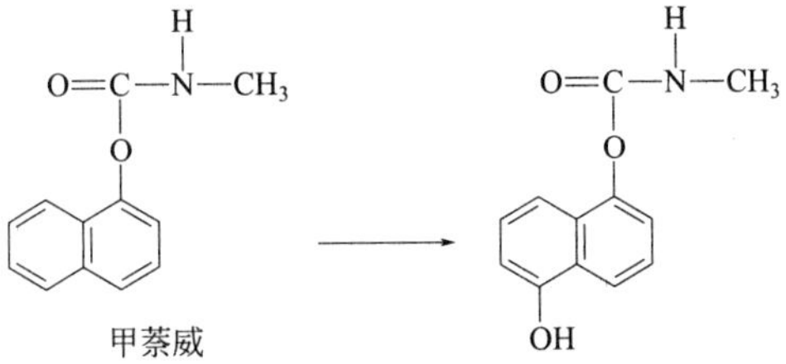

图 3-20　甲萘威羟基化

③ N-脱烷基反应（N-demethylation）　该反应是外源性化学物质代谢的常见反应，包括有机磷类和氨基甲酸酯类杀虫剂。该反应的发生需要一个不稳定的

α-羟基介导，并自发地释放醛基形成原烷基。例如，氨基甲酸酯类杀虫剂残杀威是通过 2-异丙氧基苯基-N-羟甲基氨基甲酸酯将 2-异丙氧基苯基 N 端去甲基化。微粒体脱烷基反应结果是解毒（图 3-21）。

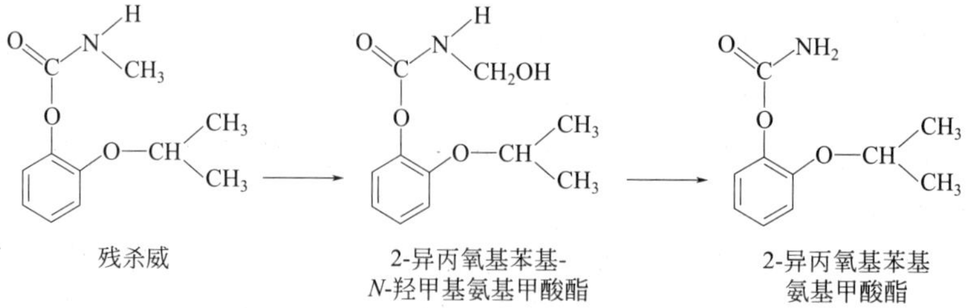

图 3-21　残杀威脱 N-甲基反应

④ O-脱烷基化反应（O-demethylation）　酯类和醚类结构的杀虫剂经常发生 O-脱烷基化，但它也涉及一个类似 N-脱烷基反应的不稳定的 α-羟基介导的反应。例如，甲氧DDT 是 O-脱甲基化（图 3-22）。各种各样的有机磷农药会发生 O-脱烷基化反应，包括某些二酸酯。O-脱烷基化的结果是解毒。

⑤ 脱硫反应（desulfuration）　脱硫又名硫代氧化。含 P＝S 有机磷杀虫剂易被细胞色素 P450 氧化脱硫生成相应的 P＝O 类似物。此反应的产物活性增加，因为 P＝O 类似物更紧密地结合到了乙酰胆碱酯酶上，从而更有效地抑制乙酰胆碱酯酶活性。例如，对硫磷到对氧磷反应（图 3-23）。

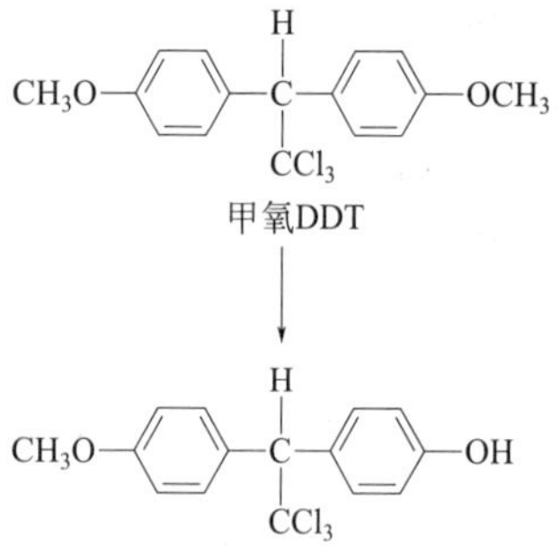

图 3-22　DDT O-脱甲基反应

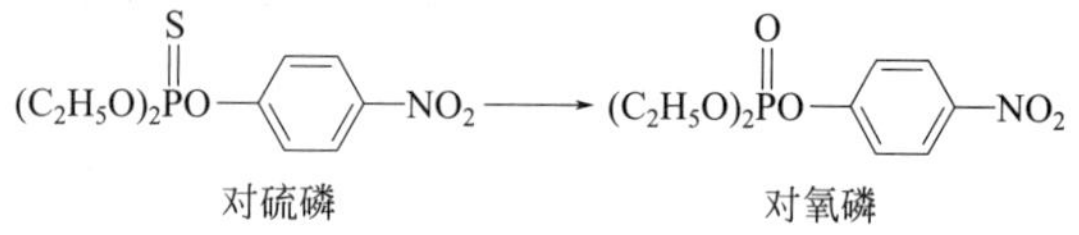

图 3-23　对硫磷的氧化脱硫反应

⑥ 硫氧化反应（sulfoxidation）　含多硫醚的有机磷和氨基甲酸酯类杀虫剂可被细胞色素 P450 氧化为其相应的亚砜，一般说来，亚砜形成代表氧化活化过程，将导致抑制胆碱酯酶活性增强。例如，甲拌磷被氧化成甲拌磷亚砜（图 3-24）。

甲拌磷在草地贪夜蛾（*Spodoptera frugiperda*）的硫化氧化作用需要 NADPH 的参与。这种反应受一氧化碳和氧化胡椒基本丁醚所抑制，也可通过细胞色素 P450 诱导剂如吲哚和吲哚-3-乙腈所诱导。

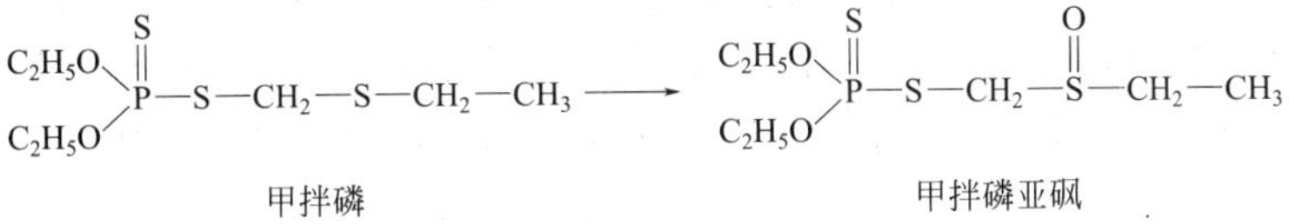

$$C_2H_5O \quad S \\ \diagdown \parallel \\ P-S-CH_2-S-CH_2-CH_3 \quad \longrightarrow \quad C_2H_5O \quad S \qquad O \\ \diagup \\ C_2H_5O$$

甲拌磷 　　　　　　　　　　　　　甲拌磷亚砜

图 3-24　甲拌磷磺化氧化反应

上述的微粒体细胞色素 P450 氧化酶有六种氧化反应（图 3-25）。

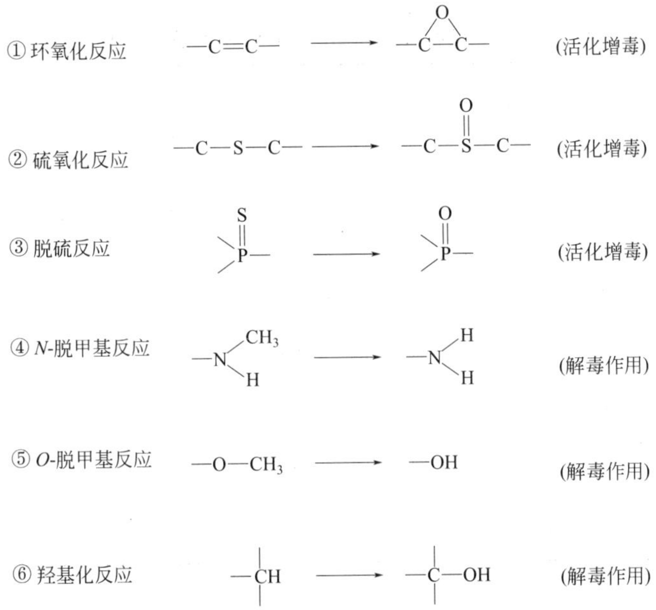

① 环氧化反应　　　$-C=C-$　　$\longrightarrow$　　$-\overset{\displaystyle O}{\overset{\diagup\diagdown}{C-C}}-$　　　　（活化增毒）

② 硫氧化反应　　　$-C-S-C-$　　$\longrightarrow$　　$-C-\overset{\displaystyle O}{\overset{\parallel}{S}}-C-$　　　　（活化增毒）

③ 脱硫反应　　　　$\overset{S}{\underset{\diagup}{\diagdown}P-}$　　$\longrightarrow$　　$\overset{O}{\underset{\diagup}{\diagdown}P-}$　　　　（活化增毒）

④ N-脱甲基反应　　$-N\overset{CH_3}{\underset{H}{\diagdown}}$　　$\longrightarrow$　　$-N\overset{H}{\underset{H}{\diagdown}}$　　　　（解毒作用）

⑤ O-脱甲基反应　　$-O-CH_3$　　$\longrightarrow$　　$-OH$　　　　（解毒作用）

⑥ 羟基化反应　　　$-\overset{|}{C}H$　　$\longrightarrow$　　$-\overset{|}{C}-OH$　　　　（解毒作用）

图 3-25　微粒体细胞色素 P450 氧化酶氧化反应类型

（2）植物微粒体多功能氧化酶　在植物体内细胞色素 P450 参与除草剂代谢，即催化除草剂氧化，转变成其他无害成分。比如棉花幼苗的细胞色素 P450 可将灭草隆连续脱去两个 N-甲基，产生尿素。所以，灭草隆可用作棉花地的除草。通过转基因的方式，将 P450 基因转入到烟草，可提高烟草环甲基羟基化或 N-脱烃基化作用，分别对绿麦隆和莠去津进行催化降解，选择性地防除烟田杂草。

不同植物中的 *CYP71A10*、*CYP71AH11*、*CYP73A1*、*CYP71B1*、*CYP76B1*、*CYP81B1*、*CYP81B2* 及 *CYP71R4* 基因参与了苯基脲类除草剂绿麦隆的代谢过程。此外，Xiang 等从小麦中克隆得到 *CYP71C6v1* 基因并在酵母中进行了表达，发现该菌株可通过 5-苯基环羟基化作用催化磺酰脲类除草剂如氯磺隆和醚苯磺隆的代谢。Gaines 等研究发现了与瑞士黑麦草 *Lolium rigidum* 对禾草灵代谢抗性相关的两个 *CYP72A* 基因。此外，Ahmad-Hamdani 等证实了植物中 P450 酶在植物对除草剂的选择性与代谢抗性中发挥着重要作用。Liu 等也发现，玉米对烟嗪磺隆的选择性与 P450 酶参与的代谢有关。Saika 等基于图位克隆和互补实验，揭示了水稻中 *CYP72A31* 基因与其对乙酰乳酸合成酶（ALS）抑制剂类除草剂双草醚（bispyribac-sodium）的抗性相关，同时过表达 *CYP72A31* 基因的拟南芥显示出对 ALS 抑制剂类除草剂苄嘧磺隆（bensulfuron methyl）的耐受性。Pan 等发现，*CYP81A6* 基因在水稻对除草剂甲磺隆（metsulfuron methyl）和苯达松（bentazon）的代谢和耐受性中发挥了作用。表 3-3 表示植物中与农药氧化代谢 P450s 基因种类与它们的代谢方式。

表 3-3 参与植物农药代谢的 P450s 基因及其代谢方式

P450s 基因	植物	代谢农药	农药类别	代谢方式
CYP71A10	大豆	伏草隆、敌草隆、利谷隆	苯基脲类	N-脱甲基化 环甲基羟基化
		绿麦隆	磺酰脲类	环甲基羟基化、 N-脱甲基化
CYP71AH11 *CYP81B2*	烟草	绿麦隆	苯基脲类	N-脱甲基化 环甲基羟基化
CYP71C6v1	小麦	氯磺隆、醚苯磺隆	磺酰脲类	5-苯基环羟基化
CYP71R4	瑞士黑麦草	绿麦隆	苯基脲类	N-脱甲基化、 环甲基羟基化
CYP76B1	菊芋	异丙隆、绿麦隆、利谷隆	苯基脲类	N-脱甲基化
CYP81B1 *CYP73A1*	菊芋	绿麦隆	苯基脲类	环甲基羟基化

（二）农药次级代谢酶及其代谢反应

谷胱甘肽 S-转移酶（GSTs，EC 2.5.1.18）是广泛存在于各种生物体内的由多个基因编码的、具有多种功能的一组同工酶，分子质量为 23～29kDa。分有膜结合和胞液两种形式，以胞液 GSTs 为主。

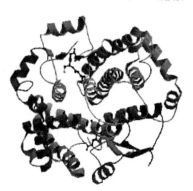

图 3-26 GSTs 三级结构

（1）结构 据氨基酸/核苷酸序列、免疫、动力学和三/四级结构特征等不同标准，GSTs 分为 α、μ、π、σ、θ、ω、β、κ 和 ζ 等型，其中前五型是胞液 GSTs，同型的亚单位间才可以形成同二聚体或异二聚体。

所有可溶性 GSTs 都有相似的三级结构（图 3-26）。GSTs 是一种球状二聚体蛋白，每个亚基有一个酶催化中心，分子质量介于 23～29kDa，由 200～240 个氨基酸组成。每个亚基的多肽链形成两个结构域。

GSTs 的三级结构末端氨基酸结构域由 80 个氨基酸排列形成。β-折叠和三股 α-螺旋，是 GSH 结合位点（G 位点），而且存在一个相当保守的酪氨酸残基（Try），该 Try5 的 OH 与 GSH 的硫醇化阴离子形成氢键起稳定作用，在催化反应中起非常重要的作用。ω 型 GSTs 存在于几种哺乳动物和秀丽新小杆线虫中，但与哺乳动物其他 GSTs 不同，其 N-末端伸展与 C-末端邻接形成一个新的结构单位。其对经典的 GSTs 底物 1-氯-2,4-二硝基苯（1-chloro-2,4-dinitro-benzene，CDNB）的活性非常低，对谷胱甘肽琼脂糖成型片（glutathione-agarose matrix）无结合亲和力，但能结合乙基谷胱甘肽成型片，并显示有显著的谷胱甘肽依赖的硫醇转移酶的活性。其余氨基酸以 5 或 6 股 α-螺旋构成 G 末端氨基酸结构域，是亲电子物质即底物结合位点（H 位点）。在不同型 GSTs 间差别较大，如 π 型 GSTs 包含 5 个 α-螺旋，α 型 GSTs 包含 6 个 α-螺旋。不同型 GSTs 在 C 末端氨基酸结构域的差异可以解释 α、μ、π 之间的底物特异性的差异。不同种类的 GSTs 氨基酸残端 G 位点的功能是不同的，各种 GSTs 形成的 H 位点亦不同。不同种属的同型 GSTs 的同一结构域也有差异。

植物中的 GSTs 共分为 8 个亚类，包括 phi（亚型Ⅰ）、zeta（亚型Ⅱ）、tau（亚型Ⅲ）、theta（亚型Ⅳ）、lambda、脱氢抗坏血酸还原酶（dehydroascorbate reductase，DHAR）、四氯氢醌脱卤素酶（tetrachlorohydroquinone dehalogenase，TCHQD）及微粒体 GSTs，其中 phi、tau、DHAR 和 lambda 亚类为植物所特有。大多数植物中的 GSTs 属于 tau 类（GSTUs）和 phi 类（GSTFs），易与亲电子化合物发生反应，如有机卤化物、有机氢过氧化物、α-不饱和化合物和 β-不饱和化合物，以及有机硫氰酸酯等。

（2）功能

GSTs 是一组具有多种生理功能的蛋白质，在机体有毒化合物的代谢、保护细胞免受急性毒性化学物质攻击中起到重要作用，是体内代谢反应中Ⅱ相代谢反应和农药解毒的重要转移酶。其生物学功能主要是减少 GSH 的酸解离常数，使得其具去质子化作用及有更多的反应性 GSTs 巯基形成，从而催化其与亲电性物质轭合。

通常，GSTs 催化 GSH 与亲电子物质结合形成硫醇尿酸，经肾脏排出体外。其亦可作为转运蛋白转运亲脂化合物，如胆红素、胆酸、类固醇激素和不同的外源性化合物。其通过酶促和非酶促反应，解除化学诱变剂、促癌剂以及脂质和 DNA 氢过氧化物的毒性，保护正常细胞免受致癌和促癌因素的影响，在抗诱变及抗肿瘤中起重要作用。近几年来发现 GSTs 在清除体内氢过氧化物方面也有很多作用。此外，GSTs 的同工酶还含有非硒依赖性谷胱甘肽过氧酶的活性，能清除脂类自由基，在抗脂质过氧化反应中起着重要作用。此酶还可促使白细胞三烯和前列腺素的转化。

谷胱甘肽-*S*-转移酶农药代谢的轭合反应（conjugation reaction） 根据底物的不同，谷胱甘肽-*S*-转移酶又可以分为谷胱甘肽-*S*-烷基转移酶、谷胱甘肽-*S*-芳基转移酶和谷胱甘肽-*S*-环氧化物基转移酶。以还原型谷胱甘肽（甘氨酸＋胱氨酸＋谷氨酸）作为辅酶。

GSTs 可催化植物内源物质谷胱甘肽（glutathione，γ-glutamylcysteinyl-β-glycine，GSH）中的巯基基团对一些除草剂或其代谢物的亲电中心进行亲核攻击，使得 GSH 与亲电分子发生轭合反应。已有关于 GSTs 催化植物中部分酰胺类、二苯醚类、硫代氨基甲酸酯类、磺酰脲类、芳氧苯氧丙酸酯类和三嗪类除草剂代谢，使其与 GSH 轭合形成无植物毒性的 *S*-谷胱甘肽化蛋白，所发生的反应包括亲电取代反应和加成反应。该轭合过程是植物细胞对许多外源污染物进行解毒的关键步骤。如玉米对三嗪类除草剂莠去津有较高的耐受性，其主要机制为 3 种 GSTs 催化莠去津与 GSH 的结合而迅速解毒，而 P450 酶催化莠去津的两步 *N*-脱烷基化代谢为其次要抗性机制。

莠去津在玉米的两种代谢途径，即与 GSH 结合和在 P450 作用下的 *N*-脱烷基化反应：

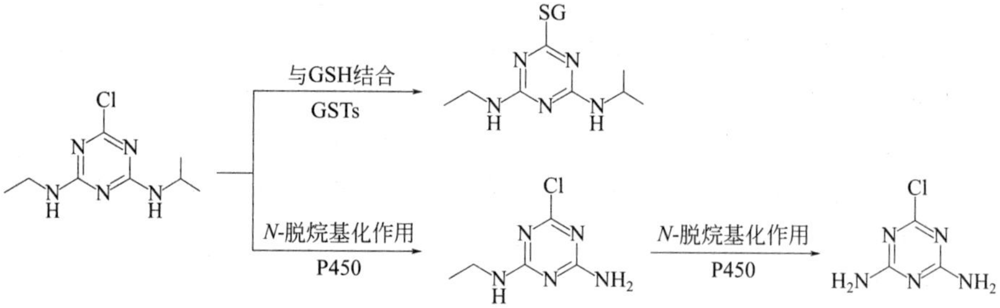

GSTs 的表达水平与作物对除草剂的抗性水平相关。Milligan 等将编码玉米 GST 亚基 GST-27 的 cDNA 转入小麦，将其 T1 代在含有氯乙酰苯胺类除草剂甲草胺（alachlor）的固体培养基上催芽，发现其对该除草剂的耐受性与 GST-27 表达水平相关。GSTs 也在禾本科杂草如大穗看麦娘（*Alopecurus myosuroides*）和瑞士黑麦草对多种除草剂的抗性中起关键作用。此外，GSTs 还参与了安全剂解草啶（fenclorim）在水稻中的代谢。GSTs 也可催化还原性脱卤反应以及谷胱甘肽依赖的异构化反应，如参与多溴二苯醚（PBDEs）的脱溴反应过程。GSH 依赖的异构化反应可使除草剂前体化合物活化，如 GSTs 催化噻二唑啉类（thiadiazolidines）除草剂的异构化反应，以及氟噻甲草酯（fluthiacet-methyl）在植物中 GSTs 的催化下转化为除草活性更强的脲唑，从而发挥其原卟啉氧化酶抑制剂的功能等。

植物中的 GSTs *tau* 类（GSTUs）和 *phi* 类（GSTFs），这两类 GSTs 在植

物中除草剂的解毒方面发挥着重要作用。GSTFs 对酰胺类除草剂和硫代氨基甲酸酯类除草剂表现出高活性，而 GSTUs 对二苯醚类和芳氧基苯氧基丙酸类除草剂的代谢活性高。大豆中的 GSTUs 参与了对二苯醚类除草剂如三氟硝草醚（fluorodifen）的解毒过程，并决定着作物和杂草对其的选择性。玉米中催化噻二唑啉类（thiadiazolidines）除草剂发生谷胱甘肽依赖的异构化反应的主要为 GST 亚型Ⅱ（*zeta* 亚类），而参与水稻中草甘膦（glyphosate）和氯磺隆代谢的则为 *lambda* 亚类 GSTs（OsGSTL2）。谷胱甘肽与农药或农药代谢物发生如下轭合反应：

$$X\text{-}Z \quad + \quad \underset{\underset{\text{谷胱甘肽}}{\underset{\uparrow}{SH}}}{GLU\text{-}CYS\text{-}GLY} \xrightarrow{GSTs} \underset{\underset{\text{谷胱甘肽轭合物}}{\underset{\uparrow}{\underset{X}{S}}}}{GLU\text{-}CYS\text{-}GLY} + HZ$$

农药或农药代谢物

除了上述介绍的谷胱甘肽-S-转移酶参与的农药次生代谢的轭合反应外，另还有一些酶能将内源性的极小分子〔如葡萄糖醛酸；硫酸；氨基酸；各种核苷酸衍生物，如尿苷二磷酸葡萄糖醛酸（UDPGA，提供葡萄糖醛酸基团、GA）、3′-磷酸腺苷酸硫酸（PAPS，提供硫酸基团、$S\!=\!SO_3H$）、腺苷蛋氨酸（SAM，甲基供体，M＝甲基）；乙酰辅酶 A（$CH_3CO\!-\!SCoA$，乙酰基供体，$CH_3\!-\!CO$ 二乙酰基）；氨基酸（如甘氨酸、谷氨酰胺）〕作为结合物。通过结合使农药去活化产生水溶性的代谢产物，有利于排出体外，起到降低毒性作用。轭合反应由于结合物种类的不同可分为下列几种类型：

① 葡萄糖醛酸化　由葡萄糖醛酸转移酶（glucuronyl transferase）完成，该酶主要存在于哺乳动物体内，辅酶为尿嘧啶核糖焦磷酸葡萄糖醛酸（UDPGA）。

葡萄糖醛酸转移酶参与的代谢反应有：

a. 甲萘威（carbaryl）在葡萄糖醛酸转移酶作用下，结合葡萄糖醛酸反应。

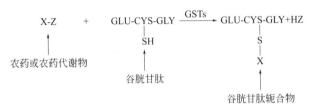

UDPGA—尿苷二磷酸葡萄糖醛酸

b. 福美铁（ferbam）在葡萄糖醛酸转移酶作用下，结合葡萄糖醛酸反应。

$$((CH_3)_2N—\underset{\underset{S}{\|}}{C}—S)_3—Fe \longrightarrow ((CH_3)_2N—\underset{\underset{S}{\|}}{C}—S)_3—葡萄糖醛酸+UDP$$

c.酚在葡萄糖醛酸转移酶作用下，结合葡萄糖醛酸反应。

苯葡萄醛酸苷

② 硫酸化反应　硫酸转移酶（sulphate transferase，sulfotransferase）存在于哺乳类、两栖类、无脊椎动物体内，它的辅基为 3′-磷酸腺嘌呤 5′-磷硫酸酯（3′-phosphoadenosyl 5′-phosphosulphate，PAPS），化学结构如下：

③ 甲基化反应　去甲烟碱在甲基转移酶作用下，转化为烟碱反应：

去甲烟碱　　　　　　　　　　　　　　　　　　烟碱

④ 葡萄糖转移酶及反应　该酶存在于植物体内，以葡萄糖作为辅酶，可将氯磺隆（chlorsulfuron）结合上葡萄糖，使毒性降低。由于小麦、大麦比大豆、甜菜等作物细胞内的葡萄糖转移酶活性要高，因此，大豆、甜菜等作物对氯磺隆比较敏感，易产生药害。反应如下：

氯苯甲醚（chloroneb）在葡萄糖转移酶和葡萄糖醛酸转移酶催化下，在动物与植物间的反应如下：

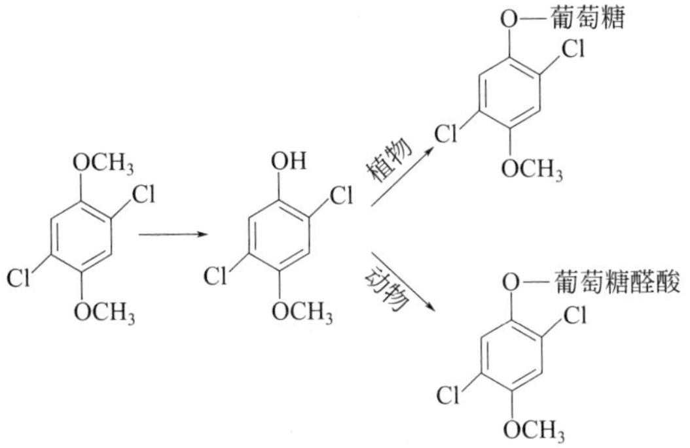

⑤ 甘氨酸结合及反应　存在于植物体内以甘氨酸作为辅酶。在甘氨酸转移酶作用下，可将麦草畏（dicamba）结合甘氨酸。

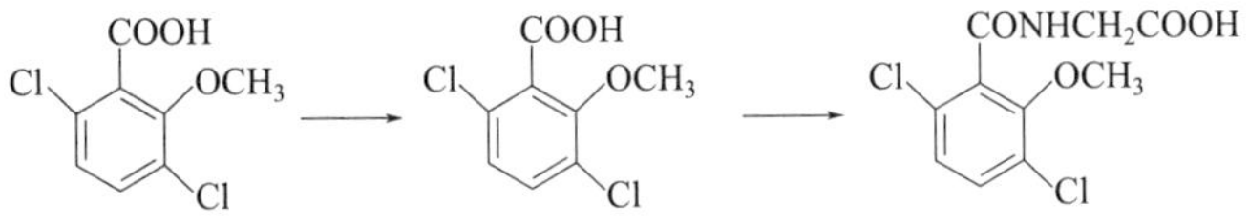

第三节　农药代谢

一、杀虫剂代谢

（一）有机磷杀虫剂的代谢

有机磷代谢主要有氧化、水解、基团转移、还原和结合。一般情况下，氧化反应为激活代谢，而水解、基团转移、还原和结合反应为解毒代谢。

1. 激活代谢反应

（1）氧化脱硫　动物体内，P═S 酯转化成 P═O 酯（P═S→P═O）依赖于微粒体多功能氧化酶（MFO）的作用。在植物中，过氧化物酶可能参与其转化。

例如，对硫磷、马拉硫磷和地虫磷在动物体内，经氧化后转化为对氧磷、马拉氧磷和地虫氧磷。对氧磷、马拉氧磷和地虫氧磷的毒性将大幅度提高，可产生增毒作用。

对硫磷在体内微粒体多功能氧化酶作用下的代谢反应：

$$(C_2H_5O)_2\overset{S}{\underset{}{P}}O-\!\!\!\!\!\!\bigcirc\!\!\!\!\!\!-NO_2 \xrightarrow{MFO} (C_2H_5O)_2\overset{O}{\underset{}{P}}O-\!\!\!\!\!\!\bigcirc\!\!\!\!\!\!-NO_2$$

马拉硫磷在体内微粒体多功能氧化酶作用下的代谢反应：

$$(CH_3O)_2P(S)-S-\underset{CH_2CO_2C_2H_5}{CHCO_2C_2H_5} \xrightarrow{MFO} (CH_3O)_2P(O)-S-\underset{CH_2CO_2C_2H_5}{CHCO_2C_2H_5}$$

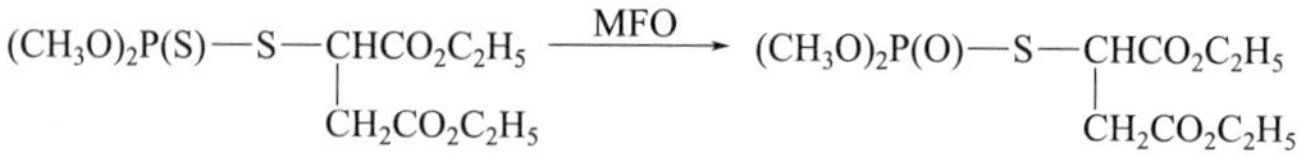

地虫磷在体内微粒体多功能氧化酶作用下的代谢反应：

$$\underset{C_2H_5}{\overset{C_2H_5O}{P}}\overset{S}{\underset{}{P}}-\!\!\!\!\!\!\bigcirc \xrightarrow{MFO} \underset{C_2H_5}{\overset{C_2H_5O}{P}}\overset{O}{\underset{}{P}}-\!\!\!\!\!\!\bigcirc$$

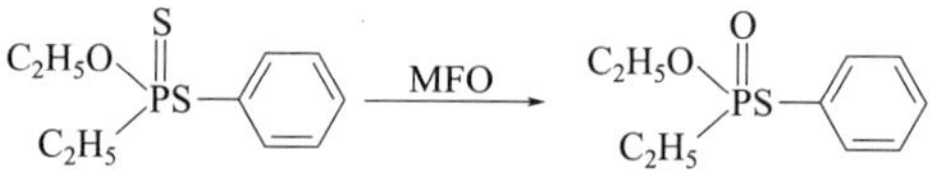

这种氧化产物的形成，需要有辅酶Ⅱ（NADPH）及分子氧与微粒体共存，反应受一氧化碳、增效醚等抑制，表明这类反应受多功能氧化酶系的催化。

（2）硫醚的氧化　双硫磷在蚊幼虫体内的代谢途径见图 3-27。

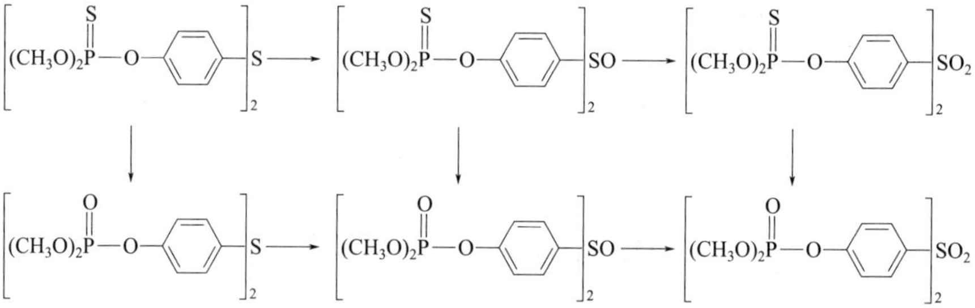

图 3-27　双硫磷在蚊幼虫体内的代谢

甲拌磷在植物体内的代谢途径见图 3-28。

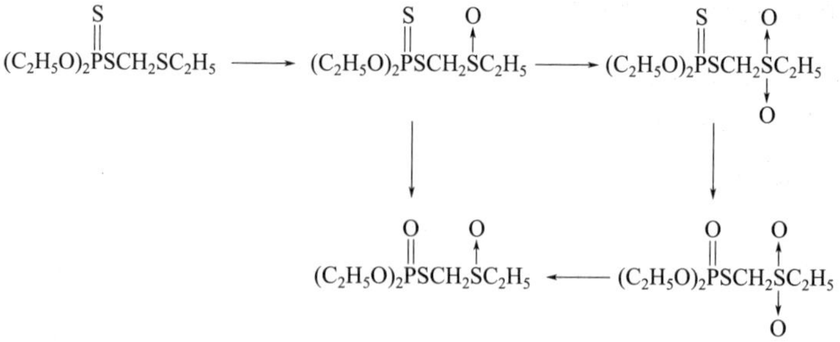

图 3-28　甲拌磷在植物体内的代谢

硫醚类氧化抗胆碱酯酶活性一般依下列顺序递增：硫醚＜亚砜＜砜，所以这类氧化作用有一定激活作用，但不如氧化脱硫的激活作用大。

（3）酰氨基的氧化　百治磷酰氨基的氧化代谢过程见图 3-29。

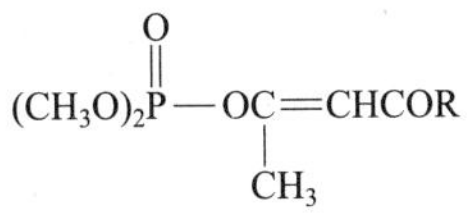

$(CH_3O)_2P—OC=CHCOR$

CH_3

百治磷（R＝NMe₂）

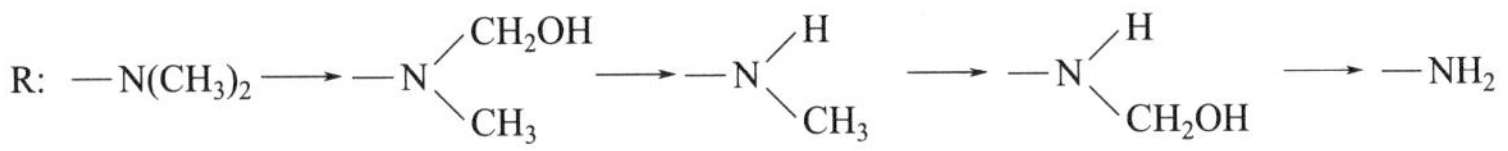

R:　—N(CH₃)₂ → —N(CH₂OH)(CH₃) → —N(H)(CH₃) → —N(H)(CH₂OH) → —NH₂

IC₅₀

家蝇AChE/(mol/L): 7.2　　7.0　　6.8　　6.9　　6.5
LD₅₀蝇/(mg/kg): 3.8　　14　　6.4　　30　　1.0
LD₅₀小鼠/(mg/kg): 14　　18　　8　　12　　3

图 3-29　百治磷酰氨基氧化代谢过程及毒性

（4）烃类的羟基化　芳基中的烷基侧链在 MFO 酶系作用下氧化为醇类：

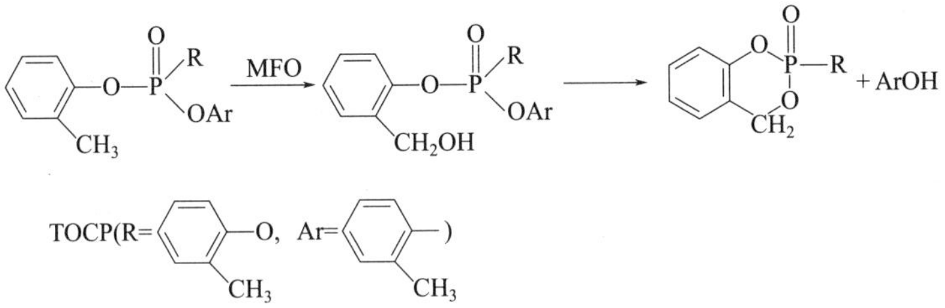

TOCP(R=邻—CH₃C₆H₄O，Ar=间—CH₃C₆H₄)

TOCP：磷酸三邻甲苯酯

R＝邻—CH₃C₆H₄O
水杨醇环状磷酸酯

二嗪磷毒性代谢物的生成见图 3-30。

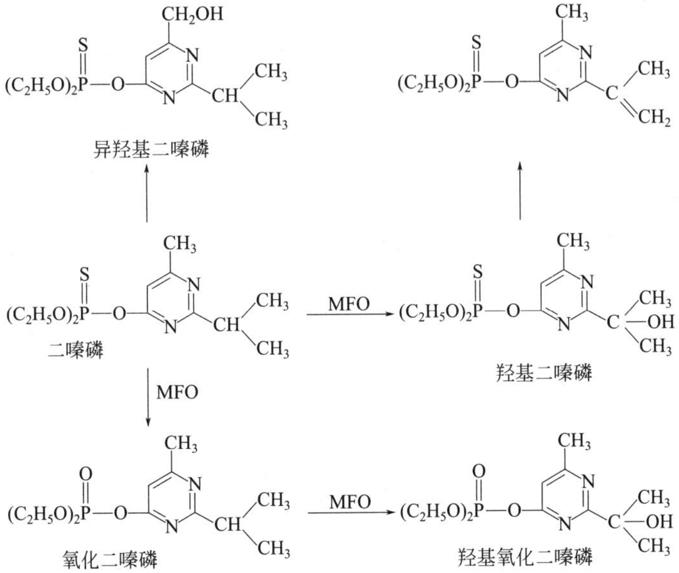

图 3-30　二嗪磷毒性代谢物的生成

异羟基二嗪磷　二嗪磷　羟基二嗪磷　氧化二嗪磷　羟基氧化二嗪磷

065

（5）**非氧化激活反应** 一般情况下，有机磷酸酯类杀虫剂经氧化后，普遍产生增毒效果，但有部分杀虫剂无需氧化酶作用，可酯酶水解，或无需酶作用下，自然氧化后形成毒性更强的化合物。如丁酯磷在酯酶作用下为敌百虫，敌百虫无酶作用下转化为敌敌畏，二溴磷也可在无酶作用下转化为敌敌畏。转化的敌敌畏毒性大幅度提高，见图 3-31。

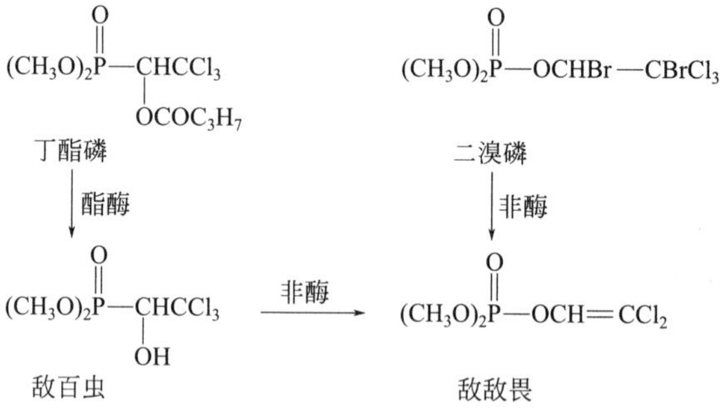

图 3-31 敌百虫和二溴磷的酶转化成敌敌畏

丰索磷（fensulfothion）在植物中酶作用下会发生 P=S 重排为 P—S 的反应，从而造成激活，增毒。

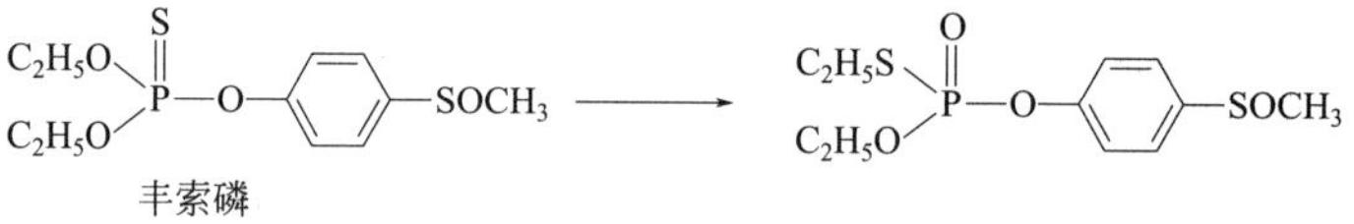

磷胺在大鼠体内转化为 N-双去乙基羟基衍生物。

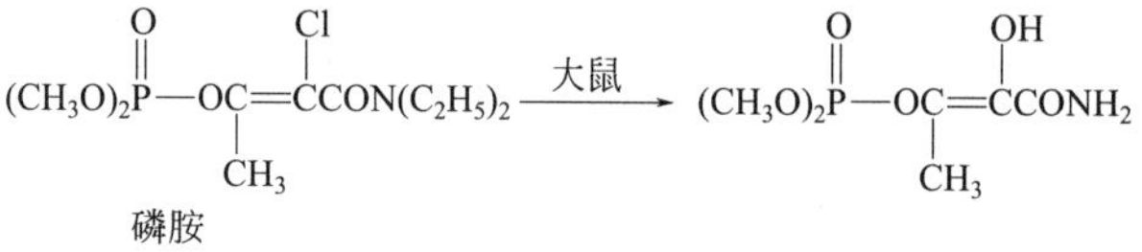

2. 解毒代谢反应

主要是由于磷酸酯键断裂，在分子中产生磷酸负离子，失去磷酰化能力。磷酸酯键有两种不同的形式，一个是由酸性基团与磷生成的酐键，另一个是烷基酯键。

（1）**酐键的断裂** 哺乳动物肝微粒体既催化对硫磷的氧化脱硫，又催化其芳酯基的氧化脱芳基。

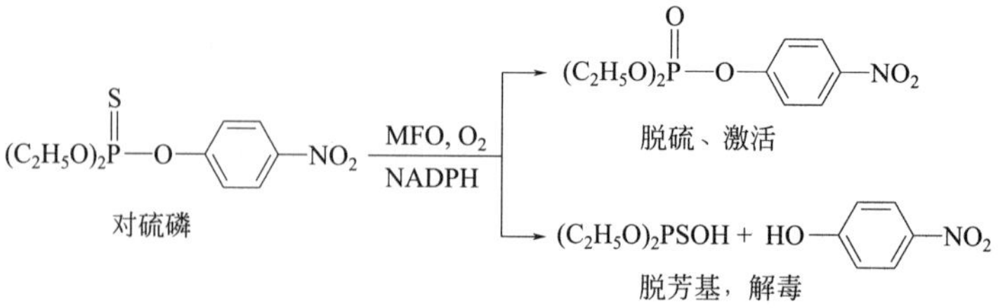

地虫磷（fonofos）酐键的断裂：

$$(C_2H_5)(C_2H_5O)P(=S)-S-C_6H_5 \quad \text{地虫磷}$$

有机磷酯酶水解反应：

$$(i\text{-}C_3H_7O)_2P(=O)-F + H_2O \xrightarrow{\text{酯酶A}} (i\text{-}C_3H_7O)_2P(=O)-OH + HF$$

$$(C_2H_5O)_2P(=O)-O-C_6H_4-NO_2 + H_2O \xrightarrow{\text{酯酶A}} (C_2H_5O)_2P(=O)-OH + HO-C_6H_4-NO_2$$

$$(C_2H_5O)_2P(=O)-O-\text{(嘧啶环)} + H_2O \xrightarrow{\text{酯酶A}} (C_2H_5O)_2P(=O)-OH + HO-\text{(嘧啶环)}$$

谷胱甘肽 *S*-芳基转移反应：有些酶能促进谷胱甘肽（GSH）对磷酸酯中酐键的断裂作用，这种酶称为谷胱甘肽-*S*-转移酶。

$$(C_2H_5O)_2P(=S)-O-\text{(嘧啶环)} + GSH \xrightarrow{\text{谷胱甘肽-}S\text{-转移酶}} (C_2H_5O)_2PSOH + GS-\text{(嘧啶环)}$$

二嗪磷

（2）烷基酯键断裂 氧化脱烷基反应：

$$(C_2H_5O)_2P(=S)-OX \xrightarrow[\text{NADFH} + O_2]{\text{MFO}} CH_3CHO-\overset{\overset{O}{\|}}{P}(OC_2H_5)(OX)(OH) \longrightarrow HO-\overset{\overset{O}{\|}}{P}(OC_2H_5)(OX) + CH_3CHO$$

毒虫畏

$$X = -C(=CHCl)-C_6H_3(Cl)_2$$

谷胱甘肽-*S*-烷基转移反应：甲基直接转移到 GSH 上，这种酶称为 GSH-*S*-烷基转移酶，硫（酮）代磷酸酯或磷酸酯都能作为它的底物。

$$(CH_3O)_2P(=S(O))-X + GSH \xrightarrow[\text{转移酶}]{\text{GSH-}S\text{-烷基}} (CH_3O)(HO)P(=S(O))-X + GS-CH_3$$

在哺乳动物肝脏的可溶性组分中 GSH-*S*-转移酶的活性最高，而昆虫中肠及脂肪体的活性较低。虽然这种酶也能使乙基及其他烷基发生转移，但哺乳动物转换酶对二甲酯类杀虫剂具有高度的专一性，这与二甲酯类杀虫剂的毒性总是低于

農药生物化学基础

二乙酯类至少是部分相关的。因此，GSH 的强烈脱甲基作用，在有机磷二甲酯类杀虫剂的解毒代谢中具有重要地位。然而，在抗性昆虫中，这类转移酶对二乙酯类杀虫剂似乎更有专一性，从而导致抗性家蝇对二乙氧基杀虫剂比二甲氧基杀虫剂有更大的抗药性。

（3）非磷官能基的生物转化　羧酸酯的水解如下：

$$(CH_3O)_2\overset{S}{\underset{}{P}}\text{—}SCHCH_2CO_2C_2H_5 \xrightarrow{\text{羧酸酯酶}} (CH_3O)_2\overset{S}{\underset{\overset{|}{O}}{P}}\text{—}SCHCH_2CO_2C_2H_5$$

羧酸酯酶也称为脂族酯酶或酯酶 B，它们广泛分布于哺乳动物的肝、肾、血清、肺、脾及肠中，而在敏感昆虫中，羧酸酯酶活性很低。

羧酰氨基的水解：在脊椎动物中，参与羧酰胺代谢的酰胺酶主要分布于肝脏中的微粒体组分，羊肝是酰胺酶的最好来源。在乐果类似物中，N-丙基乐果是最好的底物，氧乐果不被酰胺酶水解，但能抑制这种酶。只有硫（酮）类似物能作为这种酶的底物。

$$(CH_3O)_2\overset{S}{\underset{}{P}}SCH_2\overset{O}{\underset{}{C}}NHCH_3 \xrightarrow{\text{酰胺酶}} (CH_3O)_2\overset{S}{\underset{}{P}}SCH_2\overset{O}{\underset{}{C}}OH$$

乐果　　　　　　　　　　　　　乐果酸

还原反应：还原酶需要辅酶Ⅱ的参与才能进行反应。还原反应容易在瘤胃液中及微生物中发生，因此，氨基对硫磷在反刍动物中是一个主要的代谢产物。虽然对硫磷的降解作用主要来自氧化系统，但对对硫磷及对氧磷起解毒作用的硝基还原酶已在家蝇腹部及脊椎动物肝中发现其存在。

$$(C_2H_5O)_2\overset{S}{\underset{}{P}}O\text{—}\!\!\bigcirc\!\!\text{—}NO_2 \xrightarrow[\text{NADPH}]{\text{还原酶}} (C_2H_5O)_2\overset{S}{\underset{}{P}}O\text{—}\!\!\bigcirc\!\!\text{—}NH_2$$

（4）结合作用　葡糖苷酸的形成：经初级代谢生成的酚、醇、羧酸、胺、硫醇等，在脊椎动物中可以在葡糖醛酸转移酶作用下，形成葡糖苷酸结合物。

在大鼠中由 DDV 代谢为二氯乙基葡糖苷酸（A）；在大鼠和狗中，毒虫畏代谢为 1-(2,4-二氯苯基)乙基葡糖苷酸（B）；在小牛中伐灭磷代谢为甲基及二甲基氨基磺酰苯基葡糖苷酸（C）；在母牛中对硫磷代谢为对氨基苯基葡糖苷酸（D）。

$$(CH_3O)_2\overset{O}{\underset{}{P}}\text{—}OCH{=}CCl_2 \longrightarrow Cl_2CHCH_2O\text{—}GA$$
A

$$B$$

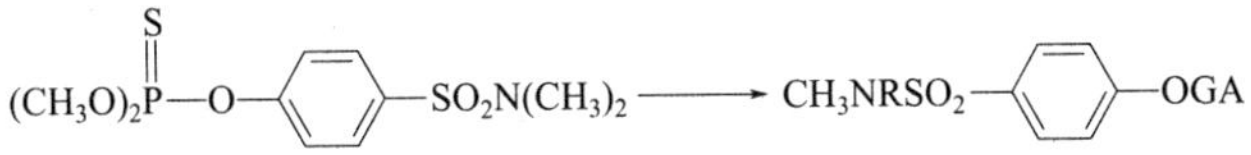

$$(CH_3O)_2\overset{S}{P}\!-\!O\!-\!\!\!\bigcirc\!\!\!-\!SO_2N(CH_3)_2 \longrightarrow CH_3NRSO_2\!-\!\!\!\bigcirc\!\!\!-\!OGA$$

C   R=H_2CH_3

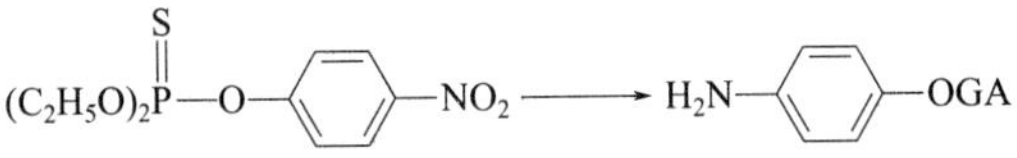

$$(C_2H_5O)_2\overset{S}{P}\!-\!O\!-\!\!\!\bigcirc\!\!\!-\!NO_2 \longrightarrow H_2N\!-\!\!\!\bigcirc\!\!\!-\!OGA$$

D   GA=葡糖醛酸

硫酸酯的形成：硫酸酯的结合作用是酚、醇的重要代谢过程。

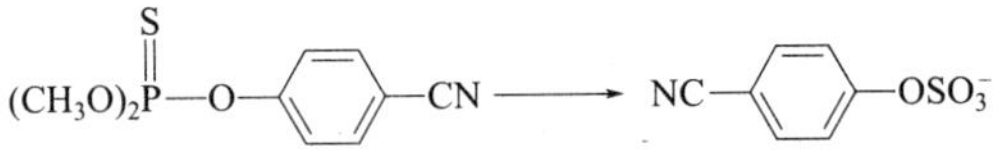

$$(CH_3O)_2\overset{S}{P}\!-\!O\!-\!\!\!\bigcirc\!\!\!-\!CN \longrightarrow NC\!-\!\!\!\bigcirc\!\!\!-\!OSO_3^-$$

甲基化作用：甲基化是外源物质代谢的次要过程。当有机磷杀虫剂中含有 P—S—C 酯键时，有可能产生 S-甲基化代谢物。

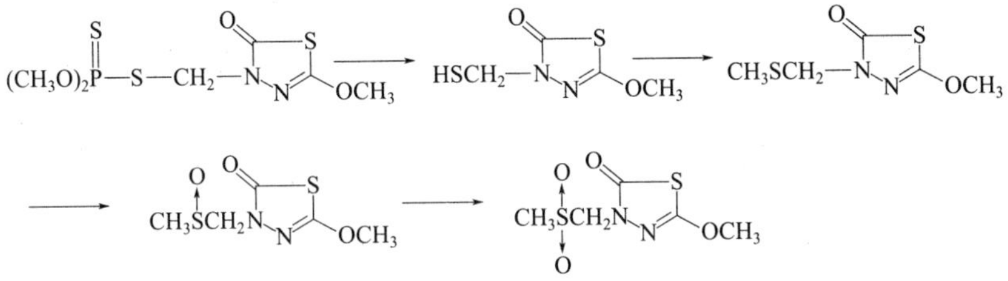

噻二唑酮亚砜衍生物   噻二唑酮砜衍生物

（二）氨基甲酸酯杀虫剂的代谢

1. 主要代谢反应

（1）水解作用 氨基甲酸酯是一类含酯键的杀虫剂，易于被生物体中的酯酶所分解，产生与化学水解相类似的产物，即酚（或肟、烯醇）以及甲基或二甲基氨基甲酸。后者在生物体内很不稳定，瞬间即分解为二氧化碳及甲胺或二甲胺。

$$ROC\overset{O}{N}HCH_3 \xrightarrow{\ \text{氨基甲酸酯酶}\ } ROH + CO_2 + H_2NCH_3$$

（2）氧化作用 在生物体内，氨基甲酸酯类杀虫剂在氧化酶作用下氧化降解（图 3-32）。

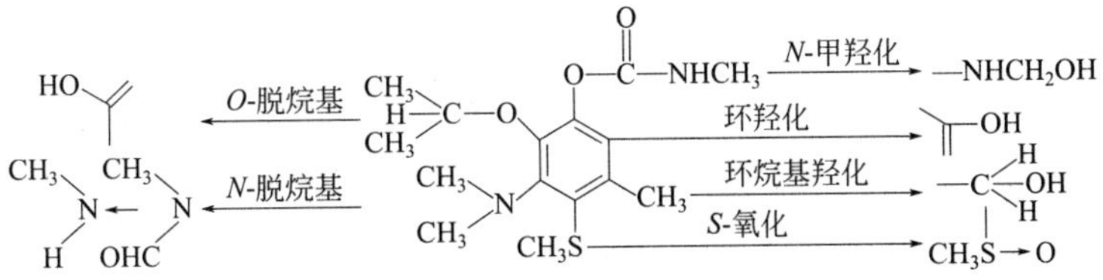

图 3-32 氨基甲酸酯类杀虫剂氧化部位

（3）结合作用 代谢过程的结合作用可以使内源及外源物质转变为水溶性成分，从而易于排泄出去或贮存起来。在动物体内可通过粪尿排出，在植物体内即将结合物作为最终产物贮存于各组织中。

2. 代谢实例

（1）克百威代谢 通常克百威（carbonfuran）以氧化代谢为主，至少在哺乳动物肝微粒体多功能氧化酶（MFO）作用下是如此。而在体内紧接氧化作用之后，结合作用和水解作用会很快发生（图 3-33）。

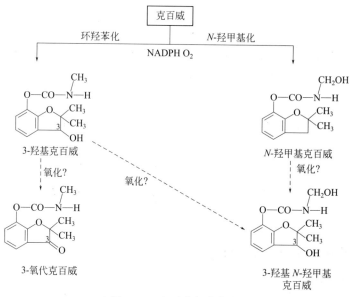

图 3-33 克百威氧化代谢

（2）涕灭威的代谢 涕灭威（aldicarb）在大鼠中的初级代谢主要是发生氧化作用，生成涕灭威亚砜；亚砜中的小部分会进一步氧化得到砜。亚砜和砜发生水解得到相应的肟，进一步还原生成腈。肟与腈的水解最终生成酸及结合物。在众多的代谢产物中，已鉴定过的主要是亚砜、亚砜水解产物以及亚砜腈的水解产物（图 3-34）。

（三）拟除虫菊酯类杀虫剂代谢

（1）氧化代谢 氧化代谢是除虫菊素Ⅰ、Ⅱ及烯丙菊酯初级代谢的主要途径，见图 3-35。这些氧化作用大都由于微粒体氧化酶的存在而发生，对除虫菊素Ⅰ和烯丙菊酯来说，酸组分的氧化部位主要是异丁烯侧链上的反式甲基，首先生成羟甲基衍生物，进一步的氧化可能是非微粒体 MFO 所为，产生醛，再转化为羧酸。

在胺菊酯及苄菊酯中，酸组分的侧链甲基也能被氧化，但是这些由伯醇形成

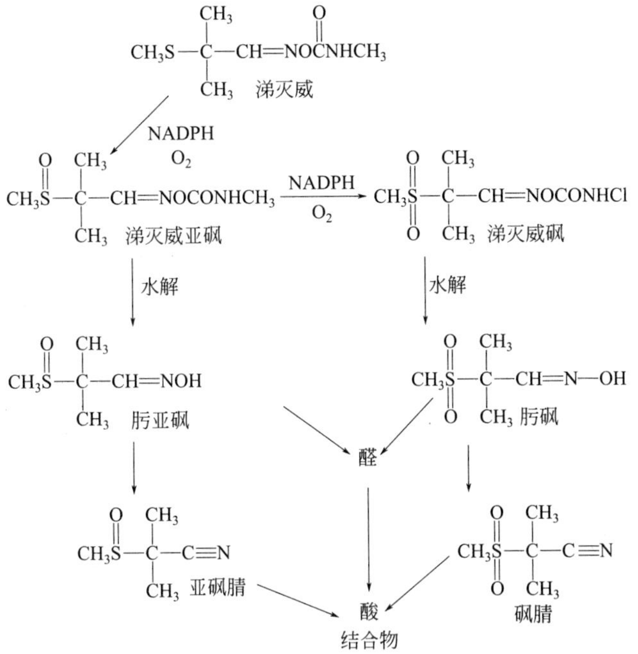

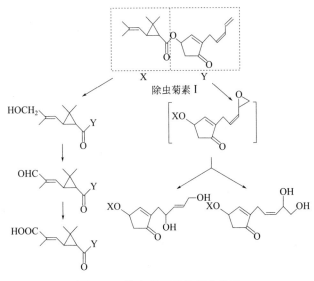

图 3-34　涕灭威主要代谢过程

图 3-35　除虫菊素Ⅰ的氧化代谢

　　的酯，易发生水解，醇组分的氧化代谢往往发生在水解之后，见图 3-36。

　　（2）水解代谢　羧酸酯酶对除虫菊酯类杀虫剂能催化水解，使之产生解毒作用，见图 3-37。

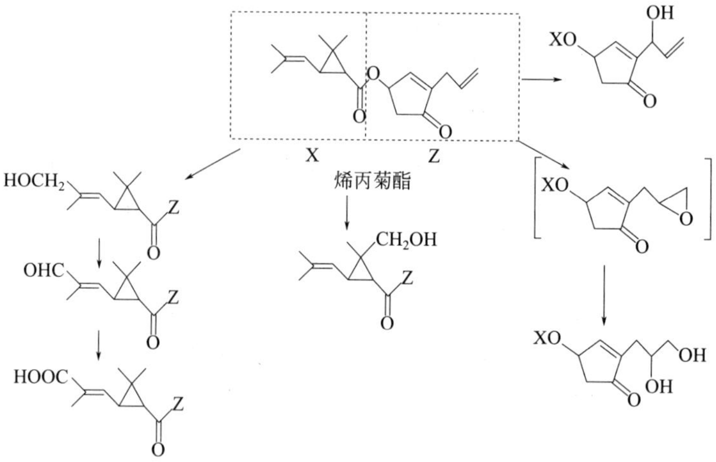

图 3-36　烯丙菊酯氧化代谢

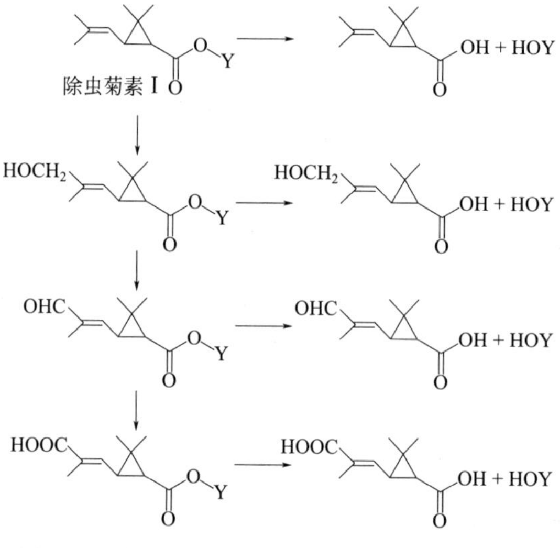

图 3-37　除虫菊素 I 及其氧化代谢物的水解代谢

　　氯菊酯的氧化代谢与水解代谢似乎同时发生，在其代谢物中，有羟化代谢物、羟化物与葡萄糖的结合物、水解代谢物（二氯菊酸和间苯氧基苄醇）、水解后的结合物、羟化后的水解产物以及水解后的羟化产物等。

　　（3）结合作用　氯菊酯（A、B、C）在葡萄糖醛酸转移酶、氨基酸转移酶等结合酶作用下，将葡萄糖、氨基酸（如甘氨酸、谷氨酰胺、丝氨酸）结合到氯菊酯分子上。通过结合使农药去活化产生水溶性的代谢产物，有利于排出体外，起到降低毒性作用，见图 3-38。

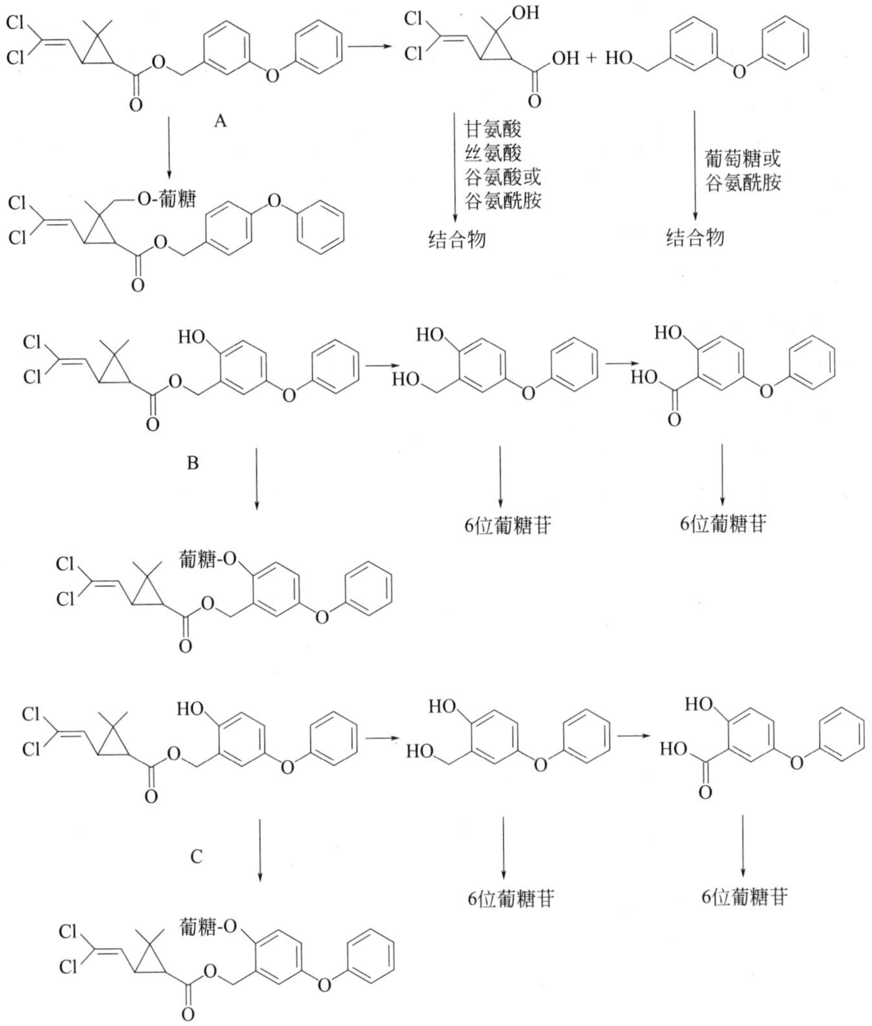

图 3-38 氯菊酯的代谢途径

二、杀菌剂代谢

（一）杀菌剂代谢概念及分类

杀菌剂受自然环境条件的影响而改变其自身的化学结构，这种变化过程称为杀菌剂的代谢。

（1）杀菌剂代谢的分类 杀菌剂代谢分为自然分解与生物酶参与的代谢。自然分解是无酶参与的自然水解和氧化的纯化学分解反应；生物酶参与的代谢发生在有机体（植物、动物、微生物）代谢系统且多为由酶催化的生化反应，包括氧化反应、还原反应、水解作用以及结合物的形成等。

农药生物化学基础

按照代谢过程的不同，杀菌剂可以分为2类：①体外和体内的杀菌活性基本相同；②在体外不表现杀菌活性，进入植物体内或施于土壤后被代谢或活化为另一活性物质时才显示杀菌或抑菌活性。

（2）杀菌剂的代谢产物归趋　杀菌剂经自然分解和生物酶代谢，代谢产物最终变成无毒无害物质；另类代谢产物仍然保持相当的毒性，或者代谢出新的毒性物质，甚至成为致癌致畸物质，对环境造成污染。

（二）主要杀菌剂代谢实例

1. 苯并咪唑类

（1）苯菌灵（苯莱特）和多菌灵　苯菌灵在植物体内代谢为多菌灵及具挥发性的异氰酸丁酯，其杀菌作用方式与多菌灵相同，能抑制病菌细胞分裂中纺锤体的形成，但产生的异氰丁酯易与叶果表皮的角质层、蜡质层结合，所以药效常比多菌灵好。苯菌灵和多菌灵代谢途径见图3-39。代谢产物为结合物。

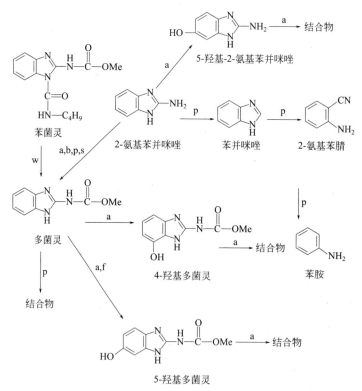

图 3-39　苯菌灵和多菌灵的代谢途径

a—动物；b—细菌；f—真菌；p—植物；s—土壤；w—水

（2）噻菌灵和麦穗宁（图 3-40、图 3-41）

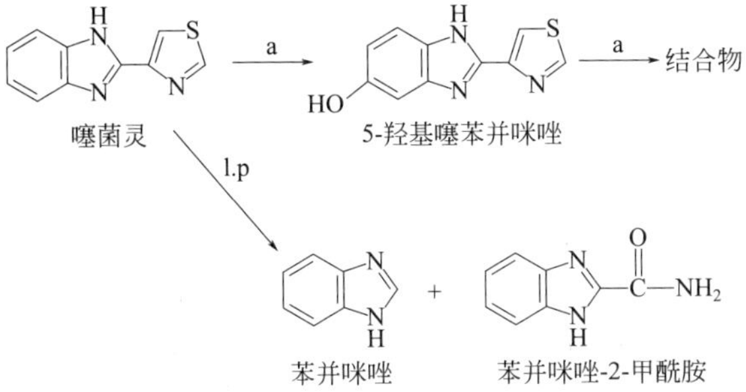

图 3-40 噻菌灵（thiabendazole，涕必灵）的代谢途径

a—动物；l—光；p—植物

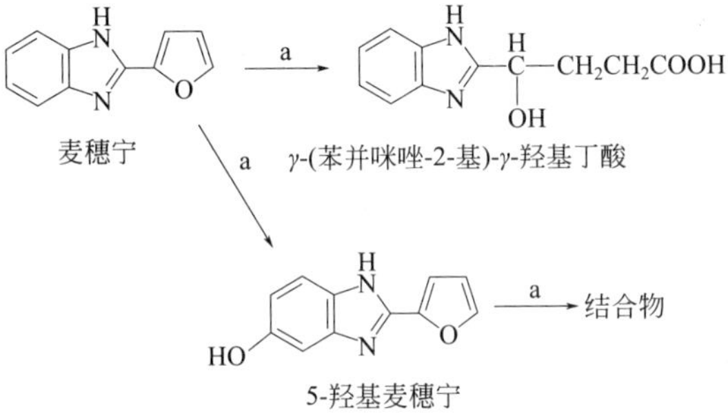

图 3-41 麦穗宁（fuberidazole）的代谢途径

a—动物

2. 硫菌灵类（图 3-42）

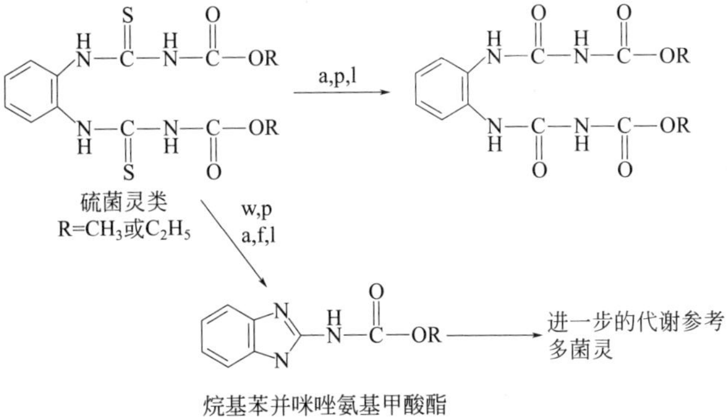

图 3-42 硫菌灵类杀菌剂代谢途径

a—动物；f—真菌；l—光；p—植物；w—水

3. 丁烯酰胺类及有关化合物

（1）萎锈灵及氧化萎锈灵（图3-43）

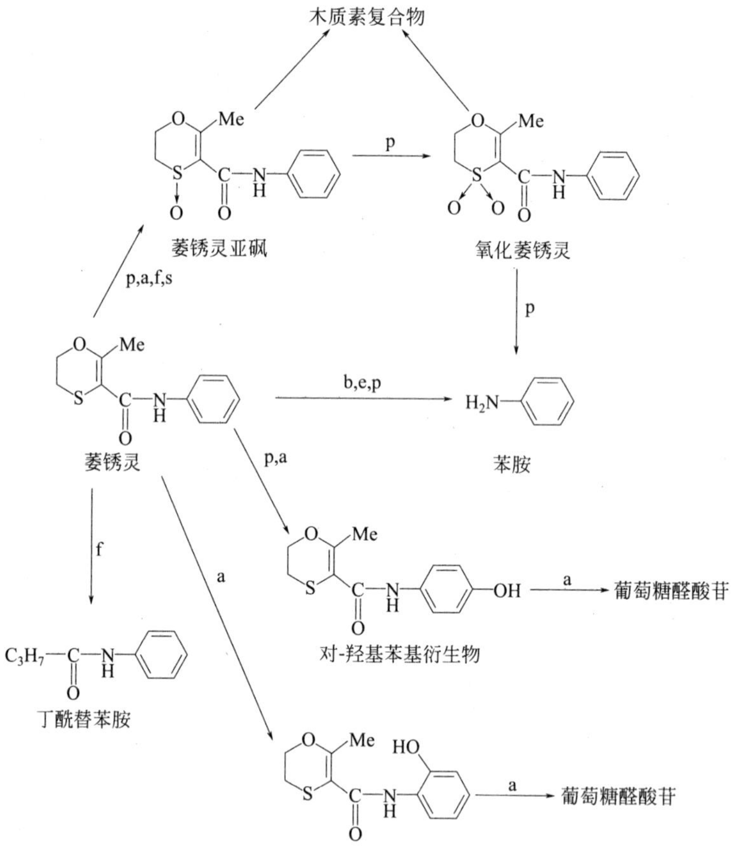

图 3-43　萎锈灵（carboxin）及氧化萎锈灵杀菌剂代谢途径

a—动物；b—细菌；e—酶；f—真菌；p—植物；s—土壤

（2）灭锈胺（图3-44）

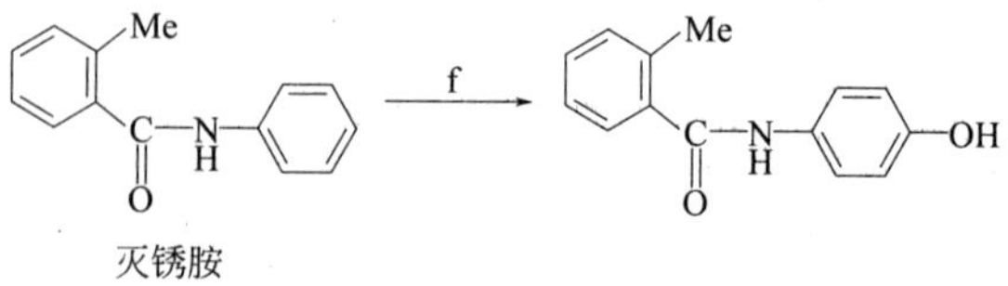

图 3-44　灭锈胺（mepronil）在真菌体内的代谢

f—真菌

（3）2,5-二甲基-3-呋喃甲酰替苯胺（图3-45）

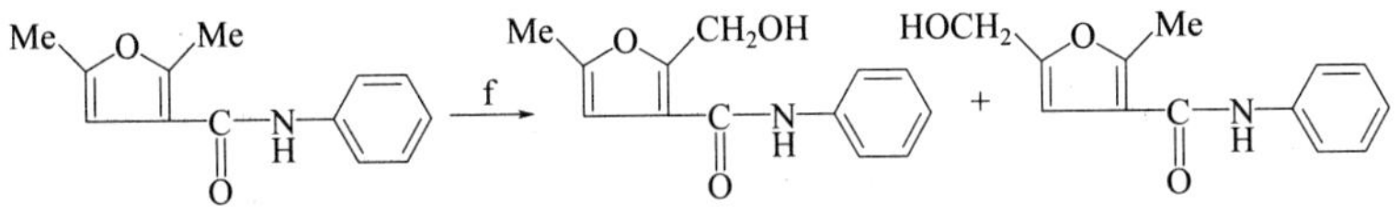

图 3-45　2,5-二甲基-3-呋喃甲酰替苯胺在真菌体内的代谢

f—真菌

（4）吡喃灵（图3-46）

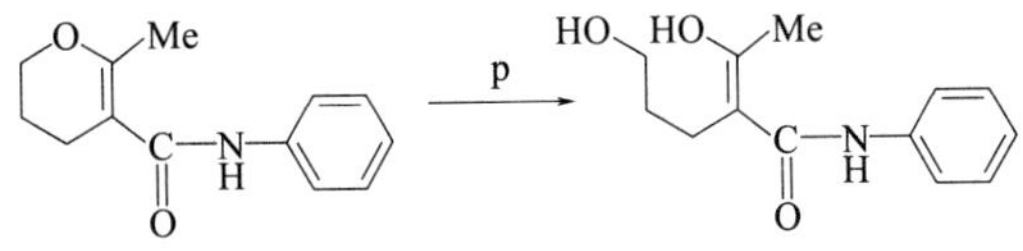

吡喃灵

图 3-46　吡喃灵（pyracarbolid）在小麦体内的代谢

p—植物

4. 有机磷酸酯类

（1）吡菌磷（图3-47）

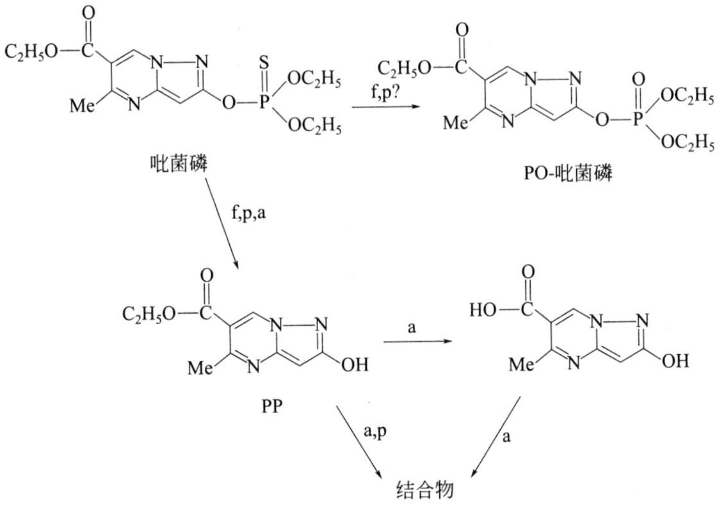

图 3-47　吡菌磷（pyrazophos）杀菌剂代谢过程

a—动物；e—酶；f—真菌；p—植物；s—土壤

（2）敌瘟磷（图 3-48）

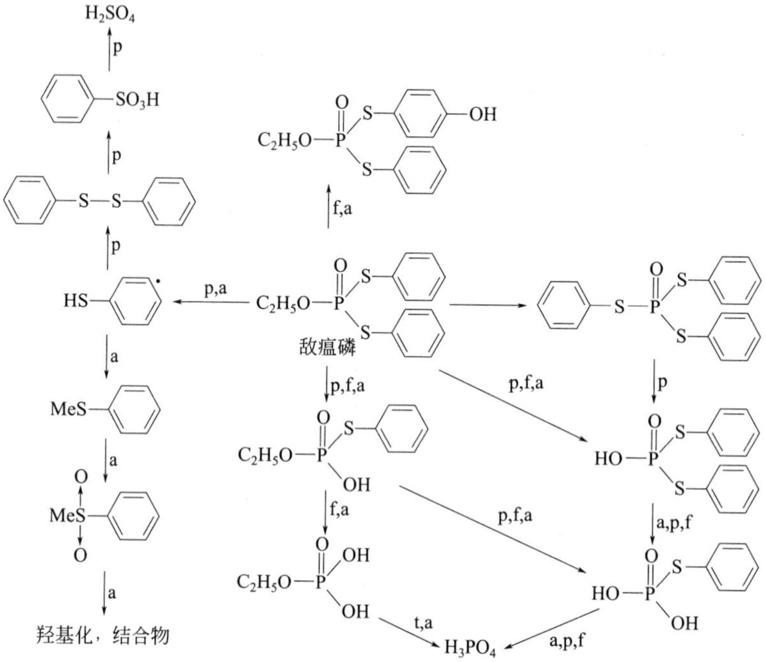

图 3-48　敌瘟磷（edifenphos）的降解代谢

a—动物；b—细菌；f—真菌；p—植物；s—土壤

（3）异稻瘟净（图 3-49）

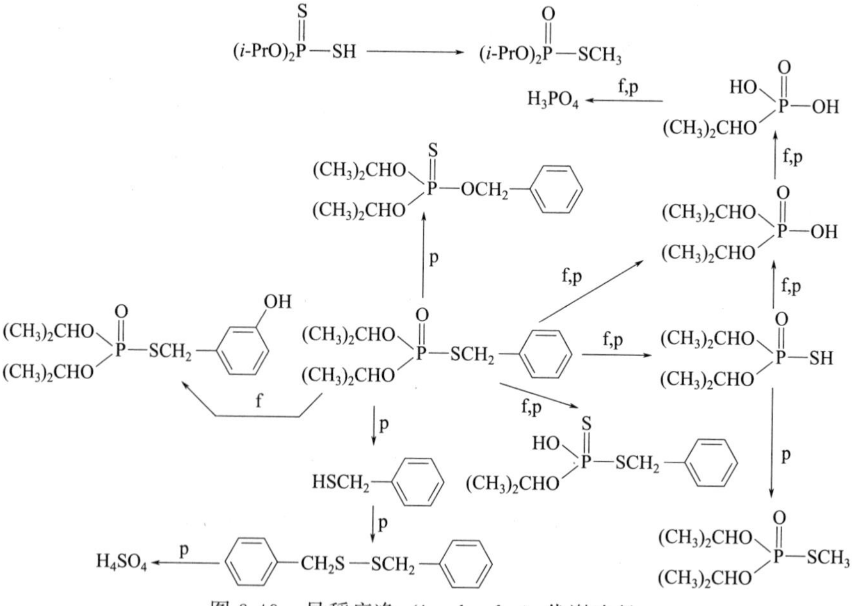

图 3-49　异稻瘟净（iprobenfos）代谢途径

f—真菌；p—植物

5. 嘧啶类及有关化合物

（1）二甲嘧酚和乙嘧酚（图 3-50）

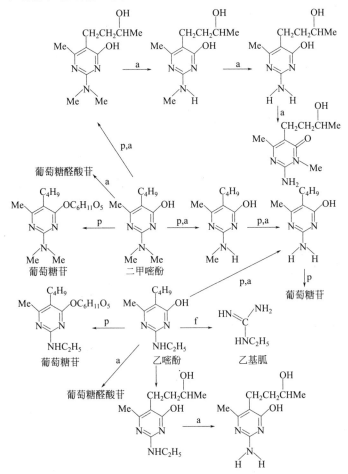

图 3-50　二甲嘧酚（dimethirimol）和乙嘧酚（ethirimol）的代谢途径

a—动物；f—真菌；p—植物

（2）十三吗啉（图 3-51）

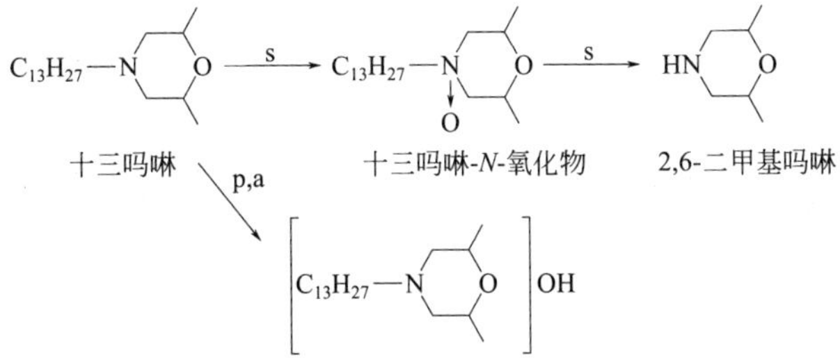

图 3-51　十三吗啉（tridemorph）的代谢途径

a—动物；s—土壤；p—植物

（3）嗪氨灵　代谢途径如图 3-52 所示。

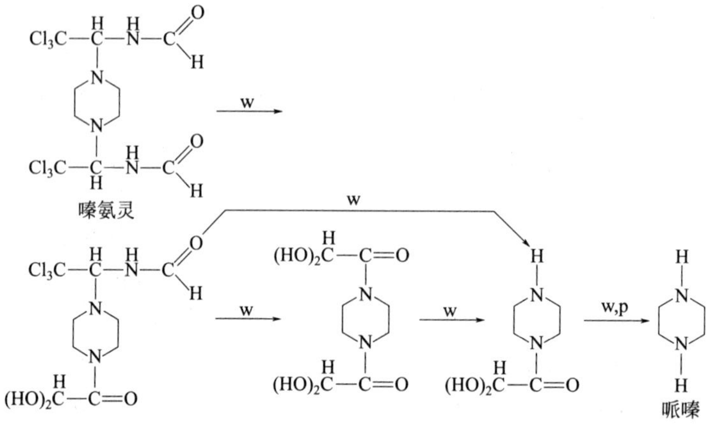

图 3-52　嗪氨灵（triforine）的降解代谢

p—植物；w—水

（4）硫菌威　代谢途径如图 3-53 所示。

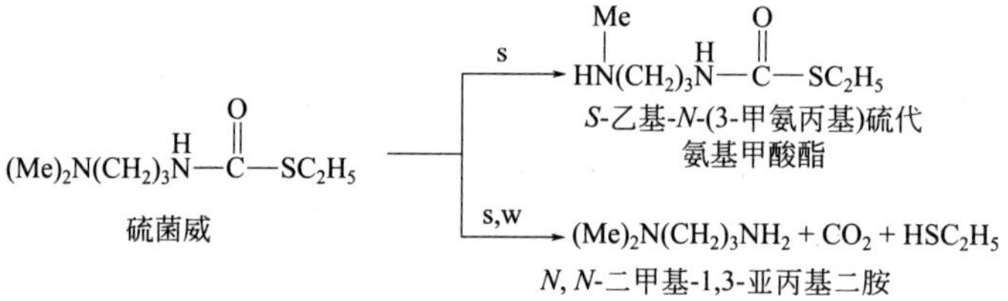

图 3-53　硫菌威（prothiocarb）的代谢途径

s—土壤；w—水

6. 三唑类

（1）三唑酮（图 3-54）

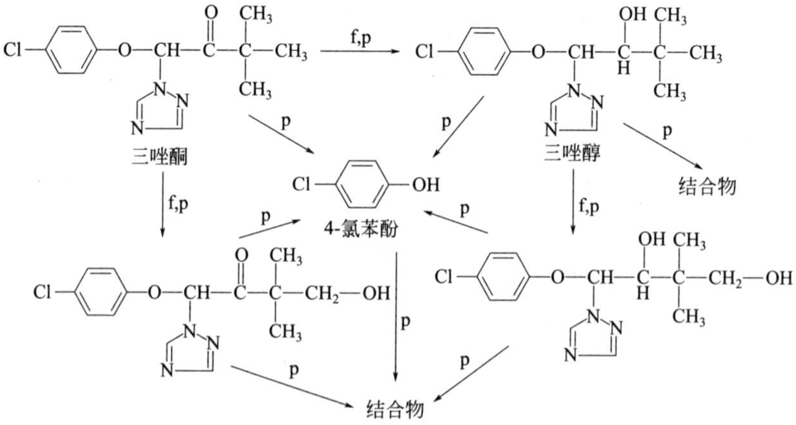

图 3-54　三唑酮（triadimefon）的主要代谢途径

f—真菌；p—植物

（2）烯唑醇（图 3-55）

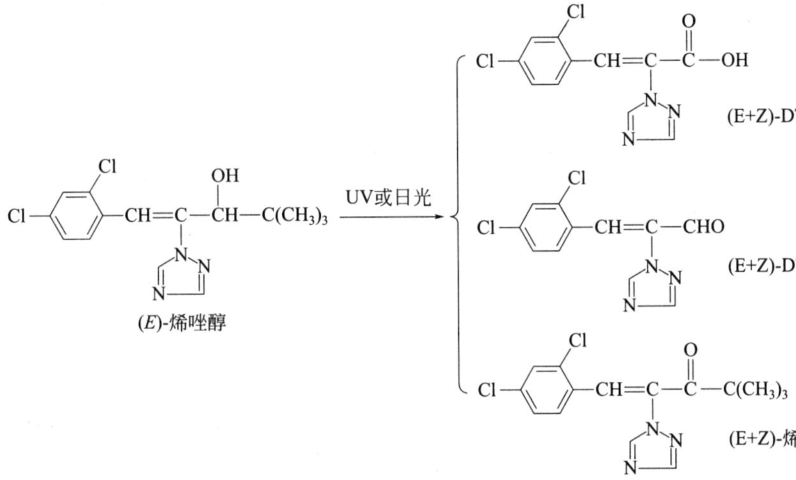

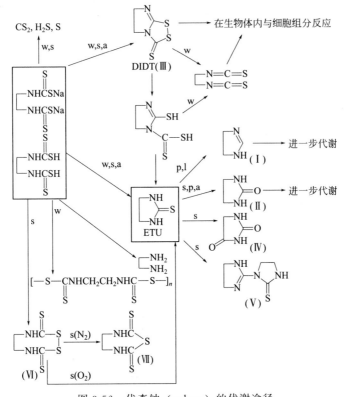

图 3-55　烯唑醇（diniconazole）光降解途径

7. 代森类

代森钠的代谢途径见图 3-56。

图 3-56　代森钠（nabam）的代谢途径

a—动物；f—真菌；l—光；p—植物；s—土壤；w—水

8. 有机氯类

（1）四氯苯酞（图 3-57）

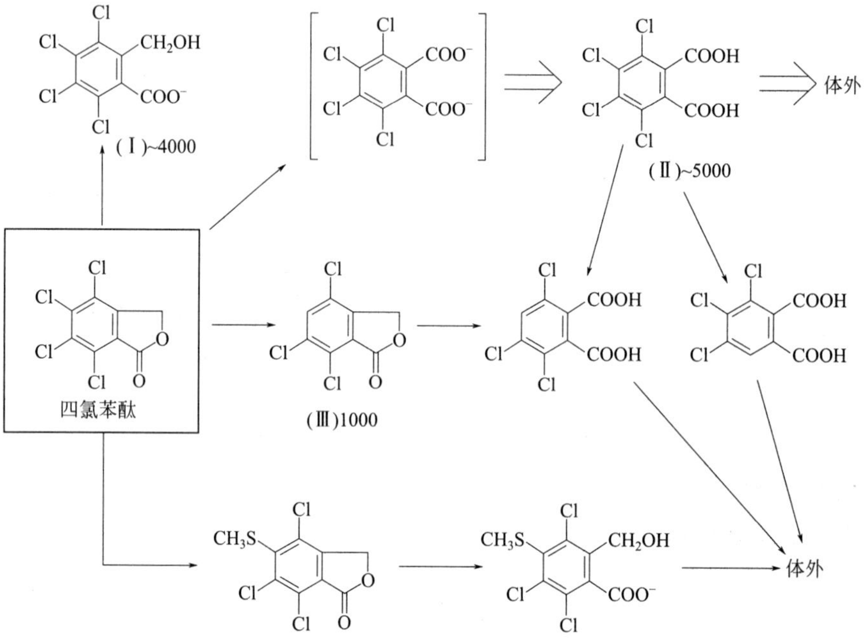

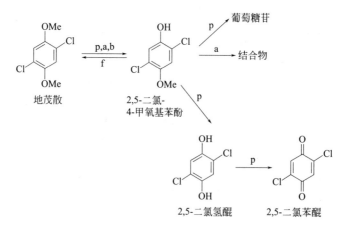

图 3-57　四氯苯酞（phthalide）在动物体内代谢途径

（图中数字表示急性口服毒性 LD_{50}，mg/kg）

（2）地茂散（图 3-58）

图 3-58　地茂散（chloroneb）的代谢途径

a—动物；b—细菌；f—真菌；p—植物

（3）菌核利（图 3-59）

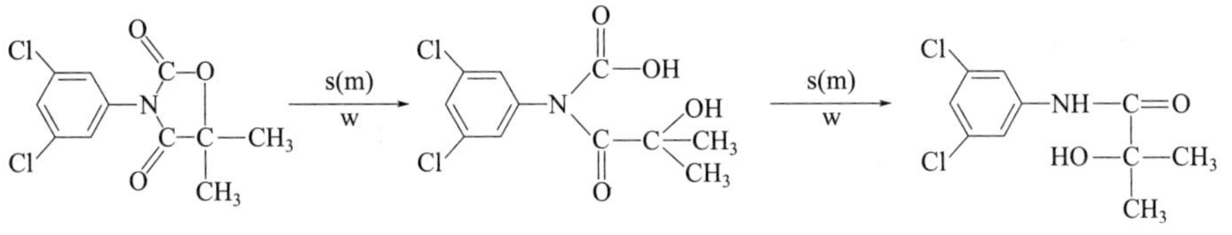

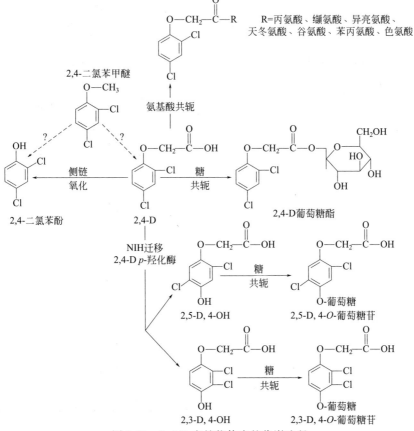

图 3-59　菌核利（dichlozoline）代谢途径

s（m）—土壤微生物；w—水

三、除草剂代谢

1. 苯氧羧酸类

2,4-D(2,4-二氯苯氧乙酸) 可在植物体内的降解：侧链断裂、降解成相应的酚，2,4-D 可转变成 2,4-二氯苯酚。其侧链的降解有两种不同的途径，某些植物以两个碳原子为单位失去侧链，而另一些则可能经过一假定的中间体而逐步降解。2,4-D 也可发生羟基作用，有时还伴随着发生氯原子的移位。苯环上羟基化后，可与葡萄糖轭合，生成相应酚的葡萄糖苷，也可与各种氨基酸形成轭合物等（图 3-60）。

图 3-60　2,4-D 在植物体内的代谢途径

2,4-D 在土壤中被微生物降解的过程见图 3-61。

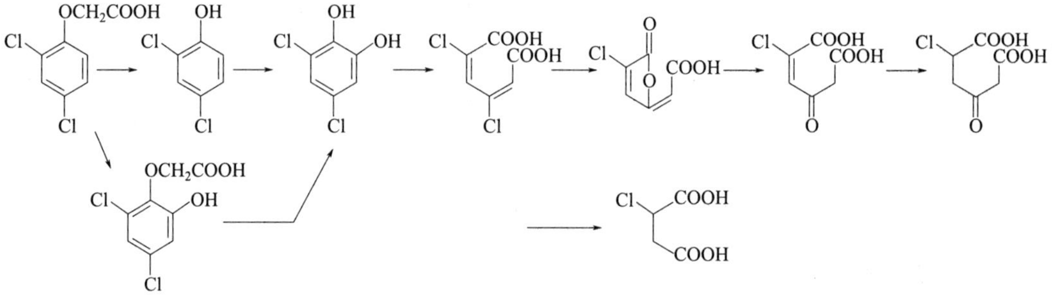

图 3-61　2,4-D 在土壤中微生物降解的途径

2. 羧酸及其衍生物

（1）草灭畏　大豆等植物的根部可吸收大量的草灭畏，但其传递到茎中却很少。这是因为草灭畏被大豆吸收后与葡萄糖轭合后被固定。

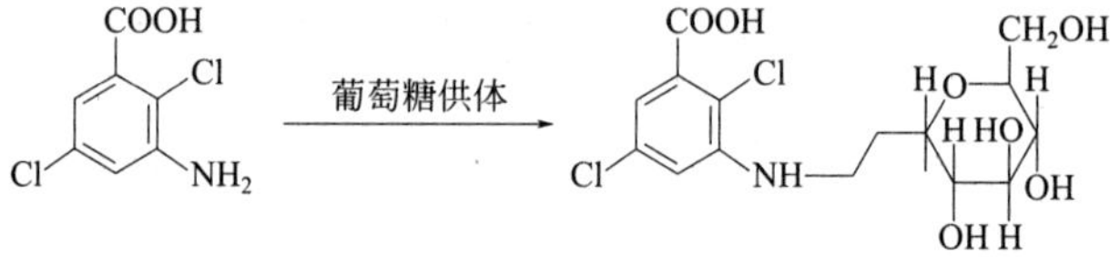

草灭畏在植物体内的代谢途径是形成可溶于甲醇的轭合物及不溶的残留物：

草灭畏在高等植物中的代谢如下：

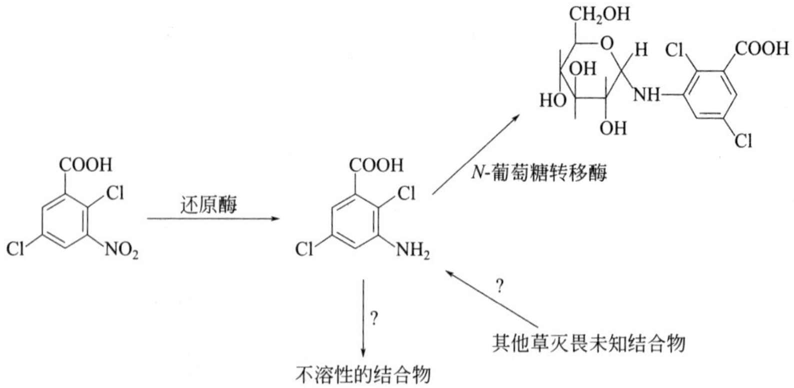

（2）草芽畏（2,3,6-TBA）　微生物可以降解 2,3,6-TBA，其降解途径可能为：

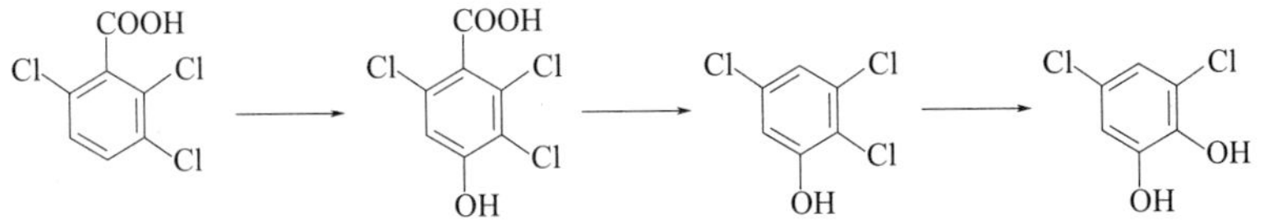

（3）麦草畏　麦草畏在高等植物体内的代谢途径为：

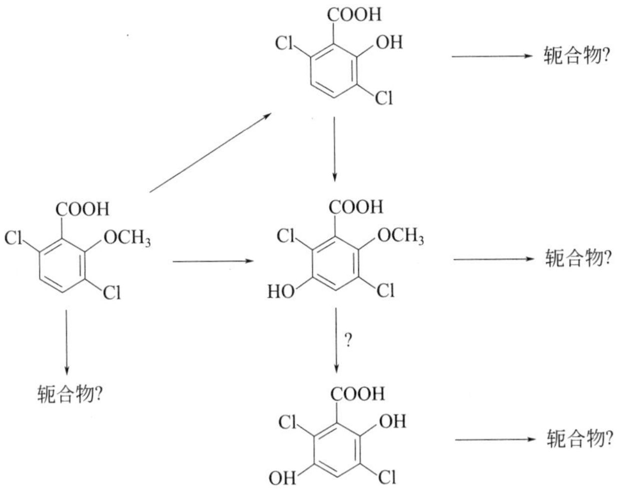

（4）敌草腈　敌草腈在植物体内代谢的基本途径是苯环上的羟基化，形成 3-羟基及 4-羟基-2,6-二氯苯腈，并随之与植物体内的成分形成不溶的轭合物，其主要途径为：

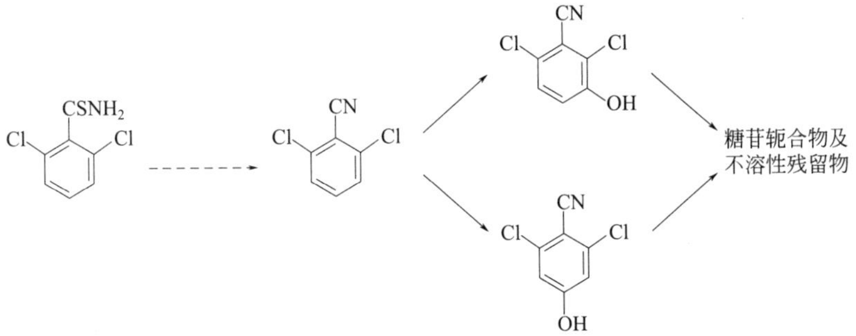

2,6-二氯苯甲酰胺是敌草腈在土壤中降解的主要产物：

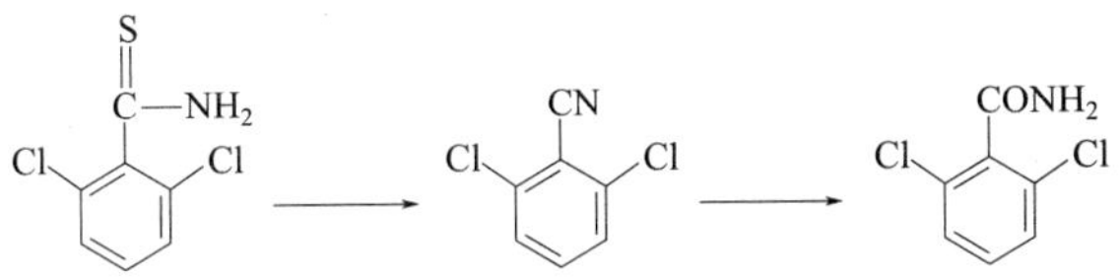

在大鼠体内的转变情况如下：

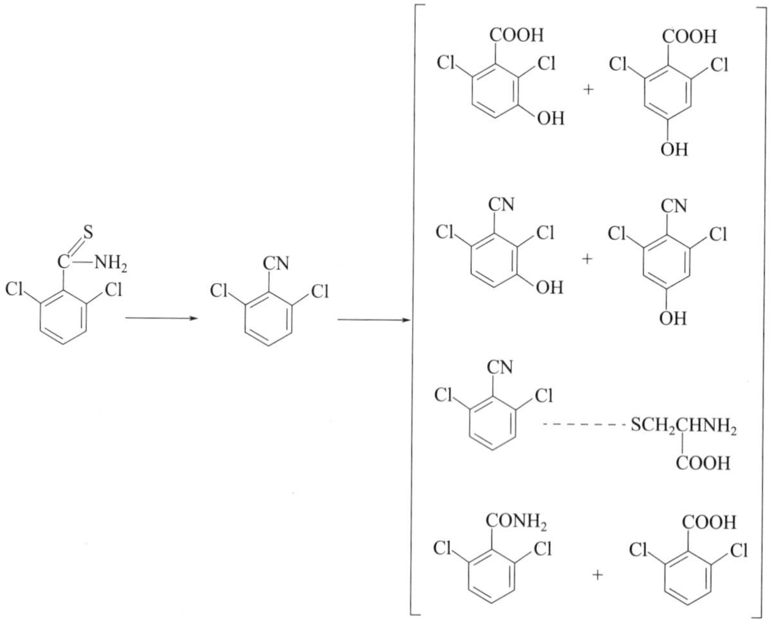

（5）氯酞酸甲酯　它们在动物体内及土壤中的降解途径可能为：

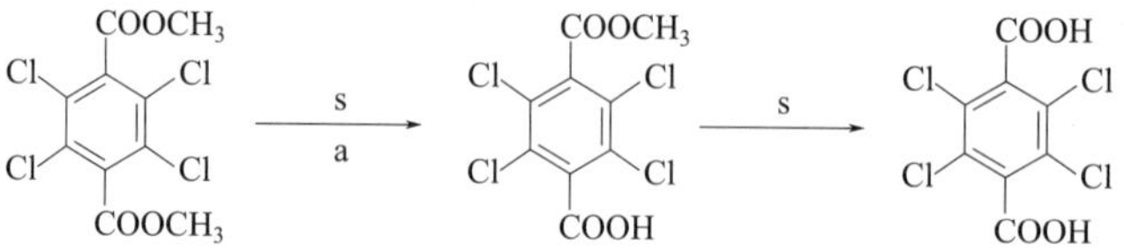

s—在土壤中；a—在动物体内

3. 酰胺及氨基甲酸酯类

酰胺类除草剂在植物体内的降解的主要形式有 N-脱烷基化作用、水解作用、氧化作用、轭合作用。

酰胺类除草剂可迅速被动物体吸收，并以其代谢物从尿中排出，有时由于酰胺键在动物体内有抗水解作用，则可能发生氧化、脱烷基化和轭合作用。

（1）敌稗　敌稗是水稻田除草剂，由于水稻叶中含有高活性的酰胺水解酶，水稻能迅速地水解钝化敌稗，生成无杀草活性的3,4-二氯苯胺和丙酸（图3-62），而稗草和其他杂草体内酰胺水解酶的活性很低，难以分解钝化敌稗，故对稗草和其他杂草具有除草活性。

敌稗在其他植物体内及在环境中的降解途径分别见图3-63和图3-64。

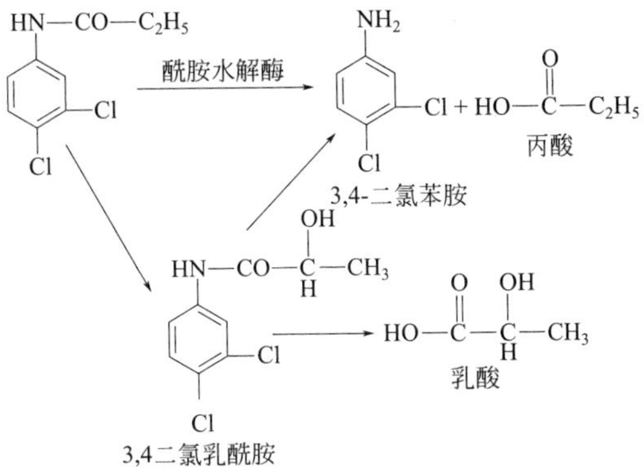

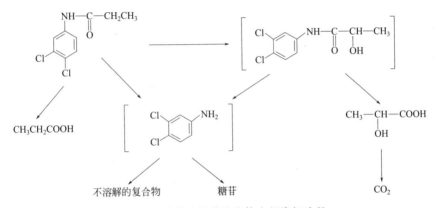

图 3-62 敌稗在水稻体内的解毒代谢途径

敌稗在其他植物体内的降解途径有：

图 3-63 敌稗在其他植物体内的降解途径

敌稗在环境中的降解途径有：

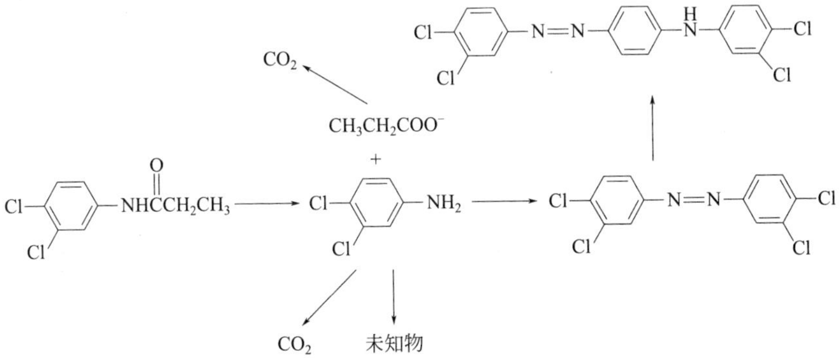

图 3-64 敌稗在环境中降解途径

（2）二丙烯草胺（草毒死）　在高等植物体内的降解途径为：

$$ClCH_2\overset{O}{\underset{}{C}}-N(CH_2CH\!=\!CH_2)_2 \longrightarrow HOCH_2\overset{O}{\underset{}{C}}-OH \rightleftharpoons O\!=\!\overset{H}{\underset{}{C}}-\overset{O}{\underset{}{C}}-OH$$

$$H_2NCH_2\overset{O}{\underset{}{C}}-OH \qquad CO_2 + HCOOH$$

↓ 　　　　　　　↓光合作用

蛋白质　　　　　　　糖类

（3）甲草胺　在真菌中的降解途径为：

（4）氯苯胺灵　在大豆体内主要先经羟基化形成糖苷：

氯苯胺灵在微生物体内降解的可能途径为：

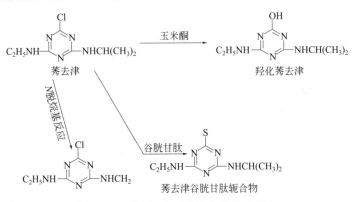

4. 均三氮苯类

莠去津是防治玉米田杂草的药剂，对玉米安全，而对大多数杂草有毒害，原因是莠去津在玉米体内发生三种反应（图3-65）：①脱氯反应，由于玉米根系中含有一种特殊解毒物质玉米酮（2,4-二羟基-7-甲氧基-1,4-苯并噁嗪-3-酮），使莠去津迅速产生脱氯反应，生成毒性低的羟基衍生物；②谷胱甘肽轭合反应，由于玉米叶部谷胱甘肽轭合酶的作用，使莠去津产生谷胱甘肽轭合物，而丧失活性；③N脱烷基反应：也是玉米对莠去津的解毒途径之一。

图 3-65　莠去津在玉米体内的代谢解毒

参 考 文 献

[1] Jakobsson P J，Morgenstern R，Mancini J，et al. Common structural features of MAPEG——a widespread superfamily of membrane associated proteins with highly divergent functions in eicosanoid and glutathione metabolism. Protein Sci，1999，8(3)：689-692.

[2] 李丹丹，钦闪闪，谭艳.有机磷酸酯水解酶的研究进展.湖北医学院学报，2018，37(3)：290-295.

[3] 孔旭东，郁惠蕾，周佳海，等.环氧水解酶的结构基础及新酶开发.生物加工过程，2013，11(1)：77-86.

[4] 郭晶，高菊芳，唐振华.羧酸酯酶及其在含酯类化合物代谢中的作用.农药，2007，46(6)：365-368.

[5] 彭华松，宗敏华，聂凌鸿.环氧化合物水解酶的研究进展.2003，17(1)：75-79.

[6] 张飚，李永清，高轩.谷胱甘肽 S-转移酶综述.吉林畜牧兽医，2006，6：11-13.

[7] 徐汉虹.植物化学保护学.第5版.北京：中国农业出版社，2018.

第四章　农药选择毒性的生理及生物化学原理

在一定条件下，毒物对机体的毒性作用具有一定的选择性。一种毒物对某一种生物或组织有损害，而对其他生物或组织器官无毒性作用，这种毒物对生物体的毒性作用差异称为选择性毒性。受到损害的生物或组织器官称为靶生物或靶器官。

农药作为一种毒物的选择作用主要表现在使用农药时能在靶标生物和非靶标生物之间选择性地杀死和抑制靶标生物，而尽可能地不伤害非靶标生物。农药选择毒性是农药生物化学研究的重要内容，也是科学合理使用农药，提高农药使用效率，减少农药负面影响的科学依据。

昆虫与植物的协同进化亦涉及这种选择作用。例如，烟碱对许多昆虫及其他动物来说都是强毒剂。可是烟蚜（*Myzus persicae*）却能在烟草（*Nicotiana tabacan*）上取食而不受其伤害，这是因为烟蚜的口针只限制在韧皮部取食，烟碱主要分布在木质部，而非在韧皮部积累。因而不会摄入烟碱，避免了中毒。倘若烟蚜在与烟草同属的另一种烟草（*Nicotiana gossei*）上取食，则由于这种烟草的叶上可渗出烟碱，蚜虫取食时接触渗出烟碱而迅速死亡。烟草天蛾（*Manduca sextax*）幼虫虽然取食烟草，但因其消化道难以吸收摄入的烟碱并可以迅速将摄入的烟碱降解为无毒化合物，故不受其害。烟草上的其他害虫如烟金针虫（*Conodtrus vespertimus*）等，其体内有高活性降解烟碱为无毒化合物能力的酶，因此亦不受其害。由此可见，选择作用的基础是各种生物"躲避"毒物能力的不同。早在 20 世纪 50 年代初期，Pipper 等就根据杀虫剂选择作用的性质提出生态选择和生理选择的概念，即所谓生态选择中的作用是指在有毒环境中，一种生物中毒死亡，而另一种生物则可能以某种方式逃避与毒物接触而存活的现象，是一种外在的，非本质的选择作用；生理选择则是指两种生物同时接触毒物，其中一种由于某些生理生化机制而具有较高的忍受能力而存活的现象，是一种内在的本质的选择作用，又称内在的选择作用。

第一节 杀虫剂的选择作用原理

一、杀虫剂在脊椎动物与昆虫之间的选择作用

判断杀虫剂在脊椎动物与昆虫之间的选择性的指标是脊椎动物选择性比值（vetebrate selectivity ratio，VSR），即杀虫剂对脊椎动物的毒力（LD_{50}，半数致死量）与对昆虫的毒力（LD_{50}，半数致死量）之比。通常采用大鼠 LD_{50}/家蝇 LD_{50}（点滴）比值，若 VSR 值越大，表明一种杀虫剂对昆虫的毒性比对脊椎动物的毒性大得多（表4-1）。相对而言，这种杀虫剂对脊椎动物比较安全，有报道称，烟碱、甲萘威、涕灭威、克百威的 VSR 值为 $1.0\sim10$，为无选择作用；甲基对硫磷、马拉硫磷、烯丙菊酯、双硫磷表现出较好的选择作用（VSR＝$10\sim100$）；倍硫磷、林丹、杀螟松、乐果表现出十分显著的选择作用（VSR＝$100\sim1000$）；二氯苯醚菊酯、辛硫磷等则表现出对昆虫的专一毒性（VSR＞1000）。

表 4-1　某些杀虫剂的选择性比值（VSR）

杀虫剂	LD_{50}/(mg/kg)		VSR
	鼠急性经口(急性经皮)	家蝇(点滴)	
八甲磷	42	1932	0.022
治螟磷	5.0(—)	5.0	1
内吸磷	7.5(8.2)	0.75	3.3
谷硫磷	11(220)	2.7	4.1
甲基对硫磷	24(67)	1.2	20
乙基对硫磷	3.6(6.8)	0.9	4.0
马拉硫磷	1000(＞4444)	26.5	38
双硫磷	13000(＞4000)	205	64
倍硫磷	245(330)	2.3	107
乐果	245(610)	0.55	445
乙基溴硫磷	1730(＞5000)	3.2	541
二嗪磷	285(455)	2.95	97
丙硫特普	1450(—)	15	97
杀螟松	570(300~400)	2.3	248
毒杀芬	80(780)	11.0	7.3

杀虫剂	LD$_{50}$/(mg/kg)		VSR
	鼠急性经口(急性经皮)	家蝇(点滴)	
涕灭威	6.6(2.5)	5.5	0.1
甲萘威	500(>4000)	>900	<0.56
克百威	4.0(—)	4.6	0.87
速灭威	3.7(4.2)	1.5	2.5
残杀威	86(>2400)	25.5	3.4
毒虫畏	13(30)	1.4	9.3
异狄氏剂	7.5	3.15	2.4
艾氏剂	60(980)	2.25	27
滴滴涕	118(2510)	2	59
七氯	162(250)	2.25	72
甲氧滴滴涕	6000(>6000)	3.4	1765
林丹	91(900)	0.85	107
丙烯除虫菊酯	920(11300)	15	61
烟碱	20(—)	500	0.11

注："—"表示未见报道。

但用 VSR 值代表杀虫剂在脊椎动物和昆虫之间的选择性有很大的局限性，而且有时与情况不相符合，这是因为：

首先，VSR 值是对急性毒性而言的，但对脊椎动物来说，有时慢性毒性更为重要。例如，有报道狄氏剂延长处理时间后，对小鼠可致癌；有些磷酸酯类杀虫剂对人和母鸡容易引发神经毒性，显然 VSR 值并未考虑到这些慢性毒性问题。其次 VSR 是一个相对值，而有时绝对值更重要，例如 A，B，C 三个化合物，对脊椎动物毒力依次是 2.0mg/kg、200mg/kg、20000mg/kg，对昆虫的毒力依次为 0.02mg/kg、2.0mg/kg、200mg/kg。因此，这三个化合物的 VSR 值均为100。但化合物 A 对脊椎动物有极高的毒性，难以应用。而化合物 C 则对昆虫的毒性太低，没有实际意义。只有化合物 B 才是选择性杀虫剂。

甲基对硫磷 VSR 值为 20，马拉硫磷 VSR 值为 38，虽然 VSR 值相差不大，但甲基对硫磷对脊椎动物有较高的危险性，而马拉硫磷则对脊椎动物比较安全。

另外，VSR 值仅是室内毒力测定结果，只能代表在一个特定的时间内和限制性试验条件下，为有限种群的反应。这种杀虫剂在实际应用中与室内所测结果有很大差异。例如甲萘威对家蝇（点滴）毒力很低，LD$_{50}$>900mg/kg，对大鼠急性经口 LD$_{50}$ 为 500mg/kg，因而 VSR 值小于 0.56。单纯以 VSR 值衡量甲萘威应是杀哺乳动物剂。但实际上甲萘威是一个广泛使用的杀虫剂。这是因为甲萘威对大鼠（急性经皮）毒性很低（LD_{50} 为 $>4000mg/kg$），而在农药使用过程中，经口进入人体的可能性极小，而从皮肤进入可能性很大。残杀威的情况也是如此，对家蝇（点滴）LD_{50} 为 $25.5mg/kg$，对大鼠（急性经口）LD_{50} 为 $86mg/kg$，VSR 值为 3.4，几乎没有选择性，但因残杀威大鼠急性经皮 $LD_{50}>2400mg/kg$，因此对人畜很安全。

最后，毒虫畏的 VSR 值以家蝇和大鼠作比较，家蝇和其他脊椎动物的毒性比值可能差很大（见表 4-2），表中 VSR 值在 $7.4\sim8824$ 之间变化。同样大鼠与其他昆虫的毒力比值也相差很大（见表 4-3），表中 VSR 值在 $0.09\sim2840$ 之间变化。

表 4-2 毒虫畏的 VSR 值（用不同的脊椎动物与家蝇的比较）

供试动物	$LD_{50}/(mg/kg)$	VSR
家蝇(*Musca domestica*)（点滴）	1.36	—
大鼠(*Rattus norvegicus*)	10	7.4
小鼠(*Mus musculus*)	100	74
家兔(*Oryctolagus cuniculus* f. *domesticus*)	500	368
犬(*Canis lupus familiaris*)	>12000	8824
鸽(*Aplopelia bonaparte*)	16.4	12
鹌鹑(*Coturnix coturnix*)	148	109

表 4-3 克百威的 VSR 值（不同昆虫与大鼠比较）

供试动物	$LD_{50}/(mg/kg)$	VSR
大鼠(*Rattus norvegicus*)（急性经口）	540	—
美洲牧草盲蝽(*Lygus lineolaris*)	0.19	2840
萤火虫(*Photinus pyralis*)	0.6	900
蜜蜂(*Apis mellifera*)	2.3	235
墨西哥豆象(*Epilachna varivestis*)	2.7	200
玉米螟(*Ostrinia nubilalis*)	12.3	44
盐泽灯蛾(*Estigmene ocrea*)	62	8.8
美洲大蠊(*Periplaneta americana*)	190	2.8
家蝇(*Musca domestica*)	>900	>0.60
红胡须蚁(*Pogonomyrmx barbatus*)	>5800	<0.09
麻蝇(*Sarcophaga bullata*)	4000	0.14

上述 VSR 值的不足，并不是说 VSR 值毫无用处。事实上 VSR 值还是有一定参考价值的。实验也证明，VSR 值可以用来预测一些化合物的选择毒性，特

别是同一类化合物的同系物，VSR 值和其在脊椎动物和昆虫之间的选择性有一定的相关性。例如依维菌素（ivemectins），虽然大鼠（口服）急性毒性 LD_{50} 值为 10mg/kg 左右，按我国毒性分级标准属高毒品种，但其使用有效剂量很低，马、牛、羊为 0.2mg/kg，猪为 0.3mg/kg，估计 VSR 值较大，有较好的选择性。因此依维菌素主要用于防治马、牛、羊和猪等体内的寄生虫和线虫。

二、杀虫剂在脊椎动物和昆虫之间的选择性原理

杀虫剂在脊椎动物和昆虫之间的选择作用主要是生理生化的选择。一种杀虫剂当被施在脊椎动物或昆虫上时，控制这个杀虫剂的作用过程可用图 4-1 来描述。

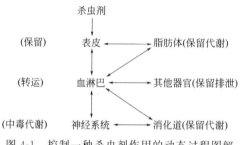

图 4-1 控制一种杀虫剂作用的动态过程图解

杀虫剂首先要穿透体壁或其他阻隔层才能进入循环液（血液），其中一部分可能会在某些组织中可逆地结合和贮藏，另一部分则在某些组织中被代谢，代谢产物又能重新进入循环液，其中一部分原始化合物或某些活化的代谢物与某些作用部位相互作用，产生致毒反应，并致生物体死亡。杀虫剂在脊椎动物和昆虫之间这种被控制过程的速率或程度差异造成了生理选择。

1. 穿透作用的差异

穿透作用差异包括对外阻隔层和内阻隔层两种穿透的差异。外阻隔层穿透包括对表皮、肠和气管的穿透。接触杀虫剂机会最多的是表皮，因此，对表皮穿透的差异是造成选择作用的一个重要因素。脊椎动物的皮肤和昆虫的体壁在组织结构上本身就存在较大差异，脊椎动物的皮肤柔软，主要由角蛋白组成，湿润多毛；昆虫的体壁坚硬，它的表皮分为三层，即上表皮、外表皮及内表皮。上表皮又分为三层，最外层是护蜡层，主要成分是类脂及鞣化蛋白；其次是蜡层；第三层是角质精层，主要含鞣化脂蛋白、类脂及一些尚不清楚的化合物。外表皮是表皮中最硬的一层，对蜕皮液有很强的抵抗性，其主要成分为鞣化蛋白质、几丁质和脂类。内表皮是表皮中最厚的一层，含有很多平列薄片和纵行孔道，内表皮的化学成分主要是几丁质-蛋白质复合体，有亲水性。乍看起来脊椎动物的皮肤柔软，昆虫体壁坚硬（尤其是鞘翅目成虫）（图 4-2，图 4-3），似乎杀虫剂穿透昆虫

表皮更加困难，其实不然。这主要归结于下述两个原因：一是昆虫单位体重的表面积（体躯总面积/体重）比哺乳动物大得多，与人相比，大约比人高 100 倍；二是昆虫表皮是疏水的，非极性的，现代杀虫剂绝大多数是非极性的或弱极性的，因相似相溶的原理，更利于穿透。特别是昆虫体壁特有几丁质，对很多杀虫剂又有极高的亲和性。

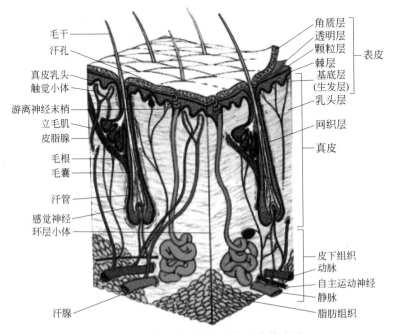

图 4-2　脊椎动物的表皮结构层次模式图

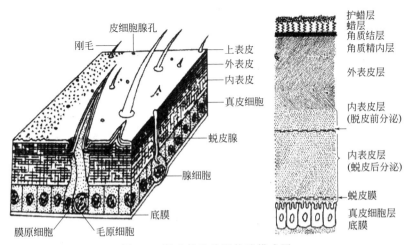

图 4-3　昆虫体壁分层构造模式图

一般来说，杀虫剂穿透速率快，毒性就大。有人研究 319 种昆虫对有机磷的穿透率，发现 4h 后，蜜蜂及墨西哥豆瓢虫表皮上进入 $87\% \sim 88\%$，几种双翅目、鳞翅目幼虫及蟑螂进入 $50\% \sim 75\%$，蝉类、棉象甲及其臭虫进入 $14\% \sim 25\%$。这与它们的中毒程度呈正相关。

此外，凡是有 pen 基因的抗性昆虫，穿透性变慢，杀虫剂对它们的作用就很差。杀虫剂对脊椎动物和昆虫肠壁及气管的穿透差异性不如表皮明显。

内阻隔层穿透差异：内部阻隔层主要是血脑屏障及细胞膜。血脑屏障（blood-brain barries）是指中枢神经系统与血液界面存在一种物质通透屏障。任何一种杀虫剂要对中枢神经系统起作用，都必须穿越这一屏障。显然，脊椎动物和昆虫血脑屏障构成及对外源物质的穿透作用存在差异。

同样，杀虫剂要进入任何靶标细胞，都必须通过细胞质膜，细胞质膜是一种脂质双层膜结构，能允许小分子或离子选择性通过。脊椎动物和昆虫细胞膜的差异也是造成毒性差异的因素之一。

2. 非靶标部位结合的差异

杀虫剂和非靶标部位的蛋白质结合是很普遍的现象。有人估计，在动物体内可能有 90% 处于这种结合状态。这种结合无疑将会影响杀虫剂毒性的发挥。

杀虫剂和蛋白质结合有两种情况：一是永久性结合或不可逆的结合。这种结合减少了杀虫剂到达靶标的实际剂量。在毒理方面，这相当于解毒作用。例如有许多有机磷化合物对于非靶标的蛋白质发生磷酸化作用。已有报道称，昆虫体内羧酸酯酶增多时，降低了敌百虫对胆碱酯酶的抑制。因为大量的敌百虫被结合在羧酸酯酶上，这种酶对敌百虫的亲和力比胆碱酯酶还高。此外，在对棉蚜的抗性研究中也发现，抗拟除虫菊酯、有机磷酸酯类及氨基甲酸酯类杀虫的品系中，酯酶含量很高，而酯酶对这些杀虫剂几乎没有降解作用。酯酶主要和这些杀虫剂结合，降低了蚜虫体内游离杀虫剂的含量，因而对这些杀虫剂不敏感。二是暂时性结合，或可逆性结合。这种可逆也可以暂时减少杀虫剂的含量，使达到作用靶标的量达不到致死作用剂量。被结合的杀虫剂一般会受到保护不被解毒酶代谢，但这也为生物体获得"时间因子"，假如代谢很快，那么由结合释放出的杀虫剂可以被立即代谢解毒。因而，毒性可大幅度降低。显然，脊椎动物和昆虫的这种非蛋白的种类和数量都有较大差异，在多数情况下脊椎动物体内酯酶活性很高，结合杀虫剂的能力很强，从而造成选择作用。Boyer 比较了杀虫畏和小鼠血浆、人类血浆及蝇头匀浆的结合情况，作为它影响 AChE 抑制作用的研究。结果表明，最重要结合作用发生在小鼠和人的血浆中，而不是昆虫的匀浆中。

3. 代谢差异

许多研究表明，造成选择作用的最主要因素仍是代谢差异，包括代谢方式和代谢速率。代谢方式的差异较小，主要是代谢速率的差异。这种代谢差异包括两个方面：解毒代谢和活化代谢，亦或活化增毒代谢和解毒代谢兼有之。

脊椎动物和昆虫体内主要解毒酶系的有无及活性高低是造成解毒代谢差异的基础。马拉硫磷在昆虫和哺乳动物之间具选择性，马拉硫磷对哺乳动物的毒性很低，是由于羧酸酯酶解毒代谢起了主要作用。因此，进入哺乳动物体内的马拉硫磷活性的差异，主要是能否迅速代谢解毒。乐果在昆虫和哺乳动物之间的选择性作用要复杂些，但部分取决于酰胺酶活性差异。哺乳动物体内酰胺酶活性远高于昆虫体内此酶的活性。辛硫磷有很高的选择作用（VSR＝3696），一是因为辛硫磷分子带有—CN基团。—CN基团是所谓潜在的选择作用基团，辛硫磷本身在小鼠中的解毒代谢比昆虫中要快得多；二是辛硫磷在动物体内氧化成毒性更强的辛氧磷。但这种氧化作用在家蝇中发生比在小鼠中强烈，而氧化后的辛硫磷能很快水解，这种水解作用在小鼠中更是强烈。二嗪磷也有明显的选择作用（VSR＝97），二嗪磷在哺乳动物体内解毒代谢比在昆虫体内快。解毒代谢酶系主要有三种：多功能氧化酶、谷胱甘肽-S-转移酶和A-酯酶。以小鼠和蜚蠊比较不同解毒酶活性：

多功能氧化酶　　　　　　　小鼠肝脏＞＞蜚蠊脂肪体
A-酯酶　　　　　　　　　　小鼠肝脏＞＞蜚蠊脂肪体
谷胱甘肽-S-转移酶　　　　　蜚蠊脂肪体＞小鼠肝脏

对小鼠而言，多功能氧化酶能把二嗪磷氧化成氧二嗪磷，且氧化成氧二嗪磷的能力大于昆虫。事实上，氧二嗪磷比二嗪磷更稳定，但在小鼠体内能立即被A-酯酶解毒。对蜚蠊而言，体内本身氧化酶增毒较慢。但由于体内无A-酯酶，解毒作用更慢。

还有一些杀虫剂，本身毒性很低，甚至无毒性，但它们可以在动物体内活化为更毒的杀虫剂，也可以被解毒及排出，这就是所谓的"前体杀虫剂"。活化作用大于解毒作用，毒性就增，反之就降。活化作用与解毒作用的比例就是所谓的机会因子Ⅰ（opportunity factoryⅠ）。不同动物对同一前体杀虫剂的机会因子高低，则是形成选择毒性的一个原因。例如，硫酮式硫代磷酸的选择毒性都高于磷酸酯，前者对哺乳动物的致死中量一般在100～1000mg/kg，而后者一般在1～100mg/kg。

4. 靶标敏感性差异

不同动物体内的同一靶标对杀虫剂的敏感性是不同的。例如，乙酰胆碱酯酶（AChE）同一抑制剂（有机磷或氨基甲酸酯类杀虫剂）对不同来源的AChE，其抑制能力相差很大。

以抑制剂对牛红细胞中AChE的IC_{50}和对家蝇头中的AChE的IC_{50}之比（选择性抑制比值，elective inhibtory ratro，SIR）作为标准，有人测定114种氨基甲酸酯类杀虫剂及类似物，发现家蝇头中AChE比牛红细胞中AChE敏感性大

10～100 倍，个别化合物达 1000 倍。对 54 种有机磷杀虫剂进行测定的结果和氨基甲酸酯类杀虫剂的情形相似，其中辛硫磷衍生物，家蝇头中 AChE 比牛血清中 AChE 敏感 2330 倍（表 4-4）。对于不同来源 AChE 这一靶标来说，有机磷酸酯和氨基甲酸酯类杀虫剂除对其抑制的差异造成选择毒性外，不同来源的 AChE 对被抑制后的恢复重新活化亦是造成选择性的因素。一般来说，恢复过程在脊椎动物中要比在昆虫中快。表 4-5 为各种动物胆碱酯酶的恢复能力的比较。

表 4-4　各种氨基甲酸酯及有机磷酸酯类杀虫剂的选择抑制比（SIR）

氨基甲酸酯类	SIR(范围)	SIR(平均)	有机磷酸酯类	SIR(范围)	SIR(平均)
芳基-N-甲基-	4.7～701	34	氧乐果同系物	0.38～230	25
甲基或 N-N-甲基-	15～50	27	芳基甲基乙基磷酸酯	>0.7～44	
m-酰胺基及硫脲苯基-N-甲基	>0.7～1667		O,O'-二甲基-S-芳基硫酸酯	10.5～450	85
克百威同系物	5.8～16.4	11	辛硫磷同系物	49～2330	450
双环-N-甲基	0.2～32	13	甲基对氧磷衍生物	4.7～529	82

注：SIR 表示牛红细胞中 AChE 的 IC_{50} 和对家蝇头中的 AChE 的 IC_{50} 的比值。

表 4-5　各种动物胆碱酯酶的恢复能力的比较　　　　单位：h

化合物	蜜蜂头部	家蝇头部	蟋蟀头部	牛血红球
$CH_3NHC(O)$-E	1.33	1.30	0.90	0.62
$(CH_3)_2NC(O)$-E	1.17	1.70	0.55	0.95
$(n\text{-}C_3H_7)NHC(O)$-E	14.00	11.30	93.00	2.03
$(n\text{-}C_6H_{11})NHC(O)$-E	565.00	不恢复	400.00	2.60
$(C_2H5O)_2P(O)$-E	—	不恢复	—	58.00
$(CH_3O)_2P(O)$-E		不恢复		1.26

注："—"表示未见报道。

例如杀寄生虫剂皮虫磷（haloxon），其对羊的 AChE 抑制在 0.39h 内即可恢复，而对羊的寄生虫（*heemanchus concortus*）被抑制的 AChE 完全不能恢复，加上解毒代谢的因素（羊体内 A-酯酶活性较高）而成为一个选择作用的典型例子。

关于其他作用靶标，如乙酰胆碱受体等研究较少，但一般认为脊椎动物和昆虫之间的差异可能会更大。

5. 专一性靶标

有些杀虫剂只对昆虫有特异性的作用靶标，而对脊椎动物没有这种靶标，因而具有理想的选择作用。专一性靶标主要指昆虫生长发育具有调节作用的杀虫剂，作用靶标为昆虫内分泌系统如昆虫的咽侧体和前胸腺，和对生长发育有关的代谢酶类如几丁质合成酶。其中有：

（1）保幼激素类似物，如烯虫酯（metheprene）和烯虫乙酯（altozen）。前者对双翅目昆虫（蚊、蝇）及鞘翅目昆虫（蔗粉甲）很有效，而后者对一些鳞翅目昆虫（蜡螟、棉铃虫）更有效，特别是1984年开发的吡丙醚（pyriproxyfen）不但具有很高的杀虫活性，而且还有强烈的杀卵活性。还有氨基甲酸酯类的双氧威（fenoxycarb），对害虫致死中量在0.1～50mg/kg，对大鼠的LD_{50}急性经口为16800mg/kg，急性经皮在2000mg/kg以上。哒嗪酮类化合物是另一类具有保幼激素类活性化合物，其中NC-170，NC-184是其主要代表，这类杀虫剂对稻飞虱、稻叶蝉具有很高的活性。

（2）蜕皮激素类似物，特别是酰肼类似物，如抑食肼（RH-5849），咪螨（RH-5992），这是一类非甾族的蜕皮激素类似物，对鳞翅目昆虫高效，对人畜很安全。

（3）昆虫几丁质合成抑制剂，即人们熟悉的苯甲酰脲类（灭幼脲、除虫脲等）及噻嗪酮类（如噻嗪酮），这些杀虫剂专一性地抑制昆虫几丁质的合成，而脊椎动物的皮肤不含几丁质，因而造成专一性的选择作用。

必须指出，任何一个因素的差异单独造成的选择性都是有限的。一个杀虫剂的高度选择性往往是多种选择因素综合起作用的结果。这和抗性中单一抗性基因难以造成高抗性的道理是相似的。前述辛硫磷的选择毒性是一个典型例子，即辛硫磷可氧化成辛氧磷，毒性加大，但这种氧化作用在家蝇体内比在小鼠体内强烈得多；氧化后的辛氧磷可以迅速地水解成二乙基磷酸，这在小鼠体内比在家蝇体内快得多；小鼠中的AChE本身对辛硫磷不敏感，和家蝇相比，相差270倍。这两个因素添加在一起，造成了辛硫磷的高度选择性。

三、害虫与天敌之间的生理选择性

生理选择的基础是害虫和天敌之间生理生化方面的差异。显然这是生物物种上水平的差异，主要包括害虫和天敌之间对杀虫剂代谢方面的差异，特别是靶标敏感性方面的差异是最重要的。例如，二硫代磷酸酯灭蚜松（menazon）对各种蚜虫特效，但对叶螨及蓟马有兼治作用，对其他昆虫无效，对蚜虫的捕食性天敌和寄生性天敌安全；抗蚜威也是一种对各种蚜虫（棉蚜除外）高度敏感的氨基甲酸酯类杀虫剂，但对绝大多数害虫天敌都很安全。畜虫威（butacarb）则只对羊绿蝇有毒杀作用，对其他昆虫均无效。

作用方式也可造成杀虫剂在害虫与天敌之间的选择作用，例如昆虫几丁质抑制剂灭幼脲、除虫脲等主要是胃毒作用、触杀作用微弱。因此，许多捕食性天敌和寄生性天敌难以直接摄入杀虫剂，因而很安全。噻嗪酮有强烈的触杀作用，实验室对半翅目的叶蝉、飞虱、粉虱高效，对害虫天敌及传粉昆虫安全。显然是由于靶标敏感性不同。此外，像 Bt 制剂及植物杀虫剂苦皮藤制剂等对鳞翅目害虫有良好的防效，而对天敌十分安全。其主要机理在于 Bt 制剂、苦皮藤制剂主要是胃毒作用，几乎没有触杀作用，捕食性天敌和寄生性天敌一般不会受药影响，故而安全。

第二节　杀菌剂选择作用原理

杀菌剂选择作用主要是杀菌剂在病菌和作物（植物）之间的选择作用以及杀菌剂在不同菌类，也包括病菌和有益微生物之间的选择作用。

一、杀菌剂在病菌和植物之间的选择作用

杀菌剂在病菌和植物之间的选择主要是生理选择，和杀虫剂的生理选择不同，杀菌剂选择作用的基础主要是病菌和植物之间作用靶标有无及靶标敏感差异，而很少有关病菌和植物之间代谢（活化增毒和解毒代谢）差异的报道。

药剂对菌体内作用靶标有高度专一性，作用靶标不同或微小的改变，药剂的毒性反应就有明显的改变。最典型的例子是苯并咪唑与萎锈灵。苯并咪唑杀菌剂在菌体内的作用靶标是细胞分裂时纺锤体上的 β-微管蛋白。此类杀菌剂与不同生物的微管蛋白的毒力之比是其选择性作用的原因。多菌灵干扰真菌和其他生物微管蛋白组装成微管的毒力之比是 1300：4。根据已有资料，植物与真菌的微管蛋白在结构上有明显的差异。因此，多菌灵等苯并咪唑类杀菌剂对植物不会产生药害。萎锈灵是与菌体内呼吸链上辅酶 Q 处的一些蛋白质（QPs）结合，这个结合位点的蛋白质只要在个别氨基酸的顺序上稍有改变，就会使药剂完全失效。真菌和高等植物 QPs 结构上的差异，使得萎锈灵对植物安全。又如敌锈钠通过抑制叶酸合成酶的活性而抑制了叶酸的合成。虽然锈菌内和豇豆细胞内部都有 DL-酸合成酶，但二者仍有区别；敌锈钠和锈菌体内叶酸合成酶高度亲和而和豇豆细胞叶酸合成酶不亲和。因此，敌锈钠可以安全地用于防治豇豆上的锈病。

菌体与植物中杀菌剂影响的酶类在含量上和活性上的差异，也造成杀菌剂的生理生化选择。如嘧啶类杀菌剂（二甲嘧酚、乙嘧酚）是通过抑制腺苷脱氨酶的活性而抑制菌体体内核酸的合成，而植物体内缺少腺苷脱氨酶，因而不会造成植物药害。6-氮杂尿嘧啶是影响菌体细胞内尿嘧啶合成过程中乳清酸-5-磷酸脱羧酶活性，而植物细胞内该酶的数量比菌体内高 100 倍以上。因此，植物只会受到极为轻微的影响，不会产生药害。

具有特异性靶标的杀菌剂，因植物本身不存在杀菌剂的作用靶标，因此具有高度的选择作用。例如多氧霉素主要干扰病原菌细胞壁几丁质合成，而植物的细胞壁不含几丁质，因此，多氧霉素对植物很安全。抑制病菌致病力的杀菌剂对植

物生长发育完全没有影响。典型例子是三环唑，它能抑制稻瘟菌附着孢子上黑色素形成，阻止其侵入水稻组织而对水稻生长没有影响，又如苯菌灵的分解产物异氰酸丁酯会抑制茄病镰刀菌（*Fusarium solani*）的角质酶的活性，以及氟代二异丙基磷酸酯，也是典型的角质酶抑制剂。前者用于防治豌豆根腐病，后者还可用于防治木瓜炭疽病。这些杀菌剂对豌豆和木瓜都不会产生不良影响，而可使植物抵抗病菌的侵入。这类杀菌剂显然在病菌和植物之间有选择作用。

此外，还必须注意两个事实：一是杀菌剂剂量本身可造成选择作用。比如，0.02％的硫酸铜对稻瘟病有一定程度的防治作用，在此浓度下水稻安全。但若改用0.04％的硫酸铜则会出现药害。又如三唑酮在小麦上拌种或包衣防治小麦白粉病，若有效成分超过种子重量的0.03％，就会出现明显的药害；二是病原菌往往是一个孢子，乃至一个细胞为一个个体，杀菌剂对其影响是周体性的，而植物是由无数个细胞所构成，杀菌剂即使有影响也是非常局部的。这本身就是选择作用的基础。

二、杀菌剂在不同菌之间的选择作用

杀菌剂在不同菌之间的选择作用机理可概括为下述几个方面：

病菌体内药剂接受点或药剂作用系统的不同。接受点成分结构影响毒性的典型事例是萎锈灵。这种杀菌剂对担子菌有专化性毒性，是作用于线粒体的呼吸链上复合体Ⅱ的电子传递。其毒性的先决条件是与其结合的QPs（泛酸结合蛋白质）。子囊菌或霜霉菌由于其复合Ⅱ缺乏QPs结合蛋白质，因而对该菌不敏感。进一步可以推论，其他有益微生物如果缺乏QPs蛋白，显然也不受该药的影响。药剂的作用系统可能不像药剂接受点那样专化，但在很多情况下，对毒性的影响也是明显的。例如，一些多烯抗菌素如制霉菌素与菌体细胞上的麦角甾醇形成一种复合物结构是其毒性的基础，而卵菌或许多细菌在生长过程中不需要外源甾醇，因此，对该杀菌剂不敏感。又如多氧霉素是真菌细胞壁几丁质合成酶的抑制剂。因此对细胞壁不含几丁质的细菌以及只含极微量的几丁质的酵母菌是无毒的。

药剂作用系统或作用位点在不同菌体中对生命力影响程度不同。药剂可能对不同菌都有同样的作用、某一相同的代谢系统，或有相同的作用位点。但是这些系统或位点在不同的菌体中对其生命力或代谢的影响有所不同，影响大的则药剂就会表现出强的毒性，影响小的则不会表现明显的毒性，从而产生选择性。例如用于防治水稻白叶枯病菌的敌枯唑，具有辅酶Ⅰ合成过程中干扰烟酰胺的利用，而十字花科蔬菜软腐病病菌除了利用烟酰胺外还可利用烟酸，通过其他途径来合成辅酶Ⅰ，因此不会中毒。烟草野火病菌根本不利用烟酰胺，也不会利用烟酸，而通过其他途径去合成辅酶Ⅰ，因此也不会中毒。这几个例子说明敌枯唑对不同病原菌的不同毒性，是依赖于这些菌的代谢途径与利用烟酰胺的程度。

第三节 除草剂在作物与杂草之间的选择作用原理

杂草即生长在不应该生长的地方的植物，和农作物无本质上的差异，完全合理施用除草剂的核心问题是如何有效地杀死杂草而使农作物不受或少受伤害。为此，必须充分利用除草剂固有的选择性（生理生化选择）或人为地造成某种选择（生态选择）。

一、生理选择性

1. 形态差异

利用杂草和作物外部形态差异可以部分获得选择性。例如，在小麦（单子叶植物）中，使用 2,4-滴（2,4-D）、2 甲 4 氯，茎叶处理防治某些阔叶杂草（双子叶植物），部分原因是形态结构造成的选择。

单子叶植物和双子叶植物外部形态结构差异很大，单子叶植物叶片竖直、狭小、叶片角质层，蜡质层较厚，因而受药面积小，药液难于附着、沉积，顶芽被重重的叶鞘包裹，并不直接受药；双子叶植物叶片平伏，面积大，叶面角质层、蜡质层较薄，受药面积大，药液易于沉积，而且顶芽裸露，容易直接受药。单子叶植物和双子叶植物在内部结构上也有较大差异，双子叶植物的韧皮部和木质部之间有一形成层结构，形成层为分生组织，细胞属植物干细胞，向内分裂的细胞分化为木质部，向外分裂的细胞分化为韧皮部。而单子叶植物（如禾本科植物）维管束内无明显的形成层；双子叶植物韧皮部界面及周围，细胞分化较少，具有较强的再育能力。单子叶植物的韧皮部被高度分化的大多无再分裂能力的纤维细胞所包围。激素类除草剂对双子叶植物（杂草）的致死作用，是杂草受其刺激，使维管附近的细胞增生或形成层细胞分裂且不能分化，分裂的细胞挤压筛管和导管，有的挤压破碎，由于上下物质包括水分和营养物质的运输受阻，植株萎蔫死亡。

2. 吸收与输导的差异

不同植物的根、茎和叶对除草剂的吸收能力不同。黄瓜易从根部吸收草灭畏，故很敏感，而某些品种的南瓜从根部吸收草灭畏的能力则极弱，表现出较高的耐药性。同样同一除草剂在不同植物体内的输导性亦存在差异。输导作用快的，植物对该除草剂敏感。利用 ^{14}C 标记的 2,4-滴类除草剂试验证明，在双子叶植物体内的输导速度高于单子叶植物。例如，用菜豆与甘蔗试验，采用叶面局部施药后，测定生长点中的 2,4-滴浓度，菜豆较甘蔗高约 10 倍。

不同植物对除草剂的吸收和输导差异是造成除草剂选择作用的一个因素，但与结构差异一样并非主要因素。

二、生化反应的差异

利用除草剂在植物体内所经历的生物化学反应差异而产生的选择性作用称为除草剂的生化选择。目前应用的选择性除草剂绝大多数都依赖于这种生化选择性。尽管除草剂在植物体内经历的生化体系形形色色，但概括起来不外于两类，即活化增毒反应和钝化解毒反应。

1. 活化增毒反应差异

有些除草剂本身对植物无毒或毒性很低，但在植物体内经代谢酶催化作用下，可以转化成有毒物质。这种活化增毒的能力和速率的差异造成了作物与杂草对除草剂的选择作用，即活化能力强者将被杀死，而活化能力弱者则赖以生存。

例如，2甲4氯丁酯或2,4-D丁酸本身对植物并无毒，但经植物体内 β-氧化酶系的催化而产生的 β-氧化酶氧化物2甲4氯和2,4-D。

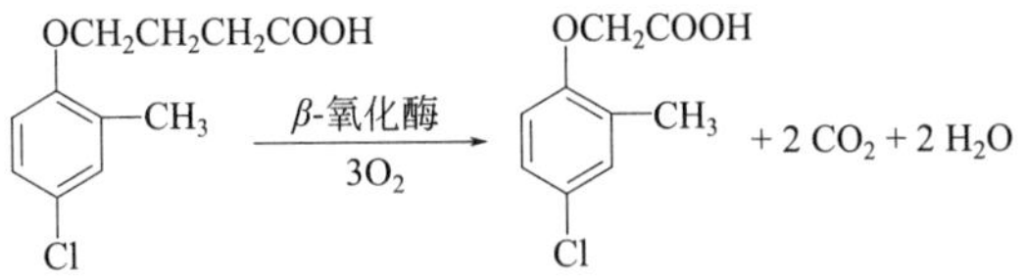

2甲4氯丁酯(无活性)　　　　2甲4氯(有活性)

由于不同植物体内所含 β-氧化酶活性的差异，因而氧化2甲4氯丁酯或2,4-D丁酸的能力就不同。大豆、芹菜、苜蓿等作物体内 β-氧化酶的活性低，转变成2甲4氯和2,4-D的量有限，故不受害或受害较轻；而一些 β-氧化酶活性强的杂草如荨麻、藜、蓟等能迅速地将2甲4氯丁酯或2,4-D丁酸转化成2甲4氯和2,4-D，故被杀死。

另一个例子是三氮苯类除草剂—可乐津，其本身不具备杀草活性。但被植物吸收后，在多功能氧化酶作用下，产生 N-脱烷基作用，生成草达津，进一步 N-脱烷基转变成杀草活性很强的西玛津。棉花、茄科植物、草莓和胡萝卜等作物体内的这种 N-脱烷基能力薄弱，可乐津转化成西玛津的量十分有限，因而安全，而多种杂草体内这种转化能力强，因而被杀死。

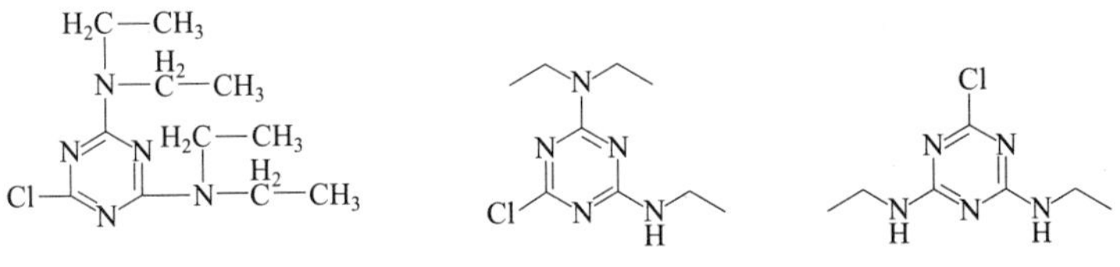

可乐津　　　　　　草达津　　　　　　西玛津

2. 钝化解毒反应差异

除个别品种外，绝大多数除草剂本身即对植物有毒性作用，进入植物体内的除草剂将逐步降解而失去活性。不同的植物降解除草剂能力有差异，解毒能力强的，植物就安全。反之则死亡。除草剂在植物体内的降解可大致分为水解、脱烷基和共轭反应。

（1）水解解毒反应　敌稗，之所以能在稻田中选择性杀死混于稻苗中的稗草，而水稻却能正常生长，其中一个重要原因就是稻株体内催化敌稗分解成无毒的酰胺水解酶活性比稗草体内高得多。因此，敌稗在稻株内被迅速分解，但在稗草体内却迟迟不得分解（图 4-4）。

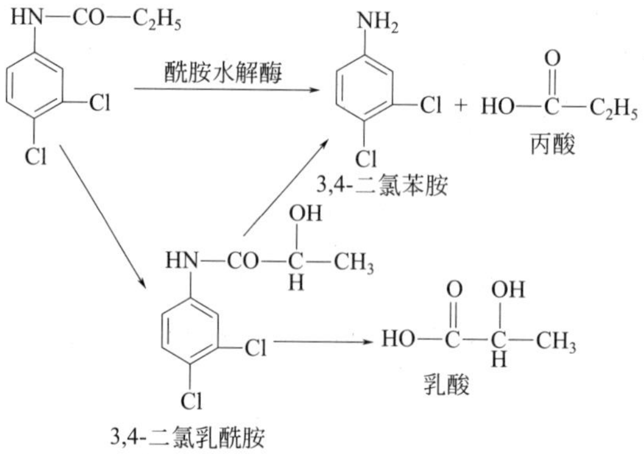

图 4-4　敌稗在水稻体内的水解反应

二氯苯胺与稻株体内的木质素等结合成复合物，而丙酸则进一步脱酸成无毒物。如果将乐果等有机磷杀虫剂或氨基甲酸酯类杀虫剂与敌稗混用或在施敌稗 1～3d 前后施作这类杀虫剂，则水稻会产生严重的药害，其原因是这类杀虫剂抑制了水稻体内酰胺水解酶活性，失去对敌稗的解毒能力。

又如莠去津用于玉米地除草，据试验，即含 $82.5kg/hm^2$ 的高剂量也不影响玉米生长发育，其原因是玉米根系能在吸收西玛津后迅速地将其转变为无毒化合物，解毒反应之一是—Cl 的非酶水解反应必须有丁布〔（2,4-三羧基)-甲氧基-1,4-苯并亚嗪-3 酮〕即玉米酮参与，产生羟化莠去津。玉米、高粱等作物内丁布含量丰富，因而不受其害，而大多数其他作物和杂草体内缺乏丁布，因而对莠去津很敏感。除非酶水解作用外，参入解毒代谢还有多功能氧化酶的 N-脱烷基反应和谷胱甘肽-S-转移酶的轭合反应。

（2）脱烷基反应　酰胺类、三嗪类、氨基甲酸酯类除草剂在植物体内的重要解毒途径之一是多功能氧化酶催化下的脱烷基反应。不同植物中，这种脱烷基反应的差异就造成选择作用。例如，蔬菜地常用的除草剂氟乐灵可安全地用于胡萝卜地除草。这是因为氟乐灵在胡萝卜体内易发生 N-脱烷基反应而迅速失去杀草活性，而许多杂草体内氟乐灵的 N-脱烷基反应较困难，因而被杀死。

（3）共轭反应　在许多除草剂的解毒代谢中，共轭反应起了十分重要的作用。植物中的共轭反应最主要的是除草剂的谷胱甘肽共轭以及葡萄糖共轭。正是不同植物中这种共轭反应的差异造成了选择作用。

例如，三嗪类除草剂在植物中的解毒代谢有非酶的水解反应，N-脱烷基反应以及和谷胱甘肽的共轭反应。在很多情况下，共轭反应是最重要的。

共轭反应必须要有谷胱甘肽-S-转移酶（GST）的参与。高粱、玉米、甘蔗体内存在丰富的催化共轭反应的 GST。因此，莠去津在这些植物中能迅速解毒，而在燕麦、大麦、小麦中以及在许多杂草中相应地缺乏 GST，因此，共轭解毒难于进行。这就是莠去津在玉米地中选择性除草的机理之一。

氯代乙酰苯胺类除草剂，如毒草胺（propachlor），在玉米和大豆中解毒代谢比在燕麦、黄瓜中快得多，主要是因为在 GST 催化下和谷胱甘肽共轭。据报道，在玉米、大豆中可能涉及一种高滴度的 GST 同工酶，造成了这类除草剂的选择性。

硫代氨基甲酸酯除草剂，如茵草敌，在玉米地有效防治黍稷（*Proso millet*），其选择作用的机理是玉米叶片和根中的 GST 比黍稷的叶片和根中 GST 分别高 10 倍和 3 倍，其结果是茵草敌在玉米体内共轭解毒比黍稷体内快 2 倍。

灭草松（bentazon）在植物体内的解毒代谢主要是芳基羟基化以及葡萄糖共轭，灭草松在水稻田选择性防除杂草，其机理正是利用和杂草体内的这种解毒代谢的差异。在水稻中施药 24h 后 80% 的灭草松被代谢，而在杂草香附子（*Cyperus rotundus*）体内 7d 也才代谢 25%～50%，主要代谢产物是 6-OH 葡萄糖苷灭草松或 8-OH 葡萄糖苷灭草松。

氯磺隆在小麦地里选择性防除多种杂草。选择机理主要是氯磺隆在小麦体内快速被羟基化及葡萄糖苷共轭。据报道在小麦、大麦叶片中，处理 24h，残留的氯磺隆不足 10%，而在敏感的棉花、大豆体内残留的氯磺隆达 78%～100%。

（4）其他解毒代谢作用　在野塘蒿（*Conyza bonarinsis*）对百草枯抗药性生物型的叶绿体中，发现对该除草剂产生的氧自由基有解毒作用的酶的活性增加了，其中过氧化物歧化酶、抗坏血酸过氧化物酶和谷胱甘肽还原酶在抗药性生物型叶绿体中分别比敏感型的增加了 1.6 倍、2.5 倍和 2.9 倍。在加拿大飞篷（*Erigeron candensis*）对百草枯抗药性生物型中，也观察到解毒酶活性的增加。

3. 耐除草剂的转基因作物

所谓耐除草剂的转基因作物即采用生物技术将分离的抗除草剂的基因转移到某种农作物中，使该农作物持续地表达对该除草剂的耐受能力，从而获得高度的选择性。当前应用最广泛的两大类体系是耐草甘膦系和耐草铵膦系。其中耐草甘膦大豆是从农杆菌菌株（*Agrobaterium tumefaciens* sp. CP4）中分离出了 *CP4* 基因。导入了这种抗草甘膦基因，在大豆植株中表达出的 CP4-EPSP 合成酶，降低了对草甘膦的敏感性，使得转基因大豆作物体内的莽草酸途径可以正常进行。

在种植耐草甘膦大豆地喷洒灭生性除草剂草甘膦，理论上可杀死全部已出苗杂草，而大豆的生长发育不受影响。

4. 除草剂安全剂的选择作用

除草剂安全剂（safener）又称除草剂解毒剂。利用安全剂来减轻一些除草剂的药害。近几年安全剂发展迅速，被认为是化学除草剂的选择性进入一个新纪元。1972 年美国施多福化学公司研制出二氯丙烯胺（dichlormid，R-25788），可与多种除草剂混用，减轻其药害。1973 年第一个安全剂与除草剂的复配制剂 Eradcane（茵草敌 12：R-25788 1）商品问世。莠丹（sutan）是丁草特与安全剂 R-25788 的混剂，是玉米田的重要除草剂，扫氟特（sofit）是丙草胺与安全剂解草啶（GGA123407）的混剂，是水稻田的重要除草剂。

安全剂作用机理主要是促进作物对除草剂的解毒代谢，例如上述 Eradane、R-25788 的作用是提高玉米根系中谷胱甘肽-S-转移酶（GST）的活性。加快 GSH 共轭解毒的速率，同时亦可诱导多功能氧化酶的活性，从而减轻茵草敌对玉米的药害。又如，安全剂 R-25788 或 BAS-45138 和毒草胺混用，也是增加玉米或大豆中 GST 的活性，加速 GSH 和毒草胺的共轭解毒反应。

除草剂的安全使用也不是完全依赖单一的选择作用，大多数情况下是多种选择因素，包括剂型、施药方法等结合作用的结果。

参 考 文 献

[1] Walker C. H，段小波.农药与鸟类选择毒性的机理.农业环境与发现，1985，(4)：40-41.

[2] 陈巧云，姜家良，林国芳，等.淡色库蚊对敌百虫抗性的研究——水解酶同敌百虫抗性关系.昆虫学报，1980，23(4)：350-357.

[3] 李牲译.有机磷农药的代谢和选择毒性.农药译丛，1989，11(2)：49-52.

[4] 刘惠霞，杨从军，吴昊，等.苦皮藤素 V 对昆虫选择毒性机理的进一步研究.西北农林科技大学学报（自然科学版），2002，(2)：83-86.

[5] 徐汉虹.植物化学保护学.北京：中国农业出版社，2018.

第五章 创制新农药的思路、途径及生物化学作用

　　为了保护环境，降低农药对人、畜毒性，提高农药的活性，同时为了抵御病虫草的抗性，人类需要不断开发新的农药，并不断保持有新颖的设施、仪器和方法问世使之得以运用。通过方法的改进、思路的变化，使结构、作用机制新颖，效果更佳，对环境安全性更高的新农药品种持续问世。

　　发现新农药的途径主要涉及 4 个方面的内容：①经验筛选，即针对有害生物，合成一系列相关化合物，通过活性筛选，寻找活性化合物。这种途径在早期农药开发中发挥了重要作用。但由于工作量大，成功概率较低，这种途径已被淡化。②类推合成，此途径策略是对已开发的活性先导化合物进行衍生合成，从中发现新的二次先导化合物。在我国已获成功的有磺酰脲类除草剂——单嘧磺隆，三唑类杀菌剂——唑胺菌酯，有机磷杀虫剂——甲基异柳磷和拟除虫菊酯等新药。③天然产物模型，从天然存在的化学物质中获得具有生物活性的先导化合物。采用这种方式，成功开发了一系列农药，如沙蚕毒素为母体结构开发出杀螟丹、杀虫双、杀虫单、杀虫磺、杀虫环等；除虫菊素开发出系列拟除虫菊酯类；毒扁豆碱开发出氨基甲酸酯类杀虫剂；烟碱开发出新烟碱类杀虫剂；还有保幼激素类似物、蜕皮激素类似物等；天然杀菌剂和类似物有乙蒜素、稻瘟灵、肉桂酸衍生物、吡咯类似物、甲氧基丙烯酸酯类等；除草剂包括 2,4-D、乙烯利、萘乙酸、草铵膦、苯草酮、环庚草醚、磺草酮等。这些以天然产物为先导化合物进行研究，开发新农药的途径，仍是一种有效的方法，不仅可以更快、更经济地发现更优的活性化合物，而且其内在的性能更符合环境保护与可持续发展的需要。④生物合理设计，是以靶标生物体生命过程中某个关键的生理生化作用机制作为研究模型，设计合成具干扰作用的抑制剂，从中筛选先导化合物，进行结构优化，开发新型农药，是目前创新农药目的性最强、效率最高的一种途径。

　　本章重点讨论生物合理设计，天然产物模型和与其相关创新农药思路、途径和策略。

第一节　生物合理设计

一、生物合理设计的定义、特点、原则和程序

1. 定义

利用靶标生物体生命过程中，某个特定的关键性生理生化作用机理作为研究模型，设计和合成能影响该机理的化合物，从中筛选先导化合物。

生物合理设计是创制新型农药最重要途径之一，是当今绿色化学农药创制的基本方法，它可以从源头上克服传统化学农药的毒副作用。

2. 特点

生物合理设计有别于其他农药创制的特点：①逆向思维，以生物学线索寻找化学合成的途径，改变传统的随机合成、随机筛选的策略；②研究起点高；③知识基础新；④研究手段先进等。

3. 基本原则

生物合理设计农药作用靶标选择的基本原则：①应当选择作用机理已基本阐明，达到生物化学或分子生物学水平的作为研究对象；②应当选择靶标特有的作用机理，由此开发的新药就有独特性；③应当选择易受攻击的作用部位或生命过程中某个薄弱环节；④应当选择对生命过程具有关键性影响（致命性）的作用机理作为对象；⑤应考虑靶标生物的典型代表性和经济重要性。

4. 生物合理设计的一般程序

①研究目标生物的某一生化途径（biochemical pathway），该途径和末端产物对目标生物来说是生命攸关的，如果干扰这一途径中的某一个环节，目标生物将死亡；②选择并确定一个酶或受体作为合适的靶标；③设计和合成可以抑制靶标酶的底物类似物；④根据选定的靶标机理，建立离体酶活性测定或代谢测定，以及活性筛选体系，在此基础上进行定向筛选；最后通过活体生测评价化合物的活性。

二、设计与研究思路

1. 基于酶或受体功能与生化反应研究的干扰剂的设计与开发

农药的作用机理研究表明，大多数农药都是某种特定的酶或受体结合，发生化学反应而表现活性作用的。因此，根据特定的酶的化学反应机制，可以设计合成靶标酶的抑制剂。

采用的策略有：①根据靶标酶的底物或底物过渡态的化学结构特点（分子大小、形状、官能团）来设计合成结构类似物；②使所设计的化合物能够与酶的活性中心以非共价或共价的方式形成比较稳定的复合体或结合体。

（1）酶催化过渡态理论及酶的抑制剂的设计　Pauling 在对酶催化机制的阐述中曾提出酶催化的过渡态理论，Jenck 后来进一步发展了 Pauling 的理论，形成较为完善的酶催化过渡态理论。在结构和电荷排列方面，酶分子与它催化的反应过渡态是互补的，即酶分子充当化学反应的模板，使底物分子变成新的构型——过渡态。随着反应的进行，能量平衡转向有利于能量较低的产物分子一边，而过渡态不会恢复为底物分子。

设计合成过渡态类似物，在空间结构、疏水性匹配和电子等因素上能够模拟一个酶催化反应过渡态的稳定化合物。

目前报道的过渡态抑制物主要分为负碳离子类的过渡态类似物、正碳离子类的过渡态类似物、磷酸基转移的过渡态类似物以及四面体过渡态类似物。

根据反应物过渡态结构设计农药靶标酶抑制剂实例见下表 5-1。

表 5-1　酶反应物过渡态结构设计农药靶标酶抑制剂的实例

靶标酶	底物过渡态结构	过渡态类似物抑制剂	生物活性
丙酮酸脱羧酶		二磷酸硫胺素噻唑酮	除草
AChE		间异丙威	杀虫
谷氨酰胺合成酶			除草
β-内酰胺			抗生素

（2）受体的功能研究与干扰剂的设计　受体是生物膜的组成部分，它们也都属于蛋白质，其功能也是专一的。在正常生命活动中某种受体与特定的激素或神

经递质结合而被激活，引起特定的生理变化。当受体与外源农药分子结合时，某正常功能受阻，导致出现异常。

生物体内的神经递质多种多样，主要有乙酰胆碱（ACh）、γ-氨基丁酸（GABA）、去甲肾上腺素、多巴胺、谷氨酸、章鱼胺等。

乙酰胆碱受体（AChR）有烟碱型受体、蕈毒碱样受体和蕈毒酮样受体。其中，烟碱型受体是多种杀虫剂的靶标，如吡虫啉（imidacboprid）、烯啶虫胺（nitenpyram）和啶虫脒（acetamiprid）等。

2. 基于代谢机理研究的农药分子设计与开发

某些农药分子进入生物体内被代谢而失去活性，称为解毒作用，某些农药分子进入生物体内被代谢提高活性，称为增毒效应。激活的代谢物是真正在作用部位起活性反应的化合物。而原有的农药分子实际上只是活性化合物的前体（precursor）。因此，就产生了前体农药（propesticide）概念。前体农药指原来无生物活性或活性较低的农药化合物，在生物体内转化为有活性的或活性更高的化合物而杀伤有害生物。

代表性前体农药有 2 甲 4 氯丁酸、对硫磷、倍硫磷、乙酰甲胺磷、异噁唑草酮等，这些农药由无活性或低活性，经体内代谢转化为具活性的 2 甲 4 氯、对氧磷、倍硫磷砜、甲胺磷和二酮腈（diketonitrile）。

3. 基于靶标分子结构的农药分子合理设计

（1）靶标分子三维结构及配位靶标分子复合体三维结构的测定　①可通过 X-射线结晶衍射法获得蛋白质的能量最低构型的三维结构信息；②可通过 NMR 光谱技术获得易变的蛋白质结构信息；③还可以通过分子模拟计算来获得相关的结构信息。

（2）研究方法与研究策略

计算机辅助分子设计：基于分子的特性基团、表观性能等，采用适当的计算方法和已有数据库数据，利用计算机模拟分子结构，建立与分子结构对应的性能关系，并结合分子的合成路线，形成其制备技术，以期获得具有新型结构与性能关系的分子物质。

化学及生物体系中的分子识别技术：分子识别可理解为底物与给定受体选择性地结合，并可能具有专一性功能的过程。相应于生物学中底物与受体的概念，人们也广义地把分子识别过程中相互作用的化学物质称为底物及受体，较小的分子称为底物，较大的分子称为受体。识别过程可能引起体系的电学、光学性质及构象的变化，也可能引起化学性质的变化。这些变化意味着化学信息的存储、传递及处理。因此，分子识别在信息处理及传递、分子及超分子器件制备过程中起着重要作用。

生命过程中各种分子识别过程，如酶与底物、激素与受体、抗原与抗体的识别等正是各种生物功能的分子机制及调控原理的重要基础。在分子识别指导下的农药分子设计、合成和组装，是生物合理设计发展的重要方向。

（3）利用 SAR-by-NMR 发现先导化合物的新方法 SAR-by-NMR 法是根据二维核磁共振谱中 ^{15}N 或 ^{1}H 的化学位移变化来检测小分子与靶蛋白结合，然后针对作用于每个亚区域进行优化和重新组装便得到所期望的高亲和性配体的方法。

从酶学反应原理获知，底物分子与酶蛋白进行分子识别形成复合物的过程并非像钥匙和锁的模型那样简单，而是一个双重诱导契合（double induced fit）的过程，即小分子和蛋白质都改变自身的构象，以达到相互最佳匹配的结果。Abbott 实验室的 Fesik 组通过 NMR 将上述的合理性药物设计和非合理性药物设计（组合化学）巧妙地结合起来，产生了一种极为有效的发现药物靶分子高亲和配体的方法，称之为 SAR-by-NMR。这种新方法结合了合理性设计中的配体设计中的优化方法和非合理性药物设计因素，大大提高了寻找先导化合物的速度和有效性。

SAR-by-NMR 的基本步骤（参考图 5-1）：第一步，通过监视 ^{15}N 标记的靶蛋白酰胺基团化学位移变化，筛选出能与蛋白结合的第一个小分子，由于小分子和蛋白质结合位点的局部化学环境会发生改变，因此，通过 2D ^{15}N-^{1}H HSQC 谱中 ^{15}N 或 ^{1}H 的化学位移的变化和配体浓度的关系测得，结合位点也可以通过化学位移变化的原子核来确定。第二步，对第一个先导分子的类似物进行筛选，测定结合常数，通过结构与活性的关系，对其进行优化。第三步，用和第一步相同的方法，筛选出与前一结合亚位点相邻的亚位结合的第二个小分子，优化第二小分子与靶蛋白的亲和力。第四步，在选定两个先导分子片段之后，用多维 NMR 技术测定蛋白和两个配体的复合结构的完整三维空间结构，得到两个配体在靶蛋白上确切结合位置及空间取向。第五步，基于上述三维结构设计恰当的连接桥将两个片段连接起来，使得到的分子和靶蛋白结合时保持各自独立时的结合位置及其空间取向，最终筛选得到一个高亲和力的配体即先导化合物。

4. 分子对接

分子对接（molecular docking）是依据配体与受体作用的"锁-钥原理"（lock and key principle），模拟配体小分子与受体生物大分子相互作用的一种技术方法。

配体与受体相互作用是分子识别的过程，主要包括静电作用、氢键作用、疏水作用、范德华作用等。通过计算，可以预测两者间的结合模式和亲和力。

分子对接是通过受体的特征以及受体和药物分子之间的相互作用方式来进行药物设计的方法。主要研究分子间（如配体和受体）相互作用，并预测其结合模式和亲和力的一种理论模拟方法。近年来，分子对接方法已成为计算机辅助药物研究领域的一项重要技术。

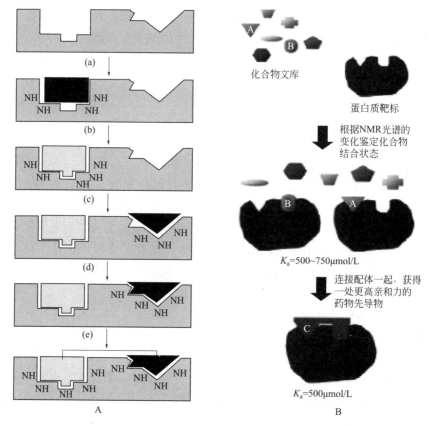

图 5-1　核磁共振为基础的结构活性关系（SAR-by-NMR）方法流程和步骤

A—流程图；B—基本步骤

原理与方法：分子对接方法的两大课题是分子之间的空间识别和能量识别。空间匹配是分子间发生相互作用的基础，能量匹配是分子间保持稳定结合的基础。对于几何匹配的计算，通常采用熔点计算、片段生长等方法，能量计算则使用模拟退火、遗传算法等方法。分子对接方法分为三类。

（1）刚性对接　刚性对接方法在计算过程中，参与对接的分子构象不发生变化，仅改变分子的空间位置与姿态，刚性对接方法的简化程度最高，计算量相对较小，适合于处理大分子之间的对接。

（2）半柔性对接　半柔性对接方法允许对接过程中小分子构象发生一定程度的变化，但通常会固定大分子的构象，另外小分子构象的调整也可能受到一定程度的限制，如固定某些非关键部位的键长、键角等，半柔性对接方法兼顾计算量与模型的预测能力，是应用比较广泛的对接方法之一。

（3）柔性对接　柔性对接方法在对接过程中允许研究体系的构象发生自由变化，由于变量随着体系的原子数呈几何级数增长，因此柔性对接方法的计算量非常大，消耗计算机时很多，适合精确考察分子间识别情况。

主要分子对接软件有：

① Dock 是应用最广泛的分子对接软件之一。Dock 应用半柔性对接方法，固定小分子的键长和键角，将小分子配体拆分成若干刚性片段，根据受体表面的几何性质，将小分子的刚性片段重新组合，进行构象搜索。在能量计算方面，Dock 考虑了静电相互作用、范德华力等非键相互作用，在进行构象搜索的过程中搜索体系势能面。最终软件以能量评分和原子接触罚分之和作为对接结果的评价依据。

② AutoDock 是另外一个应用广泛的分子对接程序。AutoDock 应用半柔性对接方法，允许小分子的构象发生变化，以结合自由能作为评价对接结果的依据。自从 AutoDock 3.0 版本以后，对能量的优化采用拉马克遗传算法（LGA），LGA 将遗传算法与局部搜索方法相结合，以遗传算法迅速搜索势能面，用局部搜索方法对势能面进行精细的优化。

③ Flex X 是德国国家信息技术研究中心生物信息学算法和科学计算研究室开发的分子对接软件。Flex X 使用碎片生长的方法寻找最佳构象，根据对接自由能的数值选择最佳构象。Flex X 程序对接速度快效率高，可以用于小分子数据库的虚拟筛选。

分子对接能有效运用于：探索药物小分子和大分子受体的具体作用方式和结合构型；筛选可以与靶点结合的先导药物；解释药物分子产生活性的原因；指导合理地优化药物分子结构。

第二节　先导化合物与定量构效活性关系（QSAR）

定量构效关系（quantitative structure-activity relationship，QSAR）是一种借助化合物分子的理化性质参数或结构参数，以数学和统计学手段定量研究有机小分子与生物大分子相互作用，有机小分子在生物体内吸收、分布、代谢、排泄等生理相关性质的方法。这种方法广泛应用于药物、农药、化学毒剂等生物活性分子即先导化合物寻找过程。在早期的药物设计中，定量构效关系方法占据主导地位，随着计算机计算能力的提高和众多生物大分子三维结构的准确测定，基于结构的药物设计逐渐取代了定量构效关系在药物设计领域的主导地位，但是 QSAR 在药学研究中仍然发挥着非常重要的作用：①产生先导化合物，在计算机的帮助下，能完成立体模型或多元回归分析某一系列化合物，再结合生物活性测定，确定先导化合物；这可克服传统方法需大量盲目合成和筛选的不足；②优化先导化合物，运用 QSAR 理论指导选择取代基，采用内插或外推的办法，改造先导化合物，设计活性更加优良的化合物；③从分子水平阐明作用机制。

定量构效关系分为二维定量构效关系和三维定量构效关系。

一、二维定量构效关系（2D-QSAR）

二维定量构效关系方法是将分子整体的结构性质作为参数，对分子生理活性进行回归分析，建立化学结构与生理活性相关性模型的一种药物设计方法。常见的二维定量构效关系方法有 Hansch 方法、Free-wilson 方法、分子连接性方法等，最为著名和应用最广泛的是 Hansch 方法。

1. 取代基多参数（Hansch）方法

Hansch 方法是以生理活性物质的半数有效量作为活性参数，以分子的电性参数、立体参数和疏水参数作为线性回归分析的变量。Hansch 方法是将分子作为一个整体考虑其性质，并不能细致地反映分子的三维结构与生理活性之间的关系，因而又被称作二维定量构效关系。Hansch 分析方法测定几个重要参数和建立 Hansch 方程：

（1）活性参数 活性参数是构成二维定量构效关系的要素之一。可根据研究的体系选择不同的活性参数，常见的活性参数有半数有效量（median effective dose，ED_{50}）、半数有效浓度（median effective concentration，EC_{50}）、半数抑菌浓度（median inhibitory concentration，MIC）、半数致死量（medianlethaldose，LD_{50}）、最小抑菌浓度（minimal inhibit concentration，MIC）等，所有活性参数均必须采用物质的量作为计量单位，以便消除分子量的影响，从而真实地反应分子水平的生理活性。为了获得较好的数学模型，活性参数在二维定量构效关系中一般取负对数后进行统计分析。

（2）结构参数 结构参数是构成定量构效关系的另一大要素，常见的结构参数有疏水参数、电性参数、立体参数、几何参数、拓扑参数、理化性质参数以及纯粹的结构参数等。

① 疏水参数。药物在体内吸收和分布的过程与其疏水性密切相关，因而疏水性是影响药物生理活性的一个重要性质，在二维定量构效关系中采用的疏水参数最常见的是脂水分配系数，其定义为分子在正辛醇与水中分配的比例，对于分子母环上的取代基，脂水分配系数的对数值具有加和性，可以通过简单的代数计算获得某一取代结构的疏水参数。

② 电性参数。二维定量构效关系中的电性参数直接继承了哈密顿公式和塔夫托公式中的电性参数的定义，用以表征取代基团对分子整体电子分配的影响，其数值对于取代基也具有加和性。

③ 立体参数。立体参数可以表征分子内部由于各个基团相互作用对药效构象产生的影响以及对药物和生物大分子结合模式产生的影响，常用的立体参数有

塔夫托立体参数、摩尔折射率、范德华半径等。

④ 几何参数。几何参数是与分子构象相关的立体参数，因为这类参数常常在定量构效关系中占据一定地位，故而将其与立体参数分割考虑，常见的几何参数有分子表面积、溶剂可及化表面积、分子体积、多维立体参数等。

⑤ 拓扑参数。在分子连接性方法中使用的结构参数，拓扑参数根据分子的拓扑结构将各个原子编码，用形成的代码来表征分子结构。

⑥ 理化性质参数。偶极矩、分子光谱数据、前线轨道能级、酸碱解离常数等理化性质参数有时也用做结构参数参与定量构效关系研究。

⑦ 纯粹的结构参数。在 Free-Wilson 方法中，使用纯粹的结构参数，这种参数以某一特定结构的分子为参考标准，依照结构母环上功能基团的有无对分子结构进行编码，进行回归分析，为每一个功能基团计算出回归系数，从而获得定量构效关系模型。

（3）数学模型　二维定量构效关系中最常见的数学模型是线性回归分析。Hansch 方程式：

$$\lg(1/c) = K_1\pi^2 + K_2\pi + K_3\sigma + K_4 E_s + K_5 + \cdots$$

式中，$K_1 \sim K_5$ 均为常数；c 是指药物产生的生物活性（如 IC_{50}、LD_{50}、MLC）的浓度，（mol/L）；π 为取代基的疏水性参数，根据取代基化合物及其母体在正辛醇及水中的分配系数而推导出来，π^2 项的存在表示药物在输送过程中有最佳值存在；σ 为取代基电性参数，通常采用 hammett 常数；E_s 则表示取代基的空间位阻参数（Taft 常数）；$K_1 \sim K_5$ 由多元回归法求取。其余常用的物理化学还有油水分配系数 $\lg P$、碎片常数 f、层析数 R_m、电离常数 pK_a、偶极距 μ、反应平衡常数 $\lg K$、Sterimol 参数、分子量 M_r 等。

2. Free-Wilson 法

Free-Wilson 法又称"数学模型""加和模型""全新途径"，在数学上属于数量理论 I 型，Free-Wilson 法认为，药物分子中的某一结构碎片（X）或结构因素（F）在某一特定位置对生物活性有特定的贡献（G）。这些特定贡献具有加和性，其和就等于化合物的生物活性。

Free-Wilson 法用于 QSAR，不采用任何经验、半经验参数，是一种简洁的数学模型，它回避了直接处理分子作用时活性构象变化、生物膜中的渗透性等因素，其输出的结果仅以输入的生物活性和分子结构为依据，比较直观地反映了活性与结构片段特征参数的关系，有助于从整体分子上认识化合物，比较容易初步判断哪些基团比较重要。

二维定量构效关系出现之后，在药物化学领域产生了很大影响，人们对构效关系的认识从传统的定性水平上升到定量水平。定量的结构活性关系也在一定程度上揭示了药物分子与生物大分子结合的模式。人们在 Hansch 方法的指导下，成功地设计了诺氟沙星等喹诺酮类抗菌药。

二维定量构效关系中最常见的数学模型是线性回归分析，Hansch 方程和 Free-Wilson 方法均采用回归分析。引入新的统计方法，如遗传算法、人工神经网络、偏最小二乘回归等，扩展二维定量构效关系能够模拟的数据结构的范围，提高 QSAR 模型的预测能力是 2D-QSAR 的主要发展方向。

二、三维定量构效关系（3D-QSAR）

由于二维定量不能精确描述分子三维结构与生理活性之间的关系，20 世纪 80 年代前后人们开始探讨基于分子构象的三维定量构效关系的可行性。1979 年，Crippen 提出"距离几何学的 3D-QSAR"；1980 年 Hopfinger 等提出"分子形状分析方法"；1988 年 Cramer 等提出了"比较分子场方法（CoMFA）"，比较分子场方法一经提出便席卷药物设计领域，成为应用最广泛的基于定量构效关系的药物设计方法；20 世纪 90 年代，又出现了在比较分子场方法基础上改进的"比较分子相似性方法"以及在"距离几何学的 3D-QSAR"基础上发展的"虚拟受体方法"等新的三维定量构效关系方法，但是 CoMFA 法依然是使用最广泛的定量构效关系方法。

三维定量构效关系主要是引入了药物分子三维结构信息进行定量构效关系研究的方法，这种方法间接地反映了药物分子与大分子相互作用过程中两者之间的非键相互作用特征，相对于二维定量构效关系有更加明确的物理意义和更丰富的信息量，因而 20 世纪 80 年代以来，三维定量构效关系逐渐取代了二维定量构效关系的地位，成为基于机理的合理药物设计的主要方法之一。目前应用最广泛的三维定量构效关系方法是 CoMFA 和 CoMSIA，即比较分子场方法和比较分子相似性方法，除了上述两种方法，还有 3D-QSAR 距离几何学三维定量构效关系（DG 3D-QSAR）、分子形状分析（MSA）、虚拟受体（FR）等方法。

CoMFA 法是应用最广泛的合理药物设计方法之一，这种方法认为，药物分子与受体间的相互作用取决于化合物周围分子场的差别，以定量化的分子场参数作为变量，对药物活性进行回归分析便可以反映药物与生物大分子之间的相互作用模式进而有选择地设计新药。

比较分子场方法将具有相同结构母环的分子在空间中叠合，使其空间取向尽量一致，然后用一个探针粒子在分子周围的空间中游走，计算探针粒子与分子之间的相互作用，并记录下空间不同坐标中相互作用的能量值，从而获得分子场数据。不同的探针粒子可以探测分子周围不同性质的分子场，甲烷分子作为探针可以探测立体场，水分子作为探针可以探测疏水场，氢离子作为探针可以探测静电场等等，一些成熟的比较分子场程序可以提供数十种探针粒子供研究选择。

探针粒子探测得到的大量分子场信息作为自变量参与对分子生理活性数据的

回归分析，由于分子场信息数据量很大，属于高维化学数据，因而在回归分析过程中必须采取数据降维措施，最常用的方式是偏最小二乘回归，此外主成分分析也用于数据的分析。

定量构效关系研究是人类最早的合理药物设计方法之一，具有计算量小、预测能力好等优点。在受体结构未知的情况下，定量构效关系方法是最准确和有效进行药物设计的方法。根据 QSAR 计算结果的指导药物，化学家可以更有目的性地对生理活性物质进行结构改造。

第三节　天然产物模型

天然产物模型是一种创新农药的新途径，是以生物源植物、动物、微生物等产生的具有农用生物活性的次生代谢产物作为结构模型，经化学合成开发农药的过程。

一、植物源生物活性物质及其新农药的创制

1. 以植物次生代谢物为模板开发农药

当前常用的农药品种中，很多是以植物源天然产物为模板或受其启发而研发成功的。在杀虫剂中，拟除虫菊酯类杀虫剂，其模板即为天然除虫菊素。N-甲基苯基氨基甲酸酯类杀虫剂在一定程度上是以毒扁豆碱为模板开发的。丁烯羟酸内酯类杀虫剂 flupyradifurone 则在某种程度上是受天然百部碱的启发而合成的。植物木防己的生物碱苦毒宁可以被看作是环戊二烯杀虫剂（艾氏剂、氯丹等）的模板，乃至是苯基吡唑类杀虫剂（氟虫腈）的模板。鱼藤酮可认为是杀螨剂喹螨醚、哒螨灵、唑螨酯、唑虫酰胺的天然产物模型，它们具有类似的三维立体结构。在杀菌剂中，以一种可使植物获得系统抗病性的诱导剂——水杨酸为模板，开发出杀菌剂苯并噻二唑，而杀菌剂二氰蒽醌（dithianon）则是以蒽醌类天然产物为模板开发的。此外，奎宁可看作是杀菌剂喹氧灵的模板，而南美荚豆碱 D 这种胍类生物碱也可以看作是杀虫剂多果定（dodine）和双胍辛胺（iminoctadine）的模板。在除草剂中，生长激素类除草剂苯氧羧酸类（如2,4-D）、苯甲酸类（如草灭畏）及草除灵（benazolin-ethyl）是以天然吲哚乙酸为模板开发成功的。三酮类除草剂（如甲基磺草酮）的模板应是植物天然产物纤精酮（leptospermone）和松萝酸（usnic acid）。此外，天然胡桃醌（juglone）是熟知的解偶联剂，除草剂地乐酚是以它为先导合成开发的。

因此，以植物活性成分为基础，发现并创制新农药是新农药创制的一条重要途径，在农药创制历史中已有众多经典事件。总结起来大概有以下三种主要类

型：①通过对植物活性成分的系统研究，发现了农药活性成分，进而直接从植物中提取并加工成相关剂型作为农药使用；著名植物农药印楝素，就是典型代表；②通过对植物活性成分的系统研究，发现了农药活性成分，进而以其为先导化合物，开发出新农药，拟除虫菊酯类杀虫剂的发现，生动系统地诠释了该研究的特点；③通过对植物活性成分的研究，确定活性成分的化学结构，进而以该活性成分为探针发现其作用靶标，再以该靶点创制出新型农药，这是植物农药研究的理想境界。虽然动物中也含有次生代谢物质，但80%的次生代谢产物来自植物。植物中次生代谢物质的产生，是生物间特别是植物和昆虫之间协同进化的结果。一种生物最终是否得以生存和繁衍，取决于它对付逆境压力的能力。处于逆境压力下的任何物种都面临三种选择，即适应、迁移或灭绝。由于陆生植物不像其他捕食者（草食昆虫和其他草食动物）那样容易迁移。因此，植物为了生存，在进化过程中不得不发展许多新的代谢途径来产生对昆虫及其他草食动物，乃至病原微生物具有防御功能的化合物，这就是次生代谢物质最原始、最主要的生态功能。

2. 作为候选农药的次生代谢物的特点

(1) 大多数生物源天然产物农药人畜毒性较低，使用中对人畜比较安全。如鱼藤酮大鼠急性经口 LD_{50} 为 132mg/kg，兔急性经皮 LD_{50} 为 1500mg/kg；除虫菊素I和除虫菊素II大鼠急性经口 LD_{50} 为 340mg/kg，急性经皮 LD_{50} 大于 600mg/kg。也有些生物源天然产物杀虫剂的毒性较高，如阿维菌素（avermectins）大鼠经口 LD_{50} 仅为 10.06mg/kg，急性经皮 LD_{50} 大于 380mg/kg。然而这些天然产物杀虫剂活性很高，在制剂中的有效成分含量都很低，因而在使用中对人畜仍然很安全。例如1.8%阿维菌素（爱力螨克）乳油含有效成分阿维菌素 B_1 仅 1.8%，大鼠急性经口 LD_{50} 为 650mg/kg，兔急性经皮 LD_{50} 大于 2000mg/kg。

(2) 防治谱较窄，甚至有明显的选择性。以印楝素为例，鳞翅目昆虫对印楝素最敏感，低于 $1\sim50\mu g/g$ 的浓度就有很高的拒食效果，鞘翅目、半翅目、同翅目昆虫对印楝素相对不敏感，要达到100%的拒食效果，需要 $100\sim600\mu g/g$ 的浓度。又如井冈霉素，对水稻纹枯病、小麦纹枯病高效，对稻曲病也很有效，而对其他许多病害则防效很差，甚至根本无效。

(3) 对环境的压力较小，对非靶标生物比较安全。天然产物农药，来源于生物合成的化学物质，一般只含碳、氢、氧、氮4种元素，在环境中易于降解。许多生物源天然产物农药作用方式是非毒杀性的，包括调节生长发育、引诱、驱避、拒食等，因而对非靶标生物，特别是对鸟类、兽类、蚯蚓、害虫天敌及有益微生物影响较小。例如田间喷洒印楝素制剂，并不影响果蝇寄生蜂羽化，羽化的寄生蜂能正常交配，寻找新的果蝇寄主。天然产物农药的这一特点不仅有利于保持生态平衡，而且有利于有害生物综合治理（IPM）方案的实施。

（4）大多数生物源天然产物农药作用缓慢，在遇到有害生物大量发生迅速蔓延时往往不能及时控制危害。

植物源天然产物所产生的次生代谢产物由于其结构的多样性和复杂性，因此可提供多种新颖独特的化学结构。此外，生物活性天然产物本身源自自然，一般容易降解，因而有较好的环境相容性，适合以其为先导化合物开发环境友好新农药。目前主要的植物源农药有烟碱（nicotine）、除虫菊素（pyrethrins）、鱼藤酮（rotenone）、鱼尼丁（ryanodine）、苦皮藤素（celangulins）、苦参碱（matrine）、马钱子碱（strychnine）、丁香酚（eugenol）、柠檬醛（citral）等。

人们对天然产物的兴趣不仅仅在于天然产物可以为人们提供新的先导结构，还可以作为探索新靶标的探针，从而为新农药的创制提供新的思路。

二、微生物源活性物质及其新农药的创制

1. 微生物源农药的作用

微生物源农药又分为两大类：①直接作为农药使用的微生物，即利用病毒（核型多角体病毒、质型多角体病毒、颗粒体病毒等）、细菌（苏云金杆菌等）、真菌（白僵菌、绿僵菌、黄僵菌、蚜霉、木霉等）来防治农作物的病、虫、草、线虫和鼠害等；②以微生物的代谢物为农药，即农用抗生素，如井冈霉素、春日霉素、多氧霉素、有效霉素、赤霉素、阿维菌素等。

农用抗生素是以微生物产生的代谢物为主的农药，近年来发展迅速，已成为微生物源农药的主体之一。随着人们对环境保护的重视及各种分析技术手段的进步，与环境相容性高、对人畜安全的微生物源农药已成为研究开发的热点。人们相继开发了春日霉素、多氧霉素、有效霉素、杀螨素、双丙氨膦等杀虫和除草抗生素。抗生素除了具有杀虫、杀菌、除草活性外，还可作为植物生长调节剂使用，如赤霉素。其中，阿维菌素是已开发的最为成功的杀虫杀螨抗生素，也是当今世界上活性最高的杀虫杀螨剂之一；井冈霉素自 20 世纪 70 年代开发以来，一直是防治水稻纹枯病和麦类立枯病的重要药剂；公主岭霉素主要用于防治谷类黑穗病；梧宁霉素用于防治苹果、梨的腐烂病；武夷霉素、嘧啶核苷类抗菌素（农抗 120）主要用于防治各种作物的白粉病。

2. 先导化合物的研究开发

微生物源活性物质，特别是农用抗生素，不仅可直接开发作为农药防治农作物的病虫草害，而且还为化学农药的创制提供先导化合物。通过对生物体产生的活性物质进行提取、化学结构分析与改造，创制了许多新的农药。这些农药保留了原有生物活性物质的品质（如对环境安全、选择性高等），同时克服了某些生物活性物质的不足（如活性不高、稳定性差、防治谱窄），使得生物活性物质的潜力得到充分挖掘。如具有抑菌活性的天然产物 strobilurin A 见光易分解，不能

直接用于田间，以它为先导化合物进行结构改造，克服了原天然物对光不稳定的缺点，从而开发出甲氧丙烯酸酯类杀菌剂。此类杀菌剂杀菌谱广、杀菌活性高，也是第一类能同时防治白粉和霜霉病的药剂，是杀菌剂创制史上的一个新里程碑。阿维菌素是一种高活性的杀虫抗生素，但也存在对人畜口服毒性较高等缺陷。美国莫克公司对其化学结构进行改造，从1000多个衍生物中筛选了两个结构改造的新农药——依维菌素和埃马菌素。与阿维菌素相比，依维菌素明显改善了对人畜的急性经口毒性；埃马菌素则扩大了杀虫谱并使杀虫活性提高了12个数量级。除草剂草铵膦也是由杀草抗生素双丙氨膦结构改造开发而来。这种对先导化合物进行结构改造的开发方法，使得新农药的开发进程大大加快，是当今新农药创制的有效途径之一。

积极发现和寻找有生物活性的、结构新颖的先导化合物，开发具有自主知识产权的新品种，是创制新农药的关键和研究热点。阿维菌素、井冈霉素、草铵膦、吡咯霉素和甲氧丙烯酸酯类杀菌剂等农药的成功开发让人们充分认识到微生物尤其是微生物的代谢产物的利用价值。

三、RNAi剂：一种新型有害生物控制剂

1. RNAi作用机理

RNAi的作用机理是细胞内双链RNA在Dicer酶的作用下，形成22 bp大小的小干扰RNA（small interfering RNAs，siRNAs），siRNAs可进一步掺入大部分核酸酶并使其激活，从而精确降解与siRNAs序列相同的mRNA，完全抑制了该基因在细胞内的翻译和表达。

双链RNA（double stranded RNA，dsRNA）进入细胞的方式可以是外源导入或者转基因、病毒感染等。引入的dsRNA被核酸RNase Ⅲ家族中特异识别dsRNA的Dicer酶，以一种ATP依赖的方式逐步切割成长21～23nt的由正反义链组成的双链小分子干扰RNA（siRNA），且每条单链的3′端都带有2个突出的非配对碱基（多数是UU）。siRNA又被称为引导RNA（guide RNA），是识别靶RNA的标志。siRNA的生成启动了RNAi反应。作用机理见图5-2。

2. RNAi作用特征

（1）RNAi的特异性　导入生物体的siRNA只能引起同源基因表达的抑制，而无关基因不受影响。而且，在siRNA序列中配对的19～21nt中如果只改变一个核苷酸，就可以使该siRNA序列不对靶mRNA起作用，证明RNAi有明显的特异性。

科学家可以通过制备外源性的siRNA并导入细胞内，特异性地抑制某些基因的过度表达和抑制突变基因的表达，以此来研究基因的功能。

（2）RNAi的高效性　dsRNA在Dicer酶作用下形成siRNA，siRNA解链

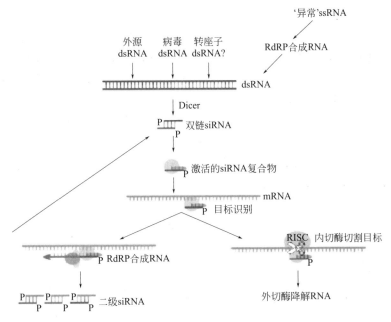

图 5-2　RNAi 的作用机理图

与 RNA 诱导沉默复合体（RISC）形成复合物，这些 RISC 可专一性地与靶向的
mRNA 特异性结合。siRNA 也有可能不与 RISC 结合，而是通过解链直接靶向
结合 mRNA。

　　根据 RISC 结合位点或单链 siRNA 结合位点在 RNA 依赖性的 RNA 聚合酶
（RdRP）作用下可形成新的 dsRNA，后者被 Dicer 酶特异识别而将 dsRNA 切
断，形成新的 siRNA 而再循环作用于靶向 mRNA。切断后的 mRNA 或被核酸
外切酶所降解，或可能成为异常 RNA，在 RdRP 作用下又形成 dsRNA，再次被
Dicer 酶识别并切断，形成新的 siRNA 进一步作用于靶向 mRNA。

　　这种不断放大的瀑布式作用形成大量新的 siRNA，使 RNAi 作用在短时间内
迅速并有效地抑制 mRNA 翻译形成蛋白质或多肽，从而有效地抑制了靶向基因
蛋白质或多肽的合成。每个细胞只需少量 dsRNA 即能完全关闭相应基因表达，
可见，RNAi 过程具有生物催化反应的基本特征。

　　（3）RNAi 的可扩散性　将 dsRNA 注射于线虫体内，这些 dsRNA 可以从注
射处的细胞扩散到体内其他细胞，引起其他细胞的基因沉默。

　　在秀丽新小杆线虫、果蝇和小鼠的实验中可以观察到，细胞增殖 50～100 倍
仍可保持 RNAi 效应，表明 RNAi 有放大的效应，或者有高效的催化机制。然
而，虽然 RNAi 的效应是长效的，甚至在受注射的秀丽新小杆线虫的子一代的整
个生活周期里都能持续，但是由于它并不能产生 DNA 的修饰，随着细胞的不断
分裂，dsRNA 逐渐被稀释，最终不能持续地遗传下去。

3. RNAi 的应用

RNAi 的应用主要包括：①研究基因功能；②基因敲除、基因沉默；③研究信号转导通路；④基因治疗；⑤病虫草害防治中的应用。随着生物科技的发展，RNAi 技术在创制新型农药并应用于重大病虫草防治中将发挥重要的作用。

已有报道，RNAi 技术在防治马铃薯甲虫（*Deptinotarsa decemlineate*）和玉米切根虫（*Diabretica uirgifergfera uirgfer*）上有了突破性进展。2 种害虫的 RNA 经人工提取、培育、编码序列干扰，经施用被害虫摄入后导致害虫丧失生理功能，再无为害作物的能力。目前该技术已经成为控制害虫的重要手段，正在进一步发展并在更多害虫防治中采用该安全的方法。

参 考 文 献

[1] 陈万义.新农药研究与开发.北京：化学工业出版社，2001.

[2] 陈轶林，张承来.微生物源活性物质的开发与化学新农药的创制.广东农业科学，2005，(3)：102-105.

[3] 刘长令.新农药研究与开发文集.北京：化学工业出版，2006.

[4] 吴文君.从天然产物到新农药创制：原理·方法.北京：化学工业出版，2006.

[5] 吴文君，胡兆农，姬志勤，等.中国植物源农药研究与应用.北京：化学工业出版社，2021.

[6] 钟国华，胡美英.QSAR 及其在农药设计中的应用和进展.农药学学报，2001，3(2)：1-11.

第六章　农药作用方式与毒理学

　　研究和阐明农药作用方式和毒理，对于指导科学合理使用农药，减少农药使用量，减轻对环境的压力，最大限度提高药用效益意义非常重大。由于农药种类繁多，作用机制各不相同，生物有机体结构、代谢诸多的差异，对农药特别是化学农药反应也千差万别。如有许多农药是属于需光或是光动力、光活化农药，使用时首要环境条件是晴天施药，而有的农药分子见光光解，因此，施药时应避免直射太阳光；在使用剂量方面也存在显著差异，如某些超高效除草剂量在 0.5g（a.i.）/亩左右，而多数除草剂量在 10～100g(a.i.)/亩。如果乱用剂量必将出现严重作物药害或无防治效果，这些结果都与化学结构、作用靶标敏感性有关。药剂的施用方法，制剂的剂型也与农药的作用方式和作用机理有着密切的关系。

　　本章将对化学农药的作用方式和作用机理作一概述。

第一节　杀虫、杀螨剂主要作用方式与毒理

一、杀虫、杀螨剂主要的作用方式

　　（1）胃毒作用　药剂只有被昆虫取食后经肠道吸收进入体内，到达靶标才可起到毒杀作用的药剂。

　　（2）触杀作用　药剂接触到虫体（常指昆虫表皮）后，便可起到毒杀作用的药剂。

　　（3）熏蒸作用　药剂以气体状态通过昆虫呼吸器官进入体内而引起昆虫中毒死亡的药剂。

　　（4）内吸作用　药剂使用后可以被植物体（包括根、茎、叶及种、苗等）吸收，并可传导运输到其他部位组织，使害虫吸食或接触后中毒死亡。

　　（5）拒食作用　药剂可影响昆虫的味觉器官，使其厌食、不取食，最后因饥饿、失水而逐渐死亡，或因摄取营养不足而不能正常发育。

　　（6）驱避作用　施用药剂后可依靠其物理、化学作用（如颜色、气味等）使害虫忌避或发生转移、潜逃现象，从而达到保护寄主植物或特殊场所的目的。

　　（7）引诱作用　使用后依靠其物理、化学作用（如光、颜色、气味、微波信号等）可将害虫诱聚而利于歼灭的药剂。

二、杀虫、杀螨剂作用机理主要类型

（一）作用于昆虫神经系统

包括：抑制乙酰胆碱酯酶，干扰离子通道功能，作用于乙酰胆碱受体、γ-氨基丁酸受体、章鱼胺受体和鱼尼丁受体等。

1. 干扰钠离子通道杀虫剂

Na^+离子通道由一个大的 α 亚基（260Da）形成离子孔隙。α 亚基是一个跨膜蛋白，含有 4 个内部同源域（Ⅰ～Ⅳ），每一种都有 6 个跨膜螺旋疏水结构，形成离子孔隙（图 6-1，图 6-2）。

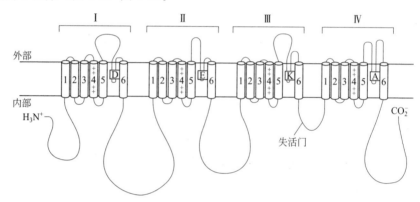

图 6-1　钠离子通道 α 亚基蛋白结构

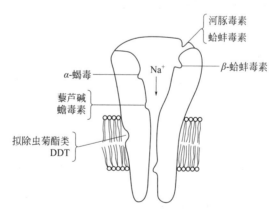

图 6-2　钠离子通道剖面图

图示不同药剂与通道蛋白结合位点

DDT 及其类似物和拟除虫菊酯杀虫剂结合钠离子通道，导致延迟了通道的关闭，即延迟钠失活的时间。如图 6-3 所示，这类杀虫剂使轴突不容易恢复到静息电位，也会造成一次刺激产生重复的动作电位。因此，昆虫表现出神经的过度兴奋，导致震颤、痉挛、麻痹、死亡。干扰钠离子通道杀虫剂和毒素结合钠离子通道上的位点见图 6-2。

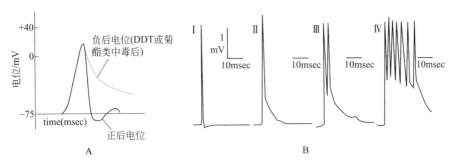

图 6-3　DDT 或拟除虫菊酯处理后对动作电位的影响图

A：处理后产生负后电位图（虚线）；B：负后电位重复发放脉冲模式图

2. 干扰钙离子通道杀虫剂

钙离子通道存在于神经元末端和肌肉组织中。它包含 4 个同源域，对称的排列在一个中央离子孔隙上（见图 6-4）。在正常情况下，肌肉的收缩信赖于钙离子通道。运动神经元末端的动作电位的去极化，激活了钙离子通道，引起 Ca^{2+} 的大量涌入。

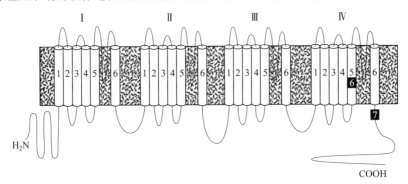

图 6-4　果蝇钙离子通道 α_1 亚基的结构示意图

氟虫酰胺是一类苯环二羧酰亚胺杀虫剂，通常对钙离子通道产生影响。此类杀虫剂能使中毒昆虫产生独特的症状，虫体出现逐渐收缩。因氟虫酰胺能作用于肌细胞内钙离子通道如鱼尼丁受体，导致钙离子通道打开，钙离子释放，最终造成昆虫肌肉兴奋，痉挛，停止取食，最终死亡。结合钙离子通道上的毒素位点见图 6-5。

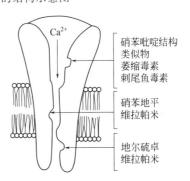

图 6-5　钙离子通道剖面图

表示不同药剂与通道蛋白结合位点

3. 干扰氯离子通道杀虫剂

昆虫的 GABA（γ-氨基丁酸）受体-氯离子

载体复合体，在中枢神经系统和外周神经肌肉普遍存在。GABA 受体属于离子配体门控通道超家族，包括烟酰胺受体和氯离子谷氨酸门控通道。半胱氨酸-环受体是因为所有的家族成员的 N 端均包含两个胞外相邻的半胱氨酸残基，如图 6-6 所示。每个 GABA 受体分子由 5 个亚基组成，并在中央形成一个离子孔隙。每个亚基都有一个很长的胞外 N 端区域，有利于 GABA 能结合位点和 4 个跨膜区域（M1～M4）。GABA 是一种抑制性神经递质。当神经元的冲动传到突触前膜时，触发突触前膜释放 GABA。它结合到一个包含内源性氯离子突触后膜上，导致氯离子通道打开，氯离子内流进入突触后膜的神经元中，增加了氯离子的通透性，导致了膜的超极化，表现为突触后膜的神经元动作电位受到抑制（图 6-7，图 6-8）。这个超极化的作用是维持膜处于静息状态，抑制中枢神经的过度兴奋。

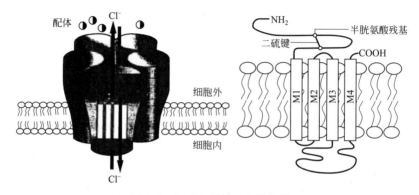

图 6-6　GABA 受体三维结构图

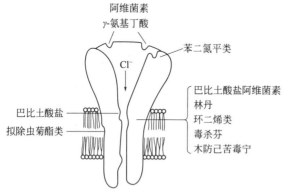

图 6-7　GABA 受体氯离子通道剖面图
图示不同药剂与通道蛋白结合位点

图 6-8　Cl⁻ 诱导产生的一种动作电位
（抑制性突触后电位）

杀虫剂中的环戊二烯、林丹、氟虫腈和乙虫腈结合到氯离子通道上并阻止 GABA 结合。没有突触兴奋抑制，导致了中枢神经的过度兴奋，图 6-9 为氟虫腈干扰 GABA 调控的氯离子通道，不同浓度阻碍氯离子通过的动作电位图。

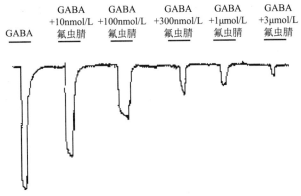

图 6-9　氟虫腈作用于爪蟾卵细胞上的 GABA 反应的动作电位图

　　阿维菌素通过结合在 GABA 受体位点上从而打开 γ-氨基丁酸氯离子通道，作为受体激动剂，氯离子流入突触后膜神经元。这种影响类似 GABA，但其是不可逆的。这种阿维菌素依赖性的导电率增加导致受体失去敏感性，最终出现瘫痪。阿维菌素也影响昆虫的谷氨酸门控氯离子通道，导致昆虫肌肉麻痹。

4. 干扰乙酰胆碱受体杀虫剂

　　烟碱型乙酰胆碱受体（nAChR）在昆虫神经元末端的突触前膜和后膜以及在中间神经元细胞体上，运动神经元和感觉神经元中比较常见。所谓烟碱型乙酰胆碱受体是因为它被尼古丁束缚更为紧密。相比之下，毒蕈型乙酰胆碱受体（mAChR）特异性地对毒蕈碱具敏感性。属于半胱氨酸-环配体门控离子通道超家族。nAChR 是由 5 个亚单位组成，并在中心形成一个离子孔道，通常有 2 个 α 亚基和 3 个非 α 亚基组成。图 6-10 显示肌型乙酰胆碱受体，亚基包含一个用于结合乙酰胆碱的胞外 N 端区域和 4 个跨膜区域。乙酰胆碱结合部位位于两个亚基的接口处。

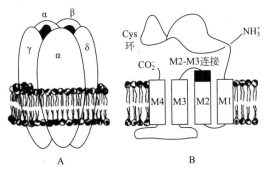

图 6-10　烟碱型乙酰胆碱受体结构

A：肌细胞受体的 5 个亚基；B：每个亚基的拓扑图

杀虫剂尼古丁，烟碱类（吡虫啉、叮虫啉、噻虫嗪、烯啶虫胺和噻虫胺）和多杀菌素所有作为烟碱类类似物的激动剂来激活烟碱型乙酰胆碱受体。这种激活剂引起钠离子内流和动作电位产生。在正常的生理条件下，乙酰胆碱引起的突触行为由乙酰胆碱酯酶终止，快速水解神经递质-乙酰胆碱。因为这些杀虫剂不会被乙酰胆碱酯酶水解，持续的激活物质存在，导致类胆碱重复刺激突触，致使昆虫过度兴奋、痉挛、麻痹，最终死亡。图 6-11 显示杀虫剂和毒素结合烟碱型乙酰胆碱受体上的位点。

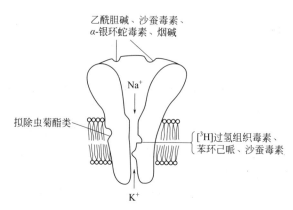

图 6-11　烟碱型乙酰胆碱受体剖面图

沙蚕毒素类似物，杀螟丹、杀虫磺和杀虫环均为前体杀虫剂，需在体内活化为沙蚕毒素。沙蚕毒素作为一种乙酰胆碱受体的拮抗剂，不像烟碱那样，用沙蚕毒素处理的昆虫迅速休克不动，没有痉挛症状，可能的原因是沙蚕毒素没诱导去极化反应。

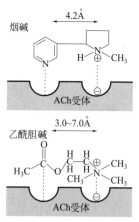

图 6-12　乙酰胆碱和烟碱结合到乙酰胆碱受体的类似性

从图 6-11 看出拟除虫菊酯杀虫剂也可以结合到电鳗的电器官和脊椎动物骨骼肌中的乙酰胆碱受体上，但不结合到乙酰胆碱位点。研究氟胺氰菊酯结合效果推测拟除虫菊酯与乙酰胆碱受体作用属脱敏作用。推测拟除虫菊酯杀虫剂可结合到神经细胞膜上脂质双层与蛋白质的界面上，对于拟除虫菊酯杀虫剂来说乙酰胆碱受体也是它的靶标。

可以相信尼古丁在体内生理 pH 条件下当穿透中枢神经后呈离子化，转变为烟碱离子，离子化烟碱结合到乙酰胆碱受体。正如图 6-12 所显示的，结合主要发生在受体阴离子部位的高碱度非吡啶基氮位点。吡啶基氮通过受体蛋白的电子状态的影响，促使强碱氮发挥作用。发现烟碱与乙酰胆碱两 N 原子间的最短距离是相近的。

5. 干扰章鱼胺受体杀虫剂

甲脒类杀虫剂如杀虫脒和双甲脒是行为调控物质。杀虫脒处理的节肢动物显示出异常的行为，减少取食、鳞翅目昆虫的成虫和幼虫出现亢奋，蛾类昆虫交配行为改变（交配的虫体无法分开）。现在认为，这些异常行为反应是与甲脒类杀虫剂作为位于章鱼胺神经元的以章鱼胺神经递质受体的激动剂。在章鱼胺神经元突触中，章鱼胺结合到章鱼胺受体上，提高了第二信使环腺苷酸（cAMP）的水平。环腺苷酸参与神经兴奋过程。章鱼胺的作用是在中枢神经系统中调节行为冲动，导致震颤、抽搐和成虫连续飞行的行为。杀虫脒可以被细胞色素 P450 单氧酶氧化成 N-脱甲基杀虫脒，如图 6-13 所示。同样，双甲脒可水解产生 N-脱甲基杀虫脒。N-脱甲基杀虫脒与章鱼胺结构相似（见图 6-14），可作为章鱼胺受体激动剂。

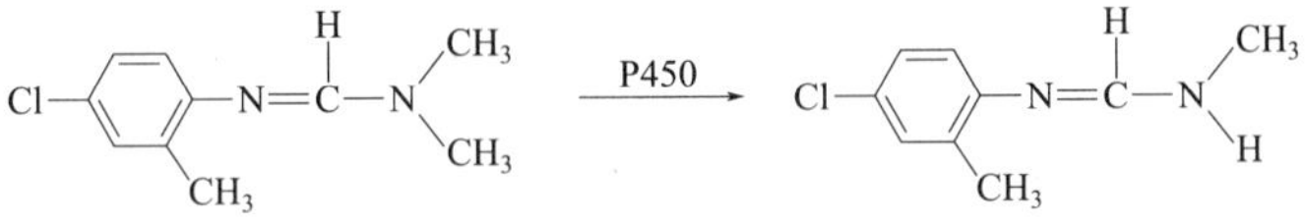

图 6-13　细胞色素 P450 单氧酶氧化杀虫脒 N-脱甲基反应

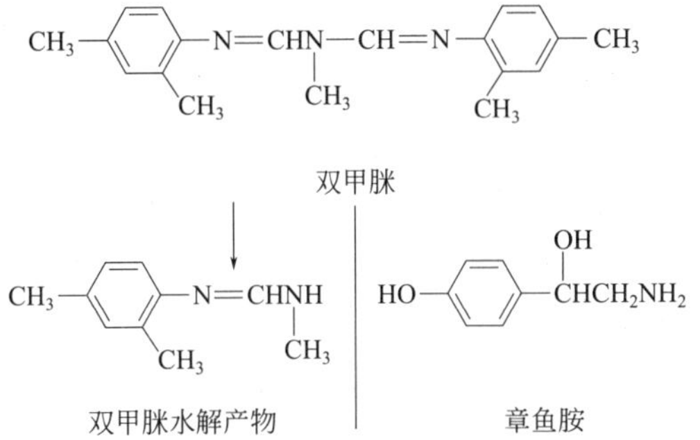

图 6-14　双甲脒水解为 N-脱甲基杀虫脒即章鱼胺类似物

6. 抑制乙酰胆碱酯酶杀虫剂

有机磷和氨基甲酸酯类杀虫剂通过干扰昆虫神经系统冲动的传导过程。神经系统是由神经元组成，两个神经元之间，或神经元与效应器之间的连接处称为突触。当神经冲动到达轴突末端的突触时，储存在轴突末端的物质由突触前囊泡释放出来。乙酰胆碱是昆虫神经突触前膜释放出的介导神经冲动的神经递质。乙酰胆碱传导冲动后，便迅速被乙酰胆碱酯酶水解。水解公式如下：

$$CH_3COCH_2CH_2N^+(CH_3)_3 — HOCH_2CH_2N^+(CH_3)_3 + CH_3COOH$$

乙酰胆碱   胆碱   乙酸

乙酰胆碱酯酶包括两个活性位点，即酯化位点和阴离子位点。酯化部位具有丝氨酸羟基和一个基本亲核性的组氨酸咪唑基。阴离子部位包含一个自由的羧基（天冬氨酸和谷氨酸）。乙酰胆碱和乙酰胆碱酯酶的互作可大致分为三大步骤。如图 6-15 所示，首先，乙酰胆碱结合到乙酰胆碱酯酶，然后，乙酰胆碱酯酶乙酰化，胆碱水解；最后，乙酰胆碱酯酶水解乙酰基，酶恢复。

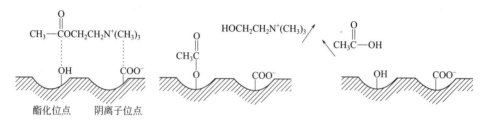

图 6-15   乙酰胆碱酯酶与乙酰胆碱反应的图解

第一步通过库仑引力将乙酰胆碱结合在乙酰胆碱的两个活性区域，携带正电荷的乙酰胆碱季氮原子与带负电荷的位点结合，而亲电子的羰基与酯化部位的丝氨酸的羟基相互结合。后者的咪唑氮有两个电子，这吸引丝氨酸的羟基的质子，从而促进了氧原子和亲电子中心绑定；第二步中，羟基的氢原子转移到胆碱并形成氢键，同时胆碱被释放。这个过程称为乙酰胆碱酯酶乙酰化；第三步是乙酰胆碱酯酶的酰化产物发生水解，导致乙酸和具有活性的酶产生。脱乙酰基反应在几秒钟即可完成，所以酶可以接收另一乙酰胆碱的水解。

有机磷和氨基甲酸酯类杀虫剂通过抑制乙酰胆碱酯酶发挥杀虫作用的。这些杀虫剂与乙酰胆碱酯酶发生反应，反应机制类似乙酰胆碱。但有机磷化合物与乙酰胆碱酯酶反应中的脱磷酸反应速度很慢，有的需要几天或几周。因此，有机磷酸酯类杀虫剂是不可逆的乙酰胆碱酯酶抑制剂。这样磷酸化的乙酰胆碱酯酶不能水解乙酰胆碱，使得突触间隙中乙酰胆碱浓度升高，过量的神经递质使得神经兴奋持续发生。昆虫中毒症状：过度兴奋、震颤、抽搐和瘫痪。部分有机磷杀虫剂含有 P=S 基团，补昆虫的细胞色素 P450 单加氧酶氧化脱硫形成 P=O 类似物。毒性反应导致活性增强。这是因为这个产物 P=O 键与乙酰胆碱酯酶的结合比母体化合物结合更紧密，从而更为有效地抑制乙酰胆碱酯酶。见图 6-16。

氨基甲酸酯类杀虫剂的作用机理与有机磷酸酯类似，如图 6-17 所示。反应产生一个氨甲酰乙酰胆碱酯酶，紧随其后的是通过水解去氨基甲酰化。氨基甲酸酯也影响中枢神经系统，昆虫中毒症状与有机磷类杀虫剂类似。但与有机磷杀虫剂不同的是乙酰胆碱酯酶去氨基甲酰化非常迅速，通常在几分钟之内即完成。因此，氨基甲酸酯类杀虫剂为可逆的乙酰胆碱酯酶抑制剂。

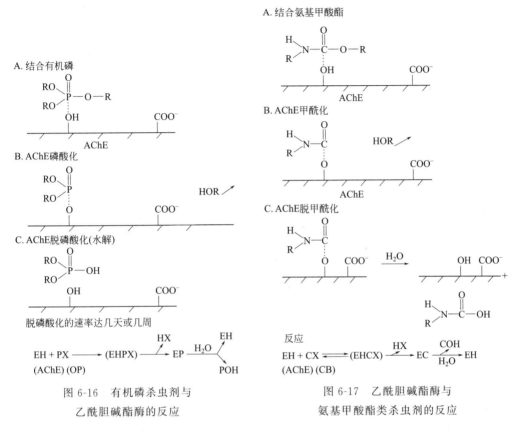

图 6-16 有机磷杀虫剂与
乙酰胆碱酯酶的反应

图 6-17 乙酰胆碱酯酶与
氨基甲酸酯类杀虫剂的反应

阿托品是有机磷和氨基甲酸酯类杀虫剂中毒的解毒剂，它竞争性地与乙酰胆碱的受体结合，形成一个阿托品受体复合物。因此，阿托品可以抵抗乙酰胆碱的兴奋作用和弥补由于乙酰胆碱酯酶受到抵制而使乙酰胆碱浓度升高的问题。2-吡啶甲醛肟碘甲烷盐（2-PAM）也是一种有机磷杀虫剂中毒的解毒剂，它取代了乙酰胆碱酯酶的磷酸结合位点（图 6-18）。但 2-PAM 不是氨基甲酸酯类杀虫剂的中毒解毒剂，因为乙酰胆碱酯酶的去氨基甲酰化反应非常迅速。两种解毒剂的不同作用方式，可以起协同作用。在小鼠中，阿托品单独使用增加对对硫磷大约两倍的致死剂量，2-PAM 单独使用提高了致死剂量 2～4 倍。但是阿托品和 2-PAM 混合使用增加致死剂量高达 128 倍。

在有机磷农药中毒的情况下，2-PAM 的有效性依赖于早期处理。磷酰化的乙酰胆碱酯酶往往会转化成一种不能再被激活的肟。这种现象称为老化过程。它涉及烷基团从二烷基磷酸化酶中的移除，产生一个磷酸阴离子部分，对肟和其他亲核试剂不敏感（图 6-19）。

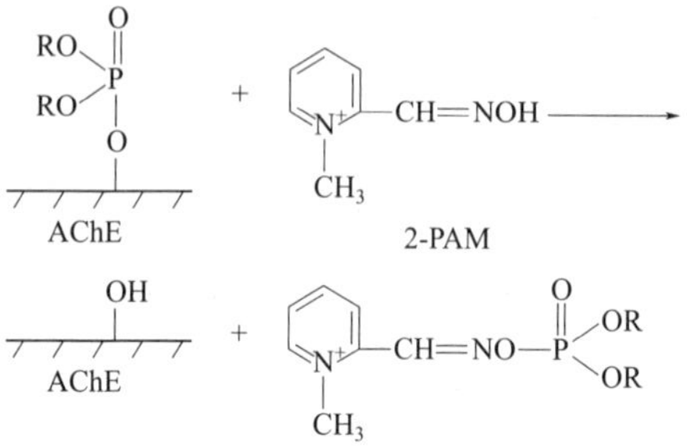

图 6-18　2-PAM 激活磷酸酸化乙酰胆碱酯酶

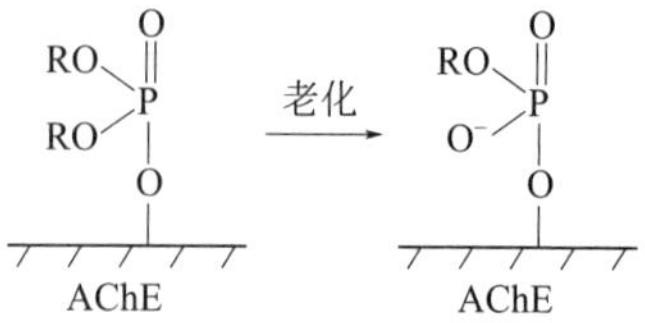

图 6-19　磷酰化的乙酰胆碱酯酶衰老过程

（二）作用于呼吸系统

呼吸毒剂分为外呼吸抑制剂和内呼吸抑制剂，外呼吸抑制剂主要是矿物油类能机械地堵塞昆虫气门，使昆虫窒息的制剂。大多数呼吸毒剂为内呼吸抑制剂如各种熏蒸毒剂，鱼藤酮、氟乙酸及其类似物，它们作用于呼吸作用的酶系即三羧酸循环和电子传递系统，抑制氧化代谢过程。

1. 抑制电子传递系统杀虫剂

抑制电子传递的杀虫剂，阻断 ATP 的合成。鱼藤酮（rotenone）、哒螨灵（pyridaben）和唑虫酰胺（tolfenpyrad）抑制线粒体中呼吸链的 NADH 脱氢酶（复合体 I）活性；氟蚁腙（hydramethylnon）是一种抑制细胞色素 bc_1 活性的化学物质；氰化氢（hydrogen cyanide，HCN）和磷化氢（phosphine）抑制细胞色素氧化酶（复合物 IV）的活性。

2. 抑制氧化磷酸化杀虫剂

已知某些杀虫剂影响氧化磷酸化过程（图 6-20）。氟虫胺（sulfluramid）是第一个在体内被细胞色素单氧化酶 P450 氧化 N-脱乙基转化为全氟辛烷磺酰胺（perfluorooctane sulfonamide）的（图 6-21）。其破坏线粒体跨膜的质子梯度，从而抑制 ATP 的产生，为一种氧化磷酸化解偶联剂。

虫螨腈为前体农药，经草食动物的多功能氧化酶氧化去除 N-乙氧基甲基团，激活成 CL303，268，此化合物破坏线粒体跨膜质子梯度，抑制 ATP 的合成。为一种解偶联剂。其影响细胞能量代谢，最终导致机体死亡（图 6-22）。

（三）作用于消化系统

消化毒剂主要作用靶标为昆虫中肠细胞，目前已知的 Bt 内毒素及二氢沉香呋喃类化合物属于消化毒剂。苏云金杆菌（*Bacillus thuringiensis*，Bt）产生的 δ 内毒素作为一种伴胞晶体在昆虫的中肠溶解，释放出分子质量在 130～140kDa 的蛋白毒素。这些毒蛋白随后酶解转化为分子质量更小的毒素分子（MW，55～70kDa）。接着活化，这些活化的毒素能结合到昆虫中肠上皮微绒毛细胞受体上。随着结合到中肠上皮细胞，毒素在上皮细胞微绒毛膜上出现许多小孔，这些小孔

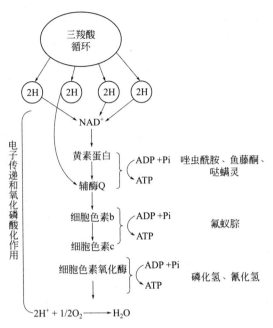

图 6-20　呼吸电子传递链表示三个磷酸化位点和杀虫剂抑制这个过程的靶点
黄素蛋白（flavoprotein）代表复合体Ⅰ（NADH 脱氢酶）；辅酶 Q 代表连接来自琥珀
酸脱氢酶的电子（复合体Ⅱ）；细胞色素 b 代表复合体Ⅲ，琥珀酸脱氢酶构成细胞色
素 bc_1 复合体；细胞色素氧化酶代表复合体Ⅳ

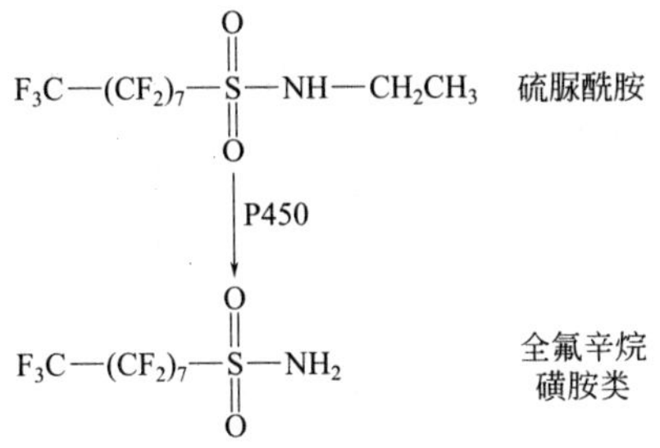

$$F_3C \!-\! (CF_2)_7 \!-\! \overset{O}{\underset{O}{\overset{\|}{\underset{\|}{S}}}} \!-\! NH \!-\! CH_2CH_3 \qquad 硫脲酰胺$$

P450

$$F_3C \!-\! (CF_2)_7 \!-\! \overset{O}{\underset{O}{\overset{\|}{\underset{\|}{S}}}} \!-\! NH_2 \qquad \begin{array}{l}全氟辛烷\\磺胺类\end{array}$$

图 6-21　氟虫胺（硫脲酰胺）微粒体细胞色素氧化酶 P450 氧化过程

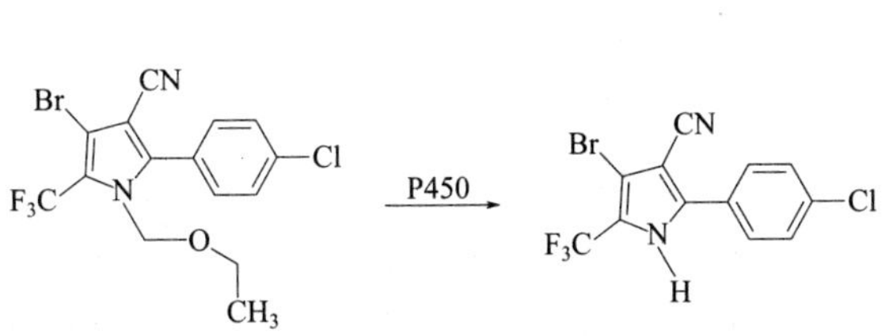

虫螨腈

P450

图 6-22　虫螨腈（chlorfenapyr）的氧化代谢

干扰了细胞的渗透平衡，导致细胞肿胀和溶解，中肠遭到破坏。肠内高碱性（pH 9.0~10.5）的液体进入血淋巴，引起血淋巴的 pH 值从 6.8 提高到比 pH 8 还要高的程度。血淋巴碱性的提高导致昆虫麻痹，随后死亡。昆虫中毒时间过程随毒素与昆虫种类而不相同。一般症状是在摄入 1h 内停止取食，2h 内活动性降低，渐渐地运动停滞，6h 内麻痹瘫痪。图 6-23 表示晶体（Cry）毒素的作用方式。

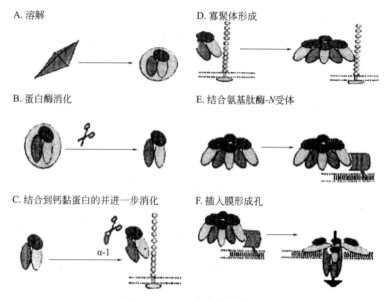

图 6-23　Cry 毒素作用模型

A，B：伴胞晶体溶解并激活产生单体毒素；C：毒素单体与钙黏蛋白受体结合，随后酶解切割螺旋 α-1；D：通过内部单聚体接触形成四聚体；E：毒素寡聚体结合到氨基肽酶-N 受体（APN 受体），和 APN 受体和寡聚晶体毒素定位在膜脂质表层；F：构型发生变化，寡聚体插入膜形成一个四聚体孔

（四）作用于内分泌系统，影响生长发育

1.影响几丁质生物合成和体壁角质化杀虫剂

苯甲酰基苯脲（灭幼脲、氟铃脲、氟虫脲和氟苯脲）和嗪类（噻虫嗪）是昆虫几丁质合成抑制剂，这些杀虫剂抑制几丁质的形成，从而影响昆虫角质层的弹性和硬度。因此，导致角质层无法支撑昆虫和昆虫无法完成蜕皮，最终死亡。

早期研究表明，灭幼脲的作用：①刺激降低几丁质酶活性和干扰含有几丁质角质层的合成；②抑制蜕皮激素代谢酶的活性，因此，蜕皮酮的滴度提高刺激几丁质酶和阻止几丁质在新合成的角质层中积累；③抑制丝氨酸蛋白酶，这样阻碍几丁质合成酶酶原转化为活性酶。然而这些假设被视为该杀虫剂处理的次要影响，并不是苯甲酰基苯脲类最主要的作用方式，这是因为这类杀虫剂对昆虫的毒杀是非常迅速的。

灭蝇胺不抑制几丁质的合成，但是它干扰昆虫的蜕皮。它通过增加表皮的硬度影响昆虫的表皮的强化。已有报道，灭蝇胺处理的烟草天蛾的幼虫迅速变得更少的表皮扩展，不能观察到正常的体壁生长过程。幼虫表现出不正常的生长，最终发育成体壁缺损，一段时间后死亡。表皮角质层硬度的增加与表皮各种组分间相互作用有关，但原理还不得而知。

2. 作为保幼激素类似物的杀虫剂

保幼激素（JH）是昆虫发育到一定时间的一个必要的化学成分，但当昆虫在变态时，即此时 JH 的滴度很低，若存在则对昆虫是一种致毒物。如施用 JH 类似物（甲氧普林、烯虫乙酯、苯氧威、吡丙醚）将显示出与 JH 同样的作用，产生强烈的毒性效应。

JH 类似物应用于德国小蠊（*Blatella germanica*）末龄幼虫时，导致保幼化、绝育，不能正常的稚虫蜕皮和变态，变态畸形，包括产生畸形翅和增加黑化作用。吡丙醚影响虫体内激素的平衡，抑制胚胎发育、变态和成虫形成等。

早期研究表明，甲氧普林不仅仅作为 JH 类似物所具有毒性，还是 JH 降解的抑制剂，导致内源 JH 的积累。近期的昆虫组织培养和细胞培养已经否定了这种假设。

3. 作为蜕皮激素拮抗剂或阻断蜕皮激素活性的杀虫剂

双酰肼类杀虫剂（虫酰肼、甲氧虫酰肼、氟虫酰肼和环虫酰肼）作为一类非固醇类蜕皮激素的拮抗剂，它们结合到特定的蜕皮固醇受体蛋白。因此，扰乱了正常蜕皮的程序，诱导一个不完整的早熟的蜕皮，导致幼虫死亡。

印楝素影响昆虫的心侧体，抑制促前胸腺素和其他蜕皮有关的肽类激素，如羽化激素和骨化激素的释放，从而阻塞蜕皮激素的活性，结果是抑制昆虫的繁殖、羽化、蛹化和成虫的形成，确切的胞内作用模式还不清楚。印楝素显示出抑制昆虫细胞的增殖。有人利用果蝇细胞系，发现印楝素在 12h 内半数有效量（ED_{50}）为 3.1×10^{-8} mol/L，损伤细胞核的 DNA。一个假定的印楝素结合复合物分离出来，并鉴定为热休克蛋白 60（hsp 60）的其中一个组分。

4. 杀虫磨损或破坏昆虫体壁

硼酸是昆虫体壁蜡质吸收物和胃毒的杀虫剂。它在昆虫中的作用模式尚不清楚。两个假设：①磨损昆虫的角质层，随后使昆虫失水干燥死亡；②吸入后破坏昆虫的前肠细胞引起昆虫饥饿死亡。已有报道，当给德国小蠊喂食硼酸后，处理 1~2 天前肠变空逐渐扩大，处理 3 天后，前肠细胞完全破坏，4 天后只剩下基本的膜结构。推测引起死亡的主要原因是取食后引起饥饿，中肠细胞破坏死亡。

硅胶杀死昆虫是因为通过吸收昆虫表皮的蜡质层导致昆虫缓慢脱水，干燥死亡。杀虫皂通过破坏昆虫的表皮和细胞膜，导致昆虫和螨立刻死亡。因为肥皂降低了昆虫表皮的水张力，水分容易从气孔进入虫体，减少了氧的利用，因此，肥皂通常是将致昆虫死亡。

（五）杀螨剂毒理

许多新型杀螨剂似乎影响线粒体呼吸和生长发育。

1. 杀螨剂干扰呼吸作用

灭螨醌是一种杀螨的前体，经过水解变成具有活性的代谢物，一种脱去乙酰基的产物（O-脱乙酰基代谢物）（图 6-24）。这种代谢产物通过与细胞色素酶 bc_1 结合抑制线粒体的电子传递。喹螨醚、哒螨灵、嘧螨灵、吡螨灵和唑螨灵是 NADH 脱氢酶的抑制剂。嘧螨酯抑制细胞色素 bc_1，虫螨腈是强有力的氧化磷酸解偶联剂。联苯肼是杀螨剂前体，在体内水解为活性代谢物。这种代谢物抑制线粒体电子传递，导致害虫和螨虫的 ATP 产生减少。

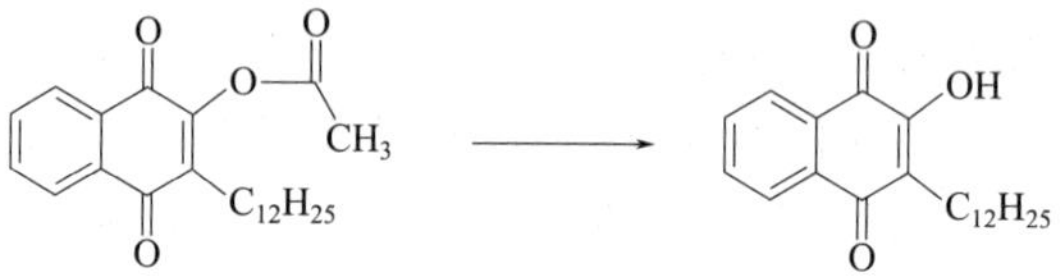

图 6-24　灭螨醌的水解代谢

有机锡（三环锡、六苯丁锡氧、三唑锡），丁醚脲和有机硫（克螨特、四氯杀螨砜）抑制线粒体合酶。然而丁醚脲是一种前体，相应的碳化二亚砜代谢物抑制 ATP 合成（图 6-25）。

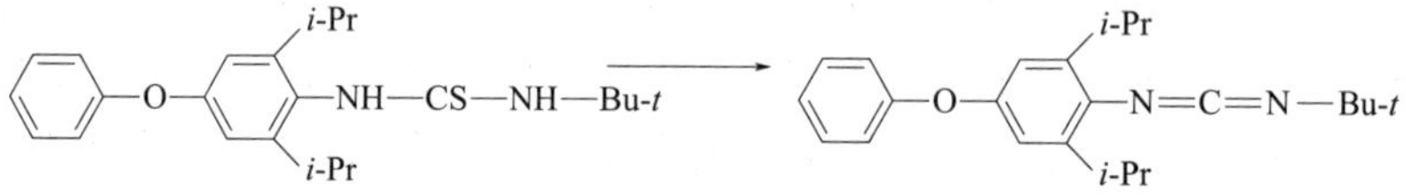

图 6-25　丁醚脲的代谢

2. 杀螨剂干扰生长和发育

乙螨唑和氟虫脲抑制几丁质的生物合成。螺螨酯和螺甲螨抑制脂类的生物合成。螺螨酯阻断螨类合成重要脂肪酸的乙酰辅酶 A 羧化酶。

3. 作为神经毒剂的杀螨剂

米尔螨素（milbemectin）是 GABA 的拮抗剂。因此，对于这些杀螨剂也具有很高杀虫活性，它们与发现的昆虫作用机理相同。有关常用杀虫剂和杀螨剂生物化学作用位点和对昆虫和害螨生理生化影响，见表 6-1。

表 6-1　重要杀虫剂和杀螨剂作用位点和作用方式

靶标位点	杀虫、杀螨剂	作用方式
电压门控 Na$^+$ 通道	DDT 拟除虫菊酯 藜芦碱(sabadilla) 茚虫威(indoxacarb)	延迟 Na$^+$ 失活 Na$^+$ 通道调节 Na$^+$ 通道阻塞
乙酰胆碱酯酶	有机磷酸酯类 氨基甲酸酯	酶活抑制作用
γ-氨基丁酸门控 Cl$^-$ 通道	环二烯类(cyclodienes)、林丹(gamma-HCH)、苯基吡唑(phenylpyrazoles)、阿维菌素(avermectin)、埃玛菌素(emamectin)、苯甲酸酯(benzoate)、米尔螨素(milbermectin)	Cl$^-$ 通道拮抗作用
烟碱型乙酰胆碱受体	烟碱(nicotine)、新烟碱类(neonicotinoids)、多杀菌素(spinosyns)	受体激动作用(agonism)
章鱼胺受体	甲脒(formamidine)	受体激动作用(agonism)
Ca^{2+} 通道 利阿诺定受体 (ryanodine receptor)	氟虫双酰胺(flubendiamids)、氯虫苯甲酰胺(chlorantraniliprole)	受体活化作用(activation)
线粒体电子传递链系统	鱼藤酮(rotenone)、氟蚁腙(hydramethylnon)、哒螨灵(pyridaben)、唑虫酰胺(tolfenpyrad)、氢氰酸(HCN)、磷化氢(phosphine)、灭螨醌(acequinocyl)、喹螨醚(fenazaquin)、嘧螨醚(pyrimidifen)、吡螨胺(tebufenpyrad)、唑螨酯(fenpyroximate)、氟吖啶(fluacrypyrin)	电子传递抑制作用
线粒体电子传递链系统	硫脲(sulfuramid)、虫螨腈(chlorfenapyr)	氧化磷酸化解偶联作用
	三唑锡(azocyclotin)、三环锡(cyhexatin)、苯丁锡(fenbutatin-oxide)、克螨特(propargite)、三氯杀螨砜(tetradifon)、杀螨隆(diafenthiuron)	抑制 ATP 的合成
中肠细胞膜	苏云金芽孢杆菌(Bacillus thuringiensis,Bt)	破坏中肠细胞膜
昆虫体壁	苯甲酰脲(benzolphenylureas)、噻嗪酮(buprofezin)、乙氧噻唑(etoxzole)、氟虫隆(flufenoxuron)	抑制几丁质合成酶
	环丙嗪(cyromazinen)	干扰脱皮
	硼酸(boric acid)、硅气凝胶(silica aerogels)	体壁磨损
	杀虫皂(pesticidal soaps)	体壁和细胞膜损伤和破裂
保幼激素受体	保幼激素类似物(juvenoids)、苯氧威(fenoxycarb)、吡丙醚(pyriproxyfen)	模拟保幼激素作用
蜕皮激素受体	二芳甲酰基肼类(diacylhydrazines)	受体激动作用(agonism)
内分泌系统 (心脑咽侧体复合体)	印楝素(azadirachtin)	干扰脱皮
脂质生物合成	螺螨酯(spirodiclofen)、螺甲螨酯(spiromesifen)	脂质合成抑制作用

第二节 杀菌剂作用方式与毒理

一、杀菌剂作用方式

1. 保护性杀菌剂

在病害流行前（即当病原菌接触寄主或侵入寄主之前）施用于植物体可能受害的部位，以保护植物不受侵染的药剂。

2. 治疗性杀菌剂

在植物已经感病以后，可用一些非内吸杀菌剂，如硫黄直接杀死病菌，或用具内渗作用的杀菌剂，可渗入到植物组织内部，杀死病菌，或用内吸杀菌剂直接进入植物体内，随着植物体液运输传导而起治疗作用的杀菌剂。

3. 铲除性杀菌剂

对病原菌有直接强烈杀伤作用的药剂。这类药剂常为植物生长期不能忍受，故一般只用于播前土壤处理、植物休眠期或种苗处理。

二、杀菌剂的毒理

杀菌剂分为对病原菌的直接作用和对寄主植物的诱导抗病作用。杀菌剂对病原菌直接作用机理中，主要是两个方面发挥其药理作用，即抑制能量生成和抑制生物合成。而在对寄主植物作用方面，主要是刺激或诱导寄主植物产生次生代谢，即在体内合成抗菌物质，从而使植物获得抗病性。

（一）能量生成抑制剂

杀菌剂作用于病菌的能量代谢主要涉及结构蛋白和代谢酶的巯基破坏，糖的酵解和脂肪酸 β-氧化中断，三羧酸循环和呼吸链电子传递以及氧化磷酸化受抑制。

1. 巯基（—SH）抑制剂

巯基（—SH）是许多脱氢酶活性部位不可缺少的活性基团。一般说来，—SH 与重金属、砷化物和其他杀菌剂作用而抑制了酶的活性。

巯基（—SH）抑制剂包括：

（1）重金属化合物　这类杀菌剂的分子中含有重金属元素，重金属中水难溶的顺序：$Hg^{2+} > Ag^+ > Cu^{2+} > Ph^{2+} > Cd^{2+} > Ni^{2+} > Co^{2+} > Zn^{2+} > Fe^{2+}$。其中汞是最难溶的，毒性也是最大的，汞制剂仅用于实验室消毒灭菌用。

（2）有机汞制剂（RHgX，X 为阴离子）

$$R'HgX + R—SH \longrightarrow R'—Hg—SR + HX$$

$$Hg^{2+} + 2RSH \longrightarrow Hg \begin{matrix} SR \\ SR \end{matrix} + 2H^+$$

（3）铜制剂（如 8-羟基喹啉铜等）

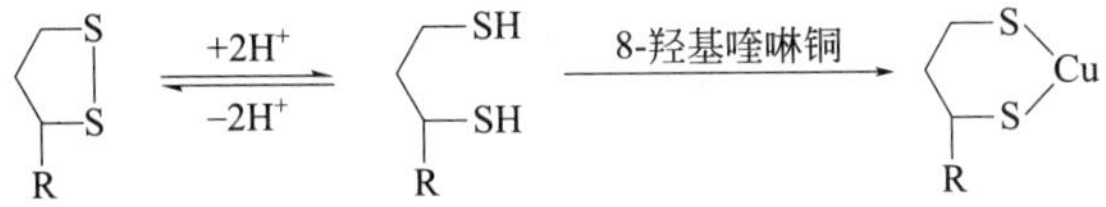

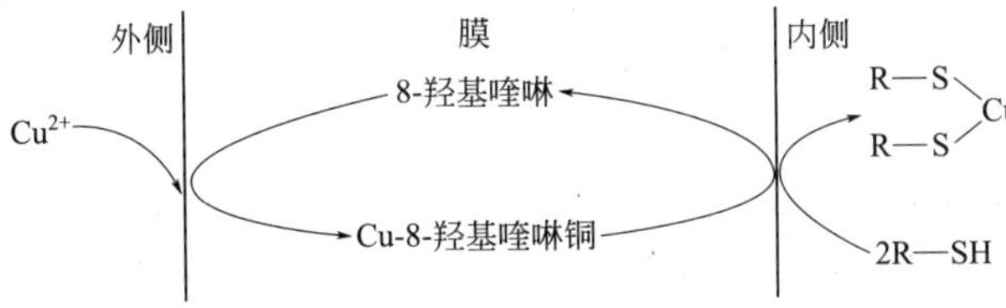

（4）有机锡制剂（R_2SnX_2，X 为阴离子）　R_3SnX 是氧化磷酸化抑制剂。R_2SnX_2 则是—SH 抑制剂，其作用部位是抑制丙酸和 α-酮戊二酸的氧化。

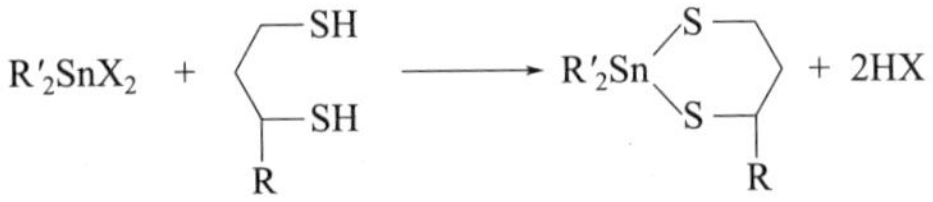

（5）有机砷制剂　有机砷化合物在菌体的作用部位有：①丙酮酸代谢；②α-酮戊二酸代谢；③琥珀酸氧化脱氢酶；④脂肪酸氧化等。

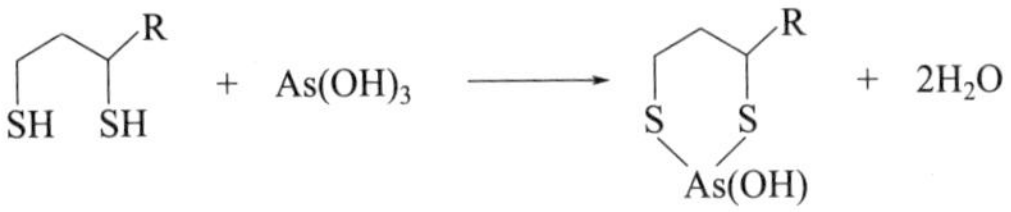

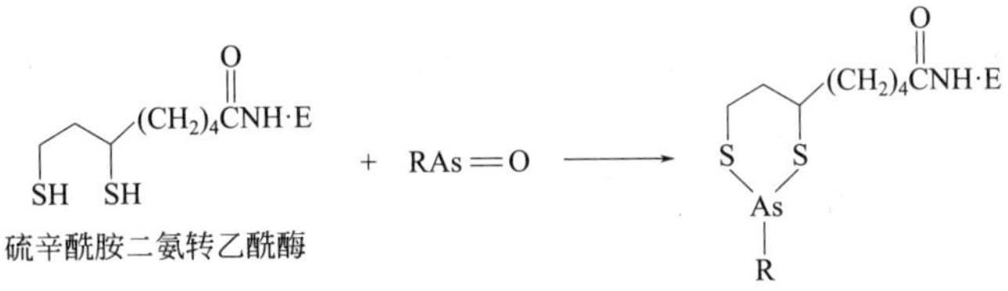

（6）二硫代氨基甲酸类杀菌剂　这类杀菌剂包括：①二甲基二硫代氨基甲酸盐；②双（二甲基氨基甲酰）二硫物，即福美双；③乙叉基二硫代氨基甲酸盐；④N-甲基二硫代氨基甲酸盐。结构如下：

$$CH_2NH-\underset{\overset{\|}{S}}{C}-SNa$$
$$CH_2NH-\underset{\overset{\|}{S}}{C}-SNa \qquad c$$

$$CH_3NH-\underset{\overset{\|}{S}}{C}-SNa \qquad d$$

a 类化合物能与铜离子（Cu^{2+}）以 1:1，1:2 结合成稳定的螯合物：

$$\begin{matrix} CH_3 \\ \quad \\ CH_3 \end{matrix} N-C\underset{S}{\overset{S}{\Big\langle}}Cu^+$$
1:1

$$\begin{matrix} CH_3 \\ \quad \\ CH_3 \end{matrix} N-C\underset{S}{\overset{S}{\Big\langle}}Cu\underset{S}{\overset{S}{\Big\rangle}}C-N\begin{matrix} CH_3 \\ \quad \\ CH_3 \end{matrix}$$
1:2

1:1 的络合物是阳离子，它以原状态与酶的—SH 反应。1:2 的络合物一旦分解为阳离子和阴离子后，阳离子按 1:1 的方式与—SH 反应。

$$E-SH + {}^+Cu\underset{S}{\overset{S}{\Big\langle}}C-N\begin{matrix} CH_3 \\ CH_3 \end{matrix} \rightleftharpoons E-S-Cu-S-\underset{\overset{\|}{S}}{C}-N(CH_3)_2$$

$$E-SH + \left[(CH_3)_2N-\underset{\overset{\|}{S}}{C}-S-\right]_2 Cu \rightleftharpoons E-S-Cu-S-\underset{\overset{\|}{S}}{C}-N(CH_3)_2 + (CH_3)_2N-\underset{\overset{\|}{S}}{C}-S^{(-)}$$

b 类化合物（福美双）与—SH 的作用，本身被还原而将—SH 氧化成—S—S—键：

$$\begin{matrix}(CH_3)_2N-\underset{\overset{\|}{S}}{C}-S \\ \quad \Big| \\ (CH_3)_2N-\underset{\overset{\|}{S}}{C}-S\end{matrix} + CoA-SH \longrightarrow CoA-S-S-CoA + 2(CH_3)_2N-\underset{\overset{\|}{S}}{C}-SH$$

c、d 类化合物一般是先分解成异氰酸甲酯，后者再与—SH 发生作用：

$$CH_3NH-\underset{\overset{\|}{S}}{C}-SNa \xrightarrow{H_2O+\text{微生物}} CH_3N=C=S + H_2S + CS_2$$

$$CH_3N=C=S + E-SH \longrightarrow CH_3NH-\underset{\overset{\|}{S}}{C}-SE$$

如果遇到含铜（Cu）的辅酶，也有下列反应：

$$CH_3NH-\underset{\overset{\|}{S}}{C}-S^- + Cu-E \longrightarrow CH_3NH-C\underset{S}{\overset{S}{\Big\langle}}Cu-E$$

（7）醌类化合物　醌类化合物也是菌体内的—SH 抑制剂，它与低分子的含—SH 化合物反应后，醌被还原而将—SH 氧化成—S—S—键：

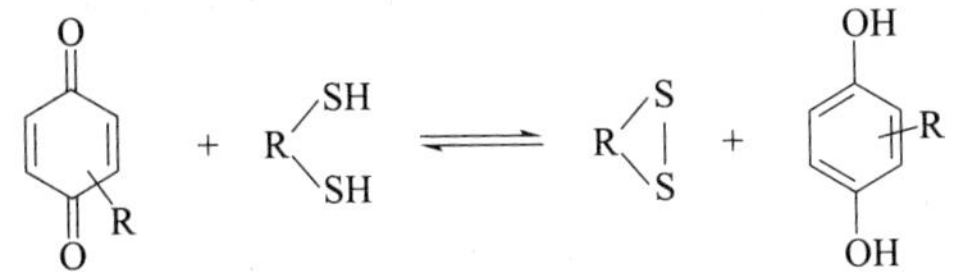

如果醌和—SH 化合物在等当量且无氧存在下反应时，则在—C=C—上引起加成反应：

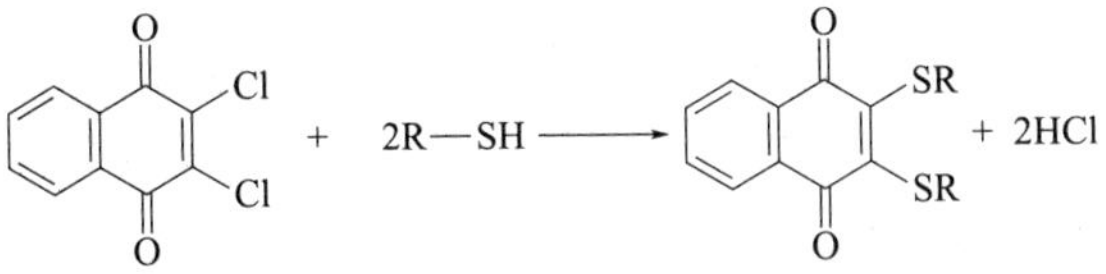

（8）三氯甲基、三氯甲硫基化合物

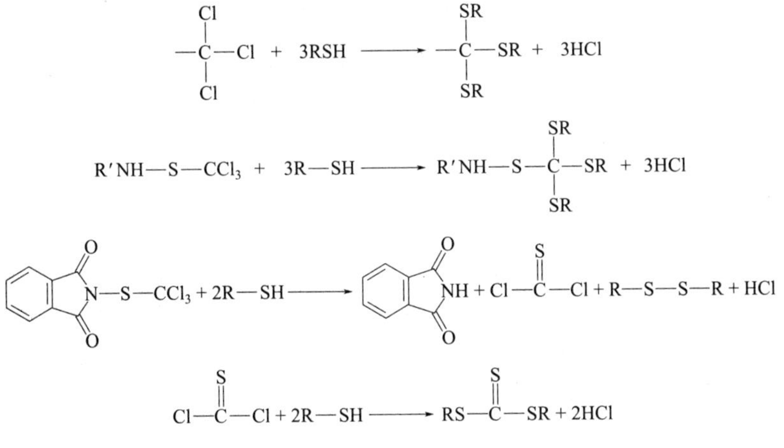

（9）卤素取代化合物

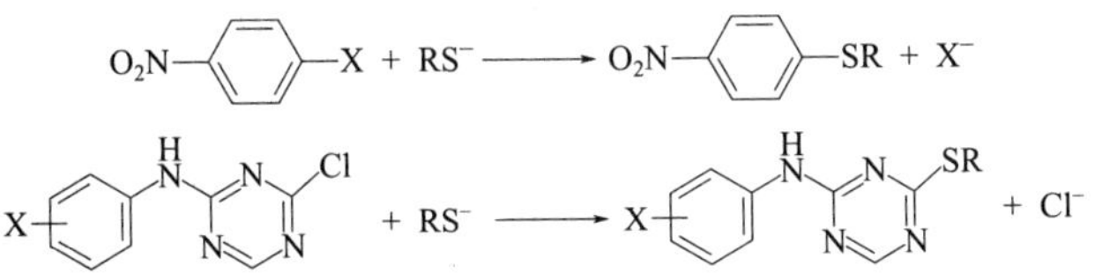

（10）芳基腈化合物

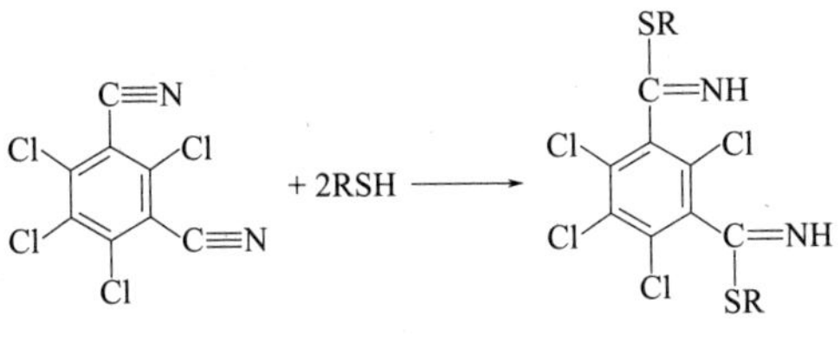

2. 糖酵解和脂肪酸 β-氧化抑制剂

（1）糖酵解受阻 杀菌剂如克菌丹等作用于糖酵解过程中的丙酮酸脱氢酶中的辅酶——焦磷酸硫胺素，阻碍了酵解的最后一个阶段的反应：

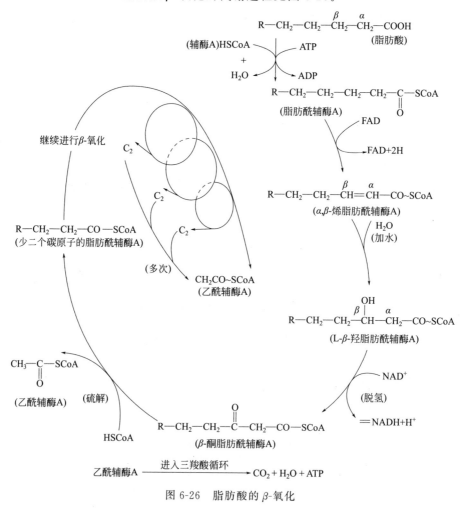

$$CH_3\overset{O}{\underset{\|}{C}}-COOH \xrightarrow[\substack{NAD^+ \\ \downarrow}]{\substack{CoA-SH \quad CO_2}} CH_3\overset{O}{\underset{\|}{C}}-SCoA$$

百菌清、克菌丹和灭菌丹可与磷酸甘油醛脱氢酶的—SH 结合失去催化 3-磷酸甘油醛和磷酸二羟丙酮酸形成 1,3-二磷甘油醛。

（2）脂肪酸氧化受阻 脂肪是菌体内能量代谢的重要物质之一。在菌体内脂质氧化主要是 β-氧化。β-氧化必须有辅酶 A 参与。杀菌剂克菌丹、二氯萘醌等，能抑制辅酶 A 活性。脂肪酸 β-氧化的代谢途径见图 6-26。

图 6-26 脂肪酸的 β-氧化

3. 三羧酸循环抑制剂

（1）乙酰辅酶 A 和草酰乙酸缩合成柠檬酸的过程受到阻碍　乙酰辅酶 A 和草酰乙酸缩合成柠檬酸反应式：

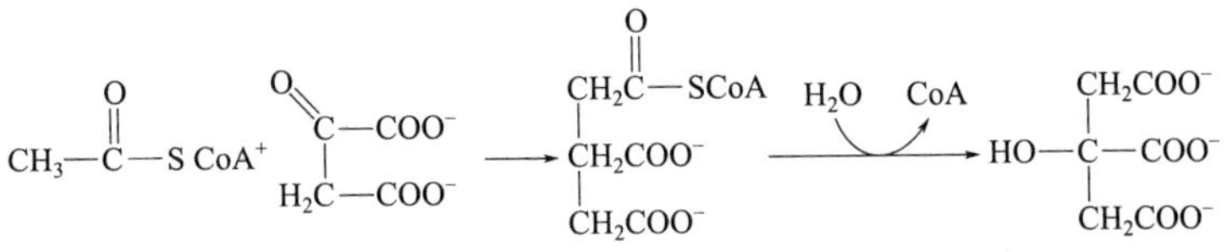

乙酰CoA　　　　　　　　　　　　　　　　　　　　柠檬酸

此反应的抑制剂有：二硫代氨基甲酸类（福美锌、福美双、代森锌）；醌类（二氯萘醌）；三氯甲基和三氯甲硫基类（克菌丹、灭菌丹）等。

（2）柠檬酸异构化生成异柠檬酸过程受阻　该反应是由（顺）-乌头酸酶催化，经脱水，然后又加水从而改变分子内 OH^- 和 H^+ 的位置，生成异柠檬酸。反应式如下：

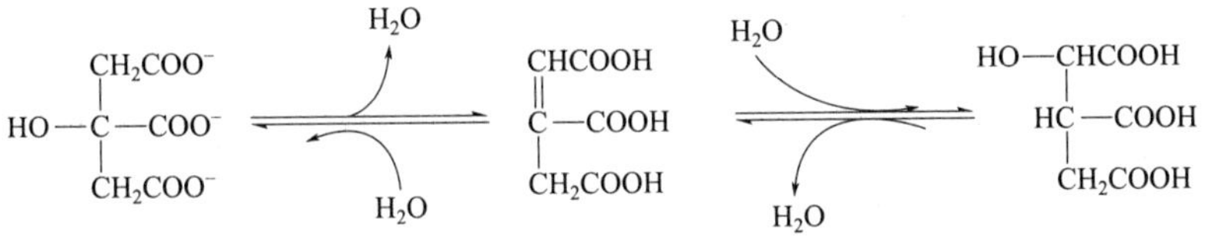

柠檬酸　　　　　　　　　　（顺）乌头酸　　　　　　　　异柠檬酸

由于（顺）-乌头酸酶受到杀菌剂的抑制而使上述反应受到阻碍。（顺）-乌头酸酶是含铁的非铁卟啉蛋白，所以与 Fe^{2+} 生成络合物的药剂都能对其起抑制作用。

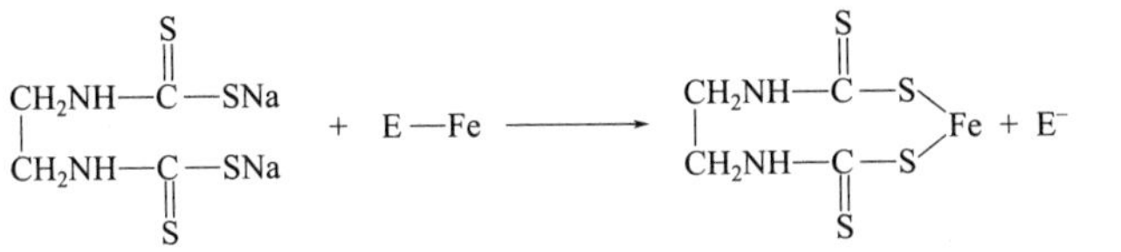

代森钠　　　　　（顺）乌头酸酶

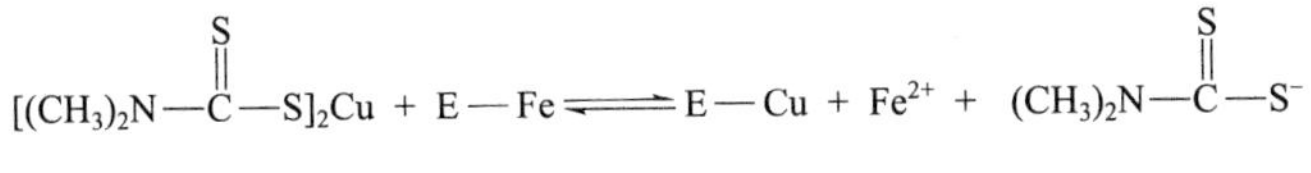

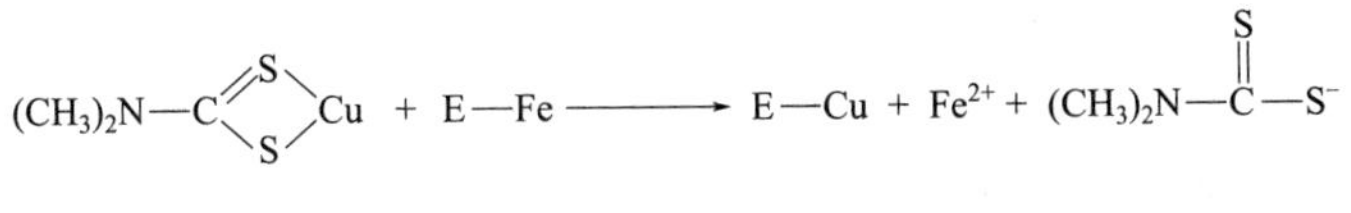

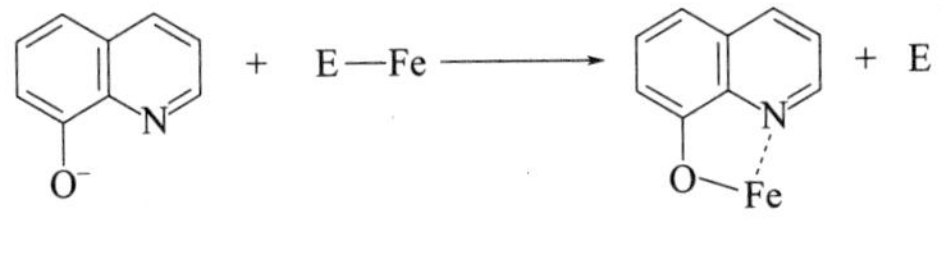

（3）α-酮戊二酸氧化脱羧生成琥珀酸的过程受阻

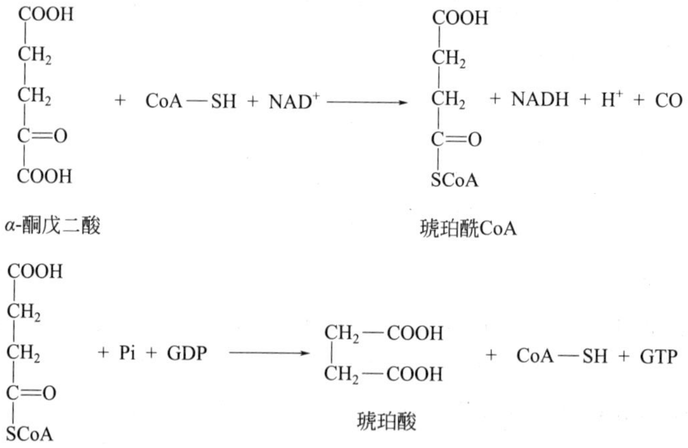

$$\text{α-酮戊二酸} + CoA-SH + NAD^+ \longrightarrow \text{琥珀酰CoA} + NADH + H^+ + CO$$

$$\text{琥珀酰CoA} + Pi + GDP \longrightarrow \text{琥珀酸} + CoA-SH + GTP$$

抑制此反应的药剂有克菌丹、砷化物、叶枯炔等。

（4）琥珀酸脱氢生成延胡索酸及苹果酸脱氢生成草酰乙酸过程受阻

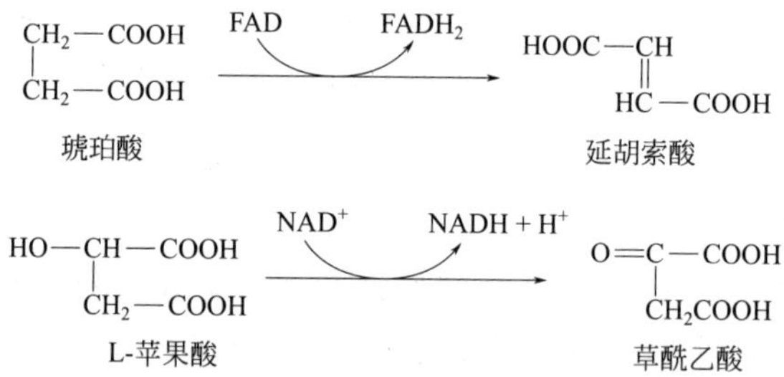

$$\text{琥珀酸} \xrightarrow[\quad FAD \quad FADH_2 \quad]{} \text{延胡索酸}$$

$$\text{L-苹果酸} \xrightarrow[\quad NAD^+ \quad NADH + H^+ \quad]{} \text{草酰乙酸}$$

抑制其反应的药剂有：萎锈灵、硫黄、5-氧吩嗪、异氰酸甲酯和异氰酸丁酯（后者为杀菌剂苯菌灵的降解产物之一）等。

药剂对酶活性抑制的机制：硫黄（S）在菌体内发生氧化作用，本身被还原为 H_2S，后者有钝化酶中重金属的活性作用；5-氧吩嗪（防治水稻白叶枯病的杀细菌剂）进入菌体细胞后，放出新生态的氧，可夺取氢（如 TPP 中的活泼氢），因而使脱氢酶活性受到抑制；萎锈灵对脱氢酶系中的非血红素的铁-硫蛋白发生作用，使琥珀酸脱氢酶的活性受到抑制；异氰酸酯（甲酯和丁酯）是与酶中的—SH 发生作用而抑制酶的活性。

4. 氧化磷酸化抑制剂

三羧酸循环和氧化磷酸化反应示意见图 6-27 所示。

（1）电子传递系统受阻　还原型辅酶通过电子传递再氧化，这一过程由若干电子载体组成的电子传递链（也称呼吸链）完成，能够阻断呼吸链中某一部位电子传递的物质称为电子传递抑制剂。

① 作用位点是阻断电子由 NADH 向 CoQ 的传递：鱼藤酮、敌磺钠、十三

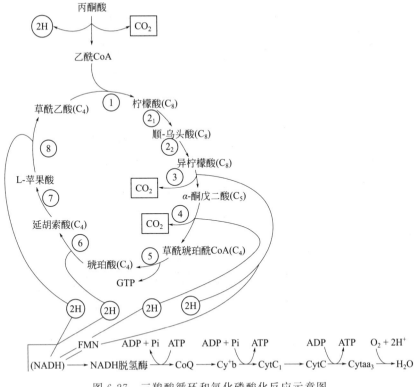

图 6-27　三羧酸循环和氧化磷酸化反应示意图

吗啉、杀粉蝶菌素、安密妥;

② 抑制电子从细胞色素 b 到细胞色素 c_1 的传递:抗菌素 A、硫黄、十三吗啉;

③ 阻断电子由细胞色素 aa_3 传至氧的作用:氰化物、叠氮化物、H_2S、CO 等;

④ 阻断复合体 Ⅱ 黄素蛋白、铁硫蛋白电子传递到 CoQ:萎锈灵、8-羟基喹啉等。

各抑制剂作用位点见图 6-28。

(2) 解偶联作用　解偶联:使氧(电子传递)和磷酸化脱节,或者说使电子传递和 ATP 形成这两个过程分离,失掉它们之间的密切联系,结果电子传递所产生的自由能都变为热能而得不到储存。

解偶联剂及其解偶联机制

① 2,4-二硝基酚

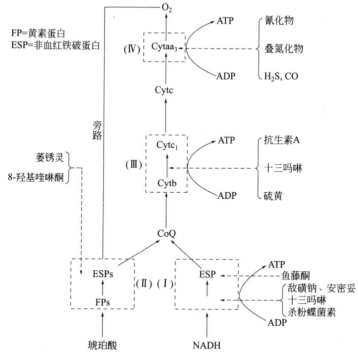

图 6-28　呼吸链电子传递抑制剂作用位点

② 吩嗪（5-氧吩嗪）

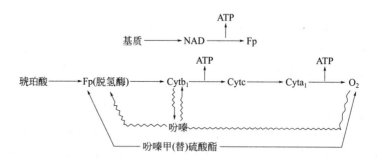

（二）生物合成抑制剂

杀菌剂对菌体生物合成的抑制，就是抑制菌体生长和维持生命所需要的新细胞物质产生的过程。

其中包括在细胞质中进行的低分子量的化合物如氨基酸、嘌呤、嘧啶和维生素等的合成，在核糖体上进行的大分子化合物如蛋白质的合成，在细胞核中进行的核酸 DNA 和部分 RNA 的合成；此外，还包括对菌体的细胞壁和细胞膜组分的干扰和破坏作用。

1. 细胞壁组分合成抑制剂

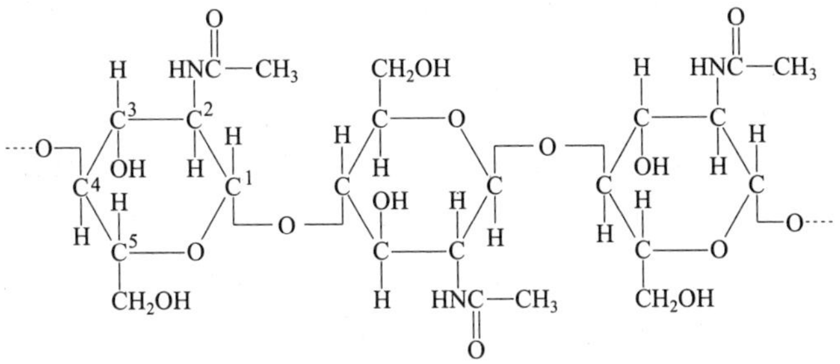

如果C^2上为—OH，则为纤维素

抑制细菌细胞壁合成的药剂有：稻瘟净、异稻瘟净、灰黄霉素、甲基硫菌灵、敌瘟磷、多氧霉素 D、青霉素等。

2. 细胞膜组分合成抑制剂

物理性破坏：指膜的亚单位连接点的疏水键被杀菌剂击断而使膜上出现裂缝，或者是杀菌剂分子中的饱和烃基侧链溶解膜上的脂质部分，形成孔隙，于是杀菌剂分子就可以从不饱和脂肪酸之间挤进去，使其分裂开来；膜结构中的金属桥，由于金属和一些杀菌剂，如 N-甲基二硫代氨基甲酸钠螯合而遭破坏。另外，膜上金属桥也可被与膜亲和力大的离子改变其正常结构。

化学性抑制：主要指与膜功能有关的酶的活性及膜脂中的固醇类和甾醇的生物合成受到抑制，主要为甾醇合成抑制。

有机磷类化合物除了对细胞壁组分几丁质合成抑制外，还能抑制细胞膜上糖脂的形成。细胞膜如果没有糖脂的存在，它就无法运输乙酰氨基葡萄糖以供几丁质合成。许多有机磷化合物是乙酰胆碱酯酶的抑制剂，这在有机磷杀虫剂中是最为多见的。

含铜、汞等重金属化合物中的金属离子可以与许多成分反应，甚至直接沉淀蛋白质。其中有一个重要作用目标就是酶中的—SH，首先是细胞膜上与三磷酸腺苷水解酶有关的—SH。与—SH 反应的机制可见前述"巯基抑制剂"部分。此外，细胞膜组分中有关的羧基（—COOH）、氨基（—NH$_2$）、羟基（—OH）等也会与某些杀菌剂反应，从而影响酶的活性。

3. 甾醇生物合成抑制剂

（1）麦角甾醇生物合成抑制机制　在麦角甾醇生物合成抑制（EBI）中，大部分都是抑制 C14 上的脱甲基化反应，故也称之为脱甲基化反应抑制剂（demethylation inhibitor，DMI）。其次是 $\Delta^8 \rightarrow \Delta^7$ 异构化反应抑制剂。此外还发现了第三个作用点，即抑制 $\Delta^{14\sim15}$ 的还原反应。

（2）抑制麦角甾醇生物合成的杀菌剂　根据 EBI 的作用部位，目前已经研究清楚的有两类：

第一类是 C14-脱甲基化反应抑制剂（即 DMI），主要有：哌嗪类、吡啶类和唑类等。第二类是对甾醇 $\Delta^8 \rightarrow \Delta^7$ 异构化或和 C14（15）双键还原历程的抑制，主要有吗啉类等。

4. 核酸合成抑制剂

（1）核酸的基本组成和主要功能　组成：核苷酸是核酸生物合成的前体，同时其衍生物也是许多生物合成的活性中间体。菌体内生物能量代谢中通用的高能化合物是 ATP，而核苷酸是 ATP 的重要组分，同时也是三种重要辅酶（烟酰胺核苷酸、黄素腺酰嘌呤二核苷酸和辅酶 A）的组分。

功能：DNA 是菌体内传递信息的载体，为遗传物质。

（2）核酸生物合成抑制剂　其一是抑制核苷酸的前体组分结合到核苷酸中去；其二是抑制单核苷酸聚合为核酸的过程。按照抑制剂作用的性质不同来分，可分为三类：第一类，碱基嘌呤和嘧啶类似物，它们可以作为核苷酸代谢拮抗物而抑制核酸前体的合成；第二类，是通过与 DNA 结合而改变其模板功能；第三类，是与核酸聚合酶结合而影响其活力。

嘌呤和嘧啶类似物：

（a）　　　　（b）　　　　（c）　　　　（d）　　　　（e）

这些碱基类似物在菌体细胞内至少有两方面的作用：作为代谢拮抗物直接抑制核苷酸生物合成有关的酶类；通过掺入到核酸分子中去，形成所谓的"掺假的核酸"，形成异常的 DNA 或 RNA，从而影响核酸的功能而导致突变。

致死合成：真菌可能把一种非毒的化合物（如 6-氮杂尿嘧啶）转变成一种有毒的物质而杀菌，这种作用称为"致死合成"。

（3）DNA 模板功能抑制剂　某些杀菌剂或其他化合物由于能够与 DNA 结合，使 DNA 失去模板功能，从而抑制其复制和转录。

第一，烷基化试剂，如二（氯乙基）胺的衍生物、磺酸酯以及 1,2-亚乙基亚胺类衍生物等；

第二，抗生素类，如放线菌素 D、灰黄霉素、丝裂霉素等，直接与 DNA 作用，使 DNA 失去模板功能。

第三，某些具有扁平结构的芳香族发色团的染料可以插入 DNA 相邻碱基之间。

（4）核酸合成酶的抑制　核酸是由单核苷酸聚合而成的，这种聚合需有聚合酶的催化。有些杀菌剂能够抑制核苷酸聚合酶的活性，结果导致核酸合成被抑制。例如，抗生素利福霉素（rifamycin）和利链菌素（stretolydigin）等均能抑制细菌 RNA 聚合酶的活性，抑制转录过程中链的延长反应。

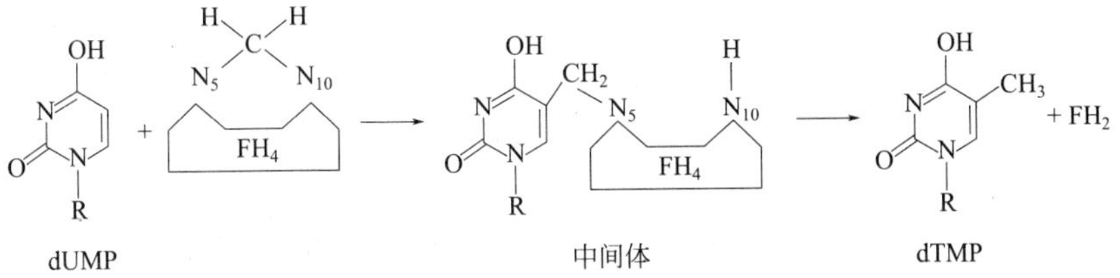

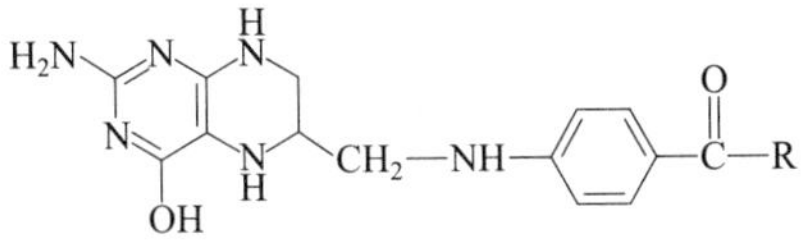

四氢叶酸(R代表一个或几个谷氨酸分子)

（5）抑制核酸生物合成的杀菌剂　类型：苯并咪唑类和可转化成苯并咪唑类的杀菌剂；嘧啶类；抗生素类；酰苯胺类衍生物；其他类杀菌剂。

5. 蛋白质合成抑制剂

（1）杀菌剂抑制蛋内质生物合成的毒理

① 杀菌剂与核糖核蛋白体结合，从而干扰了 tRNA 与 mRNA 的正常结合；

② 间接影响蛋白质合成，杀菌剂与 DNA 作用，阻碍 DNA 双链分开；

③ 原料的"误认"影响正常蛋白质的合成。

（2）蛋白质合成酶的活性受到抑制　抑制蛋白质生物合成的药剂，见表6-2。

表 6-2　抗生素对蛋白质合成的抑制作用

抗生素	作用历程	作用位置（核糖体）	有无抑制作用	
			原核生物	真核生物
春雷霉素	肽链的引发	30S	+	－
链霉素	氨酰转移核糖核酸与核糖体结合	30S	+	－
四环素	氨酰转移核糖核酸与核糖体结合	30S,40S	+	－
氯霉素	肽转移	50S	－	－
灭瘟素	肽转移	50S,60S	－	－

注：＋表示有抑制作用；－表示无抑制作用。

（三）杀菌剂作用于寄主作物

1. 植物保护素的诱导生成和诱导剂

采用生物、物理、化学方法，诱导作物体内生成对病菌有毒的化学物质。

通过促进植保素的生成或提高植保素在植物体内的含量来防病，是提高植物抗病性的方法。至今最为典型的诱导剂是噻瘟唑。

2. 寄主体内与防病有关的其他变化

寄主植物经化学处理后，可降低植物对病菌的毒素的敏感性，或提高植物钝化毒素的能力。例如绿原酸可钝化稻病菌分泌的稻瘟素。

第三节　除草剂作用方式与毒理

一、除草剂作用方式

（1）输导型除草剂　施用后通过内吸作用传至杂草的敏感部位或整个植株，使之中毒死亡的药剂。

（2）触杀型除草剂　不能在植物体内传导移动，只能杀死所接触到的植物组织的药剂。在除草剂中，习惯上又常分为选择性和灭生性两大类。严格地讲，这不能作为作用方式的划分。

（3）选择性除草剂　即在一定的浓度和剂量范围内杀死或抑制部分植物，而对另外一些植物安全的药剂。

（4）灭生性除草剂　在常用剂量下可以杀死所有接触到药剂的绿色植物体的药剂。

二、除草剂毒理

常用除草剂的靶标是：①光合色素及相关组分的合成和代谢酶；②氮的代谢及氨基酸的生物合成；③脂类的生物合成；④光合电子传递系统。

目前乙酰乳酸合成酶（ALS）抑制剂和原卟啉原氧化酶（protox）抑制剂是除草剂中活性较好的类型，这2类除草剂能以每公顷几克的低使用量防除杂草。

1. 光合色素及相关组分的合成和代谢

（1）叶绿素生物合成及其抑制剂　大多数抑制叶绿素生物合成的除草剂能促进短链烃的形成，从而导致光合色素的破坏，这种农药被称为"过氧化除草剂"。它们的作用机理非常复杂，主要是通过抑制原卟啉原氧化酶干扰叶绿素的生物合成。这种抑制作用伴随着四吡咯中间体原卟啉的异常积累，它作为光敏剂可以诱导氧自由基的形成，产生短链碳氢化合物，进而使细胞膜及细胞组分遭到破坏。

（2）类胡萝卜素生物合成及其抑制剂　抑制类胡萝卜素生物合成的"白化除草剂"，如氟吡酰草胺、对呋草酮、氟定酮、氟咯草酮、吡氟酰草胺、哒草伏（norflurazon）和苯草酮（methoxyphenone），可作为设计低使用量除草剂的先导结构。

在类胡萝卜素生物合成过程中，这些化合物抑制八氢番茄红素去饱和酶（PDS），从而导致植株内的八氢番茄红素大量积累。苯草酮的靶标可能是 PDS 及 ζ-胡萝卜素去饱和酶（ZDS）。

这类除草剂大多数是八氢番茄红素去饱和酶抑制剂，三氟甲基-$1,1'$-联苯衍生物对八氢番茄红素去饱和酶抑制剂具有很高抑制活性，离体 IC$_{50}$ 值（PDS）为 $1 \times 10^{-9} \sim 1 \times 10^{-8}$ mol/L。但是抑制 ZDS 的高效除草剂尚未发现。

（3）质体醌生物合成及其抑制剂　质体醌是类胡萝卜素生物合成以及光合电子传递过程中的一个电子接受体。质体醌生物合成抑制剂也具有除草活性，能产生植物白化毒素。这些抑制剂能够抑制对羟基丙酮酸双加氧酶（HPPD），干扰由对羟基丙酮酸转化为 2,5-二羟苯乙酸（尿黑酸）的生化过程。对异唑草酮的高活化值是由于它是一个前体除草剂，而降解产物二酮腈（diketonitrile，DKN）是高效的 HPPD 抑制剂。除草剂吡唑特（pyrazolate）[使用量 $2 \sim 3$kg(a.i.)/hm^2] 的代谢产物脱乙酰吡唑酯（detosylpyrazolate）也是一种有效的 HPPD 抑制剂。异唑草酮和硝草酮有望成为这个种类中低用量白化除草剂的前体化合物。据报道，乙酰辅酶 A 羧化酶（ACCase）的高效抑制剂烯禾定对 HPPD 的抑制作用仅次于对 ACCase 的抑制作用。

2. 氨的代谢及氨基酸的生物合成

氨基酸生物合成途径，特别是芳香氨基酸、氨同化作用和支链氨基酸路径已被确认为合理的除草剂靶标部位。草甘膦、草铵膦和磺酰脲类（sulfonylureas）是非常有效的除草剂，分别抑制 5-烯醇丙酮酰莽草酸-3-磷酸合成酶（EPSPS）、谷氨酰胺合成酶（GS）和乙酰乳酸合成酶（ALS）。草甘膦 [使用量：$2.0 \sim 5.0$kg(a.i.)/hm^2] 作用在叶绿体的芳香氨基酸合成途径中的 EPSPS。

最近这条合成途径中的邻氨基苯甲酸合成酶已经被提出是一个新的除草剂靶标，可以被 6-甲基邻氨基苯甲酸甲酯抑制。草铵膦是一种具除草活性的抗生素（DL-草铵膦，外消旋混合物），但是在植物细胞中双丙氨磷（bialaphos）只释放 L-草铵膦，表现除草活性。

在氨同化中，除了谷氨酰胺合成酶外，天冬酰胺酸合成酶（asparagine synthetase）和天冬酰胺酶（asparaginase）这 2 个重要的酶也已经被确认，前者可以被除草剂环庚草醚（cinmethylin）的代谢产物抑制。

转氨作用也是氨基酸形成中的一个重要的反应，对这种反应的干扰或抑制也可能具有除草作用。产生谷氨酸的谷草转氨酶（aspartate aminotransferase）可受到胺酸杀及它的前体化合物氨基氧乙酸的抑制，抗生素 gostatin 也可以抑制谷草转氨酶。

以下 3 个关键的能催化组氨酸、精氨酸和蛋氨酸合成的酶可能被用于新型除草剂的设计：咪唑甘油磷酸酯脱水酶（imidazoleglycerol phosphate dehydratase）、鸟氨酸氨基甲酰转移酶（ornithine carbamoyltransferase）和 B 型胱硫醚酶（b-cystathionase）。这 3 个酶分别被三唑抑制剂、菜豆素（phaseolo toxin）和根瘤菌素（rhizobitoxin）所抑制。支链氨基酸生物合成中的乙酰乳酸合成酶是低用量除草剂分子设计的一个重要靶标。4 个已知的成功抑制剂类型包括磺酰脲类、咪唑啉酮类、磺酰胺类、水杨酸类。值得注意的是，虽然磺酰脲类抑制剂中有许多活性极强的除草剂，例如氯磺隆、苄嘧磺隆和氟氯磺隆，但是已经发现了几个难以控制的抗性杂草品种。咪唑啉酮类除草剂也出现了类似的抗性问题。

3. 脂类生物合成

在脂肪酸生物合成中的 3 种酶已经被确定为除草靶标。它们分别是：①产生丙二酰辅酶 A 的乙酰辅酶 A 羧化酶；②长链脂肪酸（酯）延长酶；③亚油酸单半乳糖二酰基甘油酯去饱和酶。虽然哒嗪酮除草剂干扰亚油酸去饱和，在类胡萝卜素生物合成中，它们明显抑制八氢番茄红素去饱和。

这说明乙酰辅酶 A 羧化酶及脂肪酸延长酶抑制剂对于新除草剂的设计很重要。抑制乙酰辅酶 A 羧化酶的芳氧基苯氧基丙酸类和环己烯酮类除草剂，已经在控制单子叶杂草上成功应用 20 年。包括完全不同结构的除草剂，如唑草胺、茚草酮、氯乙酰胺（chloroacetamides）和氧化乙酰（oxyacetamides），最近已被确定为长链脂肪酸生物合成中的脂肪酸延长酶抑制剂。

4. 光合电子传递系统

光合电子传递系统一直是很受关注的新型除草剂的靶标部位，即使是这些农药需要施用在植物的所有绿色部分才能发挥药效。不过这类除草剂不和它们的专一性靶标 D1 蛋白构成一个紧密的复合体。因此，这类除草剂的使用量预计不会低至乙酰乳酸合成酶抑制剂的用量。

最近报道的新三嗪类除草剂品种 2-(4-氯苯甲基氨基)-4-甲基-6-三氟甲基-1,3,5-三嗪能抑制 D1 蛋白。这个化合物表现出的对光合电子传递的抑制作用比莠去津（atrazine）高 10 倍，并且对莠去津产生抗性的杂草，如藜、龙葵也有除草活性。

5. 细胞壁及其生物合成

纤维素生物合成是植物专一性的，并被视为一个好的除草剂靶标。抑制这一靶标的除草剂还在使用，包括使用了 40 年的敌草腈。干扰胡萝卜素或脂质生物合成的抑制剂主要是作用于植物生长点分生细胞。分化细胞已经构建了自身的关键组分，例如色素或脂质体，一般不会被生物合成抑制剂影响。

同样纤维素生物合成抑制剂也一样，其生物活性仅限于生长细胞的壁的合成。

可以期待低使用量除草剂将来也可能被设计成纤维素生物合成抑制剂。现代除草剂，例如氟胺草唑和三嗪氟草胺比以前的化合物敌草腈或氯硫酰草胺表现出更低的使用量［100～200g(a.i.)/hm^2、250g(a.i.)/hm^2］。关于纤维素合成酶的详细酶学研究尚未见报道。三嗪氟草胺可作用于多个位点（抑制光合作用，微管形成及纤维素形成），这个特点有利于延缓抗性的形成。

参 考 文 献

[1]　Simon J. The toxicology and biochemistry of insecticides. Boca Raton：CRC Press，2008.

[2]　Matthews G A. Pesticides：health，safety and the environment. UK：Blackwell Publishing，2007.

[3]　R Michael R，James D B，Ronald J K. Herbicide activity：toxicology，biochemistry and molecular biology. USA：IOS Press，1997.

[4]　林孔勋.杀菌剂毒理学.北京：中国农业出版社，1995.

第七章　杀虫剂生物化学

杀虫剂（insecticide）是指杀死、调节昆虫生长发育和控制农田和卫生害虫种群数量的一种药剂。目前大量使用的杀虫剂为有机合成的和部分生物源的杀虫剂。根据杀虫剂的毒理机制，可将杀虫剂分为：①神经毒剂，它们作用于害虫的神经系统，如有机氯类、有机磷酸酯类、氨基甲酸酯类、除虫菊酯类、烟碱类和沙蚕毒素类等；②呼吸毒剂，主要抑制害虫的呼吸代谢和干扰能量代谢，如鱼藤酮、氰氢酸等；③物理性毒剂，如矿物油剂可堵塞害虫气门，惰性粉可磨破害虫表皮，使害虫致死；④特异性杀虫剂，可引起害虫生理上的异常反应，如使害虫离作物远去的驱避剂，以性诱或饵诱诱集害虫的诱致剂，使害虫味觉受抑制不再取食以致饥饿而死的拒食剂，作用于成虫生殖机能使雌雄之一不育或两性皆不育的不育剂，影响害虫生长、变态、生殖的昆虫生长调节剂等。本章重点介绍神经毒剂、呼吸毒剂、发育毒剂、肌肉毒剂和消化毒剂的毒理生物化学原理。掌握这些知识对于合理用药，减少对环境影响和人畜中毒事件具有极其重要的作用。

第一节　神经毒剂的作用机理

当前大多数的杀虫药剂是神经毒剂，它们主要是干扰破坏昆虫神经的生理、生化过程，引起神经传导功能的紊乱并中毒死亡。该类杀虫剂主要有有机磷与氨基甲酸酯类、拟除虫菊酯类、甲脒类、杀虫素、沙蚕毒素类和新烟碱类杀虫剂等。

一、有机磷与氨基甲酸酯类杀虫剂

有机磷和氨基甲酸酯类杀虫剂从 1939 年到现在已开发具使用价值的杀虫剂约有 200 种，能成为商品的有 50～60 种。有机磷和氨基甲酸酯类杀虫剂对昆虫的中毒症状表现为异常兴奋、痉挛、麻痹、死亡四个阶段，是典型的神经毒剂，它们的作用靶标为乙酰胆碱酯酶。

1. 乙酰胆碱酯酶及其功能

神经冲动在神经细胞间的传导，是由突触间隙的神经传递介质实现的。已知的神经传递介质有乙酰胆碱、去甲肾上腺素、一些生物胺和氨基酸如 γ-氨基丁酸（GABA）等。其结构式见下：

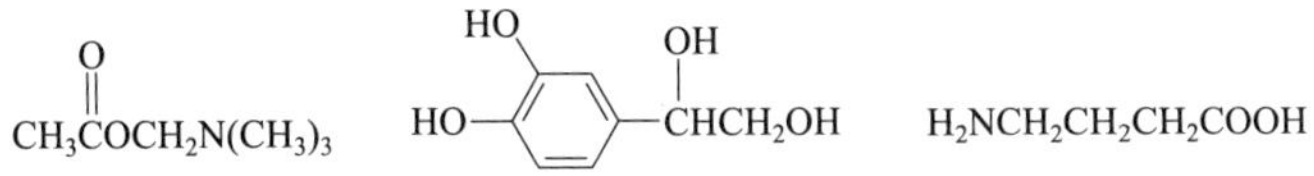

$$CH_3COCH_2N(CH_3)_3$$

HO、OH结构 $CH(CH_2OH)$

$$H_2NCH_2CH_2CH_2COOH$$

乙酰胆碱　　　　　　　去甲肾上腺素　　　　　　　GABA

在脊椎动物的神经系统中，乙酰胆碱作为传递介质，作用于胆碱突触，包括中枢神经系统突触、运动神经的神经肌肉接头、感觉神经末梢突触、交感神经及副交感神经各神经突触，以及所有神经节后副交感神经末梢和汗腺、血管、肾上腺髓质等处交感神经末梢。在昆虫体内，中枢神经系统为腹神经索，乙酰胆碱也是其突触中的传递介质。

乙酰胆碱酯酶（AChE）是一个水解酶，底物是乙酰胆碱。水解作用的反应式如下：

$$CH_3COOCH_2N(CH_3)_3 + H_2O \longrightarrow CH_3COOH + HOCH_2CH_2N^+(CH_3)_3$$

乙酰胆碱酯酶水解乙酰胆碱的过程可用下列反应式来说明

$$E + AX \underset{K_{-1}}{\overset{K_{+1}}{\rightleftharpoons}} E \cdot AX \overset{K_2}{\underset{X}{\searrow}} EA \overset{K_3}{\longrightarrow} A + E$$

式中，K_{+1}、K_{-1}、K_2 为反应速率常数，K_3 为水解速率常数，E 表示酶，AX 表示底物乙酰胆碱。

从反应开始到酶恢复共分为三个步骤：

（1）形成酶底物复合体（E·AX），可以用解离 K_d 来表示复合体的形成，$K_d = K_{-1}/K_{+1}$，K_d 值愈小表明 E 和 AX 的亲和力愈强。

（2）乙酰化，是化学反应，用速率常数 K_2 来表示反应速率，复合体放出胆碱（X），酶与乙酰基结合形成乙酰化酶（EA）。

（3）水解反应，乙酰化酶被水解为乙酸（A）与酶（E），由于反应后酶与酰基分离又称为脱酰基反应，以水解速率常数 K_3 表示这步反应。

全部反应从开始到酶恢复需要 2～3ms。在哺乳动物中以脱酰基 K_3 步骤最慢，而家蝇头部的 AChE 水解乙酰胆碱时以乙酰化 K_2 步骤最慢。

乙酰胆碱酯酶有三类作用部位，即催化部位、结合部位和空间异构部位。

（1）催化部位，又称酯动部位，是催化分解乙酰胆碱发生乙酰化、有机磷发生磷酰化的部位。

（2）结合部位，在催化部位四周的许多氨基酸残基都可能作为结合部位。因此结合部位就有：①离子部位，它是天冬氨酸、谷氨酸羟基。乙酰胆碱的 $N^+(CH_3)_3$ 基团就与阴离子部位上的负电荷结合。有一种家蝇突变型，它与乙酰胆碱的结合在阴离子部位是正常的，但与有机磷酸酯和氨基甲酸酯结合以后其亲和力却降低了，两者相差 500 倍，说明它可能结合到了另外一些部位上。②疏水部位，这个部位是抑制剂的亲脂性基团如甲烷、乙烷及丙烷基团与酶结合，可以减少 K 值，增加亲和力。疏水部位已在丁酰胆碱酯酶中证实。在乙酰胆碱酯酶上也可能有这个部位，已经发现许多芳基甲基氨基甲酸酯中，苯环上增加一个甲烷取代基对乙酰胆碱的抑制能力增加 3 倍。③电荷转移复合体（CTC）部位，在酶与抑制剂结合时，如果一方是易失去电子的电子供体，而另一方是强亲电性的电子受体，就很容易结合。这种结合可以在吸收光谱中出现一个新的吸收峰，证明酶与抑制剂通过电荷的转移形成了复合体。在苯基氨基甲酸酯中，芳基氨基甲酸酯是作为电子的供体，因此，在苯环上加 CH_3^+ 或 NH_3^+ 时（对苯环提供电子），就可以形成 CTC 的能力，如加 NO_2^- 就使其不能形成 CTC。试验证明这种取代基主要对乙酰胆碱酯酶的亲和力产生影响，而对氨基甲酰化无影响，拒电性基团使亲和力增加（K_d 值减少），认为是与酶的某些部位结合形成了电荷转移复合体。④靛结合部位，当乙酰胆碱酯酶被一些试剂处理后，活性变化很大，就对乙酰胆碱失去了活性，对苯乙酸酯，甚至甲萘威、毒扁豆碱等也失去活性，唯独对靛乙酸增加了活性。说明乙酰胆碱酯酶上有一个特殊与酚结合的部位。乙酰胆碱酯酶催化部位与结合部位示意图见图 7-1。

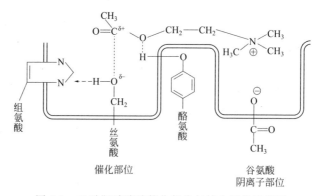

图 7-1　乙酰胆碱酯酶催化部位与结合部位示意图

空间异构部位，是远离酶的活性部位，这个部位与某种离子或者某种化合物上取代基团结合时，酶的结构产生了立体变型，从而改变了其他作用部位的反应。

乙酰胆碱受体（AChR）在神经膜突触间，接受神经传递介质（如乙酰胆碱）的细胞膜上的某种成分称为受体。在后膜上乙酰胆碱受体与乙酰胆碱结合就是激活过程。这个激活包括受体本身发生某些改变，而这些改变又间接影响突触后膜的三维结构的改变。膜的改变主要是各种离子通透的改变。乙酰胆碱受体是一种酸性糖蛋白，并含有与乙酰胆碱相似的氨基酸的含量，它处于突触后膜内一端伸出膜外，为接受乙酰胆碱部位。

　　乙酰胆碱与受体结合后造成膜通透改变可能通过两种方式，一是直接改变了膜上三维结构，使膜上的离子通道可开放或关闭，于是离子就可以进入或阻止进入。二是间接通过环核苷酸的磷酸化作用，使受体引起核苷酸环化酶活性增加，从而产生了更多的环核苷酸（如环鸟苷酸与离子导体起磷酸化作用，使离子通导体改变，从而通透性改变，使离子进出或被阻进出。这种直接和间接效应在脊椎动物颈上神经等试验都存在。

　　乙酰胆碱受体至少有烟碱样及蕈毒碱样的两种受体。由突触膜上释放出乙酰胆碱，它可与蕈毒碱样的或烟碱样的受体结合，还可通过联系神经元与多巴胺受体结合。第一结合可直接影响膜电位改变，在突触后膜产生一个快兴奋性突触后电位，可以被阿托品阻断。第二个结合可使鸟苷酸环化酶活化，产生环鸟苷酸，通过磷酸化作用，在突触后膜产生一个慢兴奋性突触后电位。

2. 有机磷杀虫剂对乙酰胆碱酯酶的抑制作用

　　有机磷杀虫剂大多是一些磷酸酯或磷酰胺。一般对虫、螨均有较高的防治效果。大多数有机磷杀虫剂具有多种作用方式，杀虫范围广，能同时防治并发的多种害虫。有机磷杀虫剂的杀虫性能和对人、畜、家禽、鱼类等的毒害，是由于抑制体内神经中的"乙酰胆碱酯酶"或"胆碱酯酶"的活性而破坏了正常的神经冲动传导，引起了一系列急性中毒症状：异常兴奋、痉挛、麻痹、死亡。

　　有机磷化合物在结构上与天然底物乙酰胆碱有些类似。虽然磷化合物大都没有正电荷基团与正常的酶的阴离子部位结合，但磷酸酯基仍然可以被吸收在酯动部位，分子的其余部分则排列在由多种氨基酸侧链基团组成的整个活性区内，相互之间产生亲和力，发生一系列与乙酰胆碱类似的变化，生成磷酰化酶。乙酰化酶是不稳定的，水解很快，半衰期约 0.1ms，而磷酰化酶则十分稳定，两者的稳定性相差 10^7 倍以上。

　　有机磷和氨基甲酸酯同 AChE 的反应与乙酰胆碱同 AChE 的反应非常相似。

　　有机磷酸酯类杀虫剂与 AChE 的反应式如下：

$$E + PX \underset{K_d}{\rightleftharpoons} PX{\cdot}E \xrightarrow{K_2} PE \xrightarrow{K_3} P + E$$
$$\searrow$$
$$X$$

　　式中，PX 代表有机磷杀虫剂；X 代表侧链部分，例如对氧磷的 $-O-\!\!\!\!\!\!\bigcirc\!\!\!\!\!\!-NO_2$；E 代表 AChE；$K_d$ 是解离常数（或者称亲和力常数）；K_2 代表磷酰化反应速率常数；K_3 代表脱磷酰基水解速率常数或称酶致活常数。反应开始时有机磷酸酯先与酶形成复合体（PX·E），X 分离后形成磷酰化酶（PE），再经过脱磷酰基使 AChE 恢复。其中以 K_3 步骤最慢。

　　（1）形成可逆性复合体　依靠抑制剂与酶活性区之间的亲和力形成抑制剂络合物。

（2）磷酰化反应　有机磷酸酯与 AChE 的反应是利用 P 原子的亲电性攻击酶的丝氨酸上的羟基。例如对氧磷与 AChE 的反应：

$$(C_2H_5O)_2P\!\!\begin{smallmatrix}O\\\|\end{smallmatrix}\!\!-O\!-\!\!\bigcirc\!\!-NO_2[HOE] \longrightarrow (C_2H_5O)_2P\!\!\begin{smallmatrix}O\\\|\end{smallmatrix}\!\!-E + H^+ + O^-\!\!-\!\!\bigcirc\!\!-NO_2$$

对氧磷-AChE复合体　　　　　　　　O,O-二乙基磷酰化酶　　　对硝基酚

各种磷酸酯杀虫剂与 AChE 反应时都是形成 O,O-二乙基磷酸酰化酶，同时分离 X 基团（如对硝基酚）。

磷酸化反应实质上是有机磷酸酯与 AChE 中的亲核基 OH^- 之间的亲电反应。如果能加强 P 原子的亲电性可以提高对 AChE 的抑制能力。

酰化反应的另一个特点是 P 原子的亲电性反应与 X 基团（PX）的分离是同时进行的。X 基团分离后磷酰化酶才能形成。P 原子的亲电性愈强，X 基团的分离能力愈大。X 基团的分离是酯键的碱性水解作用，所以取代基在改善 P 原子亲电性时，P—X 键也就更容易水解，有时候严重影响有机磷化合物的稳定性。

（3）酶活性的恢复　酶经磷酰化后，虽然水解作用极为缓慢，但仍然能自发地放出磷酸并使酶复活，这一反应称为自发复活作用或脱磷酸酰化作用。反应可用下式表示：

$$EP + H_2O \longrightarrow EH + P\!-\!OH$$

自发复活速度与抑制剂的离去基团无关，而取决于磷原子上残留的取代基以及酶的来源。磷酰化 AChE 水解速度比正常底物乙酰化酶低 $10^7 \sim 10^9$ 倍，也低于氨基甲酰化酶。如果不用致活试剂，磷酰化酶恢复很慢。在高等动物中被抑制的 AChE 可以用化学药物使酶迅速恢复，有些化合物已经作为高等动物有机磷酸酯中毒的治疗药物，这些药物都是亲核性试剂，其作用都是攻击磷酰化酶中磷原子从而取代它们。

乙酰胆碱酯酶被有机磷酸酯酶抑制后，要使被抑制的酶自然恢复活性是很慢的。而酶活性恢复与它 R 取代基种类有关，如二甲基磷酸酯化酶在家兔红血球乙酰胆碱酯酶（37℃）恢复 50％酶活性，所需时间为 80min。相同的酶乙基磷酸酯酶恢复需 500min。而异丙基磷酸酯几乎不能恢复。酶的恢复与温度及酶的种类有关。如白鼠血清中丁酰胆碱酯酶被二甲基磷酸酯抑制后要恢复酶活性需时间超过 20h。

在一些情况下可以通过催化剂使 K_3 一步的速度加快，这些催化剂有很大的治疗价值。它们全是亲核试剂。它们的作用主要是攻击 P 原子把它的催化部分取代下来。如同抑制剂的抑制过程：E＋PX＝EPX，亲核试剂作用是 A＋EP＝EA＋P。EA 是很不稳定的，很快裂解，恢复酶的活性。最早发现有恢复磷酸化酶活性的化合物是羟胺，但对磷酸化酶抑制作用不强。

羟胺（NH$_2$OH）是一个弱的 AChE 复活剂，只能使酶的活性恢复比自然恢复增加 10%。一些好的复活剂，如肟、羟肟酸等，在其分子中，若在与亲核中心适当距离处引入阳离子中心，就会使复活活性增强。所以，用于有机磷中毒治疗的解毒剂，如解磷定（2-PAM）、4-PAM、双复磷等具有这类结构。

（4）磷酰化酶的老化 所谓老化是指磷酰化酶在恢复过程中转变为另一种结构，以至于羟胺类的药物不能使酶恢复活性。通常认为，老化现象是由于二烷基磷酰酶的脱烷基反应造成的。在脱去烷基之后，磷酰化酶变得更稳定了，磷酸负离子能抵抗肟类复活剂的亲核进攻。

磷酰化酶的老化速率与磷酰基上的烷基有关。二乙基磷酰化酶老化缓慢，但甲基、仲烷基及苄基酯的老化速度要快得多。老化反应速度可能主要取决于非酶的化学力，发生烷基磷酸酯基 C—O 键的断裂。因此，酶如果受烷基化能力高的磷酸酯的抑制，老化现象易于发生。

3. 氨基甲酸酯类杀虫剂对乙酰胆碱酯酶的抑制作用

氨基甲酸酯类杀虫剂是一类与毒扁豆碱结构类似的杀虫剂。此类杀虫剂常用品种有：甲萘威、仲丁威、杀螟丹、克百威、抗蚜威、速灭威、异丙威、残杀威、灭多威、丙硫克百威、丁硫克百威、唑蚜威、硫双威等。

氨基甲酸酯类杀虫剂与有机磷杀虫剂对昆虫都表现为相同的的中毒症状。它们的作用机制都抑制 AChE 的活性，使得 ACh 不能及时水解而积累，不断和 AChR 结合，造成后膜上 Na$^+$ 通道长时间开放，突触后膜长期兴奋，从而影响了神经兴奋的正常传导。

氨基甲酸酯类杀虫剂的反应步骤与有机磷酸酯相同。反应式如下：

$$E + CX \underset{}{\overset{K_d}{\rightleftharpoons}} CX{\cdot}E \overset{K_2}{\underset{X}{\longrightarrow}} CE \overset{K_3}{\longrightarrow} C + E$$

氨基甲酸酯（CX），首先与酶形成复合体（CX·E），再分离 X 形成氨基甲酰化酶（CE），最后氨基甲酰化酶经过脱氨基甲酰基水解作用使酶恢复。K_3 步骤比乙酰化酶水解慢，但是比磷酰化酶水解快得多。一般情况下，AChE 活性恢复 50% 需要 20min。苯基 N-甲基氨基甲酸酯与乙酰胆碱反应见图 7-2。

不同的是有机磷杀虫剂对 AChE 的抑制依赖其大的 K_2 和小的 K_3，该反应是不可逆性抑制。氨基酸酯类杀虫剂对 AChE 的抑制主要依赖于其小的 K_d 值

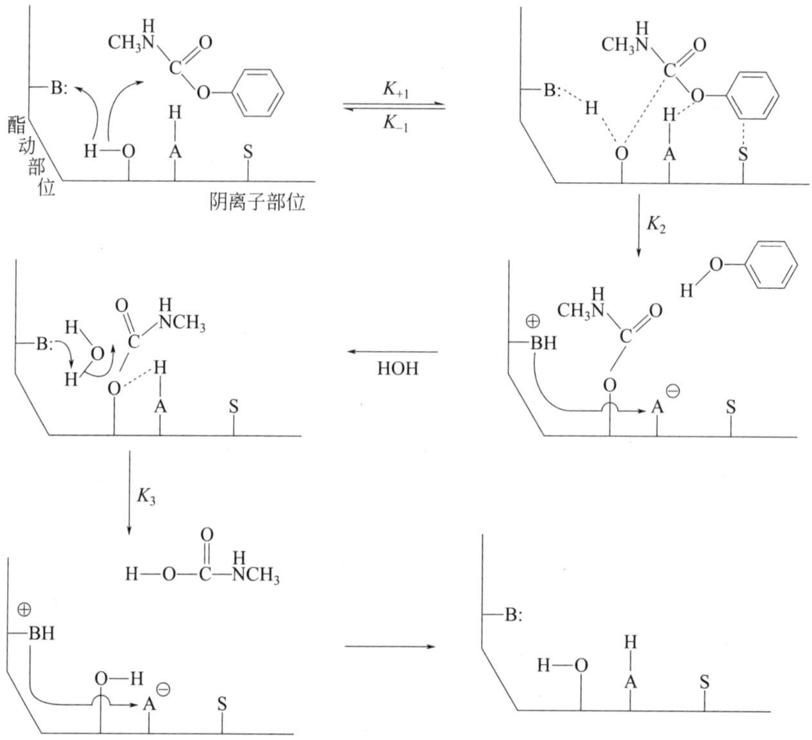

图 7-2　苯基 N-甲基氨基甲酸酯与乙酰胆碱反应的示意图

（$K_d = K_{-1}/K_{+1}$），即依赖于和 AChE 形成比较稳定的复合物，反应是可逆性抑制。也就是说，氨基甲酸酯类杀虫剂（C·X）与 AChE 通过疏水作用结合成稳定的复合体是抑制 AChE 的主要原因，氨基甲酰化反应是次要原因。

二、拟除虫菊酯类杀虫剂

拟除虫菊酯类杀虫剂是根据天然除虫菊素化学结构而仿生合成的杀虫剂。天然除虫菊素（pyrethrin）是菊科植物如白花除虫菊（*Pyrethrum cinerariaefolium*）和红花除虫菊（*Tanacetum coccineum*）等花中的次生代谢物，具杀虫活性。经百年的研究，已明确了除虫菊花中含有除虫菊素Ⅰ和Ⅱ，瓜叶除虫菊素（cinerin）Ⅰ和Ⅱ，茉莉除虫菊素（jasmolin）Ⅰ和Ⅱ六种杀虫有效成分（表 7-1），总称为天然除虫菊素，以除虫菊素Ⅰ和Ⅱ含量最高，杀虫活性最强。天然除虫菊素的母体化学结构式如下：

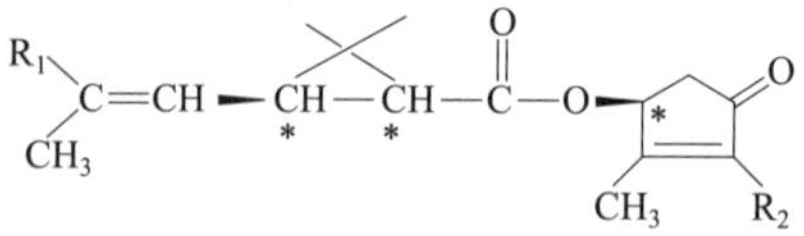

表 7-1　天然除虫菊素的化学结构和组成

组分	R^1	R^2	分子式	分子量	含量/%
除虫菊素 I	—CH$_3$	—CH$_2$CH=CHCH=CH$_2$	C$_{21}$H$_{28}$O$_3$	328.43	35
除虫菊素 II	—CO—OCH$_3$	—CH$_2$CH=CHCH=CH$_2$	C$_{22}$H$_{28}$O$_5$	372.44	32
瓜叶除虫菊素 I	—CH$_3$	—CH$_2$CH=CHCH$_3$	C$_{20}$H$_{28}$O$_3$	316.42	10
瓜叶除虫菊素 II	—CO—OCH$_3$	—CH$_2$CH=CHCH$_3$	C$_{21}$H$_{28}$O$_5$	360.43	14
茉莉除虫菊素 I	—CH$_3$	—CH$_2$CH=CHC$_2$H$_5$	C$_{21}$H$_{30}$O$_3$	330.45	5
茉莉除虫菊素 II	—CO—OCH$_3$	—CH$_2$CH=CHC$_2$H$_5$	C$_{22}$H$_{30}$O$_5$	374.46	4

天然除虫菊素是一类优秀的杀虫剂，杀虫毒力强，杀虫谱广，对人畜和环境安全。它的唯一不足就是持效性太短，在光照下会很快氧化。因此，天然除虫菊酯不能在田间使用，只能用于室内防治卫生害虫。

为了扩大它的使用范围，在人们不懈地探索下，成功地获得了人工合成除虫菊酯，即拟除虫菊酯，并逐渐解决了其存在的不足。由于拟除虫菊酯保留了天然除虫菊酯杀虫活性高、击倒作用强、对高等动物低毒及在环境中易生物降解的特点，已经发展成为 20 世纪 70 年代以来有机化学合成农药中一类极为重要的杀虫剂。

1947 年人工合成了第一个拟除虫菊酯杀虫剂丙烯菊酯。该化合物保持了天然除虫菊素的优点。但对光仍不稳定，其使用受到了限制。在此期间，人类合成了苄菊酯（dimethrin）、苄呋菊酯（pyresmethrin）、胺菊酯（tetramethrin）、苯醚菊酯（phenothrin）、氰苯醚菊（cyphenothrin）等品种，称之为第一代拟除虫菊酯。直到 20 世纪 70 年代以后，人类合成的拟除虫菊酯在光稳定性方面才获得了突破性进展。

1973 年 Mataui 在合成菊酯化合物中引入苯氧基苄醇合成了甲氰菊酯（fnpropathrin）。同年，英国 Elliott 博士用氯代菊酸与苯氧基苄醇成功合成了氯菊酯（permethrin）。新合成的光稳定性的拟除虫菊酯，解决了天然除虫菊素和第一代拟除虫菊酯分子中的两个光不稳定中心，这是一次意义重大的突破，开启了农用拟除虫菊酯杀虫剂的先河。随后发展了一系列以氯菊酯为代表的第二代光稳定性农用拟除虫菊酯类杀虫剂合成与应用。具代表性的品种有氯氰菊酯（cypermethrin）、溴氰菊酯（deltamethrin）、氟氯氰菊酯（cyfluthrin）、氯氟氰菊酯（cyhalothrin）、S-氰戊菊酯（esfenvalerate）、醚菊酯（etofenprox）等。

一般认为，天然除虫菊酯和拟除虫菊酯杀虫剂与 DDT 一样属于神经轴突部位传导抑制剂，而对于突触没有作用。

拟除虫菊酯对害虫的中毒症状有兴奋期与抑制期。在兴奋期，受刺激的昆虫极为不安而乱动，在抑制期的昆虫活动逐渐减少，行动不协调，进入麻痹以至死亡。例如，用氰戊菊酯处理突背蔗龟甲（*Alissonotum impressicolle*），成虫表现症状极为明显。但对鳞翅目幼虫，往往兴奋期极短，迅速击倒进入麻痹。除此之外，还具有驱避、影响生长发育较为复杂的中毒症状。

拟除虫菊酯类杀虫剂的作用机制：用电生理方法以丙烯菊酯处理美洲蜚蠊（*Periplaneta americana*）的神经索巨大神经轴突，发现负后电位延长，并阻碍神经轴传导。当用 $0.3\mu mol/L$ 浓度时，也同样使负后电位延长，但无阻碍传导。用拟除虫菊酯处理多种昆虫神经的多个部位，如蜚蠊尾须、家蝇的运动神经元、吸血椿象的中枢神经系统、沙漠飞蝗的周围神经系统等，结果都测定出有重复后放现象。

根据对感觉神经元的反应和处理蜚蠊的作用可把拟除虫菊酯分为 I 和 II 型，I 型化合物对感觉神经元在体外可产生重复放电，而 II 型化合物（含氰基拟除虫菊酯）不会产生重复放电，可能对突触产生作用，在突触中，它的传递物质或许是谷氨酸或 GABA。

拟除虫菊酯的一个有趣的特点是它们在低温条件下对昆虫毒性更高，在 15℃ 的 LD_{50} 毒力为在 32℃ 的 LD_{50} 的 10 倍，丙烯菊酯对昆虫作用是影响它的轴突传导，在低温条件下，作用更为突出。

拟除虫菊酯的作用机制可能与 ATP 酶的抑制有一定的关系，用相当高浓度的丙烯菊酯对红血球膜及鼠脑微粒体的 Na^+-K^+-ATP 酶有抑制作用。美洲蜚蠊的 Na^+-K^+-ATP 酶在较高浓度拟除虫菊酯也有抑制作用。这些作用机制一部分是间接的影响作用，Na^+-K^+-ATP 酶与传递 Na^+ 及 K^+ 离子的功能有间接的关系。推测这不是神经传导受影响的主要原因，而可能是物理作用。拟除虫菊酯虽不抑制胆碱酯酶，但对美洲蜚蠊脑部的乙酰胆碱有显著增加，这可能与突触传导有关。

拟除虫菊酯处理昆虫后，发现中毒死亡的昆虫有失水现象，大量的水滴附在体表上，这是对表皮分泌活动的影响，具体过程还不明确。

综上所述，拟除虫菊酯处理昆虫后所产生的生理效应与拟除虫菊酯处理后昆虫最后造成的死亡都有一定的关系，但都不是它的主要毒杀机制，因为这些效应在很多其他神经毒剂的中毒症状中也同样存在。

除虫菊素像有机磷、拟除虫菊酯等杀虫剂一样，都属于神经毒剂。除虫菊素与 DDT 的毒理机制十分类似，但除虫菊素击倒作用更为突出。除虫菊素不但对周围神经系统有作用，对中枢神经系统，甚至对感觉器官也有作用，而 DDT 只对周围神经系统有作用。除虫菊素的毒理作用比 DDT 复杂，因为它同时具有驱避、击倒和毒杀 3 种不同作用。由于除虫菊素的作用比 DDT 快得多，因此，除虫菊素的中毒症状一般只分为兴奋期、麻痹期和死亡期三个阶段。在兴奋期，昆虫到处爬动、运动失调、翻身或从植物上掉下；到抑制期后，活动逐渐减少，然后进入麻痹期，最后死亡。在前两个时期中，神经活动各有其特征性变化。据有关资料报道，兴奋期长短与药剂浓度有关，浓度越高，兴奋期越短，抑制速度越快，而低浓度药剂可延长兴奋期的持续时间。一般认为，除虫菊素对周围神经系统、中枢神经系统及其他器官组织（主要是肌肉）同时起作用。由于药剂通常是通过表皮接触进入，因此，先受到影响的是感觉器官及感觉神经元。钠离子通道是神经细胞上的一个重要结构，细胞膜外的钠离子只有通过钠离子通道才能进入细胞内。平时钠离子通道是关闭的，当一个刺激给予一个冲动或轴突传导一个信息时，在刺激部位上膜的通透性改变，钠离子通道打开，大量钠离子进入细胞内。钠离子通道通过允许钠离子进入细胞内而达到传递神经冲动的作用。由于除虫菊素作用于钠离子通道，引起神经细胞的重复开放，最终导致害虫麻痹、死亡。除虫菊素与类似物杀虫作用机制见图 7-3。

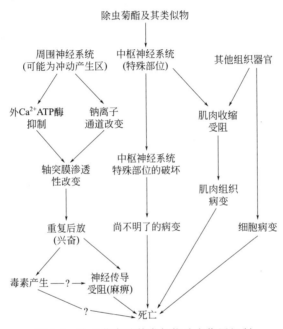

图 7-3　除虫菊素及其类似物杀虫作用机制

此外，除虫菊素对突触体上 ATP 酶的活性也有影响。据 Kakklol 等（2000）研究，除虫菊素对 ATP 酶活性的影响程度与除虫菊素的浓度有关，浓度越高，ATP 酶活性下降越大。拟除虫菊酯类杀虫剂的急性毒性一般为低毒或中毒，除个别品种外对鱼类和蜜蜂均表现高毒，使其在养鱼水稻田及作物开花期的应用受到限制。拟除虫菊酯类杀虫剂在环境中无残留及慢性毒害现象，但中毒后无专用解毒药，如发现人畜误服等中毒事故，应立即将患者送往医院，根据出现症状进行治疗。对出现痉挛者可采用抗痉挛剂（如巴比妥、苯妥英、氨甲酰甘油、愈创木酚醚等），对唾液分泌过多者可服阿托品。

三、甲脒类杀虫剂

甲脒类杀虫剂是杀虫剂中很有效的一类，生产上曾经使用的为杀虫脒，目前仍广泛使用的为双甲脒。

杀虫脒的作用机制很特殊，它具有神经毒剂典型的中毒症状，如兴奋、麻痹、死亡的中毒症状，另外还具有拒避和拒食作用，如经杀虫脒处理的稻茎三化螟（*Tryporyza incertulas*）初孵幼虫不钻蛀入茎，结果饥饿而死，三化螟在接触了杀虫脒药液后，则表现为兴奋、乱飞乱舞。棉铃虫（*Helicoverpa armigera*）雌蛾被喂一稀释的杀虫脒蜜糖溶液时，变为过度兴奋，交配后不能分开，交配率降低了 40%。对于牛蜱，杀虫脒引起它们由寄主身体上脱落下来。对于螨类和鳞翅目幼虫，引起忌避行为如逃散或吐丝脱落等情况。这种拒食可能作用于神经系统，而驱避行为是作用于感觉器官。直接注射杀虫脒于蜚蠊体内，使其不接触到化学感官，所用剂量较低，不引起兴奋，但可出现拒食现象，一般认为兴奋与昏迷可能是由于单胺氧化酶受抑制，拒食作用可能是与神经胺及神经胺激性突触传导有关。这两者之间又是有联系的，因为单胺氧化酶可以分解某些单胺型的神经胺。

对杀虫脒的杀虫作用曾提出过 10 多种可能的机制，直到近年才有了比较明确的认识，即该杀虫剂的作用机制，一是对轴突膜局部的麻痹作用，二是对章鱼胺受体的激活作用。章鱼胺受体存在于突触前后膜上，章鱼胺与受体结合使腺苷酸环化酶活化，使腺苷三磷酸（ATP）转化为环腺苷酸（cAMP），而产生一系列生理生化反应。杀虫脒代谢成去甲虫脒占领章鱼胺受体，引起突触后膜兴奋，干扰了神经兴奋的正常传导，引起一系列昆虫行为的改变，如增强活动性，不断发抖，致使昆虫从植株上跌落而无法取食。

四、阿维菌素杀虫剂

阿维菌素（avermectin）杀虫剂是从土壤微生物（*Streptomyce avermitilis*）中分离出来的具有杀螨、杀虫和杀体内寄生虫的有效药剂，其中最有活性作用的是 avermectin B_{1a}。阿维菌素 B_{1a} 对寄生性线虫的神经生理研究表明，该化合物是抑制突触，可能是一种 GABA 拮抗剂或刺激 GABA 释放，对神经系统的作用为使昆虫和线虫昏迷、麻痹、死亡。

用阿维菌素 B_{1a} 以口服可以防治绵羊、猫、狗或马体内线虫和节肢动物寄生虫。是一种有发展前途的杀虫药剂。该药易为植物叶子吸收，用 $0.02\mu g/mL$ 浓度的杀虫素就能很有效地防治螨类、毛虫。

天然阿维菌素中含有 8 个组分，主要有 4 种即 A_{1a}、A_{2a}、B_{1a} 和 B_{2a}，其总含量 $\geqslant 80\%$；对应的 4 个比例较小的同系物是 A_{1b}、A_{2b}、B_{1b} 和 B_{2b}，其总含量 $\leqslant 20\%$。市售阿维菌素农药称为 abamectin，其主要杀虫成分（avermectinB_{1a} ＋ B_{1b}，其中 B_{1a} 不低于 90%、B_{1b} 不超过 5%）以 B_{1a} 的含量来标定。阿维菌素化学结构见图 7-4。

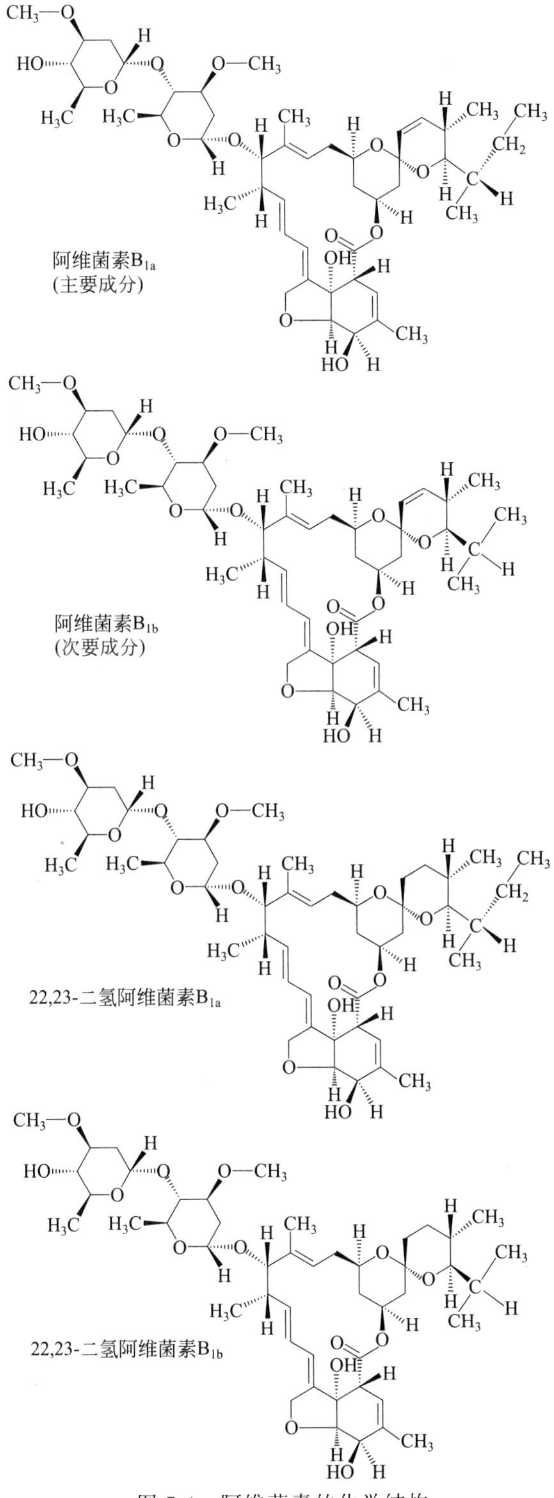

阿维菌素B$_{1a}$
（主要成分）

阿维菌素B$_{1b}$
（次要成分）

22,23-二氢阿维菌素B$_{1a}$

22,23-二氢阿维菌素B$_{1b}$

图 7-4　阿维菌素的化学结构

依维菌素（ivermectin）是在阿维菌素结构基础上改造成功的产物，它还原了 B_1 组分上 22、23 位不饱和双键（见图 7-4），其中依维菌素 $B_{1a} \geqslant 80\%$，$B_{1b} \leqslant 20\%$，也已经在世界上许多国家登记用于防治家畜寄生虫。

自从 1991 年害极灭（abamectin）进入我国农药市场以后，avermectis 农药在我国的害虫防治体系中就占有了较重要地位。avermectins 在我国目前有 10 余家企业生产，目前市售的 avermectins 系列农药有阿维菌素、依维菌素和甲胺基阿维菌素苯甲酸盐。

GABA（γ-氨基丁酸）是来源于非蛋白质的重要氨基酸，在脑组织中以游离状态存在，但它在脑中的功能尚不完全明白，GABA 是一种抑制性突触的神经传递物质，可使后突触细胞刺激降低。因而寻找对 GABA 的抑制性或拮抗性物质或刺激性物质就可以影响突触传递，其中杀虫素 B_1 就是比较成功的一种。其次 GABA 拮抗剂荷包牡丹碱，它可抑制蜚蠊神经肌肉传递，而苯并二氮杂类似物也具有同样性质并具有显著的杀虫、杀螨活性。

Avermectins 是一种神经毒剂，其机理是作用于昆虫神经元突触或神经肌肉突触的 GABAA 受体，干扰昆虫体内神经末梢的信息传递，即激发神经末梢放出神经传递抑制剂 γ-氨基丁酸（GABA），促使 GABA 门控的氯离子通道延长开放，对氯离子通道具有激活作用，大量氯离子涌入造成神经膜电位超级化，致使神经膜处于抑制状态，从而阻断神经末梢与肌肉的联系，使昆虫麻痹、拒食、死亡。因其作用机制独特，所以与常用的药剂无交互抗性。据报道，除 GABA 受体控制的氯化物通道外，avermectins 还能影响其他配位体控制的氯化物通道，如 ivermectin 可以诱导无 GABA 能神经支配的蝗虫肌纤维的膜传导的不可逆增加。

Avermectins 发展的趋势是：①应用其衍生物，如美国 Merck 公司通过化学方法对其结构进行改造得到了 fivermectin 和埃玛菌系，fivermectin 明显改善了对人畜的毒性，埃玛菌素则扩大了杀虫谱和提高了杀虫活性，防效提高了 1～2 个数量级；上海市农药研究所利用生物和化学相结合的方法开发了 ivermectin 并投入了生产，该所与中国农业大学应用化学系进行了埃玛菌素的开发，形成了阿维菌素系列农药；②与其他药剂混配，从而降低生产成本扩大杀虫谱；③通过改变 avermectins 制剂的剂型以降低其成本，减少有机溶剂的污染，增强贮运安全性，如四川长征制药股份有限公司新都农抗厂研制的微乳剂。

五、多杀菌素杀虫剂

由放线菌多刺糖多孢菌（*Saccharopolyspora spinosa*）发酵生产的多杀菌素（spinosad），是含 spinosyn A 基本组成成分和 spinosyn D 的混合物，由美国陶氏益农公司开发并已商品化，因其低毒，低残留，对昆虫天敌安全，自然分解快，而获得美国"总统绿色化学品挑战奖"。多杀菌素主要具胃毒作用，还具有触杀活性，施用后当天即见效，可有效防治各种鳞翅目害虫，对一些消耗大量树叶的鞘翅目、直翅目害虫也有效。多杀菌素杀虫剂化学结构复杂，含有多个组分，为一种新的大环内酯类化合物。用注射法处理美洲蜚蠊（*Periplaneta americana*）时，经多杀菌素处理的蜚蠊具有身体上扬的独特的中毒症状，身体上扬是由腿的伸直引起的，又由于附肢的屈曲，使身体进一步上升（有趣的是这种姿态在蜚蠊除去头部后仍然可以维持）。此时仍有蜚蠊走动，如果把它们绊倒，它们能暂时恢复正常姿势，然而随着中毒的进一步加深，蜚蠊由于腿不对称伸展而仰面倒在地上。一旦倒下，它们的附肢就会强烈屈曲，且会呈现卧倒之前不曾看到的震颤症状，蜚蠊最终停止颤抖并仍然呈卧倒状。在这种不活动的状态下，触动它仍然能引起虫体反应，但是一段时间后这种动作变得越来越弱以致蜚蠊瘫痪。此时足部逐渐松弛，触动它也不动，而且不能恢复。让果蝇（*Drosophila melanogaster*）雄性成虫暴露在不同浓度 spinosyn A 的蔗糖滤纸上，24h 内，2.5mg/L 和更低浓度的 spinosyn A 对果蝇几乎没有效果。当多杀菌素 A 的浓度为 5mg/L 时，大部分果蝇显示亚致死症状的特征反应，即能直立甚至四处走动，但是大部分难以维持正常的姿势。站立时，其胫节慢慢屈曲而附节伸长，导致足收拢，身体上升。还有一些果蝇的翅既不是直的，展开也没有折叠在背上，而是异常的支着。10mg/L 的多杀菌素 A 处理后有 1 只果蝇颤抖而倒下，而 20mg/L 的多杀菌素 A 处理后 90% 的果蝇都倒下瘫痪。

多杀菌素具有全新的作用机理，其并不作用于乙酰胆碱酯酶（AChE）和 Na^+ 通道，使之不同于传统的有机磷和拟除虫菊酯类杀虫剂。多杀菌素作用于烟碱型乙酰胆碱受体（nAChR），虽然吡虫啉等烟碱类杀虫剂也作用于 nAChR，但是两者还是有差异的，多杀菌素在 nAChR 上的作用位点并不是吡虫啉在 nAChR 上的作用位点。另外，也有研究表明多杀菌素作用于 γ-氨基丁酸（GABA）受体，但是同样发现多杀菌素在 GABA 受体上的作用位点与已知的阿维菌素在 GABA 受体上的作用位点不同。

研究表明：多杀菌素作用于 GABA 受体。昆虫的 γ-氨基丁酸（GABA）受体与哺乳动物的 GABA 受体有相似的药理性质，即能被 GABA 拮抗剂苦毒素强烈阻断，且可引起一个上升的 Cl^- 电导（conductance）。GABA 是哺乳动物和昆虫中央神经系统的主要抑制性神经递质，如果可逆的 Cl^- 电位比正常的膜电位有更大的电负性，由 GABA 或其他物质引起的受体活化让 Cl^- 顺着其电化学梯度流进细胞内，增加的细胞内 Cl^- 使神经细胞更不容易产生动作电位，因为动作电位初始的阈值升高了。相反，由不同化合物引起的 GABA 受体的钝化阻碍了神经细胞的正常抑制过程，所以 GABA 受体的阻断通常导致兴奋性过程占主导地位，而使神经系统过度激活，这将致使昆虫逐渐衰弱并可能死亡。

六、沙蚕毒素类杀虫剂

沙蚕毒素（nereistoxin，NTX）是在沙蚕体内发现具有杀虫活性的化合物，而人工合成的杀螟丹及其类似物都必须在昆虫体内发生代谢，转化为沙蚕毒素才能起杀虫作用。对蜚蠊的第六腹神经节，蛙的腹肌、腿肌，大鼠膈肌的试验证明，沙蚕毒素是影响胆碱激性突触的传导，但它不抑制胆碱酯酶，它使突触前膜上的神经传递物质减少，也同时使突触后膜对乙酰胆碱的敏感性降低。因此认为它的主要作用靶标是乙酰胆碱受体，它起的作用就是抑制了突触后膜的膜渗透性（Na^+，K^+）的改变。但是，究竟它是对受体起作用，还是直接对离子导体起作用有不同的看法。比较一致地认为，沙蚕毒素与二硫苏糖醇的结构相似，二硫苏糖醇是乙酰胆碱受体的有效抑制剂。在昆虫体内 NTX 降解为 1,4-二硫苏糖醇（DTT）的类似物，从二硫键转化而来的巯基进攻乙酰胆碱受体（AChR）并与之结合，作用于神经节的后膜部分，从而阻断了正常的突触传递。但是，沙蚕毒素有一点与烟碱完全不同，它不但对烟碱样的受体有作用，对于蕈毒碱样的受体也有作用，表现为：

（1）对突触传导的抑制　沙蚕毒素类杀虫剂是在昆虫体内转化为沙蚕毒素后作用于神经系统的突触体。放射自显影研究显示，杀螟丹集中于神经节部位。神经电生理实验表明，沙蚕毒素阻断蜚蠊第 6 腹节的传递，但即使在高浓度下也不影响大腿神经肌肉接头的传递。昆虫的中枢神经系统是胆碱能的，而神经肌肉传递是非胆碱能的。这说明沙蚕毒素是作用于神经传导的胆碱能突触部位。

沙蚕毒素作用于神经系统的突触部位，使得神经冲动受阻于突触部位。在低浓度时，沙蚕毒素类杀虫剂就能够表现出明显神经阻断作用。2×10^{-8} mol/L 至 1×10^{-6} mol/L 的 NTX 就能引起蜚蠊末端腹神经节突触传导的部分阻断。

（2）在烟碱型乙酰胆碱受体（nAChR）上的结合位点　沙蚕毒素类杀虫剂对突触传导的阻断作用是通过与突触后膜乙酰胆碱受体结合实现的。以果蝇和蜚蠊为材料的研究结果显示，NTX 能够抑制 α-金环蛇毒素（bungarotoxin，BGT）与 nAChR 结合。

（3）沙蚕毒素类杀虫剂与 nAChR 之间的生物化学反应　沙蚕毒素类杀虫剂与受体结合后，发生氧化还原反应，受体被还原而导致受体功能受阻。

（4）对受体通道电流的影响　NTX 与 nAChR 结合，影响了受体正常的神经功能，抑制了通道电流的产生，使突触后膜不能去极化，导致神经传导中断。Nagata 等（1997，1998，1999）采用单通道膜片钳技术记录了杀螟丹对鼠 PC12 细胞烟碱型乙酰胆碱受体（nAChR）的影响，杀螟丹单剂处理时，没有引起通道的开放。当杀螟丹与乙酰胆碱同时作用时，单通道的开放时间缩短，间隔增加，表现出杀螟丹的剂量效应。单通道开放的动态变化，说明杀螟丹是 nAChR

开放通道的阻断剂。

（5）其他的作用机理 沙蚕毒素类杀虫剂的主要作用机理是作用于 nAChR，一方面竞争激动剂结合位点，破坏正常神经兴奋的传导；另一方面结合在受体通道上的阻断剂位点，降低受体通道的离子通透性。此外，沙蚕毒素类杀虫剂还可能存在其他的作用机理。有研究显示，NTX 对蛙神经肌肉接点乙酰胆碱（ACh）的释放有抑制作用，并在生理效应都表现为突触传递受阻断。在高浓度下，NTX 能够引起蜚蠊轴突剂量依赖的去极化。但是 NTX 使轴突去极化的剂量比阻断突出传导所需的剂量要高得多，因此可以认为对轴突的去极化作用不是沙蚕毒素类杀虫剂主要的毒杀机制。沙蚕毒素对乙酰胆碱酯酶（AChE）有微弱的抑制作用。

七、新烟碱类杀虫剂

烟碱类杀虫剂包括硝基胍类（nitroguanidines）、硝基亚甲基类（nitromethylenes）、氯化烟酰类（chloronicotinyls）。现在被普遍称为新烟碱类（neonicotinoids）。它们以天然源烟碱化合物为模板合成，作用机理与烟碱相似，作用于昆虫的中枢神经系统，对突触后膜烟碱型乙酰胆碱受体产生不可逆抑制。烟碱类杀虫剂对哺乳动物毒性低，对非靶标昆虫相对低毒，而对多数害虫高效。这类杀虫剂的一个重要特点是其生理化学特性，由于它们有相对大的水溶性和相对小的分配系数，因而具有优良的内吸性和长的持效期，对刺吸昆虫如烟粉虱特别有效。目前用于防治烟粉虱的烟碱类杀虫剂主要有吡虫啉（imidacloprid）、啶虫脒（acetamiprid）、噻虫嗪（thiamethoxam）等。

吡虫啉属于防治烟粉虱的第一个烟碱类杀虫剂，啶虫脒属于第二代烟碱类杀虫剂，具有触杀、胃毒作用及较强的渗透作用，有很好的叶片传导活性并通过木质部向顶分布。杀虫谱比其他烟碱类杀虫剂广，对人、畜低毒，对传粉昆虫安全。

第二节 昆虫呼吸作用抑制剂及其作用机理

昆虫的呼吸作用包括气管系统与外界环境的气体交换和细胞内呼吸两个过程。前一过程指虫体通过气管系统吸入氧并将其输送到各类组织中去，同时排出新陈代谢的二氧化碳和水；后一过程是指虫体内的细胞和呼吸组织利用吸入的氧，氧化分解体内的能源物质，产生高能化合物 ATP 及热量的能量代谢。

杀虫剂对昆虫呼吸作用的影响也分为两个方面，即物理和化学的。物理作用主要以杀虫剂的油乳剂类（如石油乳剂）阻塞昆虫的外部呼吸系统，使昆虫"窒息"而死亡。化学作用乃为杀虫剂干扰了昆虫的能量代谢过程（细胞内呼吸）而使昆虫死亡。

昆虫细胞内的呼吸代谢过程可以分为四个阶段：第一阶段是食物中的糖、脂肪、蛋白质代谢大部分转变为乙酰辅酶 A；第二阶段是从乙酰辅酶 A 开始的三羧酸循环；第三阶段是三羧酸循环产生的氢原子通过 NAD-NADH 系统转移给黄素蛋白及细胞色素系统，称为电子转移阶段；在电子转移的同时偶联进行氧化磷酸化作用是第四阶段。呼吸代谢进行到这一步时，食物中的能量通过细胞内的代谢，在氧的参与下转变为磷酸高能键形式结合在三磷酸腺苷（ATP）上，贮存或是供给体内各种生化反应的需求。呼吸代谢过程见图 7-5。

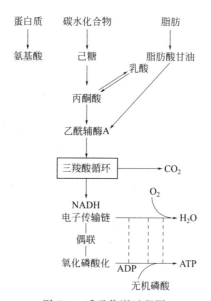

图 7-5　呼吸代谢过程图

一、砷素杀虫剂

砷素杀虫剂包括砷的亚砷酸和五价砷酸化合物，如亚砷酸、亚砷酸钠及砷酸铅、砷酸钙等。这类杀虫剂历史上起过作用，目前已禁用。砷素杀虫剂的作用机制主要是抑制能量代谢中含—SH 基的酶，例如亚砷酸是丙酮酸去氢酶系及 α-酮戊二酸去氢酶系的抑制剂，作用机制是与硫辛酸的两个—SH 基结合而形成复合体，从而使酮酸去氢酶系或 α-酮戊二酸去氢酶系失去作用。

二、氟乙酸、氟乙酸钠和氟乙酰胺

氟乙酸是三羧酸循环的抑制剂。氟乙酸钠和氟乙酰胺在动物体内代谢产生氟乙酸，氟乙酸与乙酰辅酶 A 结合形成氟乙酰辅酶 A，进一步与草酰乙酸形成氟柠檬酸。氟柠檬酸是乌头酸酶的抑制剂。乌头酸酶受抑制，则三羧酸循环被阻断。氟乙酸及其系列化合物对高等动物有剧毒，曾被用作杀鼠剂和杀虫剂，现已被禁用。抑制剂的生物化学反应见图 7-6。

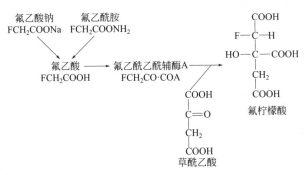

图 7-6　氟乙酸钠和氟乙酰胺在昆虫体内的生物化学反应

三、鱼藤酮和杀粉蝶素 A

鱼藤酮（*Streptomyces* sp.）是豆科植物鱼藤根中含有的杀虫活性成分。杀粉蝶素 A 是由茂原链霉菌产生的有杀虫作用的抗生素。鱼藤酮作为无公害植物源杀虫剂，是主要的植物杀虫剂之一，目前仍受到高度重视。它是一种线粒体呼吸作用抑制剂，作用于电子传递体系，影响 ATP 产生，具体作用位点为切断 NADH 去氢酶与辅酶 Q 之间的呼吸链，见图 7-7。

杀粉蝶素 A 的化学结构与辅酶 Q 相似，也是呼吸链的抑制剂。

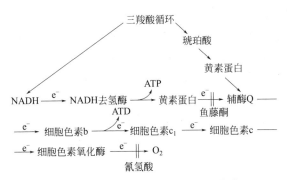

图 7-7　鱼藤酮及其他呼吸链抑制位点

四、番荔枝内酯

番荔枝内酯是从番荔枝科植物中分离提纯的末端含 γ-内酯环并且具有生物活

性的天然产物。

番荔枝内酯类化合物通常称 annonaceous acetogenin（ACG）或 annonaceous polyketide，即番荔枝素、番荔枝皂素或番荔枝乙酰苷元等。番荔枝内酯是一类含有四氢呋喃环（THF）的长碳链脂肪内酯化合物，其基本化学结构为 35～37 个碳原子构成的化学骨架，分子中含有 0～3 个四氢呋喃环，末端有一个甲基取代或经重排的 γ-内酯环和 2 条边接这些部分长链烷基直链，在长脂肪链上通常含一些立体化学多变的含氧的官能团（如羟基、乙酰氧基、酮氧基）或双链等。

番荔枝科植物分布于热带、亚热带地区，有 130 个属，2300 多个种，就目前所知，ACG 只发现于番荔枝科植物中。自从 1982 年 Jolad 从紫玉盘属植物中分离出首个 ACG 化合物 uvaricin 以后，经过二十年的研究，已经从 40 多个属 150 余种植物中获得近 400 个 ACG 化合物，而且随着研究的深入，还将分离出更多新的 ACG 化合物。

线粒体是细胞中产生能量的主要场所，ACG 强烈的生物活性来自于它对细胞线粒体呼吸链的抑制作用，通过抑制线粒体中 NADH-泛醌（ubiquinone，UQ）氧化还原酶和癌细胞质膜 NADH 氧化酶，其中以抑制 NADH-UQ 氧化还原酶为主，使氧化磷酸化反应中合成 ATP 所需要的质子动力势不能形成，从而达到抑制细胞能量代谢活动。uvaricin 化学结构如下：

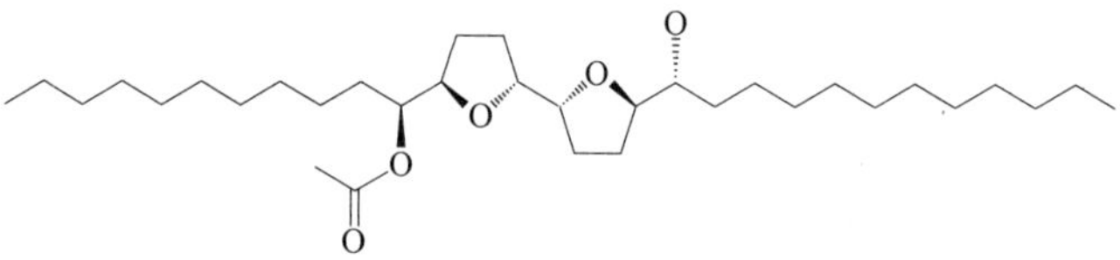

ACG 作为商业杀虫剂的应用要广泛些，传统杀虫剂大多干扰害虫的神经系统或其他生理过程，多次使用后容易产生抗药性，ACG 由于它与众不同的作用机理，使其对产生抗药性的害虫有强烈的致死作用，因此 ACG 是非常有前途的杀虫剂。尽管鱼藤酮具有相同的杀虫作用机制，但它作为杀虫剂不太理想，因为它在环境中降解太快而不能持续杀虫，同时由于它的副作用较大，限制了它作为商业杀虫剂的广泛使用。大多数 ACG 都有强烈的杀虫作用，它们来源于植物，较稳定，而且对环境的危害很小。实际使用中，ACG 的杀虫效果与其抑制线粒体复合物的构效关系是一致的，也是邻双 THF（四氢呋喃）型，ACG 的杀虫效果最明显。

五、氢氰酸及其系列化合物

氰化钠、氰化钾及氰化钙与水及无机酸反应产生氢氰酸，是一种气体熏蒸杀虫剂，它作用于呼吸链的电子传递系统，是细胞色素 c 氧化酶的抑制剂。

　　磷化氢是目前世界上公认的用于储粮保护的主要熏蒸剂之一，其在包括我国在内的广大发展中国家应用尤为广泛，它不仅对虫、鼠、螨、线虫等都有明显毒杀作用，而且基本无残留，不影响谷物品质和种子活力，价格低廉，使用方便。随着人们生活水平的提高以及对环保意识的增强，一些对储粮具有有害残留或对环保能造成危害的有效熏蒸剂已经或将逐渐被禁止使用，这使磷化氢在储粮保护工作中的地位和作用更加重要了，国内外专家一致认为在当今世界上还没有任何熏蒸剂能完全取代磷化氢。更为严重的是，由于长期不合理使用磷化氢，一些主要储粮害虫已分别对磷化氢产生了抗性，因而磷化氢的有效使用正面临危机。

　　不同研究一致证明赤拟谷盗（*Tribolium castaneum*）、杂拟谷盗（*T. confusum*）、谷蠹吸收的磷化氢大部分存在于细胞液部分。如赤拟谷盗吸收的氚标记磷化氢的 98％ 积累于胞液中，这与破碎线粒体更易被磷化氢抑制和磷化氢体外能显著抑制细胞色素氧化酶，但体内对此酶几乎没有抑制作用的现象是一致的。研究认为这是由于线粒体膜对磷化氢的通透性较低的缘故。

　　体外实验研究表明：磷化氢能抑制大鼠线粒体呼吸状态，是鼠肝及昆虫"活跃"状态（状态Ⅲ）解偶联态、离子泵状态下线粒体呼吸作用的有力抑制剂，而对状态Ⅲ抑制程度最为严重。体外实验动力学研究表明磷化氢是牛心细胞色素氧化酶的非竞争性抑制剂，因此磷化氢对细胞色素氧化酶的抑制作用一直被认为是磷化氢对昆虫致死的主要原因。体外实验表明磷化氢对谷蠹、锯谷盗、锈赤扁谷盗细胞色素氧化酶活力有明显抑制作用，但体内实验表明磷化氢对这些昆虫的酶活力几乎没有任何抑制作用。用磷化氢致死剂量处理玉米象也只能抑制其体内细胞色素氧化酶活力的 50％。这些结果暗示细胞色素氧化酶作为体内磷化氢对昆虫的直接生化损伤部位是值得怀疑的。

　　体外实验研究发现，磷化氢对昆虫细胞色素 c 氧化酶、细胞色素 c 在可见光区和末端区的吸收光谱与过硫酸钠对它们诱导的还原光谱相似；磷化氢使它们圆二色性光谱发生的巨大变化也表明，磷化氢使细胞色素 c 氧化酶，细胞色素 c 中血红素 Fe 的价态发生了变化，且两种情况下细胞色素氧化酶对磷化氢的反应要比细胞色素 c 敏感得多。从而有力证明细胞色素氧化酶是磷化氢作用的主要靶标部位。

　　有报道称氢氰酸能抑制昆虫呼吸传递链中的细胞色素氧化酶，阻断电子由 NADH 脱氢酶向氧气的传递，使氧气不能被还原，导致线粒体产生 O^-，O^- 可被 SOD（超氧化物歧化酶）歧化成过氧化氢，从线粒体释放出来。最近对磷化氢对昆虫的体外实验研究证明，磷化氢也能使谷象线粒体释放过氧化氢，但磷化氢诱导产生的过氧化氢是由磷酸甘油脱氢酶自氧化产生的磷酸甘油酯，作为昆虫飞行肌活动的主要底物，是能使磷化氢抑制线粒体释放过氧化氢增加的唯一底物。

　　由上述知，磷化氢的作用机制之一是由于磷化氢抑制了昆虫线粒体在呼吸过

程中产生 O^-，O^- 又被 SOD 歧化为过氧化氢，当昆虫对磷化氢吸收较少时，过氧化氢可及时被过氧化氢酶和过氧化物酶所消除，不会对昆虫造成不可逆毒害，但如果昆虫对磷化氢吸收量较多，产生的过氧化氢不能被过氧化氢酶和过氧化物酶及时地完全消除，过氧化氢就在昆虫体内积累，达到一定程度时便对昆虫产生细胞毒性而引起细胞死亡。磷化氢能使谷象、谷蠹体内 SOD 活力增加，使过氧化氢酶、过氧化物酶活力降低的研究结果是对上述机制的有力支持，这一机制可以解释昆虫在磷化氢暴露后要经过一段时间才能死亡的现象以及磷化氢作用必须有氧气参与才能取得杀虫效果的现象。

第三节　昆虫发育毒剂的作用机理

昆虫生长调节剂即发育毒剂是通过抑制昆虫生理发育，如抑制蜕皮、抑制新表皮形成、抑制取食等导致害虫死亡的一类药剂，由于其作用机理与以往作用于神经系统的传统杀虫剂不同，毒性低、污染少、对天敌和有益生物影响小，有助于可持续农业的发展，有利于无公害绿色食品生产，有益于人类健康，因此被誉为"第三代农药""二十一世纪的农药""非杀生性杀虫剂""生物调节剂（bioregulators）""特异性昆虫控制剂（novel materials for insect control）"等，由于它们符合人类保护生态环境的总目标，迎合各国政府和各阶层人民所关注的农药污染的解决途径这一热点，成为全球农药研究与开发的一个重点领域。

早在 1967 年，Wiliarm 就提出了昆虫生长调节剂作为第三代杀虫剂的设想。但由于昆虫生长调节剂作用缓慢，加之人们环境意识不强，且农药使用者大都期望虫子在喷雾后迅速死去等因素，使其未能得到广泛地应用。随着人们对常规化学农药，对于环境影响的不断认识和对农药及其作用机理的进一步理解，使诸如昆虫生长调节剂等特定作用机理、对环境友好的农药备受青睐。目前在水稻、蔬菜、果树、棉花及森林虫害防治上得到越来越广泛的应用。如灭幼脲（chlorobenzuron）、氟苯脲（teflubenzuro）、双氧威（fenoxycarb）、烯虫酯（methoprene）等，还有新型昆虫生长调节剂环虫酰肼（chromafenozide），它对鳞翅目幼虫有优异的防效，主要应用于蔬菜、茶叶、果树、稻田、观赏植物。经昆虫摄取后在几小时内抑制昆虫取食的同时引起昆虫提前蜕皮导致死亡，它通过调节幼体内荷尔蒙和蜕皮激素活动干扰昆虫的蜕皮过程。

各类昆虫发育抑制剂对昆虫的作用机制不同，中毒后的症状和行为也各不相同。鳞翅目幼虫不能蜕皮而死亡（灭幼脲），成为幼虫与预蛹之间的畸形个体；有的幼虫蛹末端旧皮不能蜕落，蛹头部出现突出物。幼虫胸足变黑，成虫羽化不正常，不能飞翔等。

一、几丁质合成抑制剂

总的来说，这类化合物可使昆虫表皮的几丁质合成过程受阻，沉积受抑制，但是其具体的作用机制至今仍不清楚，关于其作用机制的假设很多：

最初认为是抑制几丁质合成酶，但实验已证实该类化合物对几丁质合成酶没有直接的抑制活性，Leighton 等认为苯甲酰基脲通过激活蛋白分解而抑制几丁质合成酶的酶原聚合，Yu 和 Terriere 则认为是通过影响蜕皮激素代谢酶的活性影响几丁质的合成。

还有假说认为苯甲酰基脲影响虫体内 DNA 的合成，Deloach 等报道称除虫脲造成厩螫蝇（*Stomoxys calcitrans*）成虫表皮组织细胞的 DNA 减少。王文全等的实验表明，灭幼脲除了影响黏虫的几丁质沉积外，还改变几丁质-蛋白复合体的结构，影响氨基酸的含量和比例以及蛋白质和 DNA、RNA 含量。这些早期的关于作用机制的假说都不能完全解释该类化合物的作用，因此至今仍难以将其机理阐明。

二、非甾类蜕皮激素类似物

该类药剂与受体复合物结合后，与蜕皮激素作用类似，激活基因表达，启动蜕皮行为，然而，蜕皮的完成是由蜕皮激素、保幼激素、羽化激素等激素协调作用的结果。由于双酰肼类化合物只是模拟一种蜕皮激素作用，使"早熟的"蜕皮开始后却不能完成。这种中止可能是由于血淋巴和表皮中的双酰肼类化合物抑制了羽化激素释放所致，也可能是由于大量保幼激素的存在造成的，因为只有在保幼激素极度降低，蜕皮激素大量存在的情况下才能完成变态蜕皮。这类药剂抑制蜕皮作用可发生在昆虫自然蜕皮前的任何时间，而苯甲酰基脲类的作用则发生在被处理虫的自然蜕皮过程中。

三、保幼激素类似物

保幼激素的重要生理效应：保幼激素可使虫在蜕皮后保持幼虫形态。在减少或缺少保幼激素时，幼虫蜕皮化蛹，或蛹羽化为成虫，这一作用随昆虫的发育时期而不同。保幼激素无论如何多，都不能使蛹蜕皮成为成虫，也不能使成虫变为蛹。

作用靶标部位：主要为表皮细胞，其次是成体胚芽，也作用于生殖腺、神经系统、脂肪体、中肠。

激素对基因的影响：通过基因调节产生相应的蛋白质酶系来起作用，常见染色体上发生膨胀现象 [DNA 结构改变（激活）→RNA 的形成、积聚→染色体膨胀]。激素对 DNA 的作用是间接或直接的，直接作用是解除了 DNA 的抑制，间接作用是影响了膜的渗透性，改变了 Na^+ 及 K^+ 的分布，可干扰 DNA 的活性。如高离子浓度已证明可以使染色体上的 DNA 与组蛋白脱离，使其失去抑制作用。

一般认为，激素都是活化 DNA，但实际上是有矛盾的。这是因为不同的发育阶段，不同的基因处于不同的状态，因此对某些基因起活化作用的同时，对另一些基因的 DNA 却造成了抑制。此学说能很好地解释目前试验所得的结果，特别是保幼的作用。但是，三个主管调节基因却没有被证明，对保幼激素作用的具体机制还不能完全明了。

有关保幼激素类似物的作用机理提出了几个可能的假说：①保幼激素类似物完全模拟了保幼激素，破坏了昆虫生理的内部平衡；②两者有差异，保幼激素类似物成为正常保幼激素的拮抗剂，或是作用于不正常的作用部位，引起生长发育的改变，如对保幼激素代谢的影响，或是保幼激素代谢酶系的竞争性抑制剂或竞争性底物；③影响保幼激素的合成；④影响神经分泌；⑤影响核酸、蛋白质的合成。

四、抗保幼激素类似物

抗保幼激素类似物会抑制保幼激素的形成及释放，破坏其运转到靶标部位，刺激其降解代谢及阻止其在靶标部位上起作用，破坏昆虫的咽侧体，使其不能合成保幼激素。

以上几类药剂的作用机制主要是从药剂对昆虫体内的酶、激素的影响来研究的，比较少从昆虫微观的角度去探索。例如使用昆虫生长调节剂后有的虫体成为幼虫与预蛹之间的畸形个体，有的旧皮不能脱落，到底是什么原因造成昆虫的蜕皮、化蛹、羽化如此有次序，其间有多余的细胞定时消失，这是巧合还是有基因控制，这都需要我们去研究，同时也为我们引出了一个生命中重要的现象——细胞凋亡。

细胞凋亡（apoptosis）又叫做程序性细胞死亡（programmed cell death, PCD）。作为一种死亡方式，它是一种生理性、主动性的"自杀"行为，受到基因的调控。它存在于有机体发育的各个阶段。一些结构或器官在发育某个阶段是必需的，随着发育的进行不再是需要的，或是个体发生过程中重演了种系发生现象，这些都依赖于程序化细胞凋亡过程。同样，在昆虫生长发育过程中细胞凋亡扮演了重要的角色。昆虫的发育是一种变态发育，很多昆虫在幼虫和成虫期的生活形态完全不同，这就要求某些特定组织、特定细胞在特定的时间和特定的部位死亡，化蛹或羽化时所出现的特定组织的分解均为程序性细胞死亡的结果。由此可见，昆虫的变态是由多基因控制的、机制复杂的生理现象。细胞凋亡在昆虫发育过程中具有重要的生物学意义。许多化合物可通过不同途径诱导不同组织中的细胞死亡而使有机体产生畸形，这启发我们，杀虫剂是一类对昆虫有毒性的化合物，低剂量杀虫剂可能只是干扰昆虫细胞产生凋亡，使其不能正常蜕皮，造成畸形。例如，昆虫杆状病毒作为一种新型生物杀虫剂也可诱导细胞凋亡。所以，了解细胞凋亡的有关知识有利于从细胞的微观角度出发，去研究昆虫生长发育调节剂的作用机制。

第四节 肌肉毒素

一、肌肉收缩的基本原理

肌肉收缩的功能单位为肌小节，肌小节由粗、细肌丝组成。粗肌丝主要由肌凝蛋白构成。肌凝蛋白分子可分球头部和杆状部。杆状部聚合成粗肌丝的主干，球头部伸出粗肌丝的表面，形成横桥。细肌丝则由肌纤蛋白、原肌凝蛋白和肌钙蛋白组成。横桥在肌肉收缩中起着关键的作用，它具有 ATP 酶的性质，并有两个结合位点，一个是与 ATP 的结合位点，另一个是与细肌丝上肌纤蛋白的结合位点。细肌丝中肌纤蛋白上排列着许多与横桥结合的位点。在肌肉舒张时，原肌凝蛋白的位置正好在肌纤蛋白与横桥之间，掩盖了肌纤蛋白上与横桥结合点，阻止横桥与肌凝蛋白的结合。

肌丝滑行过程：当肌细胞兴奋而使胞浆内 Ca^{2+} 增加时，Ca^{2+} 便与细肌丝上的肌钙蛋白结合，使其构型发生变化，从而牵拉原肌凝蛋白滚动移位，将其掩盖的结合位点暴露出来。横桥立即与肌纤蛋白结合形成肌纤凝蛋白，同时横桥上的 ATP 酶获得活性，加速 ATP 分解释放能量，使横桥发生扭动，牵拉细肌丝向粗肌丝内滑行，肌节缩短，出现肌肉收缩。当胞浆内 Ca^{2+} 浓度下降时，肌钙蛋白与 Ca^{2+} 脱离，恢复静息构型，原肌凝蛋白又回到原位而把结合位点重又覆盖起来，横桥不能接触细肌丝，便使肌肉进入舒张过程。在整体内骨骼肌的功能直接受神经系统控制。当神经冲动传到肌细胞时，肌细胞便产生动作电位，并将其迅速扩布到整个细胞膜，于是整个肌细胞便进入兴奋收缩状态。肌细胞的兴奋并不等于细胞收缩，这中间还需要一个过程。这个把肌细胞的电兴奋与肌细胞机械收缩衔接起来的中间过程，称为兴奋收缩耦联。

具体的耦联过程是：首先，细胞膜的动作电位可直接传遍与其相延续的横管系统的细胞膜。横管的动作电位可在三联管结构处把兴奋信息传递给纵管终池，使纵管膜对钙离子的通透性增大，贮存于肌质网池内的 Ca^{2+} 便会顺其梯度扩散到胞浆中，使胞浆 Ca^{2+} 浓度升高，Ca^{2+} 与肌钙蛋白结合，从而出现肌肉收缩。

肌肉收缩除受电压门控钙离子通道调控外，还受鱼尼丁神经递质的调节。即当细胞内鱼尼丁与鱼尼丁受体钙离子释放通道结合时对细胞质钙离子内环境稳定的调节。

二、昆虫肌肉收缩麻痹剂

对电压门控钙离子通道和鱼尼丁受体钙离子释放通道对细胞质钙离子内环境稳定的调节以及二酰胺类杀虫剂对鱼尼丁受体（RyRs）作用的分子机理进行综述。二酰胺类杀虫剂使昆虫 RyR 通道处于持续的开放状态，引发钙离子从肌质网腔内大量释放，破坏了细胞质钙离子内环境的稳定，从而产生不同的药物学特性。这些变化都是由一个不同于鱼尼丁在 RyR 上的结合部位介导的。该类杀虫剂的作用对昆虫 RyRs 是高度专一的，结果产生选择毒性。氯虫苯甲酰胺（康宽），是由杜邦公司研制的新一代杀虫剂。氯虫苯甲酰胺与昆虫肌肉细胞内的鱼尼丁受体结合，导致该受体通道非正常长时间开放，从而过度释放细胞内的钙离子，导致昆虫肌肉麻痹，最后瘫痪死亡。氯虫苯甲酰胺对二化螟、稻纵卷叶螟、小菜蛾、棉铃虫、菜青虫、夜蛾类等害虫防治效果显著。

第五节　消化毒剂

通过害虫的口器和消化道进入虫体使害虫中毒死亡，具有这种作用的药剂叫做消化毒剂。作用于昆虫消化系统，即主要以消化系统初始靶标的杀虫剂为消化毒剂。常见的消化毒剂一类为苏云金杆菌（*Bacillus thuringiensis*，Bt）产生的内毒素和部分植物次生代谢物，生物源昆虫消化毒剂可破坏昆虫的中肠细胞，产生内毒素（伴胞晶体）和外毒素两类毒素，使害虫停止取食，害虫均因饥饿、血液败坏和神经中毒而死亡。另一类为消化酶抑制剂，主要包括蛋白酶抑制剂和淀粉酶抑制剂。昆虫消化酶抑制剂能通过降低或抑制昆虫蛋白酶或淀粉酶的活性，从而影响昆虫的正常生长发育，使其生长缓慢，虚弱，甚至导致死亡。

一、Bt 杀虫剂的杀虫作用和杀虫机理

1. Bt 杀虫剂的杀虫作用

Bt 是应用最为广泛的微生物杀虫剂，当取食含有 Bt 食物时，昆虫出现失去运动能力，不停颤抖、呕吐、停止取食，最后死亡。

Bt 进入消化道后，伴胞晶体被昆虫碱性肠液消化成较小单位的 δ-内毒素，使中肠停止蠕动，虫体瘫痪，中肠上皮细胞解离，虫体停食，芽孢则在肠中萌

发，经被破坏的肠壁进入血腔，大量繁殖。使害虫得败血症而死，死亡的幼虫身体瘫软，呈黑色。Bt 杀虫作用的过程见图 7-8。

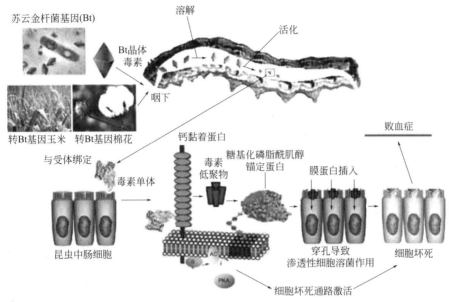

图 7-8　Bt 杀虫作用示意图

2. Bt 杀虫作用机理

（1）Bt 杀虫毒素的结构　Bt 杀虫作用主要是其产生的杀虫蛋白晶体，即原毒素（protoxin）在起作用。杀虫蛋白晶体是由多个杀虫晶体蛋白（insecticidal crystal proteins，ICPs）或 δ-内毒素或 Cry（晶体）蛋白的亚单位组成。昆虫摄食毒蛋白后，在中肠的高 pH 值环境和蛋白酶作用下，毒蛋白溶解并被激活，引起试虫中肠膜上皮细胞裂解。图 7-9 是 Bt 杀虫晶体蛋白结构图。

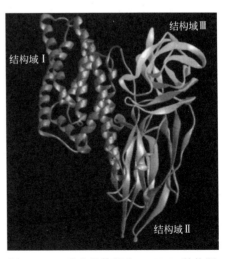

杀虫晶体蛋白由三个结构域组成：①结构域Ⅰ，由一个 α-螺旋束组成，可能与细胞膜穿孔有关；②结构域Ⅱ，由三个 β-折叠片层组成，可能参与毒素与膜受体识别和结合；③结构域Ⅲ，位于毒素分子 C-端，则可能能够防止昆虫肠道蛋白酶对毒素肽分子的进一步的降解。

晶体蛋白有 130 多种，按照杀虫范围和寄主同源型又可分为两大类群，即

图 7-9　Bt 杀虫晶体蛋白（ICPs）结构图

Cry 型蛋白和 Cyt 型蛋白。

Cry 型在活体和离体条件下，只对鳞翅目、双翅目或鞘翅目昆虫有效。

Cry 型分为四大类：①Cry I （鳞翅目）；②Cry II （鳞翅目和双翅目）；③Cry III （鞘翅目）；④Cry IV （双翅目）。

通常一种毒素只能杀死某一部分易感昆虫，对有益生物和脊椎动物安全。

晶体蛋白的毒性与受体蛋白和晶体蛋白结合能力呈正相关，膜受体蛋白是毒蛋白专一性的决定因子。

鳞翅目昆虫中肠 Bt 毒素受体蛋白主要存在于中肠的刷状缘膜囊泡（BBMV）的氨肽酶 N （aminopeptidase N，APN，肽链端解酶），氨肽酶 N 催化蛋白氨基末端残基的裂解。

烟草天蛾（*Manduca sexta*）中肠 BBMV 上 Cry1Ab 毒素 BT-R1，一种类钙黏蛋白（cadherinlike）。

尖音库蚊幼虫中肠中球形芽孢杆菌晶体的 Bin 毒素受体，可能是一种 α-葡糖苷酶。

（2）杀虫晶体蛋白的作用机理　δ-内毒素的作用过程要经过溶解、酶解活化、与受体结合、插入孔洞或离子通道形成四个阶段。

① 毒素溶解。晶体蛋白可以溶解于 pH >12，并加有巯基试剂的碱性溶液中。中肠内环境诸如 pH 值、还原电势、去垢性、体积等都可能影响 δ-内毒素在昆虫体内的溶解性。鳞翅目幼虫的中肠内 pH 值很高，碱性，对 δ-内毒素的溶解很有利。

② 毒素的活化。溶解的晶体蛋白被中肠蛋白水解酶水解。由 130kD 左右的前毒素打开二硫键，释放出 N-端的 70kD 左右抗酶多肽活力片段。毒力片段位于 N 端，由几个保守的亲水区组成，主要的结构是 α-螺旋，对于跨膜通道的形成及毒效可能起着重要作用。活力片段至少由两部分组成，即毒力片段和细胞结合片段。

细胞结合片段由 C 端的保守区和中间的可变区组成。主要结构是 β-片层，负责毒素与靶标昆虫受体的结合，从而决定了毒素的选择性。

中肠酶液的组成直接影响到 δ-内毒素的降解，活化，对 δ-内毒素作用的专一性起着重要的作用。

③ 毒素与受体结合。毒素活化后，毒素首先是通过结构 II 与上皮细胞膜上的受体蛋白发生专一性结合。结合分为：a. 初始结合（initial binding），结合上的毒素可以再次与受体发生解离，故又称可逆性结合（reversible binding）；b. 不可逆性结合，初始结合之后，毒素进一步与膜受体蛋白发生紧密结合或直接插入细胞膜，此时的毒素与受体难以发生解离，故称不可逆性结合（irreversible binding）。

④ 插入及孔洞或离子通道形成。活化的毒素与刷状缘膜上的受体结合后，结构域 I 插入膜内，形成孔洞或离子通道，导致膜完整性破坏，可引起离子外漏，水随之进入细胞，细胞因膨胀而解体、死亡。Bt 毒素作用机理见图 7-10。

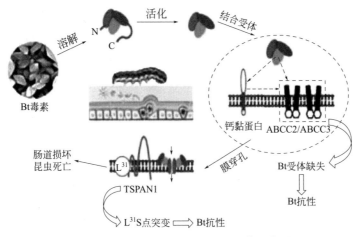

图 7-10　昆虫幼虫与 Bt Cry1Ac 互作示意图

二、植物源消化毒剂

1. 二氢沉香呋喃类似物

从苦皮藤（*Celastrus angulatus*）植物中分离出二氢沉香呋喃类似物，即苦皮藤Ⅱ～Ⅳ等，这类化合物除具有触杀、胃毒作用外，还表现出消化毒剂的中毒症状。处理后，可观察到昆虫中肠细胞微绒毛排列不整齐，大量脱落，基膜内褶空间变大，排列紊乱，细胞质密度降低，内质网极度扩张，囊泡化，核糖体脱落，线粒体嵴模糊不清，双层膜不完整。

2. 丁布（氧肟酸类化合物）

丁布是广泛存在于小麦、玉米等禾本科作物中的异羟肟酸类次生化学物质，研究表明其具有广谱活性。研究发现丁布可抑制欧洲玉米螟（*Ostrinia nubilalis*）幼虫和亚洲玉米螟（*O. furnacalis*）幼虫的发育，使得昆虫体重降低，发育迟缓，并出现畸形蛹等症状。

经测定，其可抑制昆虫的胰蛋白酶和胰凝乳蛋白酶的活性，影响昆虫对食物的消化，为一种消化毒剂。

3. 黄皮新肉桂酰胺 B

黄皮新肉桂酰胺 B 是从黄皮（*Clausena lansium*）植物中分离出的具生物活性的次生代谢物。处理白纹伊蚊幼虫后中肠蛋白酶、淀粉酶均可受到抑制，且抑制作用与浓度成正相关关系。

透射电镜观察结果表明，黄皮新肉桂酰胺 B 对白纹伊蚊幼虫中肠细胞器影响比较大。处理 12h 时，与对照组相比，发现中肠细胞微绒毛断裂，线粒体肿胀、嵴模糊或消失、空泡化、双层膜不完整，细胞核内染色质浓缩成团，核膜不清晰或消失，还出现髓样结构。见图 7-11。

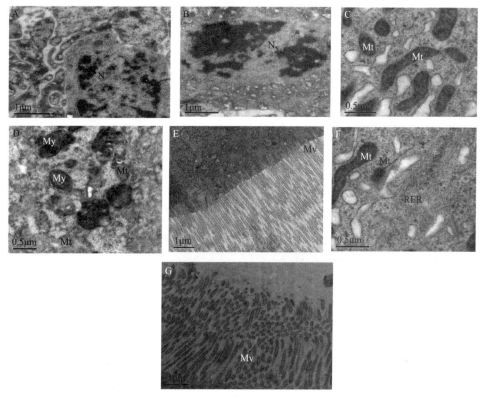

图 7-11　黄皮新肉桂酰胺 B 对白纹伊蚊幼虫中肠超微结构的影响

A：正常中肠细胞核，核内染色质分布均匀（4800×）；B：处理后核膜消失，核内染色质浓缩
（4800×）；C：正常线粒体（9300×）；D：髓样结构（6800×）；E：正常微绒毛（1200×）；
F：处理后微绒毛断裂，数量减少（9300×）；F，G：处理后部分线粒体肿胀，嵴消失，空泡化（9300×）

RER：粗面内质网线粒体；Mt：线粒体；N：细胞核；My：髓样结构；Mv：微绒毛

参 考 文 献

[1]　Matthews G A. Pesticides：health，safety and the environment. UK：Blackwell Publishing，2007.

[2]　Simon J Y. The toxicology and biochemistry of insecticides. Boca Baton London New York：CRC Press，2008.

[3]　陈锴，张晶. 番荔枝内酯结构类型及化学成分研究进展. 吉林农业，2011，4：306-309.

[4]　冯秀杰. 黄皮新肉桂酰胺 B 的杀虫活性及作用机理研究. 华南农业大学，2015.

[5]　唐振华，毕强. 杀虫剂作用的分子行为. 上海：上海远东出版社，2003.

[6]　赵善欢. 昆虫毒理学. 北京：中国农业出版社，1993.

[7]　徐汉虹. 植物化学保护学. 第 5 版. 北京：中国农业出版社，2018.

[8]　吴文君，姬志勤，胡兆农. 天然产物与消化毒剂. 农药，1997，6：6-9.

[9]　吴艳兵，田发军，赵欢欢，等. 丁布的生物活性研究进展. 植物保护，2014，5：8-13.

第八章　光活化农药生物化学

农药发挥药效受多种因素的影响，其中环境因素如温度、湿度、土壤 pH 值和光都将影响农药的药效发挥。这些环境因素中光的作用是个不可忽视的重要因子。由于农药的分子结构不同，对光的反应也不同。有些农药对光稳定，不易光解，如滴滴涕和六六六；另有些农药如辛硫磷、鱼藤酮等在有光的情况下，极易光解；还有的农药只有在有光的情况下才能产生药效，如光合作用抑制剂和光合色素合成抑制剂类除草剂，这些除草剂称为需光除草剂或光动力除草剂。有些植物次生代谢物，如 α-三联噻吩和多炔类化合物，它们在结构上一个共同特征是其具有共轭双键或共轭三键，这类化合物又称光敏化合物。它们能吸收光能，并在机体内将光能转移到生物大分子和细胞内的氧分子，使生物分子降解，氧接收能量由基态转变为激发态氧即三线态氧 $(^1O_2)$。$^1O_2$ 能使脂质过氧化，细胞结构瞬间崩塌解体，这种需光驱动的农药称之为光活化农药。

20 世纪初，人们发现吖啶、荧光素等染料在光照下，表现出杀虫活性。20 世纪 70 年代后，相继发现多炔类、噻吩类、扩展醌类以及苯丙呋喃、苯并吡喃、去甲二氢愈创木酸等光动力杀虫、杀菌、杀线虫和除草活性。由此，将光活化农药研究推向一个新的高度。因为这类化合物毒性低或没有毒性，只有当进入机体内，在光的诱导下，转化为毒性化合物。在环境中又能迅速降解，是一类名副其实的"环境和谐的农药"。

由于光敏化合物光化学和光生物学活性的独特性质，人们正在研究和利用光敏物质以为人类服务。除了已在防治蚊虫和蝇类的幼虫和卵已获得成功外，还在探索防治农田害虫的新方法，同时在防治植物病原菌和线虫、防除农田杂草和对人体疾病的治疗方面的研究也正方兴未艾。

本章主要讨论光活化化合物的主类型、光活化农药的作用机理及生物体对光敏化合物的反应及其适应的原理。

第一节　光敏化合物的种类及其杀虫活性与毒理机制

一、光敏化合物的种类及杀虫活性

1. 呫吨染料类（xanthene dye）和杂环类染料

呫吨染料为卤代的荧光素化合物。主要品种有玫瑰红（rose bengal）、赤藓红 B（erythrosin B）、焰红 B（phloxin B）、曙红（eosin）等。结构如表 8-1：

表 8-1　咕吨染料类结构及主要品种

A	B	名称
H	H	荧光素（fluorescein）
Br	H	曙红（四溴荧光素。2,4,5,7-tetrabromo fluorescein）
Br	Cl	焰红 B（四溴四氯荧光素。2,4,5,7-tetrabmo-3′,4′,5′,6′-tetrachloro fluorescein）
I	H	赤藓红（四碘荧光素。2,4,5,7-tetraiod fluorescein）
I	Cl	玫瑰红（四碘四氯荧光素。2,4,5,7-tetraiod-3′,4′,5′,6′-tetrachloro fluorescein）

杂环类染料如亚甲基蓝和吖啶，结构如下：

亚甲基蓝(methylene blue)　　　吖啶(acridine)

咕吨染料和亚甲基蓝是最早发现的具有光动力作用的光敏染料，表现对蚊幼虫、蝇类昆虫的急性毒性反应。未经光照处理却出现类似于昆虫激素处理的症状，如玫瑰红处理库蚊产生幼虫-蛹中间体，处理家蝇降低成虫的产卵力和卵的孵化率。昆虫对不同结构的染料的敏感性也存在差异，如玫瑰红对蚊幼虫的活性高于玫瑰红，而荧光素则无效。染料光敏色素作用于昆虫种类见表 8-2。

表 8-2　光敏剂对昆虫致毒的类型

染料	昆虫
曙红(eosin)	按蚊(*Anopheles maculipennis*) 埃及伊蚊(*Aedes aegypti*)
赤藓红(erthrosin)	蚊幼虫(同曙红) 东方蜚蠊(*Blatta orientalis*)
玫瑰红(rose bengal)	蚊幼虫(同曙红) 美洲大蠊(*Periplaneta americana*) 黑火蚁(*Solenopsis richteri*) 粉纹夜蛾(*Trichoplusia ni*) 瓜野螟(*Diaphania nitidalis*)

续表

染料	昆虫
亚甲基蓝(methylene blue)	苹果蠹蛾(*Laspeyresia pomonella*) 黄松甲(*Tennbrio pomonella*)
焰红染料 B(phloxin B)	美洲棉铃虫(*Heliothis zea*) 小地老虎(*Agrotis ipsilon*)
呫吨(xanthene)	家蝇(*Musuca domestica*) 秋家蝇(*Musca antumnalis*) 大菜粉蝶(*Pieris brassicae*)

染料的光动力作用与光源、光强和光照时间具有一定的相关性。一般情况下，太阳光光源比荧光灯光源更有效，但有的品种，荧光照射比太阳光更有效，原因是荧光能使染料的细瘦光谱更好地重叠。在剂型配制方面，染料以不溶的游离酸加表面活性剂（十二烷基磺酸钠）的配制，或以荧光素与玫瑰红 1∶1 混配，对库蚊幼虫的毒杀率分别提高 10 倍或 50～60 倍。抗性研究表明：抗染料的家蝇不与 DDT、氯氰菊酯和敌敌畏发生交互抗性，而与 α-T 发生交互抗性。

2. 植物源光敏色素

植物除了代谢合成光合作用所需的接受光能的叶绿素、类胡萝卜素和调节植物种子萌发、生长发育和花诱导作用的光敏色素（phytochrome）外，还能合成利用光能的具有防御功能的光敏剂（photosensitizers）或称光毒素（phototoxins）。这些光毒素在太阳光，特别是在太阳光的近紫外光范围（320～400nm）的作用下，可转化形成具有氧化功能的自由基和单线态氧，并毒害其他有机体，包括病原微生物、线虫、植食和非植食昆虫。由于它需要太阳光才能发挥作用，又称为太阳动力防御剂（solar powered defensive agent）。

具有光敏毒素作用的化合物，已从 30 个科显花植物中分离出来。它们存在于重要的单子叶和双子叶植物，汇总见表 8-3。分离鉴定出的十大类型的光敏毒素化合物中，其中菊科和芸香科能合成多种类型的光敏剂，其他的科如金丝桃科、百合科、桑科和木兰科可合成其中某一种类光敏剂。大多数植物能合成乙炔类、β-咔啉生物碱和木酚素，仅有极少植物能合成乙酰类、扩展醌类。而噻盼类、呋喃色酮、呋喃喹啉生物碱仅在一个科中分布。虽然聚乙炔广泛分布，大多数科植物能合成它。但仅有菊科植物中的代谢合成的聚乙炔具有光活毒杀作用。

表 8-3　植物光敏色素化合物的分布

科名	I	II	III	IV	V	VI	VII	VIII	IX	X
伞形科(Apiaceae)	√					√			√	

续表

科名	I	II	III	IV	V	VI	VII	VIII	IX	X
五茄科(Araliaceae)	✓									
菊科(Asteraceae)	✓	✓				✓			✓	✓
莎草科(Cyperaceae)		✓	✓							
大戟科(Euphorbiaceae)	✓							✓		
豆科(Fabaceae)	✓		✓			✓				
百合科(liliaceae)		✓								
金丝桃科(Hypericaceae)				✓						
桑科(Moraceae)						✓				
木兰科(Orchicaceae)						✓				
蓼科(Polygonaceae)			✓	✓					✓	
茜草科(Polygonaceae)			✓					✓		
芸香科(Rubiaceae)	✓	✓	✓			✓	✓	✓		
茄科(Solanaceae)	✓									
蒺藜科(Zypophyllaceae)			✓					✓		

注：Ⅰ,乙炔类；Ⅱ,乙酰苯类；Ⅲ,β-咔啉生物碱；Ⅳ,扩展醌类；Ⅴ,呋喃色酮；Ⅵ,呋喃香豆素；Ⅶ,呋喃喹啉生物碱；Ⅷ,异喹啉生物碱；Ⅸ,木酚素类；Ⅹ,噻吩类

（1）呋喃香豆素类 呋喃香豆素为伞形科和芸香科的特征性次生代谢产物，至少发现 8 个科植物能代谢合成呋喃香豆素类化合物。它由氧化的三环芳香化合物组成，以两种构型即线形和角形存在于自然界。

通过在呋喃环上的有效碳或在呋喃酮环上的烷氧基或烷基取代而形成结构各异的呋喃香豆素类化合物。已鉴定结构超过 200 多个该类化合物。

几种主要的线形（补骨脂素、花椒毒素、香柠檬烯、异茴芹素）与角形呋喃香豆素（异补骨脂素、当归素、茴芹素）结构如下：

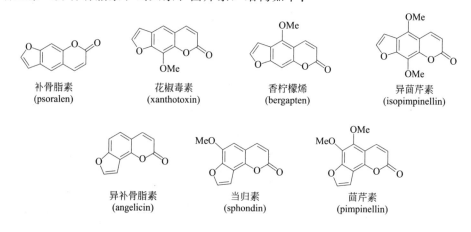

补骨脂素　　　　花椒毒素　　　　香柠檬烯　　　　异茴芹素
(psoralen)　　　(xanthotoxin)　　(bergapten)　　(isopimpinellin)

异补骨脂素　　　当归素　　　　茴芹素
(angelicin)　　　(sphondin)　　(pimpinellin)

亚热带黏虫（*Spodoptera eridania*）取食含有花椒毒素的饲料时，经紫外光照射后，表现出生长发育受到抑制，不能完成生活周期，而不经光照处理，则表现低度水平毒性。Berenbaum（1981）观察呋喃香豆素类对昆虫非光处理的拒食活性，发现异茴芹素（一种非光活毒性呋喃香豆素）比花椒毒素（光活毒素）对斜纹夜蛾（*Spodoptea litura*）具有更高的拒食活性。

呋喃香豆素可嵌合到双螺旋 DNA 分子，经光激活后，可与嘧啶碱基形成环丁烷加合物（cyclobutane adducts），是潜在的 DNA 烷化剂。在医疗方面，呋喃香豆素类化合物、花椒毒素加 UV 处理可治疗牛皮癣和白癜风。

（2）乙炔类与噻吩类　聚乙炔类（polyacetylenes）在化学结构上含有一个或多个乙炔集团，在生物体内又是类胡萝卜素衍生出来的，大多数已发现的聚乙炔类化合物为直链聚乙炔，侧链为芳环或杂芳环以及醇、醛、酸及相应的酯所取代。而噻嗪类化合物是聚乙炔十三碳-3,5,7,9,11-戊炔-1-烯代谢合成而来（图 8-1）。

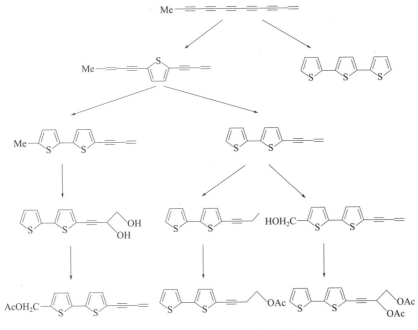

图 8-1　噻嗪类化合物代谢合成途径

已发现高等植物 19 个科能合成聚乙炔类化合物，已报道有上千种炔类化合物。目前发现菊科植物合成的聚乙炔类具有光活化活性，而噻吩类是菊科植物特征性次生代谢产物。噻嗪类化合物主要分布在菊科植物的万寿菊属（*Tagetes*）、蓝刺头属（*Echionps*）、鲤肠属（*Eclipta*）。α-三联噻吩（α-triple thiophene，α-T）和 7-苯基-2,4,6-庚三炔（phenylheptatriyne，PHT）是这类化合物的两个典型代表，α-T 是菊科植物中普遍存在的一种化学物质，而 PHT 则是从三叶鬼针草（*Bidens pilosa*）中分离出来的。这两种化合物是非常重要的植物源光敏毒素。徐汉红（1992）从猪毛蒿（*Artemisia scoparia*）中分离出具有光活毒杀作用的多炔类化合物（1-苯基-2,己二炔），并以该化合物为母体合成系列化合物，经生物活性测定，发现 1-苯基-4-(3,4-亚甲基二氧）苯二炔为一种优良光敏毒素，光活毒杀库蚊（*Culex*）幼虫效果与 α-T 相当。

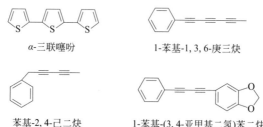

α-三联噻吩　　　　　1-苯基-1,3,6-庚三炔

苯基-2,4-己二炔　　　1-苯基-(3,4-亚甲基二氢)苯二炔

α-T 是目前研究的最多的植物源光敏毒素，也是活性最高的光活化杀虫化合物。α-T 在近紫外光下对多种昆虫具有强烈的毒杀活性，对埃及伊蚊（*Aedes aegypti*）、伊蚊（*A. palpus*）、蚋（*Simulium verecumdum*）、班须按蚊（*Anopheles stephensi*）、致倦库蚊（*Culex quingnefasciatus*）和白纹伊蚊（*Aedes albopitus*）毒力测定 LC$_{50}$ 值在 0.012mg/L 之间，田间施用 α-T 低于 10g/hm^2 能有效地防治伊蚊。防效相当于有机磷杀虫剂的甲基嘧啶磷和双硫磷。α-T 对一些重要的农业害虫也表现出光活化杀虫作用。以 50mg/kg 含量的饲料饲喂烟草天蛾（*Manduca sexta*）幼虫，经 UV 照射后，幼虫生长发育受到明显抑制，100%化为畸形蛹，全部不能羽化。但不同昆虫对 α-T 的耐受性存在差异。Arnason 等（1987）用 α-T 点滴处理 4 种末龄昆虫，发现烟草天蛾、菜粉蝶对 α-T 敏感，所测 LD$_{50}$ 在 10~15μg/g 之间，而美洲烟夜蛾（*H. virescens*）、欧洲玉米螟（*O. nubilulis*）则不敏感。LD$_{50}$ 为 474~698μg/g 之间，另外 α-T 对小菜蛾具有产卵忌避作用。

α-T 除对昆虫具有光活化毒杀效应外，还对其他有机体如病原菌、线虫和杂草等具有光活毒杀效应，表 8-4 列举了 α-T 光敏毒杀的某些有机体种类。

表 8-4　α-T 对不同有机体光敏毒素的种类

生物活性	敏感有机体
杀细菌	土壤杆菌、大肠杆菌、假单孢菌、葡萄球菌
杀真菌	链孢菌、曲霉菌、白曲霉菌、枝孢菌、黏菌、镰刀菌、腐根菌、根霉菌、酵母菌、水霉菌
杀线虫	滑刃线虫、茎线虫、根结线虫、短体线虫
杀昆虫	伊蚊、蚋、库蚊、地老虎、夜蛾、天蛾、螟虫、黏虫
异株克生	马利筋、藜、莴苣、看麦娘、三叶草

Gommer 等（1973）首先发现一种聚乙炔类化合物经紫外光照射后，显著提高杀线虫活性。后来 Wat 发现 PHT 在太阳光和紫外光下毒杀 1～4 龄伊蚊和蚋幼虫，能极大地提高其毒杀效应。Kagan 和 Chan（1983）比较近紫外光和黑暗处理，PHT 和 α-T 杀果蝇卵实验，发现经光照后杀卵效果分别提高 37～4333 倍。其他的聚乙炔类化合物如顺-脱氢母菊酯聚乙炔和噻吩衍生物系列化合物经紫外光照射后也能极大提高杀果蝇卵的效果。Mclachlan 通过对细菌和酵母的构效应关系研究，发现一般情况下，噻吩类比乙炔类化合物更具有毒性，活性的大小直接依赖噻吩环数和乙炔键数，而光活毒性与辛醇-水分配系数呈正相关，与光子吸收不太相关。

聚乙炔类除了依光的毒性外还存在不依光的毒性，如用 PHT 处理暗绿地蚕（*E. messoria*）表现出显著的拒食作用以及茵陈二炔对亚洲玉米螟（*Ostrinia furnacalis*）和菜粉蝶（*P. rapae*）的产卵忌避活性。还有水芹毒素（oenanthjotoxin）和毒芹素（cicutotoxin），具有神经毒剂效应，母菊酯和它的衍生物对植食昆虫的拒食效应。

（3）生物碱类　1884 年 Marcacci 报道太阳光能提高生物碱对一些有机体的毒性反应，引起了人们对光活化毒素的注意。Arnason 等（1983）发现 β-咔啉（β-carbolines）对伊蚊（*A. atropalpus*）幼虫和中华仓鼠（CHO）细胞具光活致毒作用，具有光活毒性的生物碱分布约在 26 种植物中（Allen 等，1980）。主要类型有呋喃喹啉生物碱和哈尔满生物碱。

① 呋喃喹啉生物碱。呋喃喹啉（furanoquinolines）生物碱是由邻氨基苯甲酸衍生而来的杂环化合物，如白藓碱（ditamine）和茵芋碱（skimmianine）。结构如下：

白藓碱(ditamine)　　　茵芋碱(skimmianine)

这两种生物碱为生物诱变剂，它们在黑暗中嵌入 DNA，经紫外光（UV-A）激活与 DNA 中的碱基结合。引起细胞染色体结构改变。这类生物碱分布在芸香科，如蔓茵芋（*Skimmia japonica*）和欧白鲜（*Dictamnus albus*）以及柑橘植物中。

②哈尔满生物碱。哈尔满（harman）或 β-咔啉（β-carbolines）由色氨酸衍生而来，属于这类化合物的还有铁屎米酮（6-canthiaone），5-甲氧-6-铁屎米酮（5-methoxy-6-canthinon）和苔草麦（brevicolline），主要分布在芸香科的花椒属植物中。而苔草麦分布在短颈苔草（carex brevicollis）植物中。结构如下：

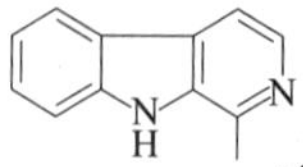

哈尔满
(harman)

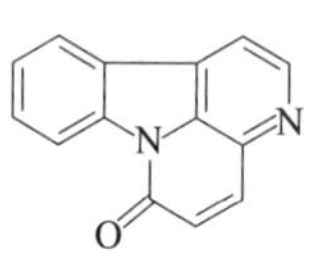

铁屎米酮
(6-canthiaone)

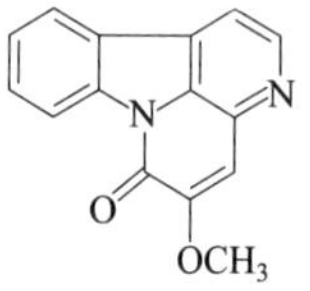

5-甲氧-6-铁屎米酮
(5-methoxy-6-canthinon)

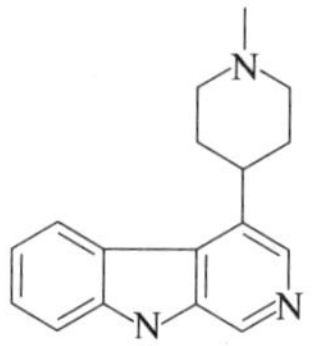

苔草麦
(brevicolline)

这类生物碱主要对细菌，真菌和 CHO 细胞具有光活毒杀作用，对昆虫的光活化毒性有待进一步研究。

（4）扩展醌类　醌类化合物广泛存在于生物界，如维生素 K，辅酶 Q_{10} 和植物中的质体醌。其中一部分在生物体内的各种氧化还原反应中起输送电子的作用。另一部分则具有光活致毒作用。如金丝桃素（hypericin）、尾孢菌素（cercosporin）和竹红菌素（hypocrellin）等。

① 金丝桃素（hypericin）　金丝桃素（$4,5,7,4',5',7'$-六羟基-$2,2'$-二甲基萘并联蒽酮）是一种高稠环醌。在自然界有金丝桃素和假金丝桃素二种分子形式存在。结构见下图：

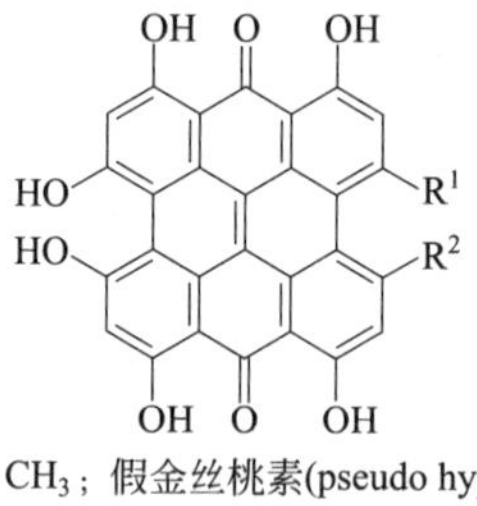

金丝桃素(hypericin)：$R^1 + R^2 = CH_3$；假金丝桃素(pseudo hypericin)：$R^1 = CH_2OH$，$R^2 = CH_3$

金丝桃素是重要的光动力醌，主要存在于金丝桃属植物中，当草食动物误食了这类植物后，在日光下能引起皮炎和其他炎症，严重时甚至死亡。

金丝桃素和假金丝桃素在金丝桃科植物种间分布存在差异。在贯叶连翘（*Hypericun perforatum*）植物中含有二种以上化合物，而在多毛金丝桃（*H. hirsutum*）中仅含有金丝桃素，在山金丝桃（*H. montanum*）和金丝桃（*H. crispum*）中则仅含假金丝桃素。大多数情况下，金丝桃素在特化的腺体中积累，而在贯叶连翘的叶、茎和花中可检测到金丝桃素的存在。

金丝桃素和假金丝桃素在乙醇中的最大吸收光谱为 $500 \sim 600nm$，出现明显的红荧光。金丝桃素在水和有机溶剂中具有光稳定性。

金丝桃素除了对伊蚊（*A.atropalpus*）具有光活毒杀作用外，对植食性昆虫也表现出光活致毒作用。据 Knox 等在 1987 年报道，用提纯的金丝桃素饲喂烟草天蛾（*M.sexta*）幼虫，用荧光灯［波长 $500\sim600nm$，$20(W\cdot m^{-2})$］照射处理表现出显著的光活毒杀作用，毒性效应与剂量和光照时间紧密相关。由于金丝桃素发挥毒性效应的光源波长在可见光范围，不同于其他的光敏剂 α-T（$320\sim400nm$）在紫外光区域，则更适合应用于防治非取食金丝桃植物的害虫。

② 尾孢菌素（cercosporin）首先从大豆病原菌（*Cercospora kikuchii*）分离出来。现在可以大量地从尾孢菌和受尾孢菌感染的植物中得以分离。用尾孢菌素处理老鼠和细菌，经荧光灯照射后，产生光动力毒性效应，严重可导致死亡。尾孢菌素主要破坏植物细胞膜结构，引起许多植物如禾谷类、马铃薯、甜菜等组织细胞的离子渗漏，最后导致细胞死亡，但在昆虫上的光活毒性效应报道较少。

③ 竹红菌素（hypocrellin）是从子囊菌、肉座菌科竹红菌（*Hypocrella bambusae*）中分离出来的一种光敏剂，竹红菌素又可分为竹红菌甲素（hypocrellin A）和竹红菌乙素（hypocrellin B）（结构见下图）。该类化合物与血卟啉、亚甲基用玫瑰红等光敏化合物一样，主要以产生单线态氧而引起毒性效应。主要用于光动力皮肤病的治疗。

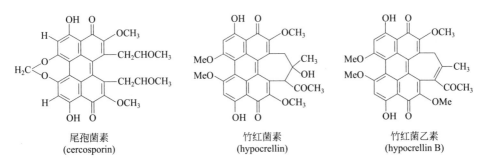

尾孢菌素 (cercosporin)　　竹红菌素 (hypocrellin)　　竹红菌乙素 (hypocrellin B)

（5）其他光活毒素化合物

① 苯并呋喃（benzofurans）和苯并吡喃（benzopyrans）是由乙酰苯衍生的化合物，是有效昆虫拒食剂和具有保幼激素作用的化合物（Bowers，1982）。人们发现这类天然衍生物也具有对昆虫和真菌的光活毒杀作用。从高等植物中分离出近 2000 种苯并呋喃和苯并吡喃化合物，发现主要分布在菊科植物的向日葵族中。

② 去甲二氢愈创木酸（nordihydroguiaiareti acid，NDGA）是第一个发现的木酚类光敏剂，存在于三指拉瑞阿（*Larrea tridentata*）植物中。这种植物分布在北美沙漠地带，NDGA 主要存在于叶表面，占整个叶脂的 20%～30%，干重的 5%～10%。三指拉端阿叶脂可阻抑昆虫取食。在沙漠地区，能阻抑昆虫取食的物质主要是含光敏作用的 NDGA。

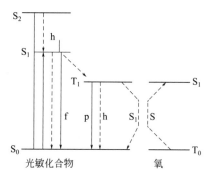

去甲二氢愈创木酸(nordihydroguiaiareti acid)

许多植物含有木酚酸类化合物，这些化合物将成为重要的光化学活性的化学物质。

③ 脱镁叶绿酸甲基酯类：家蚕（*Bombyx mori*）的排泄物中含有抑制细胞生长和引起细胞毒性的卟啉化合物，即脱镁叶绿酸甲基酯类化合物在光下可被激活，产生单线态氧，起到光活毒杀作用。这种具有光活毒杀作用的粪便的生态意义有待进行研究。

二、光活化杀虫剂毒理机制

（一）光化学基本原理

光敏分子吸收光能后，可从基态转变为激发态。激发态分子富含能量，当分子由激发态回到基态时，可引发复杂的物理变化和光化学反应。图 8-1 显示光敏化合物受光激活后所发生的物理与化学变化和基本过程。

图 8-1　光敏化合物吸收光子后，分子由基态转变为激发态以及能量转移的光化学反应的过程

光化学反应过程如下：基态的光敏化合物吸收光子能量后，引起外层电子跃迁，形成激发态。如果电子跃迁到第二激发态（S_2），则分子的第二激发态的电子回到第一激发态（S_1）时，以热（h）的形式释放能量。处于第一激发态单线态电子又以三种主要方式释放多余能量，离开第一激发态，即：第一，发射光子，分子回到基态，由于这种以光子能量发射电子没有旋转变型，称之为荧光（f）；第二，急需加热（h）的形式释放多余的能量，使之回到基态；第三，从第一激发态单线态到第一激发态三线态（T_1）系统间串跃，以热的形式释放部分

能量，但还保留过剩的能量。处于第一激发态的三线态的电子是一种亚稳定态，生存期为 $10^{-6} \sim 10^{-2}$ s。第一激发三线态的电子也有三种方式释放多余能量，离开第一激发态三线态，即：第一，以热的形式释放能量；第二，以光子形式释放多余能量，电子回到基态单线态。该过程伴随电子旋转变型为磷光；第三，第一激发态分子的能量转移到处于基态的三线态（T_0）另外分子（S），例如氧分子。这个过程对于光敏化合物光化学反应与光敏毒性效应是至关重要的。

处于第一激发态的光敏化合物转移过剩能量到基态三线态（T_0）的氧分子。两种分子逆转一个电子，光敏分子返回到基态单线态，而氧分子则提高到第一激发单线态，这种单线态氧（$^1O_2$）是一种强的氧化剂，可氧化细胞各种生物大分子，破坏细胞结构和代谢。$^1O_2$ 的寿命非常短，仅约 1ms。光敏化作用与氧化作用在时间和空间上是非常接近的。由于光敏化合物处于第一激发态，单线态时间非常短。与它反应的试剂只有在相对高的浓度下才能与其反应，而第一激发态三线态分子具有相对长的生长期，更多的情况是较低浓度反应剂是与第一激发三线态光敏剂发生反应。

1. 光动力作用类型Ⅰ和类型Ⅱ机理

Gollnick 在 1968 年提出存在两种光敏氧化的机理，即类型Ⅰ和类型Ⅱ机理。在类型Ⅰ中底物或溶剂与激发态的光敏剂（单线态或三线态）反应，通过氢原子或电子转移，分别产生自由基与自由基离子。自由基与氧反应产生氧化的产物。在类型Ⅱ中，激发的光敏剂与氧反应形成单线态氧（$^1O_2$），然后与底物反应形成氧化的产物，见图 8-2。类型Ⅰ和类型Ⅱ反应处于竞争状态，影响竞争的因子包括氧的浓度，底物的反应性和激发态光敏剂种类，底物浓度，单线态生存期等。

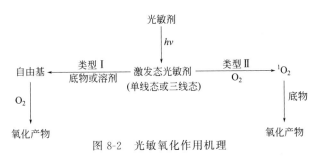

图 8-2 光敏氧化作用机理

类型Ⅰ过程：当光敏分子受光子激活后，由基态向激发态转变的过程中，分子上强结合轨道的一个电子就可以跃迁到弱结合轨道。这样产生一个还原的电子和激发态的氧化空穴（图 8-3）。

类型Ⅰ过程电子转移的一个典型例子是芳香烯烃（供体），通过缺电子芳香化合物如双氰蒽（DCA）的氧化作用，导致一个电子从烯烃转移到单线激发态的

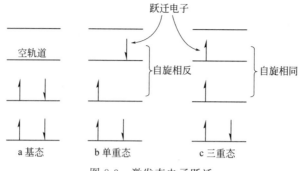

图 8-3　激发态电子跃迁

双氰蒽芳香化合物。光敏剂所产生的自由阴离子即可被重新氧化，产生超氧化离子芳香自由基阳离子对。这些反应多的产物主要是烯烃的氧化离解。

$$DCA+Donor \longrightarrow DCA^- + Donor^+$$
$$\downarrow O_2$$
$$O_2^- \longrightarrow DO_2 + DCA$$

类型 Ⅰ 反应也能导致夺氢反应，形成自由基反应。这些自由基直接与氧反应，获取过氧化物或引发自由基连锁自氧作用。带有酮和醌光敏剂的夺氢反应是非常普遍的，但也存在于许多染料类。通常这些光敏剂更少产生效应。底物是优良的氢供体也可促进此反应。

$$R_2C=O^* + R'\text{-}H \longrightarrow R_2C^-OH\cdot + R'$$

自由基连锁反应 ——— R'OOH

类型 Ⅱ 过程：类型 Ⅱ 反应产生单线态氧（$^1O_2$），$^1O_2$ 直接与底物反应，产生氧化的产物或没有发生反应。$^1O_2$ 可衰变到基态，衰变的速率主要依赖于溶剂类型，在水中，单线态氧的寿命大约为 4ms。而在有机溶剂中（假设在脂质体内）的寿命则为在水中的 10～12 倍。

$$^3O_2 \longleftarrow \underset{底物}{^1O_2} \longrightarrow 底物O_2$$

单线态与带有烯内氢的烯烃反应，会出现二种反应类型。一是得到烯丙基氢过氧化物，出现双键的位置移动（即"烯"反应）；二是与二烯，芳香化合物和杂环化合物反应，产生内过氧化物（第尔斯-阿尔德反应）。

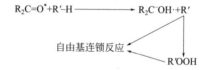

其他的过程包括：O_2 与富电子烯键反应，产生不稳定的四元环过氧化物，称为双氧四环化合物。而硫化物氧化形成亚砜。与富电子的酚反应，包括纤维素 E 反应，产生不稳定的氢过氧化二烯酮。

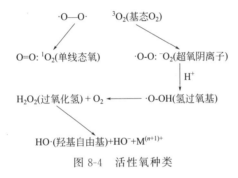

在光诱导的过程中，氧被转化为许多具潜在的破坏性活性氧种类。包括超氧阴离子（O_2^-）、羟基自由基（HO）、过氧化氢（H_2O_2）、单线态氧（$^1O_2$）、氢过氧基（O—OH），反应过程见图 8-4。

$$
\begin{array}{ccc}
\cdot O—O\cdot & & ^3O_2(\text{基态}O_2) \\
\downarrow & & \downarrow \\
O=O: {}^1O_2(\text{单线态氧}) & \cdot O\text{-}O: {}^-O_2(\text{超氧阴离子}) \\
& \downarrow H^+ \\
H_2O_2(\text{过氧化氢}) + O_2 \leftarrow & \cdot O\text{-}OH(\text{氢过氧基}) \\
\downarrow \\
HO\cdot(\text{羟基自由基}) + HO^- + M^{(n+1)+}
\end{array}
$$

图 8-4　活性氧种类

其中羟基可在水中产生，不需要氧的介入，反应式如下：

$$H_2O \xrightarrow{3S^-} e_{ag}^- + \cdot OH + H^+$$

式中，S 表示光敏剂；e_{ag}^- 表示水合电子。这类活性氧中以·OH 最活泼，几乎能与细胞中的所有分子发生反应。反应速度极快，其毒性最强。

单线态氧可通过能量、电荷转移和氧化作用竞争机制以及自身光发射形式而失活（即猝灭）回到基态。

例如 β-胡萝卜素经能量转移机制可有效地抑制许多化合物的光氧化作用。1,4-二氮二环辛烷（DABCO）和叠氮离子则通过电荷转移途径猝灭 $^1O_2$，$^1O_2$ 的发光回到基态，存在两种形式。即单分子在 1.27nm 处的发光和双分子在 637nm 和 704nm 处的发光。双分子的发射是由二分子相撞引起的，是否发生双分子碰撞是与单线态氧的浓度有关。

光敏剂的光动力作用除了存在类型Ⅰ和类型Ⅱ机理外，有些光敏剂，如芳香多炔类的苯基庚三炔（PHT）可通过自由基或单线态氧的产生而发挥毒效作用的中间型。Arnanson（1980）提出 PHT 的作用模型，即：

PHT（P）吸收光子后，形成激发态的 PHT（P*），随后形成游离自由基 P·在生物体内产生毒杀效应和 P* 的多聚化反应。P* 的激发态能量被 O_2 吸收产生 $^1O_2$。

Downum 等（1986）总结了几种植物源光敏毒素的光氧化机理类型（见表 8-5）。

表 8-5　植物源光敏毒素的光氧化机理类型

类型	化合物
类型 I	乙酰苯类（acetophenones）
	β-咔啉生物碱（β-Carboline alkaloids）
	呋喃色酮类（furochromones）
	呋喃香豆素类（furocoumarins）
	呋喃喹啉生物碱（furoquinoline alkaloids）
中间型	聚乙炔类（polyacetylenes）
类型 II	扩展醌类（extended quinones）
	异喹啉生物碱类（isopuinoline alkoloids）
	噻吩类（thipohenes）

2. 光动力作用的生物化学

根据光活化的类型 I 和类型 II 机理，光敏剂对生物的光活毒杀效应又可分为光动力学反应（photodynamic response）和光诱导毒性反应（photogenotoxic response）。大多数类型 II 光敏剂的光活化能量。催化氧分子（$^3O_2$）形成单线态氧 $^1O_2$。$^1O_2$ 攻击靶标为生物膜，引起膜上不饱和脂肪酸，甾醇，蛋白质（酶）中的氨基酸残基的氧化作用，破坏膜结构与功能。反应中需氧的参入，称为光动力反应。而大多数类型 I 光敏剂，受光激活后，通过氢原子和电子转移，产生自由基和自由基离子，DNA 是类型 I 光敏剂的主要靶标，在细胞内与 DNA 形成共价加合物，干扰 DNA 复制与 RNA 转录，产生遗传毒性。该反应在形成具毒性中间产物时不需氧的参入，称为光诱发毒性反应。

（1）对醇类和碳水化合物的光动力效应　碳水化合物的糖、纤维素、藻酸盐、肝素和透明质酸等物质发生光氧化作用较缓慢。蒽醌和甲酮对碳水化合物是有效的光敏剂，属于典型的类型 I 光氧化过程。基本过程是从醇的 α-C 夺取氢原子，产生的醇自由基与氧反应，从初级醇中得到一种醛或羧酸，从次级醇得到一种酮。己糖醇被光氧化后，首先产生己糖，然后产生相应的己糖酸。通过相似的过程，纤维素受损并且变弱（光柔软化）。

透明质酸是一种高分子量的氨基葡聚糖。它是动物组织凝胶状和眼的玻璃体液的主要组分。在有光敏剂存在下，光照会使透明质酸液的黏度逐渐降低。黏度下降的原因是由于光动力过程中产生的自由基剪切透明质酸链引起的。甲基蓝光敏剂引起透明质酸的黏度下降是由于光动力作用产生的单线态氧使其三级结构改变，使之部分解聚化所致。

（2）对脂类光动力效应 脂类包括脂肪酸、脂肪（脂肪酸的甘油三酯）、磷脂、固醇和它们的衍生物。脂肪和磷脂中的不饱和脂肪酸是光动力作用中的类型Ⅰ和过程的敏感靶标分子。在两种机理中，初始形成烯丙氢过氧化物以及醇，环氧化物和酮。而单线态氧途径较为简单，形成更少的产物，聚不饱和脂肪酸和磷酸酯。主要通过类型Ⅱ的光氧化途径，得到单和双氢过氧化物。这些初始产物经黑暗自氧化作用进一步降解，并形成较复杂的混合物。在类型Ⅱ过程中初始步骤是一种"烯"反应。

生物膜中的磷酸酯聚不饱和脂肪酰基（PUFA）链，对自由基氧化损伤特别敏感。膜上脂质的过氧化，可产生大量的可溶性的脂质降解产生物，如醛，酮等。因而造成生物膜的结构破坏，丧失了生物功能。PUFAs自由基机制氧化过程见图8-5。

PUFAs的氧化作用起始是通过氧化自由基从PUFAs夺取一个氢原子：RH→R·，形成脂质自由基产物。由于双烯丙基C—H键能（314kJ/mol）比单烯丙基C—H键能（368kJ/mol）弱。因此普通的PUFAs分子的甲酰桥联双键比单不饱和脂肪更容易导致氧化。通过中心碳戊二烯自由基与分子氧的迅速反应扩展连锁反应，产生一种过氧自由基 $R·+O_2→ROO·$，这种产物自由基作为一启动剂，从其他的PUFAs夺取H：$ROO^-+RH→ROOH+R·$。这种连锁反应，通过其他任何两种自由基的结合，形成非自由基的产物而终止，特别是通过机体内歧化酶作用，使二个自由基的结合，终止自由基反应，形成非自由基的产物。

胆固醇的光氧化凭借它的类型Ⅰ和类型Ⅱ差异，产生特征性底物模式。单线态氧途径得到较

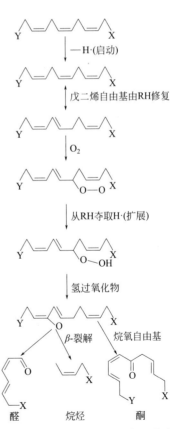

图8-5 磷酸酯聚不饱和脂肪酰基
自由基机制氧化过程

简单的产物，即几乎全是 5-α-氢过氧化物和极少的其他氢过氧化物。而自由基途径系产生 7-α 和 7-β-氢过氧化物和许多其他的产物。其他的甾醇类如强的松、脱氧皮质甾醇和皮质甾醇也能耐光氧化。在有色素和光照条件下，可光氧化形成羧酸衍生物。

（3）对氨基酸的光动力效应　　大约有 20 种氨基酸组成蛋白质，仅有 5 种氨基酸，即半胱氨酸（一种含硫醇基氨基酸）、组氨酸（一种含咪唑基氨基酸）、甲硫氨酸（一种含有机硫氨基酸）、色氨酸（一种含吲哚基氨基酸）、酪氨酸（一种含苯酚基氨基酸）。这些氨基酸在光敏剂条件下能迅速地光氧化。所有这些氨基酸的特点是具有富电子侧链。氨基酸光氧化作用和动力学依赖于氨基酸、光敏剂、溶剂的种类以及 pH 值等。曙红、玫瑰红和卟啉等光敏剂，可使胱氨酸以类型 II 方式迅速地光氧化形成半胱氨酸，根据 pH 值反应速率的测定表明，未质子化的硫醇基最具活性。在血卟啉光敏化的半胱氨酸光氧化过程中产生硫醇自由基，而半胱氨酸光氧化产生磺基丙氨酸伴有结晶紫等。这些反应明显是类型 I 的反应。

许多光敏剂能迅速地光氧化组氨酸，反应速率随 pH 值提高而增强，组氨酸的未质子化咪唑则是活性位点。组氨酸和相关的咪唑基是通过类型 II 过程进行光氧化，伴随形成内超氧化（endoperoxides）。内超氧化物极不稳定，迅速分解使咪唑环解体，形成系列次级产物。玫瑰红在低 pH 值，或氨基团被保护时可直接光氧化甲硫氨酸，而这种产物在一种相当复杂的反应中慢慢地水解形成甲硫氨基酸亚砜化合物。

色氨酸经光氧化后产生复杂的混合产物。某些产物还可进一步光氧化，类型 I 和类型 II 过程都包括在内，通过单线态氧途径产生的一种产物为 N-甲基犬尿氨酸，其本身也是一种光敏剂。

苯丙氨酸和酪氨酸经紫外光照射后必生光氧化反应，形成由苯丙氨酸产生的 o^-、m^- 和 p^- 酪氨酸以及 p^- 酪氨酸产生的双氢苯丙氨酸（DOPA）和双酪氨酸苯丙氨酸（图 8-6）。

（4）对蛋白质的光动力效应　　包括超氧化歧化酶在内的，已超过 100 多种蛋白质经检验对光动力作用敏感。这些酶包括结构蛋白和代谢酶类，使酶失活。蛋白质结构改变，光动力会损伤蛋白质位点，一般是半胱氨酰基，组胺酰基，甲硫酰基，色氨酰基和酪氨酰残基。残基在蛋白质结构分子表面的比深埋在其分子内部的更易光氧化。如果蛋白质分子完全伸展，所有敏感残基可全部光氧化，但肽键不会断裂。有的蛋白质在其结构特定区域含有天然的光敏发色团。例如，6-磷酸葡萄糖脱氢酶，这种酶的辅基为吡哆醛，可光敏位于酶结合部位吡哆醛附近的组氨酸残基，造成光动力修饰作用。

蛋白质经光动力处理，常常出现一些物理化学性质的变化。例如吸收光谱，

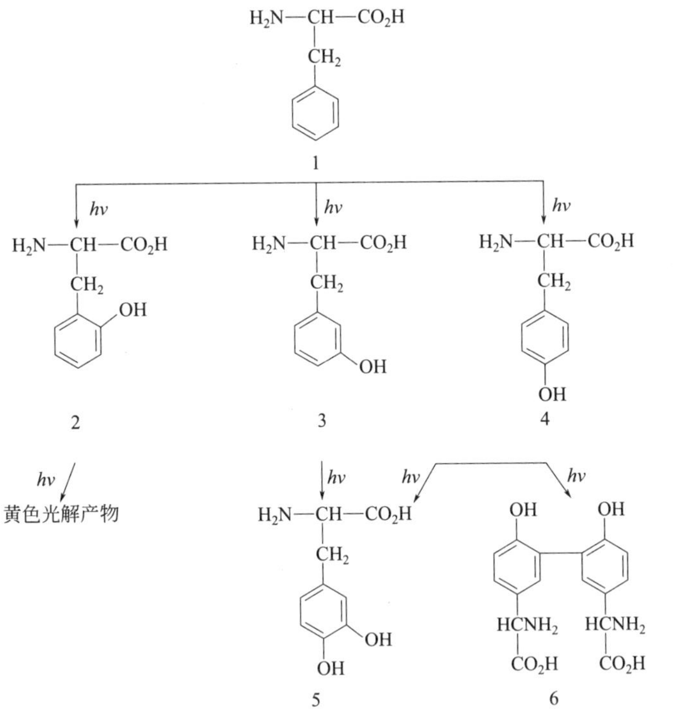

图 8-6　苯丙氨酸和酪氨酸光氧化反应

1—苯丙氨酸；2—*o*-酪氨酸；3—*m*-酪氨酸；4—*p*-酪氨酸；5—双氢苯丙氨酸；6—双酪氨酸

凝集性，辅因子和金属结合性、构型、机械性、旋光度、溶解性和黏性等。光动力处理后，可提高蛋白质对热和尿素的变性以及对蛋白酶的敏感性，形成蛋白质与光敏剂共价光加合物（photoadducts），和蛋白质之间交联的二聚体与三聚体等。如细胞膜上的蛋白色素交联是由于一种色素分子上的光氧化的组胺酰残基与另一个分子上的色素游离氨基相互作用形成的，蛋白质也可与 DNA 光敏共价交联，以及与小分子的色氨酸共价偶联。

光动力处理，常常改变和破坏蛋白质正常的生物学功能。由于酶的活性部位与结合部位重要氨基酸残基的破坏，或由于维系酶正常催化构型的氨基酸的改变，几乎所有的酶丧失它们的生物催化活性。某些蛋白质抗原性与抗体性直接反应的能力降低，多肽激素如血管紧张素，胰高血糖素，胰岛素的生物学功能经光动力处理后受到影响，甚至来源于细菌、植物等的蛋白毒素也会失活。

（5）对嘌呤和嘧啶的光动力效应　嘌呤和嘧啶及其相关的核苷和核苷酸，经敏化的光氧化测定发现，在生理条件下，嘌呤比嘧啶更容易光氧化，而且鸟嘌呤和它的衍生物比其他的嘌呤更敏感，核酸碱基上的环上取代是光氧化作用敏感性的主要效应。例如，用血卟啉处理，5-氨基尿嘧啶和 5-羧基尿嘧啶比 5-甲基尿嘧啶更快地光氧化。嘌呤和它的核酸碱基的光氧化通过类型Ⅰ和类型Ⅱ进行，而决定何种光氧化的途径，主要依赖所使用的光敏剂，玫瑰红敏化 3,5-二-O-乙酰-2-脱氧鸟嘌呤的光氧化，主要通过类型Ⅱ机理，而核黄素和二苯酮则通过类型Ⅰ机理。核黄素敏化 2-脱氧鸟嘌呤的光氧化作用，也通过类型Ⅰ机制，许多光敏剂敏化鸟嘌呤和它的衍生物光氧化速率，随 pH 值提高而增强，表明这些化合物以阴离子的形式出现，对其光敏反应是最敏感的。胸腺嘧啶和尿嘧啶的光氧化速率也随 pH 值提高而增强。甲基蓝敏化的鸟苷光氧化产生最终产物为胍、核糖、核糖基脲和脲，类型Ⅰ氧化产生 3,5-二-O-乙酰-2-脱氧鸟苷和 3,5-二-O-乙酰-2-脱氧-D-赤式戊呋喃糖等。鸟苷衍生物单线态氧氧化产物是 N-(3,5-二-O-乙酰-2-脱氧-D-赤式戊呋喃基)-氰脲酸和 9-(3,5-二-O-乙酰-2-脱氧-D-赤式戊呋喃基)-4,8-二氢-4-8-氧代鸟嘌呤。脲嘧啶的主要氧化产物，在很低温度下则是很稳定的氢过氧化物。

（6）对核酸光动力效应　核酸和合成的聚核苷酸，经不同类型的光敏剂的光动力处理后，通常首先破坏鸟嘌呤碱基。例如血卟啉不嵌入到核酸，专一地敏化单链 DNA 中鸟嘌呤残基产生光变性作用，导致 DNA 链上的每一个鸟嘌呤残基处链断裂。而甲基蓝和相似结构的染料，可嵌入核酸螺旋处，专一地敏化双链 DNA。虽然在有 DNA 和光照的情况下，能较好地产生血卟啉自由基阴离子，但不能与核酸相互作用。单线态氧表现出与血卟啉和甲基蓝两者为相类似的反应性的种类。用玫瑰红处理或用核黄素处理，经 DNA 光动力测定，产生单链断裂。显然说明，通过三线态的敏化剂与核酸相互作用，产生的超氧化物和氢过氧化物，也在核酸光动力降解中作为一种反应剂。

呋喃香豆素可嵌入双链 DNA 螺旋中，光激活后（320～360nm），与嘧啶残基形成环丁烷加合物。线形呋喃香豆素（补骨脂素）可氧化 DNA 形成单和双加合物，而角型构型的呋喃香豆素异茴芹则仅产生单加合物。Poly（dA-dT）序列区域有利于嵌入和光活环化的位点，呋喃香豆素与嘧啶碱基加合不需要氧的参与。补骨脂素与嘧啶碱基的加合反应的位点不同，可产生有荧光加合物与无荧光加合物。

有荧光加合物　　　　　　　　无荧光加合物

除了 DNA 链断裂和形成加合物外，光动力处理的核酸也表现出构型的改变，光谱位移，黏性和熔点温度也降低，但对酶的敏感性则提高。

在生物学活性方面，也发现一些病毒经光动力处理后，丧失了侵染能力，例如烟草花叶病毒 RNA 丧失感染烟草植物能力，DNA 的转录失活。细菌 DNA 转化也受到影响，转录 RNA 失活，核酸信息、模板和翻译活性改变，通过光动力处理在噬菌体内 DNA 可产生突变。

3. 光动力作用的生理效应

（1）亚细胞水平的效应　许多研究表明细胞内的所有结构和组分都可被光动力作用而受到破坏，包括细胞器、细胞膜和各种生物大分子。细胞膜是许多光敏剂诱发产生的单线态氧攻击的靶标，膜成分磷脂的双键、蛋白质五种氨基酸残基、胆固醇等的过氧化造成膜的结构破坏和生理功能紊乱，膜的渗透性发生变化，K^+ 和葡萄糖渗透，如用赤藓红 B 处理肾细胞，质膜上会出现很多孔洞，线粒体发生肿胀和变形，电子转移酶系的活性受到抑制，氧化磷酸化解偶联。由于 K^+ 的外漏，膜电位也发生变化。溶酶体光动力损伤可引起次级细胞损害，出现细胞解体，内质网结构破坏，以及细胞骨架解体，细胞内液泡化和水泡出现。

许多光动力活性化合物是诱变剂。光敏染料可与核酸分子或与基因结合的蛋白质部分反应。派洛宁（pyronin）直接与核酸结合而产生遗传效应，这种染料的诱变活性是与解聚的核酸亲和力有关。果蝇（*Drosophilid*）雌雄虫性-连锁和第Ⅱ染色体隐形致死突变，吖啶橙可引起家蝇雌虫卵色基因位点产生诱变。甲基蓝处理长柄库蚊（*Culiseta longiarreolata*），在可见光照射下可诱发染色体结构改变。玫瑰红 6G 和玫瑰花 B 可诱导沙门菌（*Salmonella*）回复突变和呋喃喹啉和色氨酸衍生的生物碱，可抑制许多生物细胞的有丝分裂和引起染色体畸变。

（2）细胞水平的效应　许多光敏剂能引起细胞的完全破坏，细胞的破坏始于细胞渗透性发生改变，改变的细胞膜促使细胞内的代谢紊乱，最终整个细胞死亡。染料在光照条件下可使血细胞溶解，细胞数量降低。

高浓度的玫瑰红处理，不需光照也可观察到溶血现象，赤藓红 B 处理美洲大蠊（*Perplaneta americana*）也会产生血淋巴的凝集。分别以 0.068mg 和 0.24mg 染料除以克体重的剂量注射到蜚蠊体内，光照处理血淋巴细胞数量分别减少了 11% 和 40%。饲喂和注射染料，却出现增加血细胞数目，当提高到 0.244mg 剂量时，才能显著地降低血细胞数目，降低率为 25%。这些可能是由于染料影响胞囊细胞与组织的黏性，促使正常的非循环血细胞进入循环系统。染料与光照处理，可提高黏结细胞的数量而不会引起溶血。光毒素在昆虫细胞上的作用最为普遍的效应是细胞溶解。用吖啶红处理家蝇和蚊幼虫可使它们的中肠上皮细胞解离。以玫瑰红处理库蚊（*Culex*）会引起消化道受损，失去消化吸收功能。

（3）系统水平的效应　体液组分的影响：用含有玫瑰红染料饲喂初孵棉象甲（boll weevil）四天，可降低 90% 的总脂量和 41% 的总蛋白。而总氨基酸量则提高 3%，提高的氨基酸有：赖氨酸、甘氨酸、酪氨酸和脯氨酸，剩余的氨基酸或是降低或是保持原水平，而用含玫瑰红的饲料饲喂该成虫，羽化后连续处理 5

天，也得到相似的生物化学常数。被处理的象甲会引起乳酸脱氢酶和乙酰胆碱酶活性下降。Josehph（1987）亦提出玫瑰红能引起致死能量应激反应。

对于赤藓红B处理的美洲大蠊成虫，通过聚乙酰胺盘电泳检测血淋巴蛋白的变化，发现经染料敏化的大蠊蛋白带型在特定区带内，蛋白带的位置、数量和平均浓度都发生改变，与未经染料处理的试虫比较存在明显的差异。

体液的影响：用染料玫瑰红和赤藓红B处理美洲大蠊和东方蜚蠊，能引起血淋巴和嗉囊内含物的改变。经注射处理的蜚蠊，引起血淋巴的容量逐渐降低，而嗉囊容量在处理后的63min后，则迅速提高。研究表明，容量的改变与细胞膜渗透性的出现异常有关。渗透压的变化允许血腔液进入消化道。

用赤藓红光敏处理美洲大蠊后，可观察到血淋巴比重力的变化。处理30~60min后，比重力（specific gravity）分别提高0.44%和0.81%。这种变化可能与失水有关，水分可通过马氏管进入消化道。由于光动力作用，水分回收系统出现故障，导致马氏管和后肠膜加速共济失调所致。

（4）神经系统的影响　许多研究表明，可兴奋的细胞对光动力修饰作用是敏感的，也是光敏剂的主要靶标之一。神经中毒以后，正常脉冲传导阻断或在敏化的神经细胞以复杂方式传导歪曲的脉冲，出现异常的行为反应，丧失神经对肌肉的调节作用。Selverstou等利用细胞内染料荧光黄，测定对双斑蟋蟀（*Gryllus bimaculatas*）视神经间突触连接性影响，结果发现可选择性地光失活前胸神经节的单神经细胞。昆虫神经系统易与光活化物质染料反应，严重干扰神经功能。Yoho等观察到敏化的家蝇在一个黑暗周期后，当暴露在阳光下，开始时具有很强的活性，即超活化周期，常常不是发生飞行动作及伸触角和翅等的调整活动。兴奋后出现休止周期。唇瓣伸出运动回吐和排粪、迁移运动不协调，以及丧失腿的功能控制。同时发生雌虫产卵器常常扩大范围探测，逐渐地运动不协调，往往以侧面和背面下落。许多蝇死亡是出现腿向下折叠超过胸部，而其他的蝇死亡则正常朝上的位置。用玫瑰红处理火蚁，会表现兴奋性，触角活动增强，丧失运动协调性，随后出现强制性麻痹，最后死亡。

（5）发育毒性　光敏物质在对昆虫发育方面的影响包括：形态畸形，发育阻滞，延长发育时间，小型个体，授精和生殖力下降，性比例失衡等。

① 形态畸形。光敏剂处理后，表现形态异常的昆虫有果蝇、苜蓿粉蝶、粉蝶、蚊、丽蝇、家蝇、烟草天蛾等。诱导形态畸形的程度与光敏剂的浓度、光照时间、昆虫生理状态、虫种、应用方式等因素有关。

在幼虫生长阶段，许多昆虫幸存于低浓度的光敏剂而进入化蛹，而羽化阶段出现畸形。家蝇在化蛹时头尾为蛹状，而虫体中部为幼虫状，这个畸形个体不能存活。羽化失败是这类药剂不需光最普通的抑制发育效应，羽化出现翅和腿附着蛹，或从蛹中出现成虫头部，这些畸形都不能完全羽化为成虫。有的虽然成功地羽化，但出现小型成虫，翅卷曲和缩短，无飞行能力。

许多研究者试图解释这些畸形的毒理。一般认为光敏剂的处理，会使昆虫运转受阻和血淋巴的循环被限，使昆虫前部出现肿胀，影响昆虫取食，最终昆虫死亡。

取食 α-T 引起烟草天蛾幼虫的畸形类似于由 l-多巴引起的黏虫的畸形。蛹化畸形可能是由于酪氨酸干扰，这个非蛋白氨基酸抑制表皮的黑化与骨化的基础酶的活性。Downum 提出，α-T 在 UV-A 作用下产生单线态氧引起烟草天蛾体壁上蛋白交联，可能是骨化过程异常的原因之一。

昆虫畸形发生通常与蜕皮过程相关。因此有人认为，光敏剂可能作用于蜕皮激素的代谢过程。昆虫中有两种最重要的蜕皮激素：α-蜕皮酮和 β-蜕皮酮。这二种激素的滴度控制昆虫发育进程（当然还有其他类型激素共同调节发育过程），如蜕皮化蛹，成虫的发育和卵子的发生。用高效液相色谱（HPLC）定量测定用赤藓红处理家蝇的 α-蜕皮酮和 β-蜕皮酮的滴度，并设空白对照。结果发现两者的 α-蜕皮酮和 β-蜕皮酮的滴度比例存在明显差异，认为在发育的关键阶段蜕皮激素滴度的不平衡可能由于异常蜕皮或形态畸形导致。

在光敏剂处理的昆虫中，某些幼虫能成功地蛹化和羽化，或成为畸形或正常的成虫。这是由于没有选择好光敏剂的缘故。Pinprikar 提出昆虫发育存在有特定的"发育时间窗口"，通过这个窗口，光敏剂就能有效地引起形态效应的发生。

② 迟缓发育周期。光敏剂对昆虫毒性效应，除促进形成畸形外，还表现出迟缓昆虫发育周期。必须关注推迟发育周期两个关键，即光敏剂的拒食活性与小型个体发育。

用甲基蓝喷洒的桑叶饲养家蚕，家蚕表现生长迟缓，估计可能是处理的叶使家蚕的适口性降低。当用中性红处理菲罗豆粉蝶（*Colias philodice*）和纹黄豆粉蝶（*C. eurytheme*）后，其表现生长迟缓。甲基蓝也能延迟果蝇的生长，迟缓范围则随染料浓度的提高，为 17h～400h。光敏剂迟缓昆虫生长大约比空白对照提高 10 倍。

实验表明，昆虫生长迟缓的发生是由于含光敏剂的饲料不适合昆虫口味，减少取食所致。同时也与对含光敏剂饲料的消化吸收减弱有关。

Berenbaum 和 Feeny 研究了线形和角形呋喃香豆素对凤蝶（*Papilio butterfies*）的毒性与发育效应，发现幼虫取食角形呋喃香豆素当归根素后生长更慢，蛹重更轻。α-T 处理可推迟烟草夜蛾幼虫化蛹时间和延长蚊子生长周期。α-T 和 PHT 是潜在的取食抑制剂，这和其他的光动力植物产物一样，能延长幼虫发育时间，降低生长速度，减弱食物转化率。光敏剂的拒食活性的净效应可能导致小型个体的发育，这种减弱现象已在果蝇、苜蓿毛虫等昆虫中发现。光敏剂处理埃及伊蚊，雌蛹重显著降低而雄蛹不受影响。家蝇经赤藓红和玫瑰红处理后，蛹重降低；用 α-T 处理幼虫能抑制其生长，蛹重也降低 30%。

在害虫综合治理方面有以下作用：a.由于延长生长周期，每个季节所产生某一害虫种群数量会降低；b.由于幼虫和蛹周期发育需要较长时间，对于寄生性、捕食性天敌，在田间有效控制的时间也会延长；c.生长缓慢的昆虫个体与正常个体相比，适应度更低。

光敏剂引起发育时间小的改变，可能会更大地影响昆虫的繁殖。需要进一步加强迟缓机理研究，以能使光敏剂更好地用于害虫防治。

4.杀生、杀卵和其他的效应

研究表明，天然存在和人工合成的光敏剂，能引起昆虫有害的生物效应，包括对产卵力和生殖力的影响。

产卵力以雌虫的整个生活期所产的卵数表示，而生殖力则由雌虫的产卵的活力表示。David首先观察到经甲基蓝处理的果蝇其产卵率会明显地下降；家蝇经玫瑰红处理后，产卵力和生殖力都下降到 $26\%\sim69\%$，产卵力的降低直接与饲料玫瑰红的浓度和取食的频率有关。

玫瑰红处理的家蝇，雌蝇所产的卵活力下降 $5\%\sim26\%$。经光敏剂处理过的蚊虫与家蝇在性比方面没有变化。用当归根素处理的蝴蝶（papillon），对照与处理之间的平均产卵量存在 $3\sim5$ 倍的差异。

昆虫所有生命阶段都会对光敏剂作用敏感，光敏剂能够引起从卵到成虫阶段的毒性。当家蝇用呫吨染料的几个品种作为光敏剂处理可显示杀卵活性。光敏剂穿透卵壳的穿透率非常低，不如其他的发育阶段。由于处理在胚胎期死亡，部分卵完全不能孵化，在某些情况下，幼虫本身从头膜游离出来，但尾部末端仍在壳内，其他异常在卵孵化时可观察到，曙红和焰红处理的海胆会出现卵细胞膜凹陷、空泡形成，最终解体。

光动力天然产物对果蝇的杀卵效应表明通过适当光照周期的选择，可增强光敏杀卵活性。用染料处理雌家蝇会使产卵减少并很少存活。幼虫饲喂在用含有光敏剂的介质饲喂幼虫，会增加蛹的死亡率，并造成成虫羽化率降低 80%。

第二节　昆虫对光敏剂毒素的适应

植物通过长期进行经次生代谢会发生光敏化合物来防御昆虫的取食，而植食性昆虫也伴随同植物协同进化形成对光敏毒素相适应的机制。这些机制包括行为的、物理的和生物化学的适应性。

一、隐蔽取食和夜出习性的行为抗性

隐蔽取食是昆虫取食或接触致死剂量的光敏毒素所采用的一项最重要的避毒

策略，也是长期进化的结果。隐蔽取食的方式包括潜叶虫道、钻柱、卷叶及地下和夜间取食。由于大多数植物组织能阻断 90％以上的紫外线。据统计 70％以上的昆虫以隐蔽避光取食，并且每种昆虫形成高度专一的取食方式。一些小型鳞翅目昆虫幼虫有卷叶的习性，取食伞形科和菊科植物的织叶蛾，以及钻茎取食的螟虫类，都具有自己独特的避光取食的机制。夜虫习性的昆虫，白天隐蔽，晚间活动，包括取食和交配产卵等，也是一种有效的避毒措施。最为普遍的是夜蛾科的昆虫。

二、抗光敏毒素的体表物理因子保护

许多昆虫在阳光下活动是因为这类昆虫能有效地利用组成机体结构的物质的性质来保护自身免受光敏毒素的损害。如昆虫表皮细胞含有黑色素，这种黑色素能吸收 UV 光和可见光，微弱的辐射能以热的形式扩散，以减少光敏毒素受光激发的量。许多昆虫的颜色为深褐色和黑色，其主要成分为黑色素。高度反射的表面也是保护昆虫免遭光敏毒素的一种制剂。鞘翅目昆虫在光照条件下仍可取食含光敏毒素金丝桃素的贯叶金丝桃。由于这类昆虫的鞘翅是不透光的，鞘翅为金属性蓝黑色，故能有效地反射太阳光，阻止紫外线和可见光穿透表皮，鞘翅对光的反射范围为 280～580nm 的波长。许多暴食性昆虫幼体体表为绿色或其他鲜艳颜色。这些神奇物质能吸收或反射太阳光，继而可避免光敏物质的损伤。

三、生物化学代谢的解毒酶与保护酶系的作用

生物化学解毒代谢和保护酶作用是植食性昆虫抗光敏毒素的一条重要途径。各种昆虫的解毒代谢能力有差异，如欧洲玉米螟比烟草夜蛾耐受的能力高出 70 倍。经测定，欧洲玉米螟耐受性与粪便排泄速度有关，在离体条件下，测定 α-T 在欧洲玉米螟比烟草夜蛾代谢速率快 30 倍。用胡椒基丁醚处理，可降低玉米螟对 α-T 的代谢速率，这表明 α-T 的代谢是多底物单加氧酶（polysubstrate monooxygenase，PSMOs）。

一般的外源毒物的解读代谢通常分为两个过程，首先是初级代谢，代谢产物能直接排出体外或需进一步代谢，发生结合（conjugation）反应，并进一步提高溶解性，增强排泄。发生的结合作用为第二反应，即次生代谢。PSMOs 是初生解毒酶催化，而次生代谢由谷胱甘肽-S-转移酶所完成。光敏剂结合还原的谷胱甘肽，能增强光敏分子的亲水性，更利于排泄。α-T 可由 PSMOs 催化，在外层双键上进行氧化，再由谷胱甘肽-S-转移酶催化。使之结合还原谷胱甘肽的化合物，代谢反应见图 8-7。

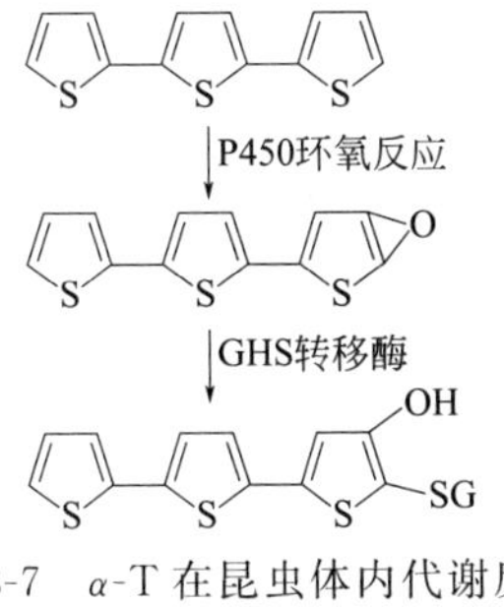

图 8-7　α-T 在昆虫体内代谢反应

万树青（1980）利用高效液相色谱法分析菜粉蝶幼虫取食 α-T 后的排泄物。测得 α-T 的排泄率为 52.7%，处理试虫的排泄粪便经稀释后，可杀死致倦库蚊幼虫。此表明部分昆虫取食了 α-T 后，可通过代谢的排泄途径消除 α-T 的毒杀作用。

一种蚜虫（*Aphis heraclella*）经花椒毒素处理后，UV 光照仍无光毒性反应。经分析，蚜虫可通过内酯水解与糖苷共轭结合达到解毒的目的。黑尾凤蝶（*Papilio polyxeuen*）幼虫取食含有异补骨脂酸的植物后，通过氧化裂解和吡喃环水解等，使之迅速代谢为无毒化合物，但对角形呋喃香豆素（异补骨脂素）代谢极为缓慢，因此该昆虫不选择含该化合物植物做寄主。

花椒毒素在鳞翅目昆虫中的代谢主要为中肠微粒体氧化酶的催化，即经环氧化和羟基化作用而达到解毒的目的，花椒毒素代谢见图 8-8。

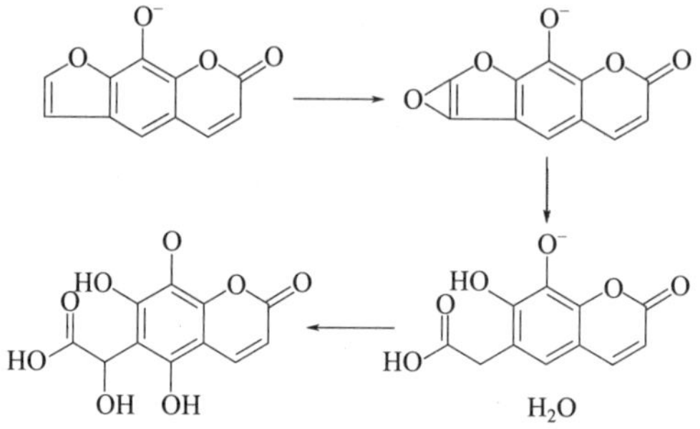

图 8-8　花椒毒素在昆虫体内代谢

生物体在正常代谢过程中有光敏剂的参入可诱导产生超氧阴离子 O_2，形成单线态氧 $^1O_2$ 及许多的自由基，这些活性分子在浓度过高时，对生物产生严重的氧化损伤。生物体内可通过保护酶系清除这些有害分子和离子。保护酶系包括超氧化歧化酶（SOD），过氧化氢酶（CAT）和过氧化物酶（POD）。超氧化酶歧化酶能清除超氧阴离子，形成 H_2O_2，H_2O_2 能与超氧化酶离子形成羟基自由基（OH），而过氧化酶和过氧化物酶能使 H_2O_2 分解为氧和水。在正常状态下，细胞内的自由基的产生与消除是在 SOD，CAT 和 POD 三种酶协调下进行，使产生的自由基维持在低水平，防止自由基的毒害。α-T 在光照条件下，可抑制昆虫 SOD 酶的活性，加速对昆虫的光毒素作用。

四、抗氧化剂作用

植食性昆虫除能利用体内的解毒保护酶系排除光敏素毒害作用外，还利用一些低分子量的抗氧化作用的物质，在体内淬灭 $^1O_2$ 和自由基等。Richard 总结了昆虫体内存在的 $^1O_2$ 淬灭剂、自由基淬灭剂和过氧化淬灭剂见表 8-6。

表 8-6　昆虫体内存在的抗氧化剂

$^1O_2$ 淬灭剂	自由基淬灭剂	过氧化淬灭剂
紫苏烯（perillen）	维生素 C	CH_3—SS—CH_3
β-胡萝卜素	维生素 E	谷胱甘肽
类胡萝卜素		SOD(过氧化物歧化酶) 过氧化氢酶
组胺		
5-羟色胺		
丙烯		
苯醌		
Chrysomelidial		

1. 激发态分子淬灭

为防止光激活毒素分子激发态与生物分子或氧发生反应，可于中途阻止激发态分子同其他分子的反应进行防御，这样可保持光敏毒素处于无伤害的基态。激发态分子淬灭的机理为激发态的电子能（供体）通过受体（淬灭剂）以电子的、振动的、旋转的和动能的结合而消除。β-胡萝卜素，胺，呋喃和一些阴离子，例如 I^- 的和 N_3 是有效的物理激发态淬灭剂。

激发态淬灭剂包括辐射和辐射的淬灭。在辐射淬灭过程中，受体吸收由供体发出电磁能量，要求受体有效吸收光谱并必须与供体发射光谱一致。如呋喃香豆素的最大荧光谱为 450～550nm，而类胡萝卜素的最大吸收光谱也发生在那个区域。因此类胡萝卜素是一种有效的激发态淬灭剂，经能量转移为无辐射反应。在这种形式淬灭中，供体的电子云和受体分子重叠，在重叠轨道之间以静电形式转移能量。

化学淬灭剂是以一种激发态与其他分子迅速光活化反应形式一种或多种产物。化学淬灭剂的例子为单线态的反式-1,2-二苯乙烯与富电子不饱和酯的 2＋2 环化加成反应。

2. 单线态氧（$^1O_2$）淬灭

一些化合物能迅速地淬灭 $^1O_2$，其包括胺、取代烯烃、呋喃、多环芳香碳烃化合物和一些富电的硫和氧的衍生物。这些化合物能与 $^1O_2$ 反应形成氧化的衍生物。几种植物生物碱能与昆虫中的某些含 N 杂环有一定的关系，是有效的 $^1O_2$ 淬灭剂。某些化合物在组织中高浓度的存在，可作为 $^1O_2$ 淬灭剂，并减轻光敏毒素的毒害作用。

3. 自由基淬灭

天然存在的苯酚能转化过氧化自由基，形成非自由基产物。维生素 E 以最快速率攻击过氧化自由基，昆虫所需的维生素 E 是从植物中获取的，具有自由基淬灭效果。

参 考 文 献

［1］ 蒋志胜，尚稚珍，万树青，等.光活化农药的研究与应用.农药学学报，2001，（1）：1-6.

［2］ 徐汉虹，田永清.光活化农药.北京：化学工业出版社，2008.

［3］ 万树青，徐汉虹，赵善欢，等.多炔类化合物光活毒杀蚊幼虫研究.中国化工学会农药专业委员会第十届年会论文集，2000：339-343.

［4］ 万树青，徐汉虹，赵善欢，等.光活化多炔类化合物对蚊幼虫的毒力.昆虫学报，2000，43（3）：264-270.

［5］ 万树青，杨淑娟.多炔类化合物对稗草光活化生长抑制活性及作用靶标.植物保护学报，2004，3：299-304.

［6］ 万树青，杨淑娟.α-三联噻吩光活化抑制植物生长活性及作用靶标.植物保护学报，2006，33（2）：183-186.

［7］ 万树青，杨淑娟，蒋志胜.两种光敏化合物光诱导稗草细胞产氧自由基电子自旋共振的检测与分析.植物保护学报，2004，31（3）：294-298.

第九章　昆虫行为干扰剂与昆虫化学感受器相互作用的生物化学

对于多数昆虫而言，在它们与环境发生相互作用时，常常是化学感受器感受化学信息物（semiochemicals）用于调节行为反应，比视觉和听觉感受更为重要。由于昆虫具有相对发达的嗅觉和味觉系统，它们能有效地利用环境中各种化学物质作为信号分子，在营养期具选择性取食习性，繁殖期能准确无误地寻找同种配偶，而一旦授精，许多昆虫的雌虫又能找到有利于其后代取食的产卵地，像蜜蜂、蟑螂、蚁、小蠹类和蚜虫等社会性和群居性昆虫间的通讯，它们的行为也是受化学信号所调节控制，甚至非社会性昆虫，如一种寄生蜂丽蝇蛹集金小蜂（*Nasonia vitrpennis*），在果蝇幼虫产卵后，留下一种化学标记物，而这种标记物能阻止同种的其他雌虫在同一寄主上产卵，这样可避免重寄生。植食性昆虫可利用植物气味分子和植物次生物质作为化学信息物调节它们的多种行为，包括寄主定向行为，忌避行为，产卵地选择行为，取食、聚集、传粉和交配行为。有的植物当受到虫害侵蚀后，可释放一种特殊的化学信息物，招引捕食性天敌寻找寄主。可以说，昆虫生活在充满化学物质的世界，化学信息物调控昆虫几乎所有的行为。

人类自 1959 年鉴定第一个昆虫信息素——蚕蛾素以来，在 60 多年的时间里已分离和合成了许多的信息素，这些信息素的应用改变了传统的害虫防治方法，成为了害虫综合治理的重要组成部分。

本章将介绍化学信息物的主要类型和作用，昆虫化感器的基本结构，神经编码的主要类型和感受神经细胞感受化学信息物的生物化学机理。

第一节　化学信息物的种类

根据环境中存在的化学信息素的来源可分为昆虫信息素和植物源化学信息素。

一、昆虫信息素

昆虫信息素是由昆虫特异腺体分泌的具调节昆虫行为的物质。按性质和功能可分为两大类：①种内信息素或称外激素（pheromone），由一种昆虫合成并释放到体外，引起同种昆虫的其他个体产生行为反应的物质。它可激活专一的感受细胞受体，触发一种生理事件的连锁定型反应，如同一把钥匙开一把锁。这类化学信息素包括性信息素（sex pheromone），聚集信息素（aggregation pheromone），疏散信息素（epideictic pheromone），阻止产卵信息素（oviposition deterring pheromone），追踪信息素（trail pheromone），告警信息素（alarm pheromone）等。②种间信息素（allelochemicals）（亦为异种作用物质），由一种昆虫合成并释放到体外，引起异种昆虫个体产生行为反应的化学物质。这种信息物激发异种昆虫的反应，有的有利于释放者称为利己素（allomone），有的有利于接受者，称为利它素（kairomone），这些信息物质在昆虫种间通讯中发挥重要作用。

二、植物源化学信息素

1. 按性质和作用分类

根据植物代谢及释放的化学信息物质的性质和作用可分为三种类型。

（1）植物在生长发育过程中，所释放的有挥发性气味的次生代谢物质，能诱导昆虫产生寄主定向行为、逃避行为、产卵场所选择行为，刺激雌雄交配、取食、聚集和传粉行为等。

（2）植物在受到昆虫攻击后，引发植物发生某种生理生化变化，有规律地合成并释放具有种属特异性的挥发性物质。这种化学物质引致有害昆虫的天敌，以避免植物继续受到危害，可起互利素的作用。释放的气味分子也可作为同种植物个体间的告警化学信号，促使其他同种植物释放能抑制植食性昆虫取食的物质。

（3）植物次生代谢产生的阻碍昆虫对食物进行消化和利用的信息素，主要对昆虫产生拒食效应。

除了植物产生可被昆虫利用的化学信息物质外，还能合成一些具有防御作用的化学物质，当昆虫误食后，造成昆虫中毒死亡或延迟其生长发育降低繁殖率，从而使植物免于蒙受更大的损失。

2. 按作用形式分类

影响昆虫行为反应的植物源信息物质，根据对昆虫产生作用形式，可分为引诱剂、驱避剂和拒食剂。

（1）引诱剂（attractant）　引起昆虫定向运动朝向释放源地的化学物质。植物性昆虫利用植物引诱剂寻找它们的食物，选择产卵地点。引诱剂是高度专一的，并且在很低的浓度下具有活性。

植物引诱剂可用于诱捕害虫，监测昆虫种群变化。食饵和从食饵中分离出的纯的化合物常用于昆虫引诱剂。其他应用植物化合物引诱害虫的还包括丙基硫醇（pronyl mercaptan），可引诱洋葱蝇（*Hylemya antigua*）。从伞形科植物中分离的苯基丙烷类似化合物，可引诱胡萝卜蚜（*Psila rosae*）。来源于棉花籽油的单萜类化合物，可引诱棉铃虫（*Anthonomus grandis*）。

从白蛾藤（*Araujia sericofera*）分离的苯基乙醛（phenylacetaldehyde）可引诱许多鳞翅目昆虫。还有许多其他类型的引诱剂包括生物碱、黄酮类、葡萄糖酸、萜类和其他天然产物，在昆虫防治中是非常有用的。

（2）驱避剂（repellents）　如同刺激物一样，能诱发避开反应的物质。驱避剂化合物阻止昆虫损害植物或动物，这种避开行为是由于无吸引的，不适口味的或讨厌的物质引起的。

天然植物化合物已广泛地用于驱赶皮肤和衣物上的吸血蚊虫、蝇、螨和蜱。例如，香茅油（citronella）、松节油（turpentine）、海地油（pennyroyal）、柏木油（cedarwood）和冬青油（wintergreen），已制成驱虫的药剂。已从香茅（*Andropogon nardus*）的香茅油中分离出驱避剂，主要活性组分为香茅醇（1）和香茅醇（2），香茅油加石蜡油制成的蜡烛，可以作为驱避剂。

从植物里分离的单萜类化合物，如柠檬醛和香叶醇对多种昆虫具有驱避作用。从荆芥（*Nepeta cataria*）植物中分离的荆芥内酯（nepetalactone）可驱赶17种昆虫。从菊科植物、木兰科植物和芸香科植物精油中提出单萜类化合物，1,8-桉树脑（cineole）对许多昆虫具有驱避作用。

由 REI 开发的一种昆虫驱避剂已商品化，它含有香茅油，主要成分为 1,8-桉树脑。另外商品化的 "Green Ban" 驱避剂也含有香茅油。

（3）拒食剂（antifeedants）　当昆虫初试取食时，可导致临时或永久终止取食的化学物质。合成的天然的拒食剂，合成的化合物 4'-(二甲基三氮烯基)-*N*-乙酰苯胺和三苯基锡乙酸（triphenyltinacetate），对许多昆虫具有拒食活性，目前使用的农用拟除虫菊酯也有拒食活性。

从植物中分离出具有拒食作用的化合物，如几种血苋烷（drimane），倍半萜类包括华勃木醛（warburganal）和蓼二醛（polygodial），这两种化合物对非洲黏虫（*Spodoptera exempta*），蓼二醛对大菜粉蝶（*Pieris brassicae*）表现出明显的拒食活性，其他的植物源拒食剂克罗丹（clerodane）二萜类化合物克莱罗丁（clerodin）和紫背金盘素Ⅰ（ajugarinⅠ），对许多昆虫具有拒食活性。经结构活性研究 clerodane 二萜类活性基团包括反式-环氧二乙酸盐和糠呋喃或者含有丁烯烃酸内脂侧链。

另一大类的拒食剂为柠檬素类（limonoid），其中重要的拒食化合物为印楝素（azadirachtin）。另外印楝素还是一种缓效杀虫剂，当昆虫取食后，打破了昆虫的激素平衡，干扰了昆虫生长发育。其他柠檬素化合物 nomilins 显示对玉米上的甜菜夜蛾（*Spodoptera exigua*）具有拒食活性。

第二节　昆虫化感器的基本结构

一、嗅觉感受器

在昆虫中，所有的化感器由一个或多个双极感受神经组成，并成为体壁结构中的一个可改变部分。在个体发育过程中，发育中的外胚层单细胞分裂两次或多次，产生四个或更多的子细胞，分化为毛原细胞、膜原细胞、鞘细胞和感受细胞。毛原细胞和膜原细胞分别发育成毛柄/孔系统和毛基，鞘原细胞起分隔感受细胞和保护感受细胞的作用。在感受器中，初级神经细胞树突在感受器内延伸，而这些细胞的轴突不分枝直接延伸到中脑。根据壁的结构和几何立体形态，嗅觉感受可分为板型感受器（sensillum placodeum）、锥型感受器（sensillum basiconicum）、毛型感受器（sensillum trichodeum），见图 9-1。毛型感受器是渐光的表皮毛样扩展。锥型感受器形态像钉，表皮圆锥扩展结构上比毛状感受器更钝。板型感受器是像板样的感受器。还有栓锥感器和沟状感器。

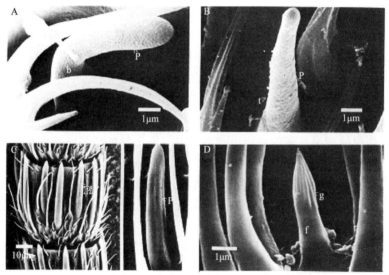

图 9-1　昆虫嗅觉感受器外部结构类型（引自 N. Bhushan Mandava）

A：柑橘小实蝇（*Dacus dorsalis*）（双翅目，实蝇科）雌成虫触角侧索锥型感受器；

B：墨西哥实蝇（*Anastrpha indens*）（双翅目，实蝇科）雌成虫触角侧索毛型感受器；

C：寄生蜂（膜翅目，茧蜂科）触角上板型感受器；

D：南部松小蠹（*Dendroctonus frontalis*）（鞘翅目，小蠹科）雌虫触角棒上的槽型感受器

P：孔；b：锥型感受器；t：毛型感受器；f：槽型感受器；g：沟槽感受器；Pi：板型感受器

　　板型感受器内有许多神经感受细胞，偶尔超过 100 个。昆虫感受器的数量取决于物种与发育阶段，蜜蜂的雄性成虫触角上超过 30 万个神经感受细胞；鳞翅目幼虫头部有 30 个感受器，约有 188 个感受神经细胞；蝗虫成虫（雌性）触角有 12 万个感受神经细胞。

　　昆虫嗅觉感受器形态结构见图 9-1 至图 9-4。

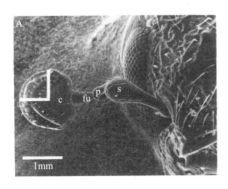

图 9-2　松小蠹触角电镜扫描图（引自 N. Bhushan Mandava）

A：南部松小蠹（*Dendroctonus frontalis*）触角扫描电镜图；

B：触角棒一部分扫描电镜图，表示由二种感受器组成的

三环形感受器带，存在于感受带外部区域Ⅱ和Ⅲ型毛型感受器

b：锥型感受器；c：感受棒；f：槽型感受器；fu：柄；

p：柄基；s：羽轴；tⅡ和tⅢ：毛型感受器Ⅱ和Ⅲ

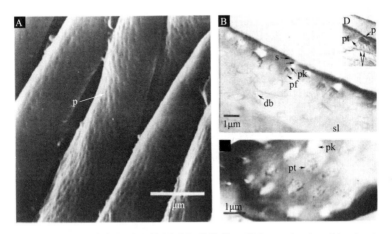

图 9-3　南部松小蠹相关电镜图及超微结构（引自 N. Bhushan Mandava）

A：南部松小蠹（*Dendroctonus frontalis*）触角棒第二感器环带锥型感受器扫描电镜图，

注意大量不规则的表面孔；B：锥型感受器径向部分图显示每个孔的超微结构；

C：锥型感受器横切面透射电镜显示锥型感器内孔管的接触树突，分叉的箭头表示表面接触

db：树突分支；p：孔；pf：孔漏；pk：孔穴；pt：孔管；s：表层；sl：感受液器

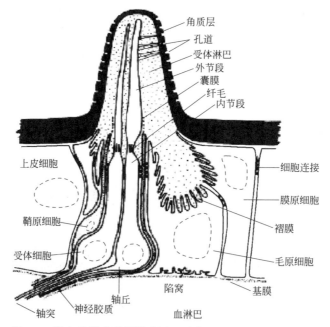

图 9-4 昆虫嗅觉感受器模式图（引自 N. Bhushan Mandava）

二、味觉感受器

位于表皮的毛状（毛型感受器）和锥状感受器（锥型感受器）内，主要分布在口器和跗节上，感受器内有 3～8 个神经感受细胞，神经感受细胞树突延伸到感受器的顶端，紧贴在单顶孔，神经轴突直接和中枢（脑）连接，中间无突触。

鳞翅目昆虫幼虫味觉感受器位于下颚瘤状体（外颚叶）上的锥形栓锥感受器，分为中、侧栓锥感受器（主要起识别液体食物作用）和内唇感受器（主要负责食物吞咽）。味觉感受器形态结构见图 9-5、图 9-6。

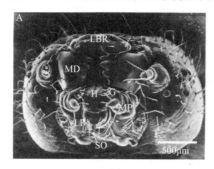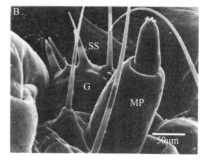

图 9-5 家蚕幼虫头部电镜扫描图（引自 N. Bhushan Mandava）

A：家蚕（*Bombyx mori*）幼虫头部图；B：下颚须和外颚叶放大图

H：舌下咽；LBR：上唇；LP：唇须；MD：上颚；MP：下颚须；SO：吐丝器；SS：栓锥感受器

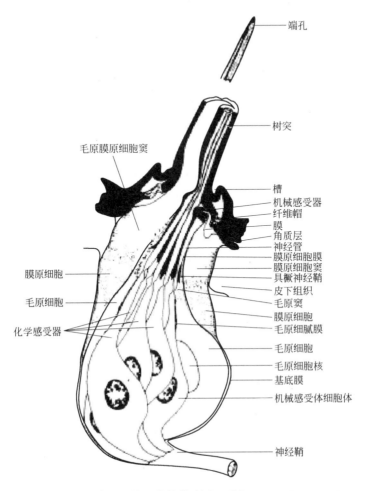

端孔

树突

毛原膜原细胞窦

槽
机械感受器
纤维帽
膜
角质层
神经管
膜原细胞膜
膜原细胞窦
具橛神经鞘
皮下组织
毛原窦
膜原细胞
毛原细腻膜

膜原细胞

毛原细胞

化学感受器

毛原细胞
毛原细胞核
基底膜

机械感受体细胞体

神经鞘

图 9-6　昆虫味觉感受器精细结构模式图（引自 N. Bhushan Mandava）

第三节　神经编码的主要类型

一、神经编码形式

　　感觉神经编码是以一种或多种神经细胞的活性为基础。以脉冲的形式表达出来，感受信息神经传导到大脑（中枢），经整合、解码，最后控制行为反应。目前，可区别的三种基本的感觉编码如下：

　　（1）标记线（labelled line）　每个神经细胞传递一种特殊信息（信息素），在没有被其他神经细胞附加信息渗入下，得以感知，特点是高度专一性。

（2）交织方式（across-fiber patterns） 含有一种神经活性方式的信息，通过两种或更多的感受器的传递，具有不同的刺激谱。

（3）时间方式（tempral patterns） 刺激物的质和量影响神经脉冲间歇方式，神经细胞具有一个适应期，这些可能有附加的信息渗入。

昆虫体内的化感器感受编码往往是这三种编码的结合方式。

二、嗅觉感受神经的编码

（1）鳞翅目昆虫触角上嗅觉感受细胞的特点：嗅觉感受器主要分布在触角上，主要感受性信息激素和植物挥发性物质，对信息素具有高度的专一性和敏感性，对植物气味分子挥发性物质也具有高度的敏感性和选择性。

有人采用单敏感记录技术，测定海灰翅夜蛾雌虫触角上的 125 个感受细胞和雄性上的 41 个感受细胞，得到 24 种不同受体神经类型，其中 21 种为植物气味敏感型，3 种为性信息素敏感型。受体神经对植物的气味，绿叶挥发物，产卵阻抑物和其他一般植物气味分子具有高度的专一性。这些受体神经中的大多数对一种或两种受试化合物进行反应，其他的受体神经仅对一种性信息素反应。

David(1990) 报道，马铃薯甲虫的触角上具有不同感受细胞，对绿叶气味反-2-己烯-1-醇，反-3-己烯-1-醇，反-2-己烯醛发生不同强度的反应。

（2）嗅觉感受神经编码的一般过程 嗅觉感受神经信息传递途径大致步骤是：感受神经细胞感受气味分子（或其他的信息素），特异与膜蛋白结合，引起膜电位的变化，电位脉冲经轴突传递到触角叶内的嗅球（髓质结合，各种信息的汇合点），如螳螂雌成虫含有 12 万条嗅觉感受神经，而在嗅叶内有 125 个嗅球。嗅叶内的中间神经与传入的受体神经在嗅球内经神经整合后又经射出神经（螳螂雌虫 270 条）传递到蕈状体，在蕈状体内综合解码，最终调节昆虫的行为活动。现将受体神经内的嗅觉编码，嗅叶内的嗅觉编码和嗅叶射出神经内的嗅觉编码进行讨论。

触角受体神经的嗅觉编码：①受体蛋白与气味分子结合，受体蛋白可分为特异性受体蛋白和广调（broadly tuning）受体蛋白，分布在树突的质膜上，受体蛋白与刺激物（气味分子）结合，可引起细胞兴奋。在结合方面与亲和力有关，高亲和力的为高度专一性，较低亲和力的为较低专一性。②电生理反应，纯合的化合物（气味分子）可引起神经的振动-僵直（phaso-tonic）类似的兴奋，即触角接触气味分子后，不到 20ms 出现波峰并产生一种相位瞬变（phasic transient）。在这段时间内，波峰频率迅速提高，直到出现刺激后的 50～150ms 波峰。在 200～250ms 后，嗅觉受体神经适应这种刺激物，发放信息频率并持续到刺激物消失为止。

复杂混合物气味分子可诱发与简单气味分子不同的反应形式：①两种气味分

子的刺激比其中的任何一种刺激能产生更低的发放率（抑制作用，受体蛋白与第二信息系统相互作用）；②混合物中存在一种在细胞内不产生任何反应的特殊的气味分子，在此，它可能抑制神经活性；③两种受体蛋白产生的刺激可能比任何一种蛋白单独引发刺激的反应总和还要多，还要加强反应（增效作用）。

　　受体神经除了能感受简单单一的纯化合物和复杂混合气体并以不同形式编码信息外，还可以携带气味分子浓度信息。发放峰的频率是与刺激物的浓度呈正比例关系。特点：①单个感受细胞不适于携带混合物中的全部重要信息，而是以每个感受器为单位整合编码第一级水平的信息表达形式；②许多不同刺激物可引发单个感受细胞的活性；③一种化合物，不管是以单个纯化合物或是以复杂化合物混合状态存在，都可以激活一整套感觉神经产生重叠调整脉冲曲线；④嗅觉信息是由受体神经的轴突传导到大脑。

　　（3）触角叶内的嗅觉编码　嗅觉感觉神经轴突延伸到触角叶内的嗅球，嗅球是由大量的感觉神经和中间神经突触组成。射出神经的树突也伸入到嗅球内，嗅球是大量信息的交汇点，嗅球含有大约多于 10 万个受体神经突触，不到 1000 个内部中间神经突触，仅有几百个射出神经突触。从几种类型神经数量变化可以看出，触角叶是综合信息器官，从受体神经来的信息必须进行整合，并使信息由射出神经输入，保留刺激气味的性质、浓度和持续时间。但表现出与嗅觉受体神经很不同的活性形式，突触除了感受神经兴奋性神经突触外，还与中间神经抑制性的 GAGB 突触有关。

　　受体神经输入形式：①一种受体——一种嗅球（一种气体——一种嗅球）。如，性信息素信息传递属于此种类型，属标记线编码类型。②激活多个嗅球交织编码。一般的气味分子（包括复杂混合的气味分子），可诱发几个嗅球的活性。

　　射出神经反应的特点：①对处于疑问状态的神经和刺激物反应，并且以激活与失活周期的复杂结合形式构成脉冲形式表达。②射出神经的活化不显现出受体神经简单和复杂气味刺激物的产生的 $0\sim20\mathrm{Hz}$ 范围内的搏动瞬间结构。

　　（4）触角叶射出神经的嗅觉编码　触角叶射出神经携带有关刺激的质和量的信息，按一组动作电位传递到更高层次的脉冲。

　　目前已知有以下几种编码形式：

　　① 速率编码（rate code）　一种简单的形式，它代表刺激物强度的变化，随所产生的动作电位速率而变化，这种信息量比较低。

　　② 时间编码（temporal code）　一种复杂的编码形式，在这种编码中，单个神经的活性具有不同的动作电位时间模型，代表一种刺激物的不同内容。改变连续动作电位的时间调节，将产生具有不同意义的信使，此种时间编码不同于时间编码（timing code），时间编码代表存在特殊的刺激物，具有时间结构。

　　③ 时-空编码（spatio-temporal code）　射出神经的嗅觉时间编码在一群神经

中表达时，伴随产生的时间-空间的编码。

在对嗅觉刺激的反应中，许多射出神经改变它们的活性，而且每一种神经产生不同的时间峰模型。一个神经的活性可能编码激活的神经群所携带的很小一部分信息，只有整合了神经群的活性，脑才能对刺激进行解析。

（5）关于射出神经编码的假说　气味的质量是由射出神经的活性与触角叶中间神经整合了场电位振动之间短暂的同步化的编码。

场电位振动在触角叶和蕈状体中都可发生。振动时间比刺激时间还长，振动的频率具有种的特异性，蚱蜢为 20Hz。振动是触角叶内许多类型的神经电活性的总和，包括动作电位、突触电位和非峰的内部中间细胞膜电位级差。

射出神经在对嗅觉刺激反应所产生的动作电位是与 20Hz 峰的局部场电位振动短暂的同步化，不同的气味诱发不同的射出神经活性的模型以及产生不同的振动同步化模型。

例如，用许多气味刺激，记录单射出神经活性，一些气味在刺激后产生 100ms 的同步化，而其他的气味则产生大于 200ms 的同步化，同步化周期的时间在许多射出神经之间是变化的，这些是气味的时-空编码。

实验发现，触角叶内的场电位振动与蕈状体内相似的振动同步化，如切断嗅觉嗅球与蕈状体连接的轴突，则触角叶内的振动停止，而蕈状体内的振动仍继续进行。

振动不是完整的气味编码部分，而是外部时间的参考，每一种射出神经在时间上是完整的感觉输入系统，产生时间上的动态编码，其中一部分为刺激物的化学组分编码，另一部分为刺激物的浓度和时间结构编码，而振动则是对射出神经编码精确性相符程度评价的一种时间参考。

三、昆虫味觉感受神经的编码

1. 取食阻抑剂（deterrent）刺激神经反应类型

毫无疑问，取食阻抑剂影响昆虫化感器，改变感觉输入反应，调节取食行为，是昆虫与植物长期协同进化的结果，已知感受神经对取食抑制剂的反应有如下类型：

① 刺激一种神经，专一性调节其对不同植物化合物反应阻止取食（标记线方式）；

② 刺激神经细胞上某些受体位点，该神经具有广谱敏感性（包括植物次生物质）；

③ 抑制由诱食剂刺激引起的神经反应；

④ 通过刺激某些神经和抑制其他神经的活性改变复杂的和精细的编码；

⑤ 诱发不规则的脉冲模型常常是高频率脉冲（几百次/s）；

⑥ 一种抑制剂可能引起一种、两种或更多的神经活动。

（1）抑制神经　在鳞翅目昆虫幼虫或成虫的味觉感受器上存在抑制性神经，这些抑制性神经细胞分布在栓锥感受器上，中栓锥或侧栓锥或两者都存在（表9-1）。对柠檬素类、生物碱、苯酚、水杨苷、咖啡因、马兜铃酸等具有强烈反应。阻抑神经还分布在成虫的跗节感受器上，功能是区别寄主植物远离非寄主植物产卵。

表 9-1　鳞翅目幼虫中、侧栓锥感受器上存在的阻抑神经细胞

昆虫	中	侧	昆虫	中	侧
荨麻蛱蝶（*Aglais urticae*）	+		甘蓝夜蛾（*Mamestra brassicae*）	+	+
家蚕（*Bombyx mori*）	+		冬天蛾（*Operophtera brumata*）	+	+
杨裳夜蛾（*Catoclala nupta*）	+		大菜粉蝶（*Pieris barassicae*）	+	+
冬夜蛾（*Episema caeruleocephala*）	+		菜粉蝶（*Pieris rapae*）	+	+
对非洲茎螟（*Eldana saccharina*）	+		斜纹夜蛾（*Spodoptera exempta*）	+	+
舞毒蛾（*Lymantria dispal*）	+		海灰翅夜蛾（*Spodoptera littoralis*）	+	+
烟草天蛾（*Manduca sexta*）	+	+	巢蛾（*Yponomeuta* sp.）	+	+
椴天蛾（*Mimas tilliae*）	+	+			

注：引自周东升等，2012。

（2）广谱神经　用抑制剂或是昆虫不取食植物的汁液刺激味觉感受器，会刺激一个或更多的神经。当受到刺激时，栓锥感受器的每个感受器，可诱发三个或更多的神经反应。某些酚类化合物刺激大菜粉蝶（*P. barassicae*）幼虫，可引起侧栓锥和中栓锥上的几个神经反应，印楝素刺激许多鳞翅目昆虫，可引起侧栓锥和中栓锥上的几个神经反应，生物碱（金雀花碱、烟碱）和喹啉可激活一种叶甲（*Entomoscelis americane*）对一种诱食剂（glucosinolate）激发的神经细胞。

某些神经对许多植物次生物质（诱食剂和阻抑剂）刺激输出形式相似，但中枢神经可将同样时间内从其他神经接受的输入信息编码或解码，形成一种交织模型。

（3）抑制诱食剂神经活性　抑制剂与诱食剂神经的作用包括直接的相互作用和延迟的相互作用。

① 直接的相互作用。抑制剂可以减弱或完全消除诱食剂感受器的反应，如喹啉抑制麻蝇（*Boettcherisca peregrina*）的糖感受器，抑制舞毒蛾的"糖"神经。印楝素抑制海灰翅夜蛾的"糖"神经，花青苷（cyanin）抑制大菜粉蝶和马兜铃酸（aristolochic acid）抑制烟草天蛾葡萄糖敏感的神经等。

② 延迟的相互作用。用华勃木醛（warburganal）刺激非洲黏虫（*S. exempta*）的蔗糖和肌醇（inositol）敏感的神经以及刺激烟草天蛾葡萄糖和肌醇的敏感神经，当延长刺激时间（一至几分钟）可出现不规则的脉冲形式，当改用诱食剂刺

激时，反应活性降低，一般需要 0.5～1h 才能恢复。

当用华勃木醛和血苋烷（drimane）处理大菜粉蝶时，能诱发中栓锥阻抑神经的动作电位产生，当延长刺激 1～60min 后，所有的几种化感神经都受到抑制。表明这类抑制剂是非专一性的阻断作用。这类延迟作用的刺激剂需要刺激一定时间后才能发生生理效应，在实际应用时，由于昆虫的运动，它们的栓锥感受器很可能是间歇式接触着这类化合物，由于接触时间太短，就不能诱导产生明显的生物效应。

川楝素的作用类似华勃木醛和血苋烷，它能降低黏虫（*Mythimna separate*）幼虫中栓锥的神经对蔗糖和肌醇神经的反应性。

葡萄糖的衍生物富马酸（fumarateacid）刺激烟草天蛾幼虫的葡萄糖敏感神经，则需要刺激 15min，才可引起对葡萄糖的反应降低 70%。在活体生测时，可降低由葡萄糖刺激的取食活性。

2. 感觉编码的变形

一般情况下，脉冲脉迹（impulse trains）在峰电位时间具有某些规律，当用某些化合物刺激后，脉迹产生时间上的变形，这种变形的编码能够导致取食的抑制作用。用寄主植物和非寄主植物汁液处理马铃薯甲虫（*Leptinotaisa decemlineata*），非寄主植物刺激的反映脉迹明显不同于寄主植物刺激所诱发的脉冲形式。对于观察到的非寄主植物高度可变的脉迹，似乎中枢神经（CNS）解码为"非感觉"，结果是不取食或是仅仅受限的取食。同样鳞翅目昆虫对于寄主植物和非寄主植物的抽提物诱发产生的不同感觉反应，这种神经反应的时间编码与它的变化是具有意义的生理特性。

不规则的脉冲形式：一些抑制剂诱发某些昆虫感受神经产生不寻常的极度兴奋的脉冲频率（firing frequencies）或爆发性活性，以致后来这些细胞对正常的刺激物不敏感。某种生物碱，可引起马铃薯甲虫外颚叶上味觉感受器中几个神经（或所有的感受神经）不规则的兴奋，在刺激几秒钟后，这种兴奋发展为爆发性的活性。在神经细胞中不规则的脉冲或爆发性的活性，认为是伤害性反应马兜铃酸刺激烟草天蛾的侧栓锥感受器中的葡萄糖受体，则产生爆发式的反应，但其后对葡萄糖不敏感。川楝素对其他鳞翅目昆虫也具有类似的反应。相关研究中也测量到猪毛蒿（*Artemisia scoparia*）精油中的茵陈二炔（capillene）对亚洲玉米螟幼虫的栓锥感受器刺激可产生爆发性的脉冲反应。

3. 化感器活性与取食行为之间的关系

化感器神经编码研究的基本目的是解释感觉神经的信息传入和取食行为之间的关系。经研究发现，鳞翅目的幼虫取食行为是与神经感受细胞对诱发剂（蔗糖、氨基酸、肌醇等）或取食抑制剂（印楝素、川楝素、生物碱、蓼二醛等）反应的神经活性有关。诱食剂可激活糖、氨基酸、肌醇等感受细胞产生动作电位，形成特定的电位脉冲形式。拒食剂可激活感受器的"苦"细胞产生动作电位和电位脉冲。激活诱食剂感受细胞可产生取食行为，而激活"苦"细胞可产生拒食行为，同时抑制剂可抑制诱食剂感受细胞的电位脉冲的发放，抑制剂也可调节"苦"细胞的电位脉冲的发放。有些化合物对感受神经细胞的作用也存在剂量-活性关系。当低剂量刺激时，可作为一种刺激剂，而在高剂量时，可抑制兴奋作用。黑芥子硫苷酸钾作用于海灰翅夜蛾（*S. littoralis*）幼虫时，在 1mmol/L 的浓度下可起刺激取食作用，而在 5mmol/L 或更高浓度处理下则表现为一种拒食剂的效应。

第四节　感受神经细胞感受化学信息物的生物化学机理

一、感受神经对信息物感受的一般过程

化学信息物作为第一信使分子，与化感器内的淋巴液受体或感受细胞膜上受体结合。这种化学信息物与受体特异性结合，引起受体构象变化，激活膜上离子通道，刺激产生动作电位并以电位形式编码信息，经神经轴突传递至中枢神经，再经中枢神经解码，指导行为反应。有的信息分子可激活或抑制感受神经膜上的某些酶类，如膜上的糖苷酶，引起细胞内生物化学反应。有的化学信息与受体结合后，引起受体构象变化，激活细胞膜上的腺苷环化酶或鸟苷环化酶，使细胞内腺苷三磷酸（ATP）转化为环化腺苷三磷酸（cAMP）或鸟苷三磷酸（GTP）转化为环化鸟苷单磷酸（cGMP），这两种化合物作为第二信使，使化学信号转化为调节信号，引起细胞内生化级联放大反应，调控细胞代谢过程和开启离子通道，诱发膜动作电位并以特异形式的脉冲形式，经神经轴突传递至大脑，最终调节昆虫行为活动。

二、第二信使的作用

Osborne（1997）观察果蝇（*Drosophilla melanogaster*）幼虫或成虫搜寻食物行为，发现自然种群中，存在游走（rover）和待食（sitter）的两种不同行为反应类型，它们的基因型为 *for*ʳ 和 *for*ˢ，分别占 70% 和 30%，通过分子作图遗传分析，认为这种行为差异是与果蝇搜索基因（*for*）的结构上存在差异有关。这个基因定位在多线染色体的 24A3-5 区域，又称为 *dg2* 基因，该基因编码依赖环化鸟苷单磷酸蛋白激酶（PKG）。*dg2* 基因突变使 PKG 活性和量与野生型存在差异。经生物测定，*for*ʳ 型比 *for*ˢ 型果蝇具有更高的 PKG 量和活性，而且

PKG 活性与游走行为具有一定的相关性。通过基因操作技术培育 *dg2* cDNA 转基因品系和在待食型的幼虫中调节过度表达 *dg2* 基因都可使待食（sitter）型转变为游走（rover）表型。

PKG 在神经细胞内构成信号传导组分，调节可兴奋细胞的功能，Osborne（1997）认为果蝇搜寻食物行为的多态性是与依赖 cGMP 蛋白激酶活性有关。

Bather（1990）研究哺乳动物嗅觉感受机制，发现在感觉神经细胞内，存在特异性的类型Ⅲ的腺苷环化酶。这种环化酶的活性不同于非感受细胞内的环化酶。在感受细胞内此酶可调节 cAMP 的浓度。不同的气味分子以不同的方式激活腺苷环化酶的活性。佛司可林（forkolin）可直接激活腺苷环化酶。而 AlF_4 则通过 G 蛋白调节腺苷环化酶活性。Diego（1990）研究斑鮰（*Ictalurus punctatus*）的嗅觉传导机制，认为嗅觉传导是通过一种 G 蛋白的偶联的调节腺苷酸环化酶催化合成腺苷 3,5-单磷酸（cAMP），激活开放 cAMP 门控的阳离子通道，导致嗅觉去极化。嗅觉神经细胞另一信息传导机制是，嗅觉刺激物可以引发迅速提高细胞内的钙离子浓度，而钙离子通道的门控则是由肌醇 1,4,5-三磷酸（IP_3）调节的气味分子通过与 G-蛋白偶联受体结合，或细胞内 IP_3 的调控 IP_3，启动质膜上的 Ca^{2+} 通道，引起细胞去极化的 IP_3 与 cAMP 一样在感觉神经内作为第二信使，调节神经感受细胞的生化代谢和开启阳离子通道的作用，改变神经膜的电导性。

三、作用于糖感受细胞的拒食剂的分子机理

许多昆虫的糖感受细胞的树突膜上含有 3 个或 4 个不同糖的受体位点。如：①吡喃；②呋喃糖；③D-半乳糖；④4-硝基苯基-α-糖苷等。糖受体位点不仅定位在糖感受神经，还分布在盐和水神经的树突膜上。当与刺激分子结合后产生系列生物化学反应，包括产生第二信使，引起膜上离子流的改变。

具有拒食活性的多羟生物碱能抑制膜上糖苷酶的活性，这类拒食剂在结构上类似于糖分子结构，如 2,5-二羟甲基-3,4-二羟吡咯烷（DMDP）与 B-D-呋喃果糖结构类似。

DMDP 能降低神经对果糖的反应，推测它结合于 *S. litteralis* 栓锥感受器的"糖"神经的呋喃糖位点。

糖分子，例如葡萄糖能与糖受体位点形成氢键，能干扰这种结合的化合物都可以作为一种拒食剂。

亲水化合物的拒食活性，如 DMDP，它具有与膜上糖受体位点形成 H 键的能力，为了开发昆虫拒食剂，Frazier 和 Lam 合成氟化的碳氢化合物，探测烟草天蛾栓锥感受器上"糖"神经上"糖"受体位点，结合设计合成了一系列葡萄糖衍生物，发现富马酸可降低昆虫对葡萄糖的反应达 70% 以上，而且抑制时间可

达 15min 以上。这种化学结构类似于糖分子的拒食剂，可与糖受体位点结合并且以某种方式使受体失活。

烯二醛（enedial）拒食剂则通过与受体的 NH_2 基团结合，有的拒食剂以迈克尔加成方式与受体蛋白 SH 基团反应和与糖敏感神经的受体位点相互作用。

四、作用于"抑制"神经的作用机理

刺激昆虫抑制神经的化合物分子结构常常是非常不同的，这样很难找到共同的分子基础，在相同的时间内，具有微细分子结构改变的类似结构，则效果差异特别显著。同时也表现出种间的差异，很难用一种或几种专一受体蛋白结合加以解释。有人提出阻抑剂干扰正常的神经细胞功能，以一种非专一的方式影响化感神经。例如，这类阻抑剂可与细胞膜内磷脂双分子层的非极化部分结合，破坏膜的结构，改变离子的通透性。这种解释可解释许多结构不同的化合物，在昆虫神经细胞中产生非常相似的改变。但还存在许多问题不能解释，如一种阻抑剂对一个昆虫内不同神经的反应和不同种昆虫之间的不同神经反应。例如喹啉它可抑制大苍蝇的糖神经，但它又可刺激家蝇的阻抑神经，而不影响相同感受器上的其他神经。印楝素不影响非洲黏虫（S. exempta）糖神经的反应，却强烈地抑制相近种海灰翅夜蛾（S. littoralis）的糖神经反应，这个可能与阻抑神经和糖神经的细胞膜的结构不同和种间差异有关。

五、信号终止的分子基础

嗅觉和味觉的启动已有一定的研究，但感觉信号终止的分子基础了解很少，有人提出，高度活性的神经上皮细胞的细胞色素 P450 单加氧酶是终止信号的作用酶。经生化反应证明，Cyto P450 所催化的反应，不能明显地改变化合物的挥发性、亲脂性和气味性质。Daniel（1991）提出细胞内尿苷二磷酸葡萄糖醛酸转移酶（UGT）能改变气味分子的化学性质，葡萄糖醛酸轭和气味分子，可提高气味分子的亲水性，阻止气味分子重新分配到细胞膜内，消除气味分子激活腺苷酸环化酶。感觉神经细胞内的高活性 UGT 和高浓度的 P450 以及 NADPH 依赖的细胞色素还原酶活性的联合作用，可加速气味分子的失活作用，失活速率一般在 0.1～10s 内。感觉神经细胞内的高活性 P450 酶活性的另一重要作用是气味毒物的解毒，保护暴露在外的神经感受细胞和内部神经中枢免受环境毒物的毒害作用。

化学信息物的应用有许多成功的例子。如天然的忌避剂百里酚、香芹酚等用于驱赶吸蚊虫、蝇、螨。在引诱剂方面，性信息素的应用，可干扰昆虫交配行为，达到诱捕，监视种群发展的目的；在拒食剂应用方面，早在 100 多年前，就用硫酸铜、石灰水混合配成的药液干扰害虫取食行为，美国在 20 世纪 30 年代开始对具有拒食作用的化合物进行田间试验，但成功率很低，已经发现具有拒食作用的化合物有二甲基三氮烯-N-乙酰草胺，三苯基乙酸锡，后来发现了拟除虫菊酯、华勃木醛、蓼二醛和克罗烷类，还有四环三萜类，如印楝素、川楝素等，但是大多数却没有作为拒食剂商品化。原因是：①活性谱的问题，如华勃木醛仅对非洲黏虫有拒食活性而对其他昆虫活性较差，该化合物具有很强的细胞毒性，可引起细胞溶解；②价格问题，价格是商品化的标杆，价格高推广难度大；③影响因子诸多，如昆虫方面的因子，许多因子影响化感器的敏感性，如虫龄、取食量、滞育等生理因子，还有昆虫具有适应性，如香柏木油是果蝇的厌恶气味物质，初孵的果蝇接触具有这种物质的空气流时，具有一定的敏感性，而随后的发育，可能转变为高度的耐受性。直翅目和鳞翅目昆虫幼虫多次取食阻抑剂后，可逐步提高它的可接受性。环境方面的影响，包括温度对昆虫的生理影响，进而改变敏感性，光照对化学物质的影响，持效期又是一大问题。

目前对后选拒食剂的要求是：①具有内吸性，可避免对植物新生幼嫩部分的危害；②选择具有永久拒食活性的物质促使昆虫接触这些化学物质后，破坏其感觉系统；③如具有相对拒食活性的物质，选择兼有毒杀作用的和具有生长发育抑制作用的化学物质。目前已经初步达到要求的是柠檬素化合物、印楝素等。

参 考 文 献

[1] Bhushshan M N. Handbook natural pesticides methods theory，practice，and detection. Washington. D：Volume Ⅰ CRC Press，1985.

[2] 侯照远，严福顺.寄生蜂寄主选择行为研究进展.昆虫学报，1997，(1)：94-107.

[3] 周东升，龙九妹，唐姣玉，等.鳞翅目昆虫幼虫取食抑制素味觉神经元及其感受模式的研究进展.天津农业科学，2012，(4)：154-156.

[4] 万树青，徐汉虹，蒋志胜.炔类化合物对亚洲玉米螟拒食活性和电生理反应.农药学学报，2002，3(2)：48-54.

[5] 万树青，徐汉虹，赵善欢.多炔类化合物对亚洲玉米螟产卵驱避作用及玉米螟的触角电位反应.昆虫学报，2004，47(3)：293-298.

第十章　杀菌剂生物化学

植物在生长过程中经常受到各种病原微生物的为害，杀菌剂是人类在与自然灾害抗争中发展起来的一类防治植物病害、保护劳动成果的化学武器，即用于防治植物病害的化学农药统称为杀菌剂。本章主要针对杀菌剂的作用原理、作用机理及甾醇合成抑制剂的生物化学机理进行讨论。

第一节　杀菌剂防治植物病害的作用原理

根据病原物侵染过程或者病害循环中的不同时期使用杀菌剂而达到的防病效果，可以将杀菌剂的防治作用分为保护作用、治疗作用、铲除作用和抗产孢作用。

一、保护作用

保护作用（protective action）是指在病原菌侵入寄主之前将其杀死或抑制其活动，阻止侵入，使植物避免受害而得到保护。具有保护作用的杀菌剂称为保护剂（protectant）。采用保护的原理防治植物病害必须强调的是在病原菌侵入寄主植物之前用药，主要有以下 3 种防治策略。

1. 消灭侵染来源

植物病害初期发生的接种体来源包括病菌越冬越夏场所、中间寄主、带菌土壤、带菌种子等繁殖材料和田间发病中心。在接种体来源上施药，消灭或减少病原菌的侵染来源数量是保护植物免遭危害的重要策略。采用这种策略防治植物病害的效果与接种体来源存在场所、数量和传播途径有关。如果仅仅是通过种苗等繁殖材料传播的病害和通过发病中心扩散的病害，可以在比较容易控制的条件下通过种苗药剂处理或在发病中心使用具有铲除作用的杀菌剂，经济有效地防止病害的流行危害。例如使用福美双、二硫氰基甲烷等进行种子处理，防治禾谷类作物坚黑穗病、腥黑穗病、条纹病、水稻恶苗病、干尖线虫病等多种气传病害，不仅成本低，而且效果可以高达 95％以上。长期采用这种消灭侵染来源的策略，使半个世纪以前严重流行危害的一些禾谷类作物种传病害已经得到完全控制。但是通过土壤、水、病残体、气流或多种途径传播的病害，会因为病原菌侵染来源的场所复杂和数量巨大而难以完全消灭，药剂处理侵染来源后所残存的病菌足以引起流行危害，很难达到理想效果。例如小麦纹枯病（立枯病）、小麦赤霉病、小麦白粉病、小麦锈病、水稻稻瘟病、水稻纹枯病、水稻白叶枯病、棉花枯萎病、棉花黄萎病、蔬菜细菌性青枯病、蔬菜霜霉病、苹果黑星病和梨黑星病等大多数重要土传和气传病害，目前都无法通过消灭侵染来源的策略进行有效化学防治。

2. 药剂处理可能被侵染的植物或农产品表面

在寄主植物被病原菌侵染之前施药，杀死病原物，阻止真菌的孢子萌发，或干扰病菌与寄主互作阻止病菌的侵染，使植物得到化学保护。这是一种防治大多数气流传播的植物茎叶病害和果实储藏期病害最有效的策略，一般通过喷施、浸蘸等方法将药剂均匀地施用于寄主植物或器官上，使植物表面形成一层药膜，杀死病菌孢子或阻止病菌侵染。非内吸性杀菌剂（例如硫黄、碱性硫酸铜、代森锰锌、福美双等传统杀菌剂和异菌脲、醚菌酯等现代选择性杀菌剂）以及内吸性杀菌剂（三环唑等）只有在病菌侵染之前施用，才能防治植物病害。使用内吸性杀菌剂三唑醇、嘧菌酯等进行种子处理，可以防治苗期土传立枯病和气传白粉病、锈病等。

3. 在病菌侵染之前施用药剂干扰病原菌的致病或者诱导寄主产生抗病性

黑色素抑制剂三环唑抑制稻瘟病病菌附着胞黑色素的生物合成，使附着胞失去侵入寄主的能力，从而保护植物。植物防卫激活剂活化酯通过诱导寄主获得抗病性来防治真菌、细菌、病毒等多种类型的植物病害，由于诱导寄主抗性需要一定的时间，并主要在病原菌与寄主建立寄生关系的早期发挥作用，所以必须进行保护性施药。

二、治疗作用

治疗作用（curative action）是指在病原物侵入以后至寄主植物发病之前使用杀菌剂，抑制或杀死植物体内外的病原物，终止或解除病原物与寄主的寄生关系，阻止发病，具有内吸治疗作用的杀菌剂也称为治疗剂。治疗剂在病菌侵入至发病的潜育期，使用越早效果越好。用于治疗的杀菌剂必须具备两种重要的生物学特性，其一是必须具备能够被植物吸收和输导的内吸性。杀菌剂的内吸性是指药剂能够被植物的根、叶、嫩茎及其他组织器官吸收，并通过质外体或共质体输导，在植物体内再分配的性质。内吸性杀菌剂不仅能够治疗已经被病菌侵染的组织，还能保护植物新生组织免遭病菌侵害。其二是必须具备高度的选择性，以免对植物产生药害，例如利用杀菌剂的内吸性使用萎锈灵和三唑类杀菌剂处理种子，防治散黑穗病；使用苯并咪唑类、三唑类、苯酰胺类杀菌剂防治已经侵染的多种真菌性叶斑病和卵菌病害等。

三、铲除作用

铲除作用（eradicative action）是指利用杀菌剂完全抑制或杀死已经发病部位的病菌，阻止已经出现的病害症状进一步扩展，防止病害加重和蔓延。一些植物病原菌主要是寄生在植物表面，例如白粉病菌和锈菌，喷施非内吸性杀菌剂（例如石硫合剂、硫黄粉、福美双、代森锰锌、醚菌酯等）可直接杀死植物表面的病菌，起到铲除作用。一些渗透性较强的杀菌剂（例如异菌脲、腐霉利等），通过对植物发病部位喷施可以杀死病部病菌，阻止番茄早疫病、烟草赤星病等的蔓延。石硫合剂、波尔多液、丁香菌酯等可以用来涂抹用刀刮去病部的果树或林木树干，防治腐烂病。内吸性杀菌剂可以渗透到寄主体内和再分布，杀死或完全抑制寄生在植物病部表面和内部的病菌。例如喷施多菌灵防治梨黑星病，三唑类杀菌剂防治多种叶斑病，嘧菌酯防治瓜类白粉病等。用于表面化学铲除的杀菌剂可以是非内吸性和内吸性杀菌剂，但采用系统化学铲除的策略，使用的杀菌剂必须具备内吸性和选择性。

四、抗产孢作用

抗产孢作用（antisporulation）是指利用杀菌剂抑制病菌的繁殖，阻止发病部位形成新的繁殖体，控制病害流行危害。例如甲氧基丙烯酸酯类杀菌剂嘧菌酯等和三唑类杀菌剂三唑酮、戊唑醇、丙环唑等可以强烈抑制白粉病病菌分生孢子形成，嘧菌酯还强烈抑制卵菌的孢子囊形成。黑色素生物合成抑制剂三环唑等也能够强烈抑制稻瘟病等病斑上的病菌分生孢子形成。

不同的杀菌剂具有不同防治病害的作用原理。大多数传统多作用位点杀菌剂只具有保护作用或局部和表面化学铲除作用。现代选择性杀菌剂往往具备多种防治作用，例如三唑类杀菌剂三唑酮、丙环唑等除了有极好的化学治疗作用以外，还具有较好的抗产孢作用和保护作用。甲氧基丙烯酸酯类的嘧菌酯、吡唑醚菌酯等除了具有极好的保护作用外，还具有很好的铲除作用和抗产孢作用。内吸性杀菌剂三环唑防治稻瘟病的原理除了已知的保护作用外，最近发现还能够抑制分生孢子产生和释放，具有很好的抗产孢作用。

第二节　杀菌剂的作用机理

杀菌剂对病原菌的作用机制最早是在 1956 年 Horsfall 所著的《杀菌剂作用原理》一书中进行了比较全面的论述。但是当时的杀菌剂都是非内吸性、选择性低的传统多作用位点杀菌剂，大多数起杀菌作用。当时的实验技术和生物学科的发展水平，决定了对杀菌剂作用机制认识的局限性。20 世纪 70 年代以来，现代选择性杀菌剂的广泛使用导致病原菌抗药性问题日益严重，人们为了科学、高效、安全协同使用杀菌剂，以及有效治理抗药性问题和发掘杀菌剂新靶标，广泛开展杀菌剂的作用机制和抗性机制研究。化学分析技术的提高，计算机模拟技术和电子显微镜的普遍使用，以及生物化学和分子生物学的快速发展，特别是一些重要植物病原菌基因库的建立，大大提高了杀菌剂作用机制的研究水平和研究速度。同时，杀菌剂作用靶标和抗性机制研究的深入，也促进了分子植物病理学和分子生物学的发展。例如利用杀菌剂作用机制的知识，研究其靶标的生命功能和在病害发生中的作用；杀菌剂抗性作为遗传标记已经成为分子生物学研究不可缺少的手段。杀菌剂的作用机制不仅包含杀菌剂与菌体细胞内的靶标互作，还包含杀菌剂与靶标互作以后使病菌中毒或失去致病能力的原因，以及间接作用杀菌剂在生物化学或分子生物学水平上的防病机制。由于杀菌剂作用机制研究需要多学科知识和技术，存在着极大的难度和复杂性，目前只有部分杀菌剂的作用机制得到证实。杀菌剂作用机制可以归纳为抑制或干扰病菌能量的生成、抑制或干扰病菌的生物合成和对病菌的间接作用 3 种类型。

一、抑制或干扰病菌能量的生成

生物体的能量主要来源于细胞呼吸作用。杀菌剂抑制病菌呼吸作用的结果是破坏能量的生成，导致菌体死亡。大多数传统多作用位点杀菌剂和一些现代选择性杀菌剂，它们的作用靶标正是病毒呼吸作用过程中催化物质氧化降解的专化性酶或电子传递过程中的专化性载体，属于呼吸抑制剂。但是传统多作用位点杀菌剂的作用靶标多为催化物质氧化降解的非特异性酶，菌体在物质降解过程中释放的能量较少，所以这些杀菌剂不仅表现活性低，而且缺乏选择性，电子传递链中的一些酶的复合物抑制剂及氧化磷酸化抑制剂往往表现出很高的杀菌活性和选择性。

病原菌的不同生长发育时期对能量和糖代谢产物的需要量是不同的，真菌孢子萌发要比维持菌丝生长所需要的能量和糖代谢产物多得多，因而呼吸作用受阻力时，孢子就不能萌发，呼吸抑制剂对孢子萌发的毒力也往往显著高于对菌丝生长的毒力。由于有氧呼吸是在线粒体内进行的，所以许多对线粒体结构有破坏作用的杀菌剂，也会干扰有氧呼吸而破坏能量生成。

1. 对糖酵解和脂质氧化的影响

在葡萄糖磷酸化和磷酸烯醇式丙酮酸形成丙酮酸的过程中，己糖激酶和丙酮酸激酶需要 Mg^{2+} 及 K^+ 的存在才有催化活性。一些含重金属元素的杀菌剂可以通过离子交换，破坏细胞膜内外的离子平衡，使细胞质中的糖酵解受阻。

百菌清、克菌丹和灭菌丹可以与磷酸甘油醛脱氢酶的—SH 结合，使其失去催化 3-磷酸甘油醛/磷酸二羟丙酮形成 1,3-二磷酸甘油醛的活性。

脂肪是菌体内能量代谢的重要物质来源之一。因此对脂质氧化的影响也是杀菌剂的重要作用机制之一。在菌体内脂质氧化主要是 β-氧化，即脂肪酸羧基的第二个碳的氧化。β-氧化必须有辅酶 A 参与，所以一些抑制辅酶 A 活性的杀菌剂（例如克菌丹、二氯萘醌等）都会影响脂肪的氧化，减少能量的生成。

2. 对乙酰辅酶 A 形成的影响

细胞质内糖降解产生的丙酮酸通过渗透方式进入线粒体，在丙酮酸脱氢酶系的作用下形成乙酰辅酶 A，然后进入柠檬酸循环进行有氧氧化。克菌丹能够特异性抑制丙酮酸脱氢酶的活性，阻止乙酰辅酶 A 的形成。作用位点是丙酮酸脱氢酶系中的硫胺素焦磷酸（TPP）。TPP 在丙酮酸脱羧过程中起转移乙酰基的作用，而 TPP 接受乙酰基时只能以氧化型（TPP^+）进行。但有克菌丹存在的情况下，TPP^+ 结构受破坏，失去转乙酰基的作用，乙酰辅酶 A 不能形成。

3. 对柠檬酸循环的影响

柠檬酸循环在线粒体内进行，参与柠檬酸循环每个生物化学反应的酶都分布在线粒体膜、质体和液泡中。杀菌剂对柠檬酸循环的影响主要是对这些关键酶活性的抑制，使代谢过程不能进行。福美双、克菌丹、硫黄、二氯萘醌等能够使乙酰辅酶 A 失活，并可以抑制柠檬酸合成酶、乌头酸酶的活性；代森类杀菌剂、8-羟基喹啉等可以与菌体柠檬酸循环中的乌头酸酶螯合，使酶失去活性；克菌丹通过破坏 α-酮戊二酸脱氢酶的辅酶硫胺素焦磷酸结构使活性丧失；硫黄和萎锈灵可抑制琥珀酸脱氢酶和苹果酸脱氢酶的活性；含铜杀菌剂能够抑制延胡索酸酶的活性。

4. 对呼吸链的影响

呼吸链是生物有氧呼吸能量生成的主要代谢过程，1 分子葡萄糖完全氧化为二氧化碳和水时，在细胞内可产生 36 分子 ATP，其中 32 分子 ATP 是在呼吸链中通过氧化磷酸化形成的。因此抑制或干扰呼吸链的杀菌剂常常表现很高的杀菌活性。

在真菌和植物的线粒体呼吸中，有 6 个关键酶复合物（I～VI）参与了从 NADH 和 $FADH_2$ 到 O_2 的电子传递，并通过电子传递产生 ATP。在复合物 I 中，由 NADH-辅酶 Q 氧化还原酶（NADH-ubiquinone oxidoreductase）催化，电子从 NADH 传递到辅酶 Q。然而，在复合物 II 中，电子是从 $FADH_2$ 传递到辅酶 Q，这个过程是由琥珀酸辅酶 Q 氧化还原酶（succinate-ubiquinone-oxidoreductase）催化。然后，在辅酶 Q 细胞色素 c 氧化还原酶的催化下，催化辅酶 Q 或还原型辅酶 Q（ubiquinone/ubiquinol，Q/QH_2）将电子传递到细胞色素 bc_1 酶复合物（复合物 III）。复合物 III 有 2 个活性中心：还原型辅酶 Q 氧化位点（在外部，Q_0）和辅酶 Q 还原位点（在内部，Q_i）。Q_0 位点由低势能细胞色素 b 的亚铁血红素 b_L（heme b_L）和一个铁硫蛋白组成，而 Q_i 位点则包含高势能细胞色素 b 的亚铁血红素 b_H（heme b_H）。因此电子从辅酶 Q 流动到细胞色素 c，要么经过直线的 Q_0 链（linear Q_0 chain），要么经过循环的 Q_i 路径（cycli Q_i route），这个循环的 Q_i 路径具有反馈反应（feedback reactions）。然后，细胞色素 c 将电子经过细胞色素 aa_3（末端）氧化酶（复合物Ⅳ，氰化物敏感酶系）传递到最终的受体 O_2。特殊环境下，在真菌中电子能够绕过正常的呼吸路径从辅酶 Q 传递到 O_2，这个途径对氰化物不敏感，由旁路氧化酶（alternative oxidase，也称为复合物Ⅴ）催化。这种呼吸作用也称为旁路呼吸（alternative respiration）。在呼吸电子传递过程中，所释放的质子在几个不同的位点由 ATP 合成酶（复合物Ⅵ）催化经过氧化磷酸化产生 ATP。

一些杀菌剂或者抗菌化合物作用于这 6 个酶复合物。杀虫剂鱼藤酮（rotenone）和杀菌剂敌磺钠（fenaminosulf）是复合物Ⅰ抑制剂。羧酰替苯胺类（carboxamide）杀菌剂如萎锈灵（carboxin）和最新发现的杂环羧酰胺类杀菌剂如啶酰菌胺（boscalid）、氟酰胺（flutolanil）、噻氟酰胺（thifluzamide）、吡唑萘菌胺（isopyrazam）等 10 多种新型杀菌剂是复合物Ⅱ抑制剂（又称为琥珀酸脱氢酶抑制剂，SDHI）。对于复合物Ⅲ的 2 个活性中心，甲氧基丙烯酸酯类如嘧菌酯（azoxystrobin）和吡唑醚菌酯（pyraclostrobin）等、噁唑烷二酮类噁唑菌酮（famoxadone）和咪唑啉酮类咪唑菌酮（fenamidone）等多种重要的杀菌剂是 Q_0 位点抑制剂（Q_0Ⅰ），氰霜唑（cyazofamid）等杀菌剂则是 Q_i 位点抑制剂。Q_0 位点抑制剂和 Q_i 位点抑制剂之间没有交互抗药性。氰化物（cyanide）和叠氮化物（azide）是复合物Ⅳ抑制剂，一些含有—CN 基团的杀菌剂也是复合物Ⅳ的强烈抑制剂，例如二硫氰基甲烷杀菌杀线虫剂。水杨基肟酸（salicyl-hydroxamic acid，SHAM）是旁路氧化酶抑制剂。氧化磷酸化抑制剂包括二硝基苯胺类解偶联剂乐杀螨（binapacryl）、二硝巴豆酸酯（meptyl dinocap）、氟啶胺（fluazinam）、嘧菌腙（ferimzone）等和 ATP 合成酶抑制剂三苯醋锡（fentin acetate）等有机锡（organotin）杀菌剂。

5. 对旁路氧化途径的影响

旁路氧化途径也称为旁路呼吸途径（alternative pathway），是电子传递链中的一个支路。旁路氧化酶（alternative oxidase，AOX 或 AO）是关键酶，将电子直接从辅酶 Q 传递至 O_2，不经过复合物Ⅲ和复合物Ⅳ，也称为抗氰呼吸途径，但能量生成的效率只有细胞色素介导的呼吸链的 40%，旁路氧化酶在真菌中的存在方式有两种，在粗糙脉孢霉和稻瘟病病菌中，旁路氧化酶是诱导型表达的，正常条件下旁路氧化酶活性很低或检测不到，但如果以细胞色素介导的呼吸链被阻断或线粒体电子传递载体蛋白质合成受抑制，旁路氧化酶则被诱导表达。

在灰霉和香蕉黑斑病病菌中，旁路氧化酶是组成型（constitutional）表达的。水杨基肟酸（SHAM）是旁路氧化酶的特异性抑制剂，离体下与 Q_0 位点抑制剂具有显著的增效互作。植物体内普遍存在的（类）黄酮类物质对病原菌旁路氧化作用具有强烈抑制作用，植物的这些次生代谢物与旁路氧化酶的相互作用至少包括通过清除自由氧抑制旁路氧化酶的诱导和直接抑制旁路氧化酶活性两种方式，确保了 Q_0 位点抑制剂在植物上防治病害的效果。病菌线粒体旁路氧化酶活性有无或高低及寄主作物（类）黄酮物质的含量直接关系到复合物Ⅲ和复合物Ⅳ的抑制剂活性及防病效果。

二、抑制或干扰病菌的生物合成

病菌生命活动必需物质的生物合成受到抑制或干扰，其生长发育则会停滞，表现为孢子芽管粗糙、末端膨大、扭曲畸形，菌丝生长缓慢或停止或过度分枝，细胞不能分裂，细胞壁加厚或沉积不均匀，细胞膜损伤，细胞器变形或消失，细菌原生质裸露等中毒症状，继而细胞死亡。

1. 抑制细胞壁组分的生物合成

不同类型病原菌细胞壁的主要组分和功能有很大的差异，以致抑制细胞壁组分生物合成的杀菌剂具有选择性或不同的抗菌谱。

（1）对肽多糖生物合成的影响　细菌的细胞壁主要成分是多肽和多糖形成的肽多糖。已知青霉素的抗菌机制是药剂与转肽酶结合，抑制肽多糖合成，阻止 G^+ 细菌细胞壁形成。

（2）对几丁质生物合成的影响　真菌中的子囊菌、担子菌和半知菌的细胞壁主要成分几丁质（N-乙酰葡糖胺同聚物）。几丁质的前体 N-乙酰葡糖胺（GlcNAc）及其活化是在细胞质内进行的，然后输送到细胞膜外侧，在几丁质合成酶的作用下合成几丁质，其合成途径如下：

$$N\text{-乙酰葡糖胺(GlcNAc)} \longrightarrow N\text{-乙酰葡糖胺-6-磷酸} \xrightarrow{\text{UTP} \quad \text{Pi}} \text{UDP-GlcNAc}$$

$$\longrightarrow \text{UDP-GlcNAc}+(\text{GlcNAc})_n \xrightarrow{\text{几丁质合成酶Mg}^{2+}} (\text{GlcNAc})_{n+1} + \text{UDP}$$

已知多抗霉素类抗生素的作用机制是竞争性抑制真菌几丁质合成酶，干扰几丁质合成，使真菌缺乏组装细胞壁的物质，生长受到抑制。多抗霉素对不同真菌的抗菌活性存在很大差异，这是因为不同真菌的细胞壁组分及其含量存在差异，药剂通过细胞壁到达壁的内侧难易程度不同。同样，多抗霉素的不同组分因其结构上的辅助基团不同而表现不同的抗菌谱。

（3）对纤维素生物合成的影响　卵菌的细胞壁主要成分是纤维素或半纤维素，不含几丁质。已知羧酸酰胺类杀菌剂（CAA）防治卵菌病害的作用机制是抑制纤维素合成酶的活性，干扰纤维素在细胞壁上的沉积。

（4）对黑色素生物合成的影响　黑色素是许多植物病原真菌细胞壁的重要组分之一，有利于细胞抵御不良物理化学环境和有助于侵入寄主。黑色素化的细胞最大的秘密就是黑色素的分布与附着胞功能间的关系。黑色素沉积于附着胞壁的最内层，与质膜临近，但有 1 个环形区域非黑色素化，该区域称为附着胞孔，并由此产生侵入丝。附着胞壁的黑色素层是保证侵入时维持强大的渗透压所必不可少的。真菌黑色素大多属于二羟基萘酚（DHN）黑色素，主要合成途径见图 10-1。

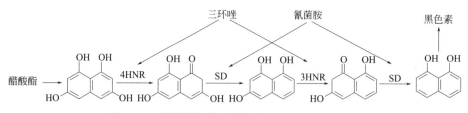

图 10-1　真菌黑色素生物合成抑制剂的作用位点

三环唑、咯喹酮、灭瘟唑、稻瘟醇、唑瘟酮、四氯苯酞（phthalide）等对真菌的作用机制是抑制 1,3,6,8-四羟基萘酚还原酶（4HNR）和 1,3,8-三羟基萘酚还原酶（3HNR）活性；环丙酰菌胺（carpropamid）、氰菌胺（zarilamide）等则是抑制小柱孢酮脱水酶（SD）的活性，使真菌附着胞黑色素的生物合成受阻，失去侵入寄主植物的能力。

2. 抑制细胞膜组分的生物合成

菌体细胞膜是由许多含有脂质、蛋白质、甾醇、盐类的亚单位组成，亚单位之间通过金属桥和疏水键连接。细胞膜各亚单位的精密结构是保证膜的选择性和流动性的基础。膜的流动性和选择性吸收与排泄则是细胞膜维护细胞新陈代谢最重要的生物学性质。杀菌剂抑制细胞膜特异性组分的生物合成或药剂分子与细胞膜亚单位结合，都会干扰和破坏细胞膜的生物学功能，甚至导致细胞死亡。目前已知抑制细胞膜组分生物合成和干扰细胞膜功能的杀菌剂作用机制有如下几种。

（1）对麦角甾醇生物合成的影响　麦角甾醇是真菌生物膜的特异性组分，对保持细胞膜的完整性和流动性、细胞的抗逆性等具有重要的作用。目前已知抑制麦角甾醇生物合成的农用杀菌剂包括多种化学结构类型，其中吡啶类、嘧啶类、哌嗪类、咪唑类、三唑类杀菌剂的作用靶标是 C14-脱甲基酶（Cyt P450 加单氧酶），又称为脱甲基抑制剂（DMI）。药剂的氮（N）原子与酶铁硫蛋白中心的铁原子配位键结合，阻止 24（28）亚甲基二氢羊毛甾醇第 14 碳位 α 面的甲基氧化脱除，中断麦角甾醇生物合成途径，目前已知 C14-脱甲基酶是真菌麦角甾醇生物合成途径中最重要的关键酶。吗啉和哌啶类杀菌剂的作用靶标是 $\Delta^{8 \to 7}$ 异构酶和 $\Delta^{14 \to 15}$ 还原酶。烯丙胺类的萘替芬（naftifine）等作用于鲨烯环氧酶（squalene epoxidase），胺类（amine）杀菌剂苯锈啶（fenpropidin）和螺环菌胺（spiroxamine）

作用于 $\Delta^{14\to15}$ 还原酶，羟基苯胺类（hydroxyanilide）杀菌剂环酰菌胺（fenhexamid）作用于 C4-脱甲基酶。

麦角甾醇不仅参与细胞膜的结构，其代谢产物还是有关遗传表达的信息素，因此麦角甾醇生物合成抑制剂可以引起真菌多种中毒症状。

（2）对卵磷脂生物合成的影响　磷脂和脂肪酸是细胞膜双分子层结构的重要组分。硫赶磷酸酯类的异稻瘟净、克瘟散等的作用机制是抑制细胞膜的卵磷脂生物合成。通过抑制 S-腺苷高半胱氨酸甲基转移酶的活性，阻止磷脂酰乙醇胺的甲基化，使磷脂酰胆碱（卵磷脂）的生物合成受阻，改变细胞膜的透性。例如细胞膜的透性改变可以减少 UDp-N-乙酰葡糖胺泌出，进一步影响几丁质的生物合成。

（3）对脂肪酸生物合成的影响　脂肪酸是细胞膜的重要组分。已知稻瘟灵杀菌剂的作用靶标是脂肪酸生物合成的关键酶乙酰 CoA 羧化酶，干扰脂肪酸生物合成，改变细胞膜透性。

（4）对细胞膜的直接作用　有机硫杀菌剂与膜上亚单位连接的疏水键或金属桥结合，致使生物膜结构受破坏，出现裂缝、孔隙，使膜失去正常的生理功能。含重金属元素的杀菌剂可直接作用于细胞膜上的 ATP 水解酶，改变膜的透性。

3. 抑制核酸生物合成和细胞分裂

核酸是重要的遗传物质，细胞分裂分化则是病菌生长和繁殖的前提。因此抑制和干扰核酸的生物合成和细胞分裂，会使病菌的遗传信息不能正确表达，生长和繁殖停止。

（1）抑制 RNA 生物合成　核糖核酸（RNA）是在 RNA 聚合酶的催化下合成的。细胞体内有 3 种 RNA 聚合酶，分别合成 rRNA、mRNA 和 tRNA。近年发现细胞中还存在一种 5S RNA。已知苯酰胺类杀菌剂甲霜灵的作用机制是专化性抑制 rRNA 的合成。

（2）干扰核酸代谢　腺苷脱氨形成次黄苷是重要的核酸代谢反应之一，而且次黄苷与白粉病病菌的致病性有关。烷基嘧啶类的乙嘧酚作用机制是抑制腺苷脱氨酶的活性，阻止次黄苷的生物合成。嘌呤通过四氢叶酸代谢途径生物合成的，已知杀菌剂敌锈钠的作用机制是模仿叶酸前体对氨基苯甲酸，竞争性抑制叶酸合成酶的活性，从而阻止嘌呤的合成。

（3）干扰细胞分裂　苯并咪唑类杀菌剂多菌灵和秋水仙素一样是细胞有丝分裂的典型抑制剂。苯菌灵和甲基硫菌灵在生物体内也是转化成多菌灵发挥作用的，所以它们有类似的生物活性和抗菌谱。多菌灵通过与构成纺锤丝的微管的亚单位 β-微管蛋白结合，阻碍其与另一组分 α-微管蛋白装配成微管，破坏纺锤体的形成，使细胞有丝分裂停止，表现为染色体加倍，细胞肿胀。最近研究表明，多菌灵在引起小麦赤霉病的禾谷镰孢菌中主要是与 β-微管蛋白结合，阻碍细胞分裂的。β-微管蛋白功能域的个别氨基酸发生改变即会强烈影响对多菌灵的敏感性。

因此苯并咪唑类杀菌剂具有高度选择性。

尽管芳烃类和二甲酰亚胺类杀菌剂确切的最初作用机制还不清楚，但药剂处理后除了发现引起脂质过氧化外，还可以观察到影响真菌 DNA 的功能，出现 DNA 单股的断裂和染色体畸形，有丝分裂增加。

（4）干扰肌动蛋白功能　肌动蛋白对于细胞内物质运输和维持细胞骨架具有重要的功能。周明国研究团队最近发现新型氰基丙烯酸酯类氰烯菌酯（phenamacril）杀菌剂的作用靶标是肌球蛋白 5，干扰细胞物质运输和破坏细胞骨架。氰烯菌酯处理的禾谷镰刀菌表现菌丝生长缓慢或停止、孢子肿胀、萌发的芽管畸形等中毒症状。

4. 抑制病菌氨基酸和蛋白质生物合成

氨基酸是蛋白质的基本结构单元，蛋白质则是生物细胞重要的结构物质和活性物质。尽管很多杀菌剂处理病菌以后，氨基酸和蛋白质含量减少，但是已经确认最初作用靶标是氨基酸和蛋白质生物合成的杀菌剂并不多。苯胺嘧啶类杀菌剂，例如嘧霉胺、甲基嘧啶胺、环丙嘧啶胺等现代选择性杀菌剂的作用机制是抑制真菌蛋氨酸生物合成，从而阻止蛋白质合成，破坏细胞结构。

蛋白质的生物合成是一个十分复杂的过程，从氨基酸活化、转移，mRNA 装配，密码子识别，肽键形成、移位，肽链延伸、终止以至肽链从核糖体上释放，几乎每一步骤都可以被药剂干扰。但是目前确认最初作用机制是抑制或干扰蛋白质生物合成的杀菌剂主要是抗生素。一些抗生素可以在菌体细胞内质网上与 RNA 大亚基或小亚基结合，例如春雷霉素通过干扰 rRNA 装配和 tRNA 的酰化反应抑制蛋白质合成的起始阶段；链霉素、放线菌酮、稻瘟散、氯霉素等通过错码、干扰肽键的形成、肽链的移位等抑制核糖体上肽链的延长。蛋白质生物合成抑制剂处理病菌以后，往往表现细胞内的蛋白质含量减少、菌丝生长明显减缓、体内游离氨基酸增多、细胞分裂不正常等中毒症状。

三、对病菌的间接作用

传统筛选或评价杀菌剂毒力的指标是抑制孢子萌发或菌丝生长的活性。但是后来发现有些杀菌剂在离体下对病菌的孢子萌发和菌丝生长没有抑制作用，或作用很小。但施用到植物上以后能够表现很好的防病活性。很多研究表明，这些杀菌剂的作用机制很可能是通过干扰寄主与病菌的互作而达到或提高防治病害效果的。例如三环唑除了抑制附着胞黑色素生物合成，阻止稻瘟病病菌对水稻的穿透侵染以外，还能够在稻瘟病病菌侵染的情况下诱导水稻体内 O_2^- 产生及过氧化物酶（POX）等抗病性相关酶的活性和抑制稻瘟病病菌的抗氧化能力等作用。因此三环唑在水稻上防治稻瘟病的有效剂量远远低于离体下对黑色素合成的抑制剂量。

三乙膦酸铝在离体下对病菌生长发育几乎没有抑制作用，施用于番茄上可以防治致病疫霉（*Phytophthora infestans*）引起的晚疫病，但在马铃薯上不能防治同种病菌引起的晚疫病。这是因为三乙膦酸铝在番茄体内可以降解为亚磷酸发挥抗菌作用，而在马铃薯体内则不能降解成亚磷酸。

随着分子生物学研究的发展，近年来在有机酸、核苷酸、小分子蛋白质等诱导寄主植物抗病性研究方面取得许多新成果，尤其是水杨酸诱导抗性得到生产应用的证实。活化酯是第一个商品化的植物防卫激活剂，诱导激活植物的系统性获得抗病性。β-氨基丁酸也被报道有这种功能。

事实上，很多对病菌具有直接作用的杀菌剂也会通过影响病菌与寄主的互作，改善或提高防治病害的效果。例如麦角甾醇生物合成抑制剂等可以清除寄主植物细胞的活性氧，干扰细胞凋亡程序，延缓衰老，提高寄主的抗病性。抑制细胞色素介导的电子传递链的甲氧基丙烯酸酯类杀菌剂，可以与寄主体内抑制旁路呼吸的（类）黄酮类物质协同作用，提高对病菌的毒力。噻唑锌除了具有抑制黄单胞杆菌的生长繁殖以外，还可以通过抑制细菌胞外多糖的生物合成，丧失胞外多糖解除水稻防御机制的作用，增强防病效果。

生物体内的各种生理生化过程是相互联系的，因此上述的杀菌剂作用机制绝不是孤立的作用。例如能量生成受阻，许多需要能量的生物合成就会受到干扰，糖降解产物常常是许多次生代谢物的合成原料，抑制糖降解也会使菌体细胞内的生物合成受到抑制，菌体的细胞器就会受到破坏，又必然会导致菌体细胞代谢的深刻变化。例如麦角甾醇生物合成中的脱甲基作用受到抑制以后，有些含有甲基的甾醇组入细胞膜，影响了细胞膜的正常功能，改变了膜的透性，引起一系列生理变化，而且有些甲基甾醇本身很可能也是有毒的。

病原菌药敏性分子靶标结构的特异性是杀菌剂获得选择性的重要基础，但不同病原菌的药敏性差异还取决于基因组对药剂分子靶标的遗传调控，包括药剂靶标和非靶标点突变导致的代谢组变化，非编码 RNA（ncRNA）对药靶基因的转录、翻译、修饰及其与药剂分子互作的调控等。

第三节　甾醇合成抑制剂的生物化学机理

一、甾类合成抑制剂的特点

人类最早在哺乳动物中发现胆甾（固）醇，20 世纪 50 年代末、20 世纪 60 年代初先后开发出几种降血胆（固）醇药物及其治疗皮肤真菌疾病的药物。20 世纪 70 年代又发现农用杀菌剂嘧菌醇和丁硫啶具有抑制真菌麦角甾醇生物合成的毒理机制。从此，研究和开发甾醇生物合成抑制剂（sterolbiosynthesis inhibitor，SBI）引起了研究农药学、医药学、植物病理学和生物化学等学者和专家的高度重视。因为，甾醇不仅是几乎所有生物的重要生命物质，而且不同类型生物的甾醇结构和组分也各有所区别。不同生物体甾醇生物合成途径的差异，为开发选择性 SBI 提供了可能性。目前已知 SBI 不仅包含了不同化学结构类型的衍生物，如吡啶类、嘧啶类、咪啉类、三唑类、哌嗪类、哌啶类、吗啉类、多烯大环内酯类和烯丙胺类等化合物，而且 SBI 在甾醇生物合成途径中具有不同的作用位点。

20 世纪 80 年代以来，许多新型、高效、低毒、广谱、安全的麦角甾醇生物合成抑制剂（ergosterol biosyntheses inhibitor，EBI）相继应用于植物真菌病害防治，包括了吡啶类、嘧啶类、哌嗪类、咪唑类、三唑类、哌啶类、吗啉类 40 余种化合物，尤其以三唑类杀菌剂活性最高，抗菌谱最广。麦角甾醇生物合成抑制剂类杀菌剂的发现和使用，是继苯并咪唑类杀菌剂以后再次推动植物病害防治水平提高的重要里程碑，它们的特点如下：

（1）麦角甾醇生物合成抑制剂类杀菌剂具有广谱的抗菌活性，对几乎所有作物的白粉病和锈病特效，除鞭毛菌、细菌和病毒外，对子囊菌、担子菌、半知菌都有一定效果。因此在许多情况下只要施用一种杀菌剂就可以防治该作物上的多种真菌病害。

（2）大多数麦角甾醇生物合成抑制剂类杀菌剂具有内吸特性和明显的熏蒸作用，不仅具有极好的治疗作用，而且还具有保护作用和抗产孢作用；既可以对植物地上部分进行喷雾使用，也可以作为种子处理剂防治种传、土传病害及地上部的气传植物病害。

（3）麦角甾醇生物合成抑制剂抗药性风险较低。一般来说，植物病原真菌对麦角甾醇生物合成抑制剂抗药性水平较低，抗药性群体形成和发展速度慢，同时抗药性菌株通常表现繁殖率下降，适合度降低。

（4）麦角甾醇生物合成抑制剂具有极高的杀菌活性，持效期长，一般为 3～6 周。大田用药量一般低于以前的内吸性杀菌剂一个数量级，果树上使用量为传统保护剂的 1%。

卵菌仅在营养生长阶段可以吸收外源植物甾醇，细菌可以合成构型类似甾醇的多萜化合物提供自身生长发育，因此麦角甾醇生物合成抑制剂不能防治卵菌和细菌病害。但是也发现麦角甾醇生物合成抑制剂在离体条件下对少数几种低等卵菌有抗菌活性，这可能是干扰了卵菌中存在着的某些涉及甾醇的调节作用。从理论上讲，所有麦角甾醇生物合成抑制剂都应该对所有子囊菌、半知菌和担子菌有相似的抗菌活性。这是因为不同杀菌剂的脂水平衡系数和不同真菌的细胞壁及细胞膜结构存在差异，决定了药剂进入菌体细胞的速度和数量；药靶的遗传分化及菌体细胞和植物细胞内的遗传调控、生物化学反应和代谢的不同也极大影响着麦角甾醇生物合成抑制剂的抗菌活性和防治病害的效果。

麦角甾醇生物合成抑制剂类杀菌剂分子上一般都具有 1～2 个不对称碳原子，

存在 2 个或 4 个对映体。不同对映体之间常常存在着很大的抗菌活性差异和抑制植物生长的调节活性差异。因此如果麦角甾醇生物合成抑制剂杀菌剂原药发生不同对映体比例的变化，就会影响防治病害的效果和对植物的安全性。

二、甾醇生物合成抑制剂生物化学机理

在许多真菌中，主要的甾醇物质是麦角甾醇（ergosterol）。当然在某些真菌中（如霜霉菌、白粉菌和锈菌等）存在着其他甾醇物质如麦角甾-5,24(28)-二烯醇等。在真菌中，甾醇物质的代谢途径的简化过程是：由乙酸的代谢产物（eburicol）经 14α-脱甲基化，Δ^{14} 还原作用，$\Delta^8 \rightarrow \Delta^7$ 异构化作用，生成麦角甾醇。在这个过程中，出现的第一个甾醇类化合物是羊毛甾醇（lanosterol），它经过多次转化才能生成麦角甾醇（见麦角甾醇生物合成，图 10-2）。这些转化过程之一就是 14α-脱甲基化（图 10-3）。在这一脱甲基化过程中，甾醇 14α-脱甲基化酶催化了氧化脱甲基化反应，使 Δ^{14} 位置上的甲基脱去。对这一过程的抑制是由于 P450 细胞色素中第 6 对位上的亚铁离子与甾醇合成抑制剂中氮杂茂部分的 N^3 或 N^4 原子形成复合物造成的（图 10-4，图 10-5）。由于它们之间形成了复合物，使其与羊毛甾醇的正常结合受到了阻碍。脱甲基作用抑制剂对细胞色素 P450 的

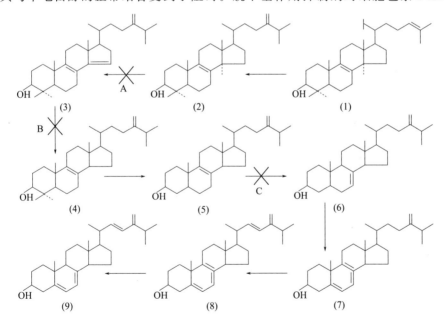

图 10-2　麦角甾醇合成途径及抑制剂作用位点

（1）：羊毛甾醇；（2）：24-亚甲基二氢羊毛甾醇；（3）：4,4-二甲基麦角甾-8,14,24(28)-三烯醇；

（4）：4,4-二甲基麦角甾-8,24(28)-二烯醇；（5）：麦角甾-8,24(28)-二烯醇；（6）：表甾醇；

（7）：麦角甾-5,7,24(28)-三烯醇；（8）：麦角甾-5,7,22,24(28)-四烯醇；（9）：麦角甾醇

A：DMI 类杀菌剂的作用位点；B 和 C：吗啉和哌啶类杀菌剂的作用位点

抑制不仅取决于对亚铁离子的正常作用的干扰，而且决定于脱甲基作用抑制剂中
N^1 部分对脱辅基蛋白的亲和力。另外，甾醇 14α-脱甲基作用对植物和哺乳动物
的甾醇类生物合成也具有重要意义。脱甲基作用抑制剂对真菌和其他生物的选择
作用是由于该抑制剂对这些生物脱甲基化酶的亲和力不同所致。这种质量上的选
择性可能就是由于这类杀菌剂对脱辅基蛋白的亲和力不同。

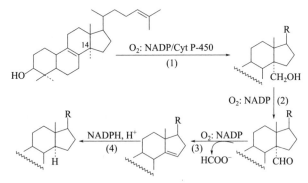

图 10-3　甾醇 C14-脱甲基反应历程略图

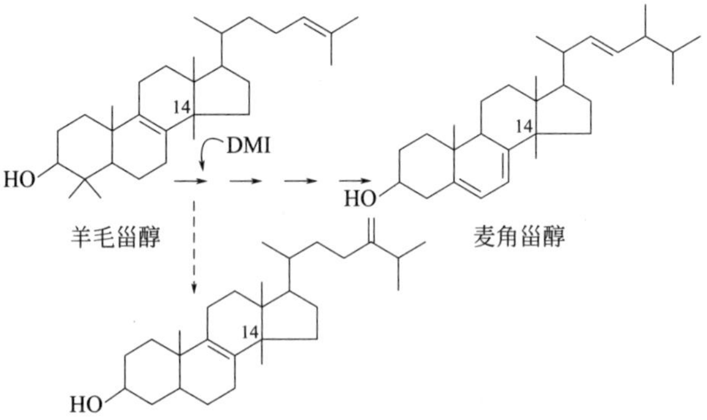

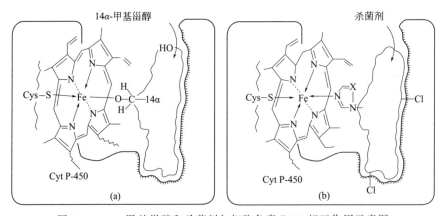

图 10-4　C14-脱甲基反应抑制剂（DMI）的作用位点

14α-甲基甾醇　　　　　　　　　　杀菌剂

Cys—S　　Fe　　　　　　　　　Cys—S　　Fe

Cyt P-450　　　　　　　　　　Cyt P-450

(a)　　　　　　　　　　　　(b)

图 10-5　14α-甲基甾醇和杀菌剂与细胞色素 P450 相互作用示意图

上述抑制作用，导致了功能性甾醇类物质的短缺和羊毛甾醇等 14α-甲基甾醇类物质的过多积累。这些变化使膜的流动性发生了改变，因为 14α-甲基增加了甾醇类物质的厚度从而使甾醇类物质在膜的双层结构中不能正确地装配，这可能使膜的通透性增强，这些影响最终将对真菌的生长产生抑制作用。

三、吗啉类的作用机制

这类杀菌剂作用的分子生物学机制主要是抑制甾醇合成 Δ^{14} 还原酶和 $\Delta^8 \rightarrow \Delta^7$ 异构化酶分子的正常催化作用。当用吗啉类杀菌剂处理后，由于抑制了上述二种酶，使其大量积累几种中间体甾醇，如麦角甾-8,24(28)-二烯-3β 醇、麦角甾-8,14,24(28)-三烯-3β 醇，麦角甾-8,14-二烯-3β 醇和麦角甾-8,14,22-三烯-3β醇，而麦角甾醇和表麦角甾醇则明显减少。对这两种酶最初的抑制，均因化合物、真菌和真菌的生长条件的不同而异。据报道，丁苯吗啉的另一个作用点可能是（角）鲨烯环氧酶。

与脱甲基作用抑制剂相比，吗啉类杀菌剂抑制上述酶的作用对甾醇生物合成过程的破坏作用略小，因此吗啉类杀菌剂的杀菌作用也弱于脱甲基作用抑制剂。

在麦角甾醇生物合成抑制剂中，大部分都是抑制 C14 上的脱甲基化反应，故也称之为脱甲基化反应抑制剂（demethylation inhibitor，DMI）。其次是 $\Delta^8 \rightarrow \Delta^7$ 异构化反应抑制剂。此外还发现了第三个作用点，即抑制 $\Delta^{14\sim15}$ 的还原反应。

根据 EBI 的作用部位，目前已经研究清楚的有两类。

第一类是 C14-脱甲基化反应抑制剂（即 DMI），其中有哌嗪类的嗪胺灵，吡啶类的敌灭啶，嘧啶类的嘧菌醇、氯苯嘧菌醇、氟苯嘧菌醇；唑类的灭菌特、抑霉唑、乙环唑、丙环唑、三唑酮、三唑醇、双苯三唑醇、氟唑醇、烯唑醇、烯效唑、苄氯三唑醇、多效唑、抑菌腈、氟美唑、N-十二烷基咪唑等。

第二类是对甾醇 $\Delta^8 \rightarrow \Delta^7$ 异构化或和 C14（15）双键还原历程的抑制，其中有吗啉类的克啉菌、吗菌灵和丙菌灵等。

四、甾醇生物合成抑制剂主要品种

1. 氯苯嘧啶醇（fenarimol，乐必耕）

嘧啶类脱甲基抑制剂，是一种麦角甾醇生物合成抑制剂。内吸性杀菌剂，具有保护、治疗和铲除作用，能抑制病原菌菌丝生长，使其不能侵染植物组织。持效期 $10\sim14$ 天。主要用于果树白粉病、梨黑星病、锈病等的防治。大鼠急性经口 LD_{50}：$2500mg/kg$。

2. 抑霉唑（imazalil，抑霉力）

咪唑类脱甲基抑制剂，是一种内吸性杀菌剂，具有保护和治疗作用。主要用于防治植物的白粉病；防治柑橘、香蕉等水果的储藏病害，特别是青霉菌、胶孢炭疽菌、拟茎点霉和茎点霉菌等，也可以作为种衣剂防治禾谷作物病害，特别是镰刀菌病害；对苯并咪唑类抗药性菌株具有很高的活性。大鼠急性经口 LD_{50}：$277\sim343mg/kg$。

3. 咪鲜胺（prochloraz，施宝克）

咪唑类脱甲基抑制剂。广谱、活性高，具有良好的渗透性，但在植物体内容易被质子化，疏导性能差，具有保护和铲除作用。乳剂推荐使用于对假尾孢属、核腔菌属、喙孢属及壳针孢属引起的谷类作物病害，壳二孢属、葡萄孢属引起的豆科植物病害，尾孢属、白粉菌属引起的甜菜病害，均有很好的防治效果。对柑橘和热带水果的储藏病害具有很高的活性。可湿性粉剂推荐使用于蘑菇的轮枝孢菌病害和水稻稻瘟病等。大鼠急性经口 LD_{50}：$1600\sim2400mg/kg$，对眼睛有刺激作用。

4. 三唑酮（triadimefon，粉锈宁、百里通）

三唑类脱甲基抑制剂、内吸剂。在植物和真菌体内转变为活性更高的三唑醇起作用。具有保护、治疗和铲除作用。主要用于防治各种植物的锈病、白粉病和个别植物的叶斑病等病害。对鱼类及鸟类安全，对蜜蜂和天敌无害。大鼠急性经口 LD_{50}：$1000\sim1500mg/kg$。

5. 烯唑醇（diniconazole，消斑灵、速保利）

三唑类脱甲基抑制剂。内吸性保护和治疗剂。防病谱广，对白粉病和锈病特效，对子囊菌、担子菌、半知菌有较高的防治效果。常用来防治小麦锈病、白粉病、叶枯病等，花生叶斑病、苹果白粉病、锈病，梨黑星病以及多种作物的白粉病、锈病；播种前种子处理可防治小麦散黑穗病、坚黑穗病、腥黑穗病和苗期白粉病、锈病，玉米丝黑穗病，高粱丝黑穗病等。是 EBI 杀菌剂中具有较强植物生长抑制作用的杀菌剂，尤其是种子处理和在大田双子叶作物上使用，或与碱性农药混用易产生药害。大鼠急性经口 LD_{50}：$639mg/kg$（雄鼠），$474mg/kg$（雌鼠）。

6. 丙环唑（propiconazole，敌力脱）

三唑类脱甲基抑制剂。具有很好的内吸治疗作用，兼有化学保护和抗产孢作用，在水稻上施药 14d 后，标记的活性部分有 71% 被水稻吸收；在葡萄上喷施 3d 内有 63% 的标记物存在植株中；在香蕉上使用 30min 后即可吸收 30%～70%（根据天气），对子囊菌、担子菌及半知菌等植物病原真菌有高活性，对白粉病、锈病特效。主要用于防治禾谷类作物和果树叶斑病，包括壳针孢、尾孢、锈菌、白粉菌、丝核菌引起的各种病害，以及种子传播的黑穗病菌。对苹果和葡萄的少数品种有抑制生长的反应，种子处理对大多数作物都会引起延缓种子萌发的药害症状。大鼠急性经口 LD_{50}：$1517mg/kg$。

7. 戊唑醇（tebuconazole，立克锈）

三唑类脱甲基抑制剂。内吸性杀菌剂。具有保护、治疗和铲除作用。防病谱广，用于防治锈病和白粉病等多种植物的各种高等真菌病害，也用于防治香蕉叶斑病等病害。作为种衣剂，对禾谷类各种作物黑穗病有很高的活性。大鼠急性经口 LD_{50}：4000mg/kg（雄鼠），1700mg/kg（雌鼠）。

8. 己唑醇（hexaconazole）

三唑类脱甲基抑制剂。抗菌活性极高，具有内吸保护作用和治疗作用。防病谱广，特别是对子囊菌和担子菌病害高效。对苹果白粉病菌、黑星病菌、葡萄球座菌和葡萄钩丝壳菌，咖啡上的锈菌和花生上的孢尾菌高活性。大鼠急性经口 LD_{50}：2189mg/kg（雄鼠），6071mg/kg（雌鼠）。

9. 腈菌唑（myclobutanil，黑斑清）

三唑类脱甲基抑制剂。内吸性杀菌剂，具有保护和治理作用。防病谱广，用于防治多种作物的子囊菌、半知菌和担子菌病害。对各种作物上的白粉病菌，仁果上的锈菌和黑星病菌，核果上的褐腐病菌、链格孢菌，及禾谷类作物上的散黑穗病菌、腥黑粉菌、颖枯病菌、镰刀菌和核腔菌等具有很高的活性。由于该化合物是 EBI 类杀菌剂中对植物的副作用较小的杀菌剂，所以常被用着防治双子叶植物叶面的锈病、白粉病、黑星病和各种叶斑病等真菌病害，如防治苹果黑星病、白粉病，葡萄白粉病和黑腐病等。种子处理，可以防治大麦、玉米、棉花、水稻和小麦等作物的多种种传和土传病害，也可用于储藏病害的防治。大鼠急性经口 LD_{50}：1600mg/kg（雄鼠），2290mg/kg（雌鼠）。

10. 苯醚甲环唑（difenoconazole，噁醚唑，世高）

三唑类脱甲基抑制剂。内吸性保护和治疗剂。被叶片内吸，有强的向上输导和跨层转移作用。防病谱广。对子囊菌、半知菌和担子菌病害具有很强的保护和治疗活性。主要用于防治甜菜褐斑病，小麦颖枯病、叶枯病、锈病，马铃薯早疫病，花生叶斑病、网斑病，苹果黑星病、白粉病、早期落叶病，葡萄白粉病、黑腐病等。在禾谷类作物上可以用来防治后期综合性真菌病害，如叶枯病和颖枯病、锈病、烟霉等。在蔬菜上可以防治多种叶斑病，特别是交链孢菌引起的病害。种子处理可以防治禾谷类作物散黑穗病和坚黑穗病、腥黑穗病及矮腥黑穗病。大鼠急性经口 LD_{50}：1453mg/kg。

11. 十三吗啉（tridemorph，克啉菌）

吗啉类麦角甾醇合成 $\Delta^8 \rightarrow \Delta^7$ 异构酶和 $\Delta^{14\sim15}$ 还原酶抑制剂。内吸性杀菌剂，具有铲除和治疗作用，能被植物的根、茎、叶吸收并在体内运转。可以防治麦类和热带作物白粉病、锈病，香蕉叶斑病、茶疱疫病等。5-脱甲基抑制剂无交互抗性，混合使用可延缓 DMI 类杀菌剂的抗性。与多菌灵混用可以扩大对禾谷作物病害的防病谱。大鼠急性经口 LD_{50}：480mg/kg。

12. 苯锈啶（fenpropidin）

哌啶类麦角甾醇 $\Delta^8 \rightarrow \Delta^7$ 异构酶和 $\Delta^{14\sim15}$ 还原抑制剂内吸性杀菌剂，具有保

护、治疗和铲除作用。对多种白粉病菌和锈菌特效，对交链孢、青霉、炭疽也有很高活性。大鼠急性经口 LD_{50}：大于 1447mg/kg。

参 考 文 献

［1］ 徐汉虹.植物化学保护学.第 5 版.北京：中国农业出版社，2018.

［2］ 万树青，李丽春，张瑞明.农药环境毒理学基础.北京：化学工业出版社，2021.

［3］ 赵善欢.昆虫毒理学.北京：农业出版社，1987.

［4］ 林孔勋.杀菌剂毒理学.北京：中国农业出版社，1995.

第十一章　除草剂生物化学

第一节　除草剂作用机理分类

一、光合作用抑制剂及其机理

1. 植物光合作用简介

绿色植物靠光合作用来获得养分。光合作用是植物体内各种生理生化活动的物质基础，是植物特有的生理机制。生物界活动所消耗的物质和能量主要是依靠光合作用积累的。所有动植物的细胞结构及生存所必需的复杂分子，都来源于光合作用的产物及环境中的微生物。光合作用在温血动物体内并不发生，因此抑制光合作用的除草剂对温血动物的毒性很低。光合作用是绿色植物利用光能将所吸收的二氧化碳同化为有机物并释放出氧气的过程，植物在进行光合作用时，可将光能转变成化学能：

$$CO_2 + H_2O \xrightarrow[\text{叶绿体}]{h\nu} C_6H_{12}O_2 + 6O_2$$

这一反应过程是由一系列复杂的生物、物理及生物化学过程来完成的。一般把发生在叶绿体内的光合作用分成光反应和暗反应两大阶段。叶绿体内的光合作用可分成下列几个步骤：

(1) 叶绿体内的色素（通常由叶绿素 a 及叶绿素 b 所组成）被吸收的光量子所激活。

(2) 贮藏在"激活了的色素"中的能量，在光系统Ⅰ及Ⅱ中经过一系列的电子传递，转变成化学能，在水光解过程中，将氧化型辅酶Ⅱ（$NADP^+$）还原成还原型辅酶Ⅱ（NADPH）：

$$NADP^+ + H_2O \xrightarrow{h\nu} NADPH + 1/2O_2 + H^+$$

与此反应相偶联的是 ADP 与无机磷酸盐（Pi）形成 ATP：

$$ADP + Pi \xrightarrow{h\nu} ATP$$

(3) 贮存在 NADPH 及 ATP 中的能量，将消耗在后面不直接依赖光的反应，即固定和还原二氧化碳的反应——暗反应。

图 11-1 表示了叶绿体中光合作用电子传递时的氧化还原电位图，图中 D1 及 D2 分别表示光系统Ⅰ及光系统Ⅱ中的电子给予体，AⅠ及 AⅡ分别表示光系统Ⅰ及光系统Ⅱ中的电子接受体。

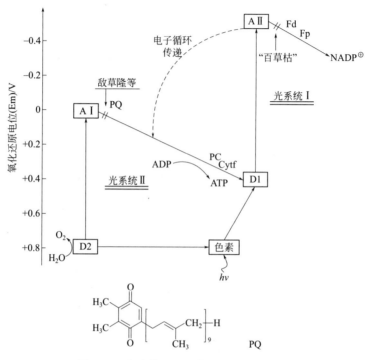

图 11-1　光合作用电子传递氧化还原电位

Cytf：细胞色素 f；Fd：铁氧化还原蛋白；Fp：Fd-NADP$^+$，氧化还原酶；PC：质体蓝素；PQ：质体醌

光系统Ⅰ、光系统Ⅱ及各种电子载体（如质体醌、细胞色素、质体蓝素、铁氧化还原蛋白等）组成了电子传递链，它们将水光解所释放出的电子传递给 NADP$^+$，每还原一分子 NADP$^+$ 为 NADPH 需要两个电子，并同时形成 ATP。ATP 的合成包括在两个光系统中，称为非循环光合磷酸化（noncyclic photophosphorylation）。近来的研究表明，每两个电子不是形成一分子 ATP，而是约 4/3 分子 ATP。相反，仅光系统Ⅰ是包含在循环的光合磷酸化过程中，这一过程也发生在光的影响下，但与开链的电子传递系统无关。现已逐步弄清，光系统Ⅱ反应中心包含两个同系的分子量为 3.2×10^4 和 3.4×10^4 的蛋白，分别称为 D1 和 D2 多肽，它们在叶绿体的类囊体膜上分别与光系统Ⅱ系统中电子传递起重要作用的质体醌 QB 和 QA 相结合。

基于一定的实验基础，1991 年 Tietjen 等利用分子图形学的方法设计了质体醌 QB 与 D1 蛋白结合的部分三维结构模型图，见图 11-2。

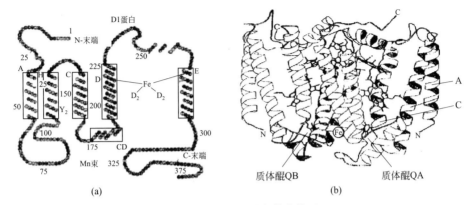

图 11-2　D1、D2 蛋白结合模型

（a）：D1 蛋白结构示意图；（b）：质体醌与 D1、D2 蛋白结合模型（A 和 C：跨膜螺旋区）

D1 蛋的与同源的 D2 蛋白在植物体内形成杂二聚体共同构成 PSⅡ反应的基本框架。D1 蛋白是分子量大约为 32KDs 的内在性膜蛋白，它有 5 个跨膜的螺旋区，分别为 A、B、C、D 和 E ［图 11-2(a)］。螺旋 A 区始于 D1 蛋白的 N-末端，在 C-末端以 E 螺旋区而终止。D1 蛋白的主要裂解位点在位于 D-区螺旋区内，作为电子受体的质体醌 QB 也接合在这个螺旋区域内

2. 除草剂抑制光合电子传递的机理

（1）阻碍光合电子的传递　干扰光合作用的除草剂品种中大约 70% 是抑制光合电子传递的。近 10 年来，对光合反应中心的结构和功能的研究取得了突破性进展，不但分离了光合反应中心，而且测定了氨基酸序列。

植物的光系统Ⅱ光合反应中心，其核心蛋白（core protein）由两个亚单位，即 D1 和 D2 组成，包含叶绿素、褐藻素、β-胡萝卜素、非血红素铁及细胞色素 b_{559}；两种质体醌 QA 和 QB 就结合在这一 D1/D2 复合体上。光系统Ⅱ反应中心从水到质体醌的电子流如图 11-3 所示。

从图 11-3 显示水裂解系统提供的电子经过一个电子受体 Z、叶绿素二聚体（chlz）、叶绿素（chl）和脱镁叶绿体（pheo）传递到 QA，然后经 Fe 到 QB，最后传递到质体醌（PQ）。

图 11-3 中的 CP43 和 CP47 称之为核心天线。CP47 和 CP43 分别由 *psbB* 和 *psbC* 基因编码的 47KD 和 43KD 蛋白结合叶绿素 a 构成的蛋白复合体，与反应中心 D1 和 Drgm2 蛋白紧密相连，除了将外周天线叶绿体 a/b 蛋的复合体捕获的激发能汇集给反应中心外，还具有维持 PSⅡ放氧核心复合体的结构，参与水裂解放氧功能。

从图 11-4 可以看出，QB 一端和 215 位组氨酸（His215）结合，另一端和靠近 262 位酪氨酸（Tyr262）的羰基结合；QA 一端和 215 位组氨酸（His215）结

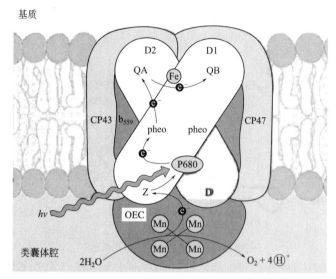

图 11-3 光系统 II 反应中心从水到质体醌的电子流图

pheo—脱镁叶绿体；OEC—放氧复合体；QA，QB—质体醌；Z—原初电子供体（Tyr）

合，另一端则和靠近 261 位丙氨酸（Ala261）的酰氨基结合；Fe 和 4 个组氨酸相连，从而将 D1、D2 两个亚单位联结成一个复合体。

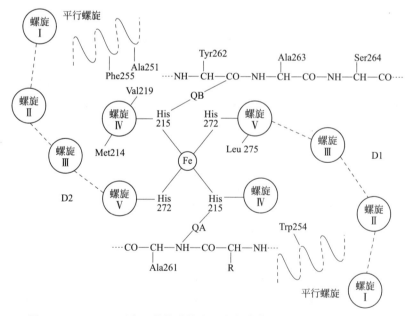

图 11-4 D1、D2 两个亚单位联结成一个复合体示意图（仿 M. Devine）

在光合电子传递链中光系统II中质体醌与 D1 蛋白结合是在组氨酸 215、丝氨酸

254、苯丙氨酸 265、苯丙氨酸 255 上以氢键形式结合（图 11-5A）。而除草剂莠去津占领了质体醌 QB 在 D1 蛋白空间，从而使光合电子链电子传递中断（图 11-5B）。

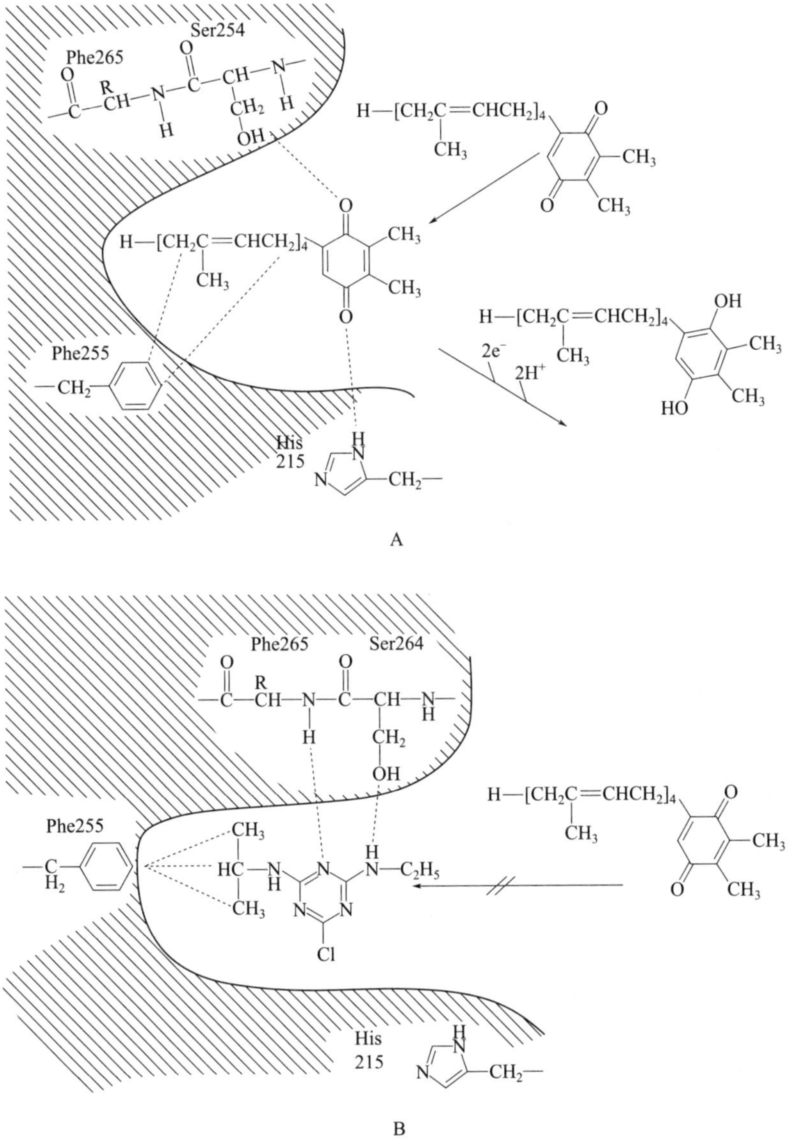

A

B

图 11-5 质体醌（A）和莠去津（B）与 D1 蛋白结合示意图

三嗪类、尿嘧啶类除草剂的作用机制就是竞争性地占领了在 D1 蛋白上 QB 的"结合龛"（bing niche），即 QB 的天然配体。除草剂占领该天然配体后，QB 即失去这种配体，其电子传递功能丧失，从而阻碍了电子从 QA→QB→PQ（图 11-6，图 11-7）。

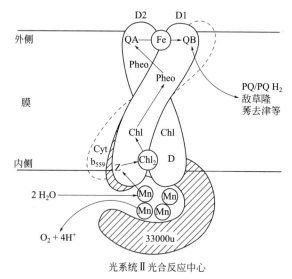

图 11-6 三嗪类、尿嘧啶类除草剂占领了在 D1 蛋白上 QB 的"结合龛"示意图（仿 M. Devine）

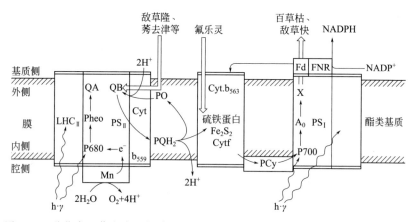

图 11-7 敌草隆、莠去津、氟乐灵、百草枯、敌草快光合电子传递链的作用位点

　　除草剂叠氮三嗪（azido-triazine）和 QB 的"结合龛"结合。叠氮三嗪含烷基的侧链朝向第 264 位丝氨酸的氨基酸片段，侧链上与 N 相连的 H 可能和丝氨酸 OH 形成桥键，而叠氮则朝向跨膜螺旋Ⅳ上第 214 位甲硫氨酸（Met214）（图 11-8）。

　　三嗪类除草剂特丁净（terbutryn）在 QB "结合龛"上结合的模式如图 11-9。特丁净以 2～3 个桥键和蛋白相联结；223 位丝氨酸 OH 和三嗪环乙基侧链 N 相连的 H 组成"桥"，靠近 224 位异亮氨酸（Ile224）的 N 上的 H 和三嗪环的 N 组成"桥"。

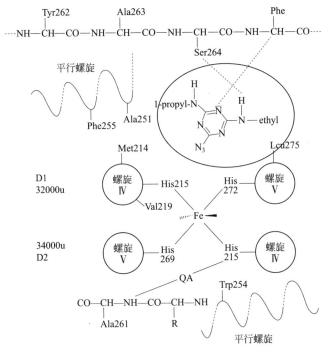

图 11-8　叠氮三嗪和 QB 的"结合龛"结合示意图（仿 J. C. Caseley）

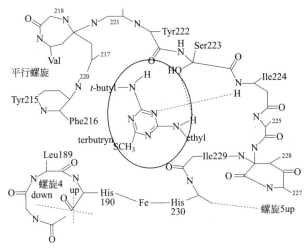

图 11-9　特丁净（terbutryn）在 QB "结合龛"上结合示意图

　　取代脲类除草剂（如敌草隆）的结合位点也在这个由叶绿体基因编码的 D1 蛋白上，但不是三嗪类除草剂的结合位点。已有研究表明，在 Dl/D2 蛋白复合体上，电子从 QA 到 QB 的传递还必须有低浓度的 HCO_3^- 离子的参与，在 D1 蛋白上亦有 HCO_3^- 结合位点，可能位于敌草隆结合位点下面，而被敌草隆结合位点所覆盖。取代脲类除草剂和 D1 蛋白上的结合位点结合后，改变了蛋白质的结构，从而阻碍了 HCO_3^- 和其结合位点的结合，结果影响电子从 QA→QB 的传递。

（2）拦截传递到 $NADP^+$ 的电子　敌草快、百草枯这类联吡啶类除草剂具有 $-450mV$ 和 $-350mV$ 的氧还电势，可以作用于光系统Ⅰ，拦截从 X 到 Fd 的电子，使电子流彻底脱离电子传递链，从而导致 $NADP^+$ 还原中止，破坏了同化力的形成（图 11-10）。此外，联吡啶类阳离子在拦截电子后就被还原成相应的自由基。在氧参与下，自由基被氧化成初始离子，这个初始离子又参与反应，形成一系列氧的活化产物。

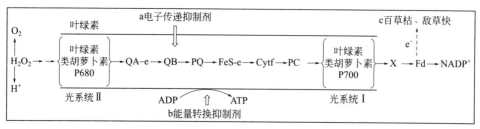

图 11-10　百草枯、敌草快除草的作用部位

这些氧的活化产物同样是植物毒剂，将导致类囊体膜中不饱和脂肪酸的过氧化。叶绿体的内囊体膜脂类化合物中含大约 90% 的不饱和脂肪酸，主要是亚麻酸和亚油酸，其功能是保持膜的流动性。上述除草剂作用产生的单态氧在脂质膜中不能快速除去，将和亚麻酸和亚油酸相互作用，从而导致过氧酸的形成，脂肪酸过氧化物接着又被还原，进一步通过碳链断裂，产生醛及短链的烷烃。按照这种方式，亚麻酸将产生乙烷，亚油酸将产生戊烷。此外，单态氧也能和其他富含未共用电子的分子反应，如和组氨酸、甲硫氨酸等氨基酸反应，而且单态氧的反应也不仅限脂类，亦可扩大到蛋白质、氨基酸、核酸及色素等。

二、干扰呼吸作用与能量代谢

呼吸作用是碳水化合物等基质通过糖酵解和三羧酸循环的一系列酶的催化而进行的有机酸氧化过程，并通过氧化磷酸化反应将产生的能量转变为三磷酸腺苷（ATP），以供生命活动的需要。

植物在呼吸作用过程中，氧化作用和磷酸化作用是两个相互联系又同时进行的不同过程，此过程为偶联反应。凡是破坏这个过程的物质称为解偶联剂。植物的呼吸作用是在细胞的线粒体中进行的，除草剂可以改变线粒体的机能，包括对 ATP 合成的解偶联反应和干扰电子传递等两个方面。如五氯酚钠、地乐酚、敌稗和苯氧羧酸等除草剂都是解偶联剂，干扰呼吸作用。植物在这些药剂的作用下，体内贮存的能量 ATP 不断地用于植物生长、生化反应和养分的吸收和运转，变成 ADP，随着 ADP 浓度的增加，加速植物的呼吸作用。另外，呼吸所释放出的能量，不能用于 ADP 的氧化磷酸化，因而，中断了 ATP 的形成，使植物体中 ATP 的浓度降低，其结果是呼吸作用成为一种无用的消耗，造成植物能量的亏缺，使植物体内各种生理、生化过程无法进行，从而导致植物死亡。

例如，均三氮苯类除草剂抑制植物的呼吸作用，特别是提高浓度显著抑制呼吸过程中氧的吸收和 CO_2 的释放，从而大大降低了呼吸系数，造成呼吸过程的紊乱。

均三氮苯类除草剂干扰光合作用中希尔反应中氧释放时的能量传递，进而影响 $NADP^+$ 的还原作用和 ATP 的形成。

三、抑制植物的生物合成

1. 抑制光合色素合成

高等植物叶绿体内的色素主要是叶绿素（包括叶绿素 a 和叶绿素 b）和类胡萝卜素。类胡萝卜素包括胡萝卜素和叶黄素，后者是前者的衍生物。胡萝卜素和叶黄素都是脂溶性色素，与脂类结合，被束缚在叶绿体片层结构的同一蛋白质中。光合作用中光能的吸收与传递及光化反应和电子传递过程均在这里进行，因此，抑制色素的合成将抑制光合作用。

（1）抑制类胡萝卜素的合成　类胡萝卜素大量存在于类囊体膜上，靠近集光叶绿素及光反应中心，其主要功能是保护叶绿素，防止受光氧化而遭到破坏。类胡萝卜素生成酶系包括合成酶（synthase）、去饱和酶（desaturase）和环化酶（cyclase）。这些酶系主要分布在叶绿体被膜，在类囊体膜中则少有分布。去饱和酶的催化作用要求分子氧的参与。去饱和作用可能是由羟基化（hydroxylation）启动的，但单加氧酶（羟化酶）是否参与反应尚未证实。羟基化后再脱去一个水分子，双键就形成。类胡萝卜素生物合成过程中除草剂的主要靶标是去饱和酶。哒嗪酮类、氟啶草酮、m-苯氧基苯酰胺主要是抑制了八氢番茄红素去饱和酶活性，导致八氢番茄红素积累；哒草伏、嘧啶类可抑制六氢番茄红素去饱和酶活性。类胡萝卜素的生物合成途径及除草作用位点如图 11-11。

由于类胡萝卜素合成被抑制，导致失去叶绿素保护色素，而出现失绿现象。

（2）抑制质体醌生物合成　质体醌是类胡萝卜素生物合成以及光合电子传递过程中的一个电子接受体。质体醌的生物合成受到抑制，间接导致类胡萝卜素的生物合成受到抑制，最终使得植物死亡。这些抑制剂的靶标酶为对羟苯基丙酮酸双氧化酶（4-hydroxyphenylpyruvate dioxygenase，HPPD），HPPD 是植物体合成质体醌和 α-生育酚的关键酶。

当对羟苯基丙酮酸双氧化酶受到抑制后，由 4-羟苯基丙酮酸氧化脱羧变为尿黑酸的合成受阻，进而影响质体醌的合成（图 11-12）。而质体醌是八氢番茄红素

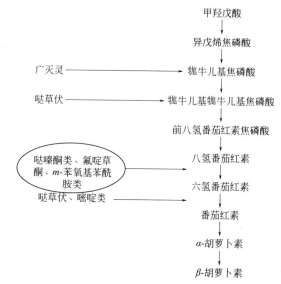

图 11-11　类胡萝卜素的生物合成途径及除草作用位点

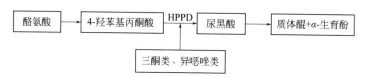

图 11-12　质体醌生物合成与除草剂作用部位

脱氢酶（PDS）的一种关键辅因子，质体醌的减少使八氢番茄红素脱氢酶的催化作用受阻，进而影响类胡萝卜素的生物合成，导致植物白化症状，最终使植物死亡。

三酮类除草剂（例如磺草酮、硝磺草酮、苯唑草酮等）、异恶唑类除草剂（例如异恶唑草酮、异恶氯草酮等）和吡唑酮类除草剂（例如吡草酮）的靶标酶均为对羟苯基丙酮酸双氧化酶。

（3）抑制叶绿素合成　叶绿素的生物合成途径与除草剂作用部位如图 11-13 所示。二苯醚类除草剂（如除草醚）和环亚胺类除草剂（如恶草酮）都是过氧化型除草剂。用这些除草剂处理植物后往往显示以下的特点：①阻碍叶绿素的合成；②色素在光照中被分解，即所谓"漂白"作用；③在光照中形成乙烷及其他短链烷烃化合物；④叶绿素光合成中的关键酶——原卟啉原氧化酶被抑制；⑤植物中原卟啉IX积累。

因此，原卟啉原氧化酶是这两类除草剂作用的第一靶标。原卟啉原氧化酶被抑制后，原卟啉原IX不能被氧化成原卟啉IX，因而不能在 Mg 螯合酶和 Fe 螯合酶作用下分别生成叶绿素和血红素，造成原卟啉原IX的瞬间积累，漏出并进入细胞质，并在除草剂诱导的氧化因素作用下氧化成原卟啉IX（PIX），渗入细胞质的

PLX，在有光的作用下，由基态转化为激发态（PLX）*，（PLX）*将能量传递给氧，氧转变为单线态氧（$^1O_2$），引起细胞组分的过氧化降解，脂质过氧化，细胞结构破坏，植物枯死。

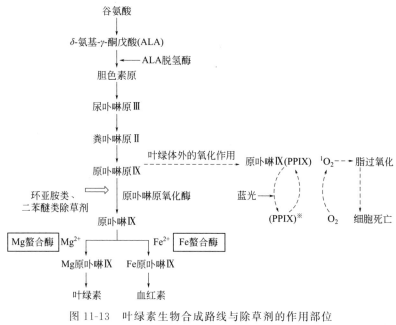

图 11-13　叶绿素生物合成路线与除草剂的作用部位

图中虚线表示除草剂抑制路线；实线表示非除草剂抑制路线

2. 抑制氨基酸、核酸和蛋白质的合成

氨基酸是植物体内蛋白质及其他含氮有机物合成的重要物质，氨基酸合成受阻将导致蛋白质合成停止。蛋白质与核酸是细胞核与各种细胞器的主要成分。因此，对氨基酸、蛋白质、核酸代谢的抑制，将严重影响植物的生长、发育，造成植物死亡。

（1）抑制氨基酸的生物合成　目前已开发并商品化的抑制氨基酸合成的除草剂有有机磷类、磺酰脲类、咪唑啉酮类、磺酰胺类和嘧啶水杨酸类等。在上述这些类别中，除含磷除草剂外，其他均为抑制支链氨基酸生物合成的除草剂。

目前常用的含磷除草剂有草甘膦、草铵膦和双丙氨膦。草甘膦的作用方式是抑制莽草酸途径中的 5-烯醇丙酮酸莽草酸-3-磷酸合成酶（5-enolpyruvylshikimate 3-phosphate synthase，EPSPS），使苯丙氨酸、酪氨酸、色氨酸等芳香族氨基酸生物合成受阻。草铵膦和双丙氨膦则抑制谷氨酰胺的合成，其靶标酶为谷氨酰胺合成酶（glutaminesythase，GS）。

植物体内合成的支链氨基酸为亮氨酸、异亮氨酸和缬氨酸，其合成开始阶段的重要酶为乙酰乳酸合成酶（acetolactate synthase，ALS），其可将 2 分子的丙

253

酮酸或 1 分子丙酮酸与 α-丁酮酸催化缩合，生成乙酰乳酸或乙酰羟基丁酸。磺酰脲类、咪唑啉酮类、磺酰胺类、嘧啶水杨酸类等除草剂的作用靶标酶为 ALS。靶标 ALS 抑制剂是目前开发最活跃的抑制剂之一。

另外，杀草强为杂环类灭生性除草剂，它通过抑制咪唑-甘油磷酸脱水酶（IGPD）而阻碍组氨酸的合成。

综上所述，植物体内氨基酸合成受相应酶的调节控制，而各种氨基酸抑制剂则正是通过控制这种不同阶段的酶以发挥其除草效应的。抑制氨基酸合成的除草剂作用部位见图 11-14。

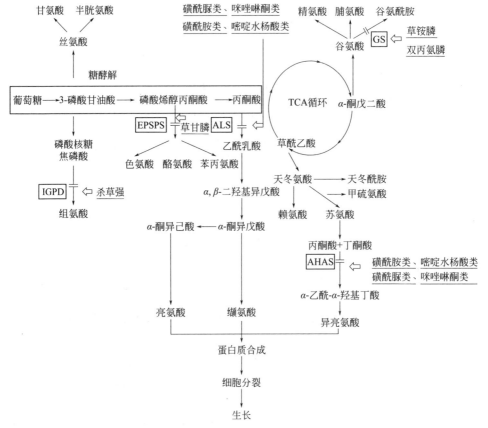

图 11-14　抑制植物氨基酸合成除草剂作用部位

（2）干扰核酸和蛋白质的合成　除草剂抑制核酸和蛋白质的合成主要是间接性的，直接抑制蛋白质和核酸合成的报道很少。已知干扰核酸、蛋白质合成的除草剂几乎包括了所有重要除草剂的类别。例如，苯甲酸类、氨基甲酸酯类、酰胺类、二硝基酚类、二硝基苯胺类、卤代苯腈、苯氧羧酸类与三氮苯类等。试验证明，很多抑制核酸和蛋白质合成的除草剂干扰氧化与光合磷酸化作用。通常除草剂抑制 RNA 与蛋白质合成的程度与降低植物组织中 ATP 的浓度存在相关性。因此，多数除草剂干扰核酸和蛋白质合成被认为不是主要机制，而是抑制 ATP 产生的结果。磺酰脲类除草剂通过抑制支链氨基酸的合成而影响核酸和蛋白质的合成；并证明绿磺隆能抑制玉米根部 DNA 的合成。目前尚未有商品化的除草剂是直接作用于核酸和蛋白质合成的。

3. 抑制脂类的合成

脂类包括脂肪酸、磷酸甘油酯与蜡质等。它们分别是组成细胞膜、细胞器膜与植物角质层的重要成分。脂肪酸是各种复合脂类的基本结构成分。如磷酸甘油酯是脂肪酸与磷脂酸的复合体。因此，除草剂抑制脂肪酸的合成，也就抑制了脂类合成，最终造成细胞膜、细胞器膜或蜡质生成受阻。

目前，已知芳氧苯氧基丙酸酯类、环己烯酮类和硫代氨基甲酸酯类除草剂是抑制脂肪酸合成的重要除草剂。芳氧苯氧基丙酸酯类和环己烯酮类除草剂的靶标酶为乙酰辅酶 A 羧化酶（ACCase），它是催化脂肪酸合成中起始物质乙酰辅酶 A 生成丙二酸单酰辅酶 A 的酶，见下式：

$$乙酰\text{-}CoA+HCO_3^-+ATP \xrightarrow{ACCase} 丙二酸单酰\text{-}CoA+ADP+Pi$$

硫代氨基甲酸酯类除草剂是抑制长链脂肪酸合成的除草剂，它是通过抑制脂肪酸链延长酶系，而阻碍长链脂肪酸的合成，见图 11-15。

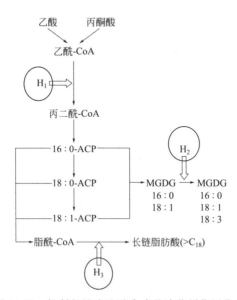

图 11-15　抑制长链脂肪酸合成的除草剂作用位点

H_1：芳香基丙酸及相似结构；H_2：哒嗪酮；H_3：硫代氨基甲酸酯，卤代酸

四、干扰植物激素的平衡

激素是调节植物生长、发育、开花和结果不可缺少的物质，在植物的不同组织中都有适当的含量。激素类型的除草剂可以破坏植物生长的平衡，低浓度时对植物有刺激作用，高浓度则产生抑制作用。受害植物的组织可以表现刺激与抑制两种症状，导致生长畸形或扭曲，如 2,4-D 对双子叶植物的毒害症状。属于激素型的除草剂种类很多，如苯氧羧酸类（2,4-D、2 甲 4 氯钠），苯甲酸类（百草敌、草灭畏），氨氯吡啶酸等。

五、抑制微管形成与组织发育

微管是存在于所有真核细胞中的丝状亚细胞结构。高等植物中，纺锤体微管是决定细胞分裂程度的功能性机构，微管的组成与解体受细胞末端部位的微管机能中心控制，微管机能中心是一种细胞质的电子密布区。由于除草剂类型与品种不同，它们对微管系统的抑制部位不同：①抑制细胞分裂的连续过程；②阻碍细胞壁或细胞板形成，造成细胞异常，产生双核及多核细胞；③抑制细胞分裂前的准备阶段如 G1 与 G2 阶段。二硝基苯胺类除草剂是抑制微管的典型代表，它们与微管蛋白结合并抑制微管蛋白的聚合作用，造成纺锤体微管丧失，使细胞有丝分裂停留于前期或中期，产生异常的多形核。由于细胞极性丧失，液泡形成增强，故在伸长区进行放射性膨胀，结果导致形成多核细胞，肿根。

六、抑制细胞分裂、伸长和分化

除草剂对植物的抑制作用往往表现于植物形态的变化，如植物出现畸形或不正常的生长发育等，其原因是除草剂抑制了细胞分裂、伸长和分化。

例如，用 2,4-D 处理敏感性植物幼苗，用量极少时，具有与植物体内天然生长素吲哚乙酸相似的作用，可促进植物的生长；但当用量较多，作为除草剂应用时，植物的生长就会迅速发生分化。分生组织细胞停止分裂，已经伸长的细胞停止长度生长，但继续进行辐射膨大，成熟的植株薄壁组织细胞膨大，迅速开始分裂，并产生愈伤组织和膨大的根基，根停止伸长、阻塞、停止输导，根尖膨大。幼龄叶片停止膨大，组织过度发育，根丧失吸收水分与无机盐能力，最终导致植株死亡。

二硝基苯胺类和氨基甲酸酯类除草剂造成植物死亡的原因之一，就是由于强烈地抑制了细胞的分裂。

除草剂对植物的干扰、破坏作用常常是几种作用共同发生，有些是直接作用，也有些是间接作用。地乐酚、敌稗等是直接抑制 RNA 和蛋白质的合成，同时也抑制呼吸作用和光合作用；二硝基苯胺类除草剂除直接干扰细胞有丝分裂、激素的形成与传导外，还间接影响蛋白质的合成。

第二节 重要的靶标酶及其抑制剂

一、 5-烯醇丙酮酸莽草酸-3-磷酸合成酶及其抑制剂

1. 5-烯醇丙酮酸莽草酸-3-磷酸合成酶（EPSPS）

5-烯醇丙酮酸莽草酸-3-磷酸合成酶（EC2.5.1.19）是莽草酸代谢途径芳香基生物合成的一种酶。它存在于植物、微生物和真菌中。动物缺乏这种酶的代谢途径，它们从食物中获取芳香基化合物，即芳香氨基酸（苯丙氨酸、酪氨酸和色氨酸）。

莽草酸代谢：由磷酸戊糖途径产生的 D-赤藓糖 4-磷酸与糖酵解产生的中间产物磷酸烯醇式丙酮酸为初始物，两种化合物经反应生成莽草酸。莽草酸经磷酸化生成 5-磷酸莽草酸后，与磷酸烯醇式丙酮酸反应，生成分支酸。由分支酸合成色氨酸，分支酸又可转变为预苯酸。由预苯酸生成苯丙氨酸和酪氨酸，并由此产生芳香族化合物一系列代谢过程。

莽草酸代谢的意义除合成芳香氨基酸外，并由这些化合物衍生次生代谢产物包括生长素、植物抗毒素、生氰糖苷、维生素叶酸、本质素和质体醌的前体、合成类胡萝卜素的原料和上百种类黄酮、苯酚和生物碱等（图 11-16，图 11-17）。

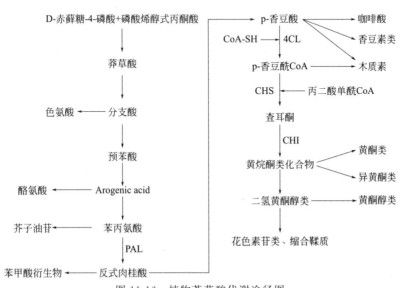

图 11-16 植物莽草酸代谢途径图

PAL—苯丙氨酸解氨酶；CoA-SH—辅酶 A；4CL—辅酶 A 连接酶；CHI—查耳酮异构酶

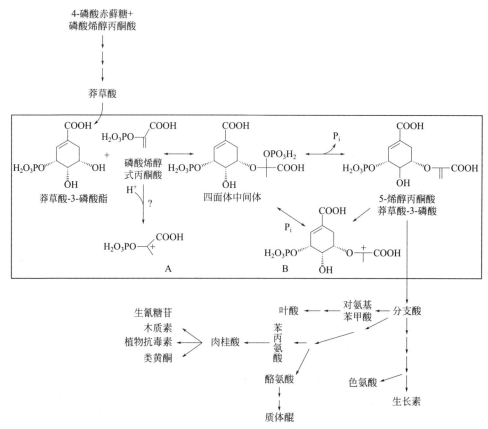

图 11-17　莽草酸代谢途径中 5-烯醇丙酮酸莽草酸-3-磷酸合成酶反应链
框内表示叶绿体内的反应

　　酶结构：酶单体分子质量大约为 50000Da。对许多有机体的 5-烯醇丙酮酸莽草酸-3-磷酸合成酶氨基酸序列进行了测定，结果显示，不同的植物之间具有高度的同源性。如拟南芥（Arabidopsis），矮牵牛和马铃薯的序列有 93％的同源性，植物与 E.coli 有 55％的同源性。该酶位于叶绿体内。

　　通过 X-衍射测定 5-烯醇丙酮酸莽草酸-3-磷酸合成酶的结构，发现酶的多肽链形成二个接近相同的球状结构，每个球状结构由三个很相似的折叠单位组成，每个折叠单位又是由两个并列的螺旋和四条链的片层结构组成。每个球状结构（结构域）三股螺旋埋在酶的内部，三股螺旋的部分朝外。螺旋的定向使之带有氨基酸末端接近两个结构域的平整内表面，使之形成一种螺旋大偶极效应，导致积累正电荷，有利于负电荷底物到活性部位。

　　活性部位：用邻苯二醛和吡哆-5-磷酸氰氢硼化钠作用，可使 5-烯醇丙酮酸莽草酸-3-磷酸合成酶失活。如使 22 位赖氨酸点突变为丙氨酸或谷氨酸也可使酶失活。若用精氨酸取代，则不改变酶动力常数。说明酶中的 22 位赖氨酸的阴离子电荷对于酶活性部位的重要性，22 位赖氨酸可能是磷酸烯醇式丙酮酸的结合部位。第 340 位赖氨酸，此位点赖氨酸不与 3-磷酸吡哆醛反应，可与 O-邻苯二醛反应，加入 5-烯醇丙酮酸莽草酸-3-磷酸后可避免修饰作用，表明 340 位赖氨酸为 5-烯醇丙酮酸莽草酸-3-磷酸结合部位。活性部位氨基酸还有 28 位精氨酸和 418 位的谷氨酸。

催化反应的大致过程：

① 磷酸烯醇式丙酮酸 C2 亲核攻击莽草酸-3-磷酸（S3P）的 5-OH，形成四面体中间体；

② 中间体可重新与酶结合；

③ 催化形成产物 5-烯醇丙酮酸莽草酸-3-磷酸。

2. 5-烯醇丙酮酸莽草酸-3-磷酸合成酶抑制剂

5-烯醇丙酮酸莽草酸-3-磷酸合成酶抑制剂主要是一类该酶代谢物的类似物。如磷酸烯醇式丙酮酸（PEP）类似物，莽草酸三磷酸（S3P）类似物，5-烯醇丙酮酸莽草酸-3-磷酸（EPSP）类似物，芳香基类似物，四面体中间体类似物，丙二酸酯等排物和草甘膦类似物。各种类似物的抑制活性见图 11-18。

在所测的化合物中，发现对 EPSP 合成酶抑制活性最高的为草甘膦，K_i 为 $0.25\mu mol/L$。因而成功开发出一种商品化除草剂（图 11-18）。

3. 草甘膦作用机理

草甘膦，化学名称为 N-(膦酸甲基) 甘氨酸。草甘膦为磷酸烯醇式丙酮酸的氧碳镓离子形成的过渡态类似物，在与酶的结合中，以一种完全扩展的构型，由于莽草酸三磷酸所引起的磷酸烯醇式丙酮酸与草甘膦的结合，这种协同增效超过 4000 倍。原因是：莽草酸三磷酸与草甘膦复合体类似于四面体中间体。草甘膦与 5-烯醇丙酮酸莽草酸-3-磷酸结合和 5-烯醇丙酮酸莽草酸-3-磷酸合成酶形成二元复合体，抑制了 5-烯醇丙酮酸莽草酸-3-磷酸合成酶的活性，造成体内莽草酸积累。

草甘膦导致植物致死的原因：①芳香氨基酸的耗尽，蛋白质合成中断，丢失基本的迅速周转的蛋白质；②生长素合成前体耗尽，造成生长与发育的失衡；③醌合成前体耗尽，造成类胡萝卜素合成的失衡；④次生代谢产物的前体耗尽，造成木质部、黄酮类、苯酚类和植物毒素的减少；⑤受抑制后莽草酸积累，造成进一步的毒害作用。

二、乙酰羟酸合成酶及其抑制剂

1982 年第一个乙酰羟酸合成酶（acetohydroxyacid synthase，AHAS）抑制剂氯磺隆商品化，1986 年美国氰胺公司开发了第一个咪草地喹，由于这两种除草剂为常规除草剂用量的 0.001～0.01，这种超高效活性和它的极低毒性，使以乙酰羟酸合成酶为靶标的除草剂，开创了除草技术的新时代，即超高效时代。因

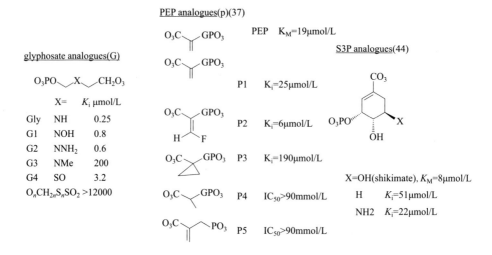

图 11-18　EPSP 合成酶抑制剂的结构与活性

PEP analogues—磷酸烯醇式丙酮酸（PEP）类似物；EPSP analogues—5-烯醇丙酮酸莽草酸-3-磷酸类似物；
aromatic analogues—芳香基类似物；glyphosate analogues—草甘膦类似物；S3P analogues—莽草酸三磷酸类似物；
ME1~ME2、E1~E3、ARO1~ARO2、P1~P5、Z9F-EPSP—分别表示化合物的符号；
K_M—米氏常数；K_i—抑制常数；IC_{50}—抑制中浓度；K_D—平衡常数

发现咪唑啉酮类和磺酰脲类除草剂，Marins Los 和 Geoge Levitt 获美国国家发明技术奖。经 1994 年统计，已有 30 多种乙酰羟酸合成酶抑制剂作为除草剂并已商品化。在我国试验登记已达 20 种，南开大学元素所李正名院士创制的单嘧磺隆，使我国在除草剂的创制方面迈进了世界领先水平。

乙酰羟酸合成酶（EC 4.1.3.18）是由细胞核编码的叶绿体酶。它完成两种平行反应：①乙酰羟酸合成酶浓缩二分子的丙酮酸合成产生乙酰乳酸，称之为乙酰乳酸合成酶，在反应体系中最终可合成缬氨酸和亮氨酸；②乙酰羟酸合成酶催化一分子丙酮酸和一分子 2-丁酮酸，产生乙酰羟丁酸，乙酰羟丁酸的终产物为异亮氨酸、缬氨酸和亮氨酸，后两者为支链氨基酸，这三种氨基酸对于动物来说是必需氨基酸，必须从食物中摄取。反应式如下：

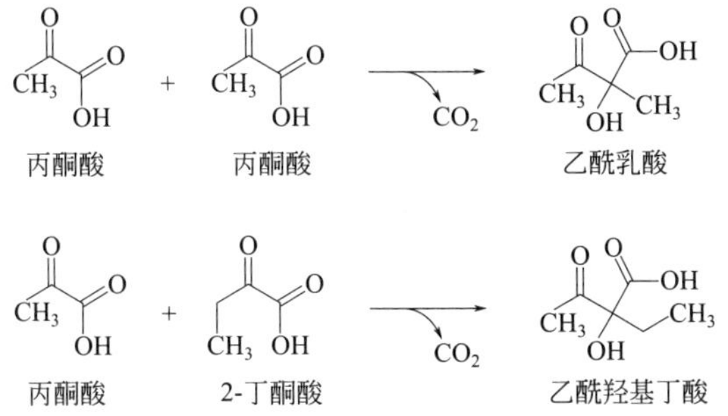

已知植物中这种酶具有二种不同的形式：四聚体（乙酰羟酸合成酶Ⅰ）和单聚体（乙酰羟酸合成酶Ⅱ）。乙酰羟酸合成酶存在于植物所有部位，但它的活性在不同植物的不同器官、不同的发育阶段是不同的。一般植物分生组织的活性较高，而黄化部分活性降低。

抑制剂主要由四大类组成，即：①磺酰脲；②磺酰胺类；③咪唑啉酮类；④三唑嘧啶类等。

咪唑啉酮是乙酰羟酸合成酶非竞争性抑制剂，紧密地结合到酶-丙酮酸复合体。磺酰脲为竞争性抑制剂，结合到酶与丙酮酸或 α-丁酮酸的位点。第一个丙酮酸与乙酰羟酸合成酶结合后，第二个丙酮酸与嘧磺隆竞争。而咪唑啉酮与磺酰脲在酶的结合位点有重叠现象。

植物毒性与生理效应：

① 支链氨基酸合成中止，进而影响蛋白质合并造成植物发育受阻，还可引起一系列生理变化。

② 积累 α-丁酮酸和 α-氨酮酸。用氯磺隆处理的植物，在体内积累 α-氨酮酸达 250 倍，α-氨酮酸是由 α-丁酮酸转化的产物。α-氨酮酸的积累可干扰根尖细胞的分裂，毒害机体，最终导致植物死亡。

其他的生理效应：①抑制光合色素的运转；②积累花色素苷；③抑制离子吸收；④抑制或刺激乙烯合成；⑤抑制呼吸作用；⑥抑制 DNA 合成；⑦苯丙氨酸氨裂合酶活性提高；⑧中性糖含量提高。

存在的问题：①残留时间长，对后茬作物有影响；②杂草易产生抗性，抗性速度是各类除草剂之首，并具交互抗性。

三、八氢番茄红素脱氢酶（去饱和酶）及其抑制剂

1. 八氢番茄红素脱氢酶

八氢番茄红素脱氢酶是植物体内合成类胡萝卜素的主要酶类。如 β-胡萝卜素

合成是以异戊烯焦磷酸（geranylgeranyl pyrophosphate，GGpp）为前体，分七大步骤合成而来。参入合成的关键性酶有：八氢番茄红素合成酶、八氢番茄红素脱氢酶、ζ-胡萝卜素去饱和酶、番茄红素环化酶等。合成反应途径见图 11-19。

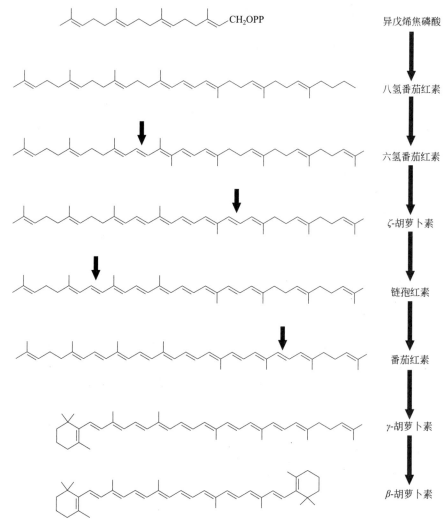

CH₂OPP — 异戊烯焦磷酸
八氢番茄红素
六氢番茄红素
ζ-胡萝卜素
链孢红素
番茄红素
γ-胡萝卜素
β-胡萝卜素

图 11-19　从异戊烯焦磷酸到 β-胡萝卜素合成途径

箭头表示一种双键逐步形成胡萝卜素，最终合成含 11 个共轭双键系列的化合物的反应变化

由八氢番茄红素（phtoene）的 3 个共轭双键到番茄红素（lycopene）11 个共轭双键。反应由二分子的 GGpp 在八氢番茄红素合成酶作用下合成 1，5-顺八氢番茄红素。该化合物在八氢番茄红素脱氢酶作用下合成六氢番茄红素和 ζ-胡萝卜素。随后在 ζ-胡萝卜素去饱和酶作用下脱氢产生番茄红素（含有 11 个共轭双键）。最后在番茄红素环化酶作用下产生 β-胡萝卜素。

类胡萝卜素生理功能：第一是当光照强度较弱的情况下作为辅助色素捕获光能供叶绿素光合作用使用；第二是光照强度太强可作为光敏反应的保护剂，使叶绿素免遭光损伤。因为光可激发叶绿素分子形成活化状态，三线态的叶绿素可特异地与氧分子作用，转移能量给氧分子，使之形成单线态氧，单线态氧能氧化附近任何分子。此时的类胡萝卜素能保护叶绿素免遭这种破坏过程。如类胡萝卜素含量降低或被其他化合物抑制（除草剂）就失去保护性功能。结果是氧化降解叶绿素，破坏光合膜，植物出现失绿，降低植物光合作用。

2. 八氢番茄红素脱氢酶抑制剂

许多除草剂是该酶的抑制剂，大多数为含氟化合物。如氟草敏（norflurazon）、氟啶草酮（fluridone），氟咯草酮（fluorochloridone），吡氟草胺（diflufenican）等，抑制剂的化学结构类型见图 11-20。

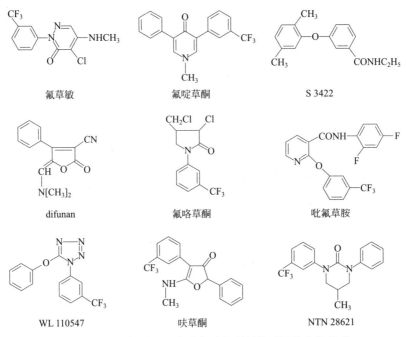

图 11-20　八氢番茄红素脱氢酶抑制剂的不同化合物类型

3. 其他作用点的抑制剂

ζ-胡萝卜素去饱和酶抑制剂：该酶受抑制后在体内积累 ζ-胡萝卜素。抑制剂大多数为嘧啶类和二氢吡喃酮类，如杀草强。

番茄红素环化酶抑制剂：如取代二乙胺类 CPTA（2-(4-氯化硫苯) 二乙胺-HCl）。被抑制后积累番茄红素。

萜类生物合成抑制剂和类胡萝卜素合成前体抑制剂：如异噁草酮（dimethazone）。

四、原卟啉原氧化酶及其抑制剂

1. 原卟啉原氧化酶

卟啉代谢可合成血红素和叶绿素，代谢合成中两种共同的酶为原卟啉原氧化酶（protoprophyrinogen oxidase），随后的反应中由铁和镁络合酶催化，促使原卟啉原分别合成血红素和叶绿素。叶绿素生物合成路线见图 11-21。

酶促反应：原卟啉原氧化酶氧化连接吡啶环上的亚甲基团为次甲基团。使无光动力活性的原卟啉原IX底物去掉 6 个氢转变为一种红色高光敏的化合物原卟啉IX产物。由于原卟啉IX是一个光动力化合物。在正常情况下，生物合成的这种化合物贮存在细胞内的量是有限的，因此不会给自身造成危害。

2. 抑制剂及其生理效应

抑制剂的类型：

① 环状二苯醚，如除草醚（nitofen）、三氟羧草醚（aciflorfen）；

② 非二苯醚类，如噁草酮（oxadiazon）；

③ 苯基杂环苯酰亚胺类，如戊烯草酸（flumiclorac）和 O-苯基氨基甲酸酯类和杂环羰基酰胺类。

这些化合物中具有典型的苯基杂环特征。抑制剂化学结构见图 11-22。

该酶的抑制剂有数千种，这些抑制剂除部分具有抑制原卟啉原氧化酶外，还抑制乙酰 CoA 羧化酶和八氢番茄红素去饱和酶的作用。

生理效应：原卟啉原氧化酶抑制剂属于过氧化除草剂（peroxidizing herbicide），它可以引起膜质过氧化。用该酶抑制剂处理的植物，细胞内可迅速积累原卟啉原IX，1 小时后可检测到原卟啉IX，红光可促进它的积累。质体原卟啉原氧化酶被抑制后，酶底物原卟啉原IX从质体内渗漏到细胞质中，质膜上的过氧化酶能迅速将它转化为原卟啉IX，在有光的条件下，可引起光动力损伤。

光动力损伤：主要是生物膜的结构损伤。原卟啉IX是一种强烈的光动力色素，在光诱导下产生单线态氧，单线态氧可氧化膜脂过氧化，产生乙烷和丙二醛，乙烷可作为光诱导的氧自由基过氧化作用的膜脂过氧化的标志物。在形态上，质膜结构被破坏，叶绿体膨胀，细胞质中出现空泡。线粒体密度急剧下降。

中毒症状：处理后叶形成杯状，几小时内，叶片呈现水泡样斑点，由绿变黄到黑，24h 内萎蔫和干枯。

田间毒理：

① 湿度对活性的影响，相对高的湿度可提高活性，主要原因是有利于吸收。

② 温度对活性的影响，温度不直接影响活性，但当低温时提高温度可提高活性。

③ 夜间施药有利于植物吸收除草剂（相对湿度高），再暴露在太阳光下，可产生强烈致毒效应。

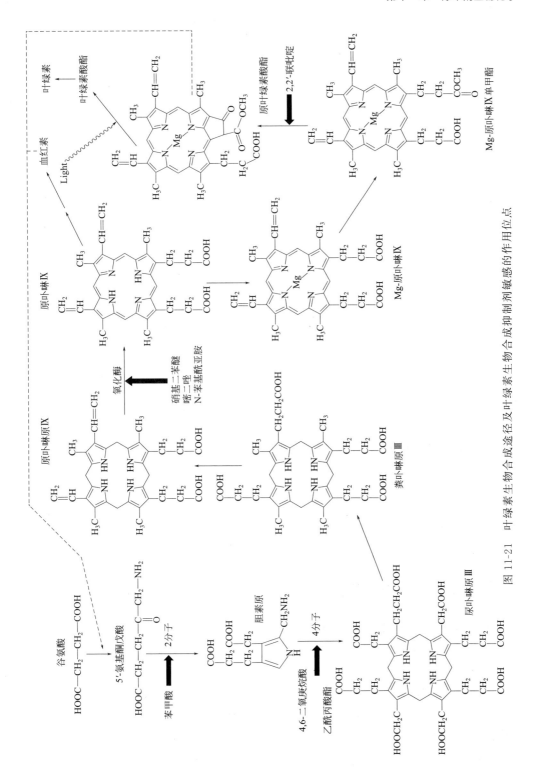

图 11-21 叶绿素生物合成途径及叶绿素生物合成抑制剂敏感的作用位点

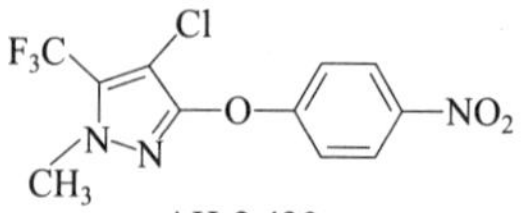

AH-2.430

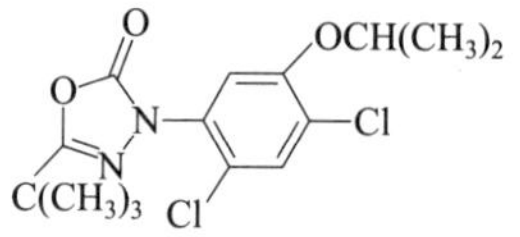

噁草酮

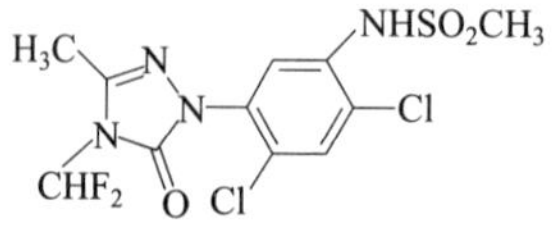

磺胺噻唑

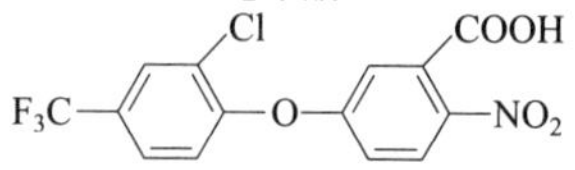

三氟羧草醚

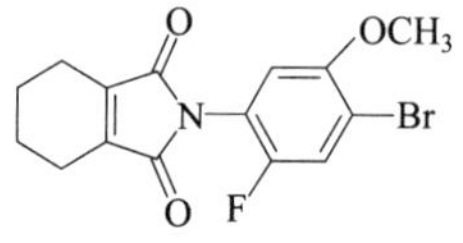

FMC-14

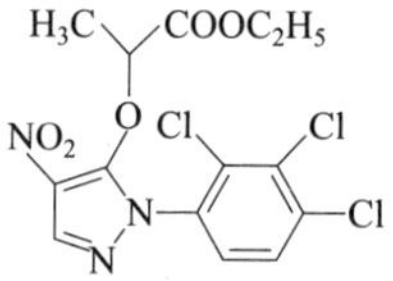

TNPP-ethyl

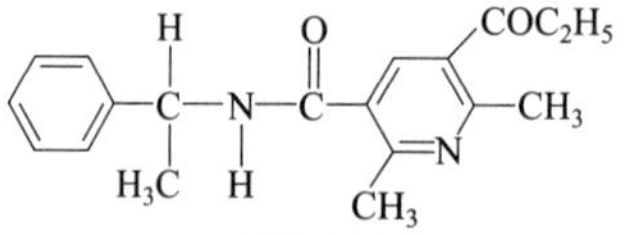

LS02-556

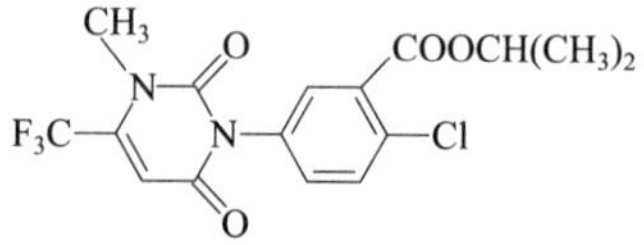

UCC-C4243

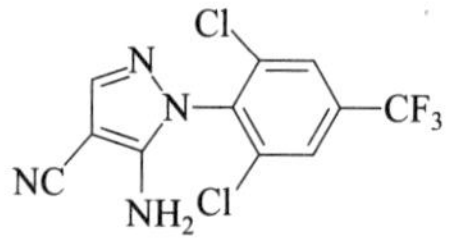

M8B 39279

图 11-22　原卟啉原氧化酶抑制剂主要类型

毒性：原卟啉原氧化酶的抑制剂，可引起人的原卟啉代谢紊乱，哺乳动物的线粒体对原卟啉原氧化酶的抑制剂相当敏感，接触后可提高肝、脾的粪卟啉的含量。对于卟啉代谢遗传缺陷病（杂质斑卟啉症）病人具有更强的毒性。

这种抑制剂可作为光动力肿瘤和癌症的治疗剂，当用原卟啉原氧化酶的抑制剂处理培养的人 hela 细胞时，可积累有毒的原卟啉Ⅸ，若用光照处理可产生光动力学效应，选择性地杀死肿瘤和癌细胞。

五、乙酰辅酶 A 羧化酶及其抑制剂

1. 乙酰辅酶 A 羧化酶（acetyl-CoA carboxylase，ACCase）

植物脂肪酸生物合成的第一个关键步骤需要乙酰辅酶 A 羧化酶。羧化酶催化乙酰辅酶 A 发生羧化作用形成丙二酰辅酶 A。在脂肪酸生物合成中，丙二酰辅酶 A 是主要的碳提供者。一个含有 16 个碳原子的脂肪酸由一个乙酰辅酶 A 和 7 个丙二酰辅酶 A 形成。在脂肪酸合成开始之前，丙二酰辅酶 A 的酰基群需要传递给蛋白质辅助因子 ACP。脂肪酸链由丙二酰-ACP（酰基载体蛋白）和乙酰辅酶 A 缩合，链的伸长是由缩合另外的丙二酰-ACP 来完成。合成一个 16 碳的

脂肪酸至少需要 30 个酶促反应，见脂肪酸生物合成途径示意图 11-23。

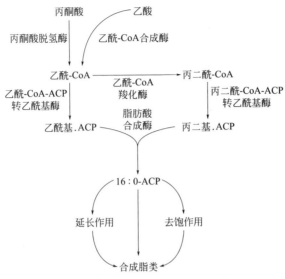

图 11-23　脂肪酸生物合成途径示意图

植物脂肪酸生物合成不同于其他有机体（动物、真菌和一些细菌），植物的脂肪酸合成位于质体内而不是细胞质内。由 ACCase 催化反应的产物乙酰辅酶 A 是脂肪酸的底物或者是中间产物，是植物脂类物质的主要成分。除了脂肪酸，乙酰辅酶 A 还是角质层蜡，类黄酮，芪类，蒽醌，萘醌，N-丙二酰-乙酰辅酶 A 和丙二酸合成的底物或中间产物。ACCase 催化植物内脂肪酸合成的第一个限速步骤。

由 ACCase 催化依赖 ATP 提供能量的羧化反应使乙酰辅酶 A 转化为丙二酰辅酶 A。ACCase 是一种生物素结合蛋白质，生物素促成转移一个碳，作为一个碳基受体。这两步反应是由一种单一的复杂酶来催化的。第一步生物素的羧化反应由 ATP 提供能量。第二步酶反应涉及从生物素传递活化的 CO_2 到乙酰辅酶 A，形成丙二酰辅酶 A。第二步反应是由羧化转移酶催化的。

2. 抑制剂

芳氧苯氧基丙酸酯类、环己烯酮类和硫代氨基甲酸酯类除草剂是抑制脂肪酸合成的重要除草剂。芳氧苯氧基丙酸酯类和环己烯酮类除草剂的靶标酶为乙酰辅酶 A 羧化酶，它是催化脂肪酸合成中起始物质乙酰辅酶 A 生成丙二酸单酰辅酶 A 的酶，见下式：

$$\text{乙酰-CoA} + HCO_3 + ATP \xrightarrow{\text{ACCase}} \text{丙二酸单酰-CoA} + ADP + Pi$$

硫代氨基甲酸酯类除草剂是抑制长链脂肪酸合成的除草剂，它是通过抑制脂肪酸链延长酶系，而阻碍长链脂肪酸的合成。环己烯酮和芳氧苯氧丙酸类（APP）

除草剂的主要品种见图 11-24 和图 11-25。

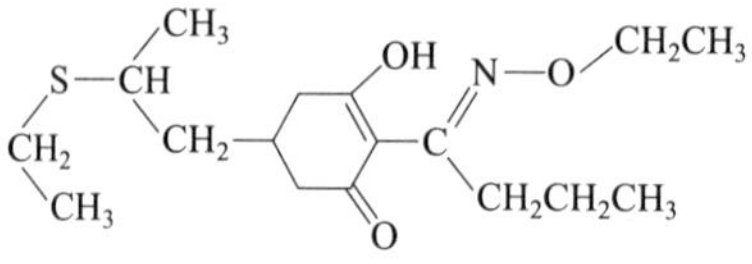

烯禾啶 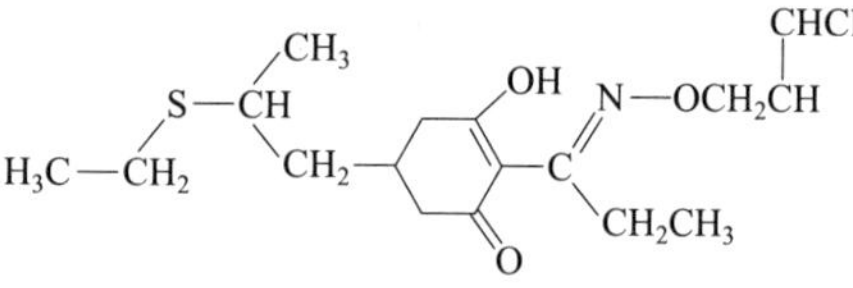 　　　　　　　　　　　　　　　烯草酮

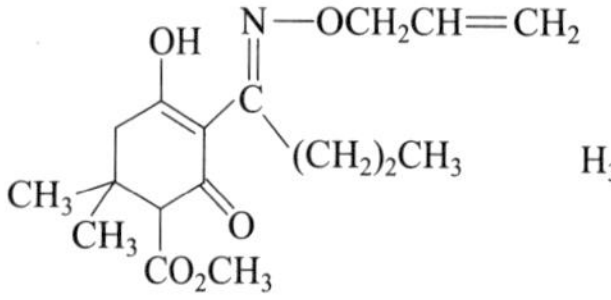

禾草灭 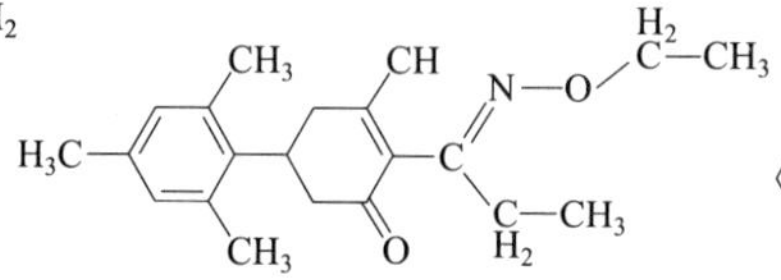 　　　　　　　肟草酮 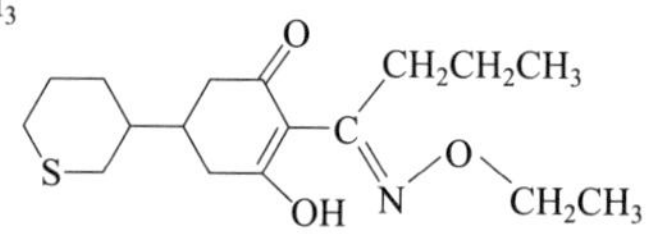 　　　　　　噻草酮

图 11-24　某些环己烯酮除草剂的化学结构

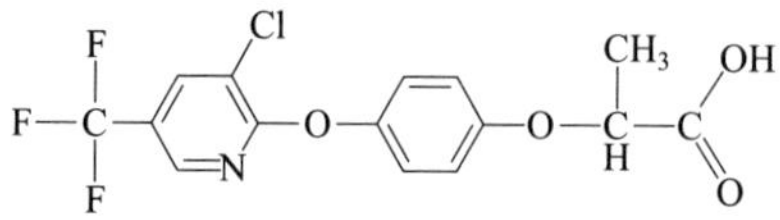

精吡氟乙草灵

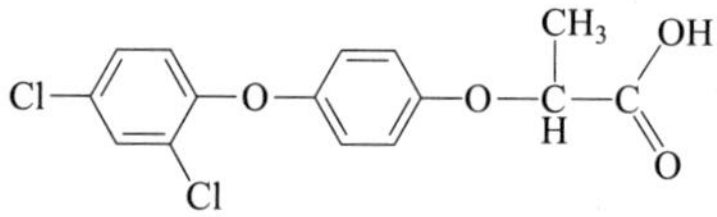

双氯酚

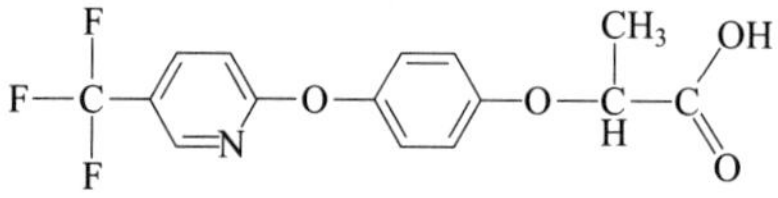

吡氟禾草灵

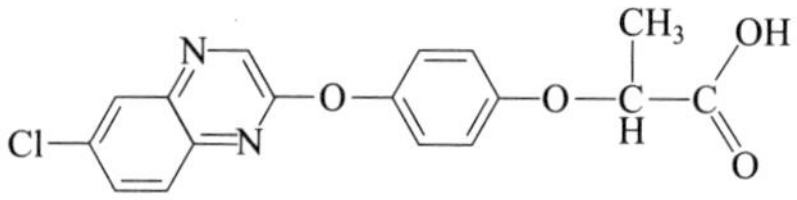

喹禾灵

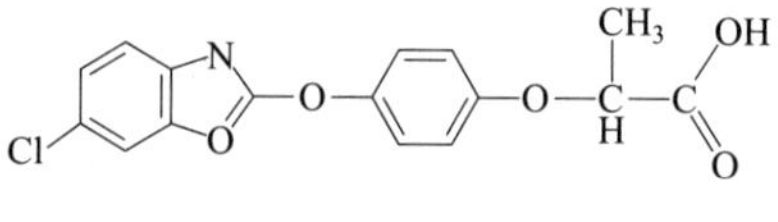

噁唑禾草灵

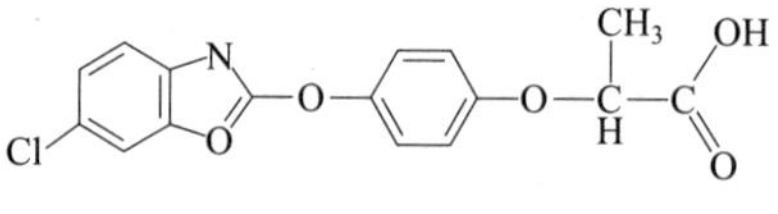

噻唑禾草灵

图 11-25　某些芳氧苯氧丙酸除草剂的化学结构

3. ACCase 抑制剂的毒理

ACCase 是植物生长发育必需的酶。因为 ACCase 在脂肪酸和类脂物生物合成中起重要作用，脂肪酸和类脂物生物合成受阻可能会导致植物死亡，特别是在生长速度最快的分生组织和对膜类脂物的含量要求很高的植物。禾草灵（diclofop）抑制谷物根尖生长可以由添加油酸来逆转。

CHD 类除草剂还可以抑制燕麦秧苗叶片内的光合色素的积累。原因可能与类脂物生成以及膜的形成的减少有关。膜和膜的组成成分的形成与叶绿素和其他色素的生物合成是一致的。

CHD 类除草剂和 APP 类除草剂伤害杂草分生组织的共同的特征是使叶片发红。这是因为叶片发红和坏死是由植物分生组织中有效脂肪酸合成的减少与来自其他途径的产物和中间产物增多有关，可能会导致表皮细胞内类黄酮生物合成增加有关。

第三节 天然生长素和激素类除草剂的作用机理

激素类除草剂是开发的第一类具有选择性的有机除草剂，改变了现代农业。它们被很好地称为合成生长素或有除草作用的生长调节剂或具有生长调节作用的除草剂。激素类除草剂对生长在谷类作物田里的阔叶杂草的选择性防控作用，使它在应用中成为了最普遍的、最重要的除草剂之一。在第二次世界大战期间，激素类除草剂 2 甲 4 氯和 2,4-D 分别由瑞士科学家和美国科学家独自发现，而且在那个重要的历史时期这两种激素类除草剂增加了谷物的产量。

生长素这个词，来源于"增长"的希腊语（auxein），1926 年 Frits Went 首次使用它来描述可以引起燕麦胚芽鞘弯曲的化合物。Went 所说的生长素，如今已知道是植物内源性激素吲哚乙酸（IAA）。生长素作用于植物，引起细胞的增长、细胞的分裂、细胞分化、根的生长、向性反应、叶的衰老、细胞和器官的极性以及伤口的愈合。一些生理学家认为 IAA 是唯一的生长素，但是后来发现还有其他内源生长素和生长素前体的存在，而且它们在植物上所引起的作用与 IAA 的作用相同。这些生长素包括苯乙酸（PAA）、4-氯-吲哚乙酸（4-氯-IAA）、吲哚乙酸的氨基酸结合物以及吲哚丁酸（IBA），生长素的前体物包括吲哚乙醛、吲哚乙醇和吲哚乙腈。之前，人们认为吲哚丁酸是合成生长素的前体物质，但是后来发现吲哚丁酸天然存在于玉米和一些双子叶植物中。许多不同的植物中都有苯乙酸的存在，而且在植物中的浓度要比 IAA 高，但是它每摩尔的作用却很小。Engvild 发现一些豆类的种子中含有 4-氯-IAA。吲哚乙酸对植物的生长和发育的作用是多样化的作用，如同 PAA，IBA 和 4-氯-IAA 的作用，生长素和它的前体物见图 11-26。本节主要讨论对植物生长素 IAA 和合成类具有生长素作用的除草剂。

一、天然生长素

激素反应系统至少包括三个基本的部分：识别和结合信号（激素）的接受位点，可以识别受体构象改变的转换机制以及放大器，可以把接收到的信息转换成

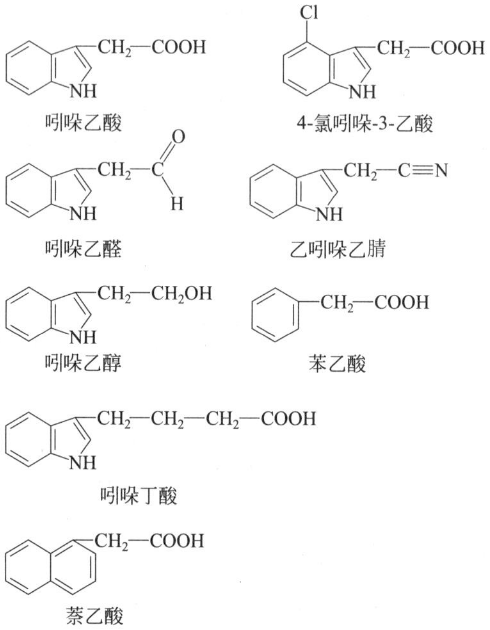

图 11-26　植物激素生长素的化学结构和它的前体物

细胞内化学能浓度的改变，控制细胞的过程。植物激素或植物生长物质是植物体内合成的对植物生理过程有显著作用的几类微量有机物质。植物激素的概念与动物学上的激素有所不同，它还包括合成位点，向目标组织的转运，以及在目标组织对生理反应的控制。激素调节植物生长发育的主要部分是细胞和组织之间对激素的敏感性和响应时间等因素的变化。生长素是植物的主要激素之一，可以促进植物的生长，从合成位点通过化学转运信使进行长距离运输。同样，因为激素类除草剂是外部施用，它也必须要转送到作用位点。

1. 生长素的合成、结合、降解和转运

吲哚乙酸是由色氨酸合成而来，在植物体内存在两种合成机制，两者都涉及色氨酸侧链的脱羧基和脱氨基过程。植物生长素活性的调控，不仅是通过激素的合成，而且还包括 IAA 的结合，通过羧基与糖类，氨基酸和肌醇的结合以及可能的降解，生物合成见图 11-27。IAA 结合行为是控制激素浓度的自我平衡机制，促进种子里 IAA 的转运，从而促进种子发芽，以及保护 IAA 免遭 IAA 氧化酶的氧化。两种 IAA 降解过程：①侧链上的羧基被 IAA 氧化同工酶氧化和损耗；②杂环上 C2 的氧化。

吲哚乙酸主要在茎尖和其他分裂组织合成，并通过茎输导系统韧皮部从生长点的分裂组织由上至下进行运输。这种跨膜极性转运有两个阶段：跨膜的简单扩散，以酸（IAAH）的形式［或经由摄取它的共轭碱（IAA⁻），经由 IAA⁻/

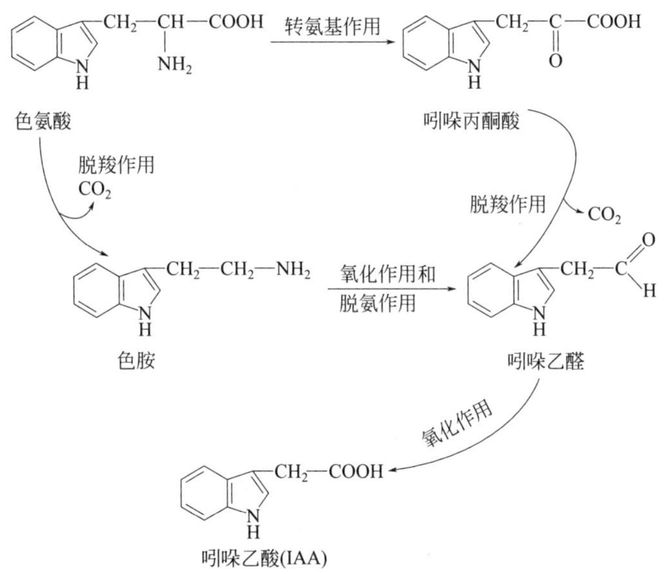

图 11-27　植物体内合成生长素的可能的途径

$2H^+$ 同向转移进入细胞〕以及经由 IAA^- 流载体在细胞骨架中流动。生长素经氢离子梯度的驱使跨越质膜，进入细胞质的生长素可以 10 倍到 100 倍的积累。

2. 植物对生长素的感知过程

生长素的感知过程被假定涉及生长素与相关膜或受体的结合，从而引发一系列未知的生理过程来调控植物细胞的生长和分化。

生长素结合蛋白（ABP）可以从植物中的许多组织的细胞内分离到。在 20 世纪 70 年代最初展开的工作发现生长素结合活性（位点Ⅰ）与内质网膜（ER）有关，位点Ⅱ与液泡有关，位点Ⅲ与膜泡有关。位点Ⅲ被认为是生长素输出（IAA-efflux）的载体。对生长素结合位点的认识当中，位点Ⅰ是被研究最清晰的，在文献中描述为生长素结合蛋白 1（ABP1），也可以称为 axr1，22-kDa 和玉米内质网蛋白 1（Zm-ERp1）。尽管 ABP1 的作用被认为发生在质膜上，生长素可诱导 H^+ 分泌，随后细胞发生伸长生长，但是许多 ABPs 还是位于多种细胞内。这些错综复杂的多位点解释了 ABP 的生理作用。例如，玉米 ABP1 被发现存在于内质网（ER），同时也存在于质膜上，且与质膜紧密结合。位于内质网上的蛋白质的羧基末端包含有内质网滞留信号（KDEL）序列，即内质网的结构和功能蛋白羧基端的一个四肽序列：Lys-Asp-Glu-Leu-COO-，位于内质网驻留蛋白的羧基端，凡是含有这个序列的蛋白质都会被滞留在内质网中。这种序列已知可以促进蛋白质在内质网腔内的保存。另外，含有 N 末端疏水信号序列的玉米内质网生长素结合蛋白 1（Zm-ERabp1）可转移到源于内质网的微粒体中，在体外进行加工和糖基化。因此，虽然内质网上存在 ABP 错综复杂的位点，但是

ABP1 作为生长素的受体却在质膜上引起反应，下面所提出的证据表明 ABP 的生理作用。尽管已经发现了一些与激素结合的蛋白的功能，但是这些蛋白作为激素受体的动能的区分仍然是一个需要进一步研究的领域。许多 ABPs 涉及了专门的生理功能，这些功能支持着它们在激素感知中的角色。膜结合受体参与生长素吸收和生长素释放，另外，膜结合受体外部直接与质子泵相结合，可能参与了细胞的伸长。对玉米 ABP 有抑制的抗体在烟草的原生质上会刺激质膜的 H^+-ATPase，快速阻断对生长素反应的细胞膜的超极化。运用膜片钳技术，在玉米原生质中也发现了此反应，并指出 ABP1 涉及生长素单信号的感知。此外，对合成肽有抑制的抗血清显示了生长素受体激动剂的活性，此合成肽包含有玉米生长素结合位点上的生长素结合蛋白。另外，一些可溶性生长素受体已发现似乎是依赖生长素变化而转录。这些结果表明对于一个生理反应的发生，可溶性的 ABP 或与膜结合的 ABP 可能是生长素到它的传感器之间的信息流动所必须的。但是，多个推定的生长素受体所呈现的主要元素要多于一个生长素的信号通路，导致不同的反应或导致单个反应的平行反应。这就充分地解释了在植物组织内的生长素诱导的多种效果。总之，ABP1 在体内的实际功能尚未确定，以及它作为生长素受体的作用仍未得到确切的证实。

3. 信号传导

生长素反应的早期分子事件是结合了细胞壁的酸化和基因的表达。当生长素与特定的受体蛋白结合时，就会显示在系统的数量上，而细胞的其他部分的信号转导的机制是未知。传输信息的调节蛋白，可能会发生直接调节蛋白与特定DNA 序列的相互作用，或是在某些情况下，充当第二信使。在植物的第二信使途径中含有蛋白磷酸化、蛋白激酶、钙调素、磷酸肌醇代谢、pH 的改变、细胞表面的氧化还原反应、膜不饱和脂肪酸和蛋白甲基化（图 11-28）。

在动物体内，GTP 结合蛋白转导激素信号，这种转导作用在高等植物中也可能存在。有人利用水稻胚芽鞘分离囊泡，再利用囊泡实验证实，具活性的GTP（三磷酸鸟苷）结合蛋白能诱导 IAA 结合到膜生长素结合蛋白。实验结果表明，水稻 GTP-蛋白参与转导由生长素刺激的细胞伸长作用。这种诱导假说吸引人的地方是，它能解释为什么生长素信息相当快的传导，这种专一性的生长素诱导基因转录事件在几分钟内完成。深入的研究表明 GTP 作为一种偶联剂的必要性。虽然生长素效应与 GTP-结合蛋白相关性了解不是很透彻，但这些蛋白以及包括聚磷脂酰肌醇和钙在生长素反应中的有重要的意义。

4. 生长素诱发的生物学效应

（1）细胞的伸长　由于生长素诱发的细胞伸长的反应已经是主要研究的反应之一，即由生长素诱发氢质子的释放导致细胞壁的酸化。低 pH 增加了细胞壁的可扩展性，激活了细胞外纤维素酶，此酶在植物细胞壁中可以分开纤维素链。生

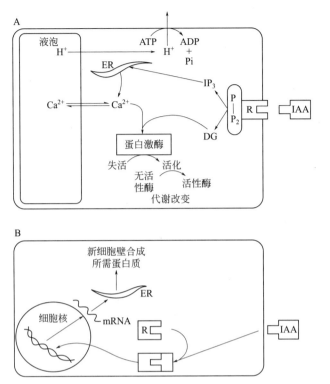

图 11-28 生长素与质膜 (A) 和细胞质 (B) 受体生物化学的相互作用

长素诱导的细胞伸长在大约滞后 10min 以后可以测量到。

　　(2) 基因的表达　生长素也可以在基因表达上诱导改变。一些研究表明，外源生长素导致具体的 RNA 迅速积累的同时或之前，诱导细胞的延长。这些研究表明，有一个生长素反应基因和形态生长反应之间的表达关系，一般表现为一个生长素的反应，如细胞伸长或分裂。迅速诱导表达可能介导 H^+ 分泌和细胞伸长，和后来的基因编码的蛋白质可能是其他生长素反应所需要的。只有少数的 cDNA 克隆，到目前为止以生长素反应基因被隔离。在这个时候，生长素增强转录；这种反应被认为是初级效应外源激素治疗，因为它是非常快的（在 5min 内），具选择性（只有少数几个基因的影响）和直接性（蛋白质的合成则不需要）。另外，生长素的转录反应在不同的细胞和组织类型之间的差别很大。

　　(3) 乙烯的诱导和生物合成　1935 年首次描述乙烯在植物上的出现是在生长素处理之后。许多植物对生长素的反应表现出有关生长素诱导的乙烯的产生。生长素与乙烯之间的关系是重要的，因为乙烯也是内生的植物激素。在植物组织中，乙烯产生的概率取决于相关游离生长素的水平。生长素刺激乙烯的产生类似于生长素诱导的其他生理作用，乙烯的进化被蛋白抑制剂和 mRNA 的生物合成所阻断。

除生长素以外，许多环境和生理因素，包括果实成熟、衰老、死亡，干旱和洪水可以增加乙烯的产生。几乎所有的高等植物能产生乙烯，与其他植物激素之间有痕量交流，尤其是生长素，调控各种植物的生长和发展进程。乙烯的生物合成的所有途径如下：

甲硫氨酸 —→ 腺甲硫氨酸（AdoMet）—→ 1-氨基环丙烷-1-羧酸（ACC）—→ 乙烯

上述反应中，涉及两种酶，即 ACC 合成酶，此酶催化 AdoMet 转化成 ACC，另一种酶是 ACC 氧化酶，其催化 ACC 转化成乙烯。

在许多植物组织中，ACC 的合成酶是乙烯合成的限速酶，而它的合成受到生长素、损失或各种胁迫等影响。乙烯生物合成酶、ACC 合成酶的诱导，似乎是增加乙烯合成的基础。生长素通过增强 ACC 合成酶的活性，影响 AdoMet 到 ACC 的转换，通过影响 RNA 的转录或转录后调控而影响 ACC 合成酶的活性。

二、激素类除草剂

早在第二次世界大战时，Tempieman 和 Nutman 等指出有人死于萘乙酸（NAA）而不是青草。后来在英国发现 2 甲 4 氯（MCPA）和 2,4-D 要比 NAA 更有效。但是由于一些原因，这些结果直到 1945 年才公开。同时 Zimmerman 和 Hitchcock 人工合成了许多化合物，这些化合物属于植物生长调节剂的苯氧基乙酸家族和苯甲酸家族。1942 年，他们报道 2,4-D 的生长效果是吲哚丁酸（IBA）的 300 倍。

大约在相同的时间，在芝加哥大学研究植物生长调节剂的 Kraus，把这些合成的激素当作除草剂来使用，发现它们会破坏植物的生长，甚至会引起敏感植物的死亡。Kraus 和他两个毕业的学生，开始了把植物生长调节剂用作除草剂的实验。1943 年，他们向 Zimmerman 和 Hitchcock 请求并接收了一些 2,4-D 用于实验，研究它是否能根除某种植物。1944 年 6 月，Mitchell 和 Hamner 第一次公开宣布 2,4-D 可以用作除草剂，还可能改变一些植物的根。同年 8 月，Mitchell 和 Marth 在一块长满蒲公英的草坪上喷施 2,4-D，结果在 3 周内蒲公英全部死掉。

1945 年夏天，在美国和加拿大，将近有 200 个实验地被指导使用 2,4-D。同年，415 吨的 2,4-D 生产出来，1946 年和 1950 年分别增加到 0.25 万吨和 0.63 万吨。到 1964 年，产量攀升到了 2.4 万吨。基于早期 2,4-D 作为除草剂的成功，化学公司一味追求生产和在农业上使用其他有机除草剂，持续到今天在全球范围内已经创造了数百亿美元的农药工厂。具有讽刺意味的是，直到 1962 年，美国用 2,4-D 作为化学战的一种工具，在越南战场使用。

1. 激素类除草剂的化学

激素类除草剂的分类是根据化学物所携带的不同功能的官能团划分。一种分类方法把激素类除草剂分成三大主要类型：苯氧基乙酸、苯甲酸和吡啶。这种分类是基于两个参数，一个是羧酸基的位置与芳香基团的关系，另一个是芳香基团的其他类型。其他的分类是把激素类除草剂分成两大类，主要基于羧酸基团的位置。一些基团连接着苯基和羧基像苯氧羧酸类（phenoxyalkanoic acid）和某些吡啶羧酸类（pyridoxyalkanoic acids），然而其他的羧酸基团直接连接着苯环像苯甲酸和一些吡啶酸。

在除草剂的新家族里，类似于激素活性的喹啉酸已被开发出来了。这个家族的两个成员氯甲喹啉酸（quinmerac）和二氯喹啉酸（quinclorac），会引起叶柄和茎的偏上性、叶的弯曲以及增加敏感宽叶物种乙烯的生物合成。但是，又不像绝大多数的其他激素类除草剂，它们对一些杂草也有效果，这是由于纤维素合成酶的抑制，氢化物或脱落酸的积累。在杂草和阔叶植物中，萎蔫和失绿是显而易见的，进一步表明除了激素类活性以外存在其他的除草机制也是有可能的。不同化学结构类型的生长素除草剂见图 11-29。

2. 激素类除草剂的转运

一般来说，生长素和激素类除草剂施用采用是茎叶处理，它们可在植物韧皮部和木质部移动，可以在韧皮部内上下移动，快速集中到生长组织，也可以双向移动，因为它们可以从韧皮部到木质部移动，反过来也可以从木质部到韧皮部。一旦出现在韧皮部中，激素类除草剂可以通过植株向任何一个方向移动。

激素类除草剂在韧皮部的移动能力是基于作为弱酸的离子能力，其 pKa 值为 $2.0\sim5.5$。一旦激素类除草剂，例如 2,4-D，被根或茎尖吸收或附着在细胞壁上，2,4-D 会迅速以酸的形式存在，因为细胞壁的 pH 值大约是 5.0，这些非离子的 2,4-D 分子远远多于离子形式或共轭碱形式，能够穿过细胞膜，进入韧皮部。由于韧皮部的 pH 值为 8.0，2,4-D 进入韧皮部后立即成为离子型，因此陷入韧皮部。细胞膜对离子的阻碍是很小的，这就是弱酸理论或离子理论。一旦进入韧皮部，2,4-D 离子随着韧皮部的汁液流动，进行从源到库的移动。

3. 激素类除草剂的选择性

激素类除草剂的分类是基于它们在植物细胞、特殊的组织系统和全株上的生长促进效果。一般来说，激素类除草剂被用来选择性地控制谷物、草坪等饲料作物地里的阔叶杂草。这些除草剂经常适用于叶面处理，而在高剂量下也可以用于苗前的土壤处理。Coupland 提出激素类除草剂的选择性可以分成两大类。第一类，达到靶标的除草剂的数量有关，因不同的物种之间存在结构、生理代谢上的差异，加之移动到靶标过程中受阻，非靶标组织吸收，转运速度、代谢，或与体内化合物螯合，而产生的差异。第二类，作用靶标的敏感性决定除草剂的选择性。不管属于哪种类型，诸如植株的年龄、植株的密度、种内的不同和激素类除草剂的结构等因素在决定其选择性是很重要的因素。一般来说，不同的吸收或转运机制决定选择性。

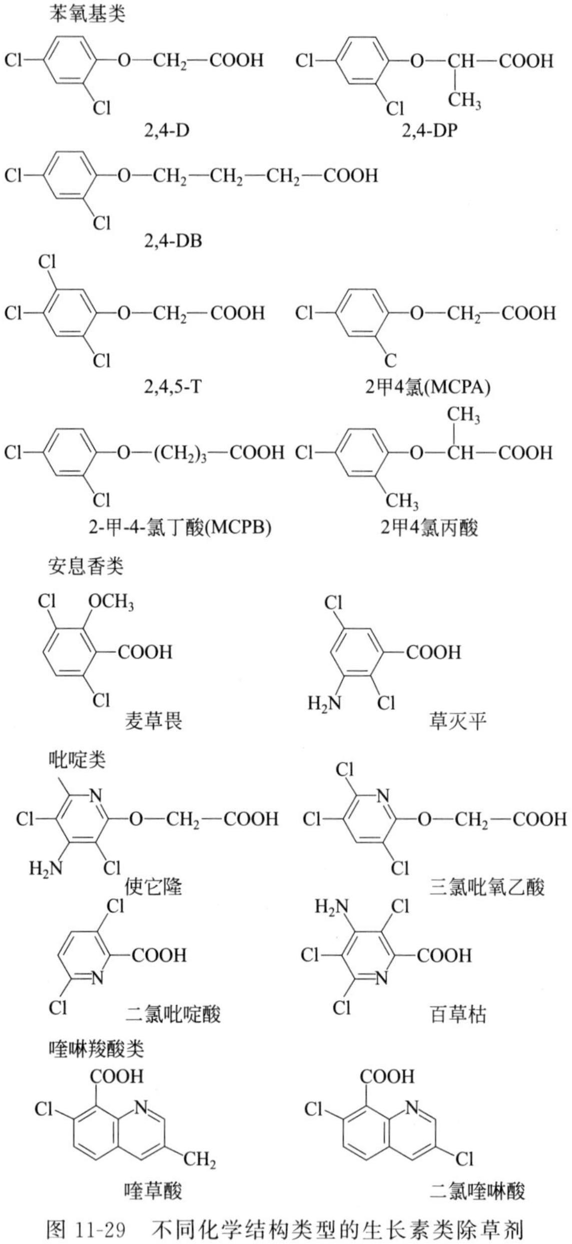

苯氧基类

Cl—(benzene ring with Cl)—O—CH₂—COOH

2,4-D

Cl—(benzene ring with Cl)—O—CH—COOH
                                    |
                                    CH₃

2,4-DP

Cl—(benzene ring with Cl)—O—CH₂—CH₂—CH₂—COOH

2,4-DB

Cl—(benzene ring with Cl, Cl)—O—CH₂—COOH

2,4,5-T

Cl—(benzene ring with Cl)—O—CH₂—COOH

2甲4氯(MCPA)

Cl—(benzene ring with Cl)—O—(CH₂)₃—COOH

2-甲-4-氯丁酸(MCPB)

Cl—(benzene ring with CH₃)—O—CH—COOH
                                  |
                                  CH₃

2甲4氯丙酸

安息香类

Cl, OCH₃ (benzene ring) —COOH, Cl

麦草畏

Cl (benzene ring) —COOH, H₂N, Cl

草灭平

吡啶类

Cl, N (pyridine ring) —O—CH₂—COOH, H₂N, Cl

使它隆

Cl, N (pyridine ring) —O—CH₂—COOH, Cl, Cl

三氯吡氧乙酸

Cl (pyridine ring) —COOH, Cl, N

二氯吡啶酸

H₂N, Cl (pyridine ring) —COOH, Cl, Cl, N

百草枯

喹啉羧酸类

Cl (quinoline ring) COOH, N, CH₂

喹草酸

Cl (quinoline ring) COOH, N, Cl

二氯喹啉酸

图 11-29　不同化学结构类型的生长素类除草剂

　　不同植物代谢的差异是许多除草剂选择性的主要机制。在单子叶和双子叶植物之间，以及在双子叶植物之间，激素类除草剂容易受到氧化、还原和轭合反应。侧链上的羧基易通过酯键与葡萄糖等轭合，以及通过肽键与天冬氨酸和谷氨酸等氨基酸轭合。如与葡萄糖轭合之后，环和侧链上的还原反应经常发生。代谢相Ⅰ（氧化，还原）和代谢相Ⅱ（轭合）机制在细胞质里发生，在空泡被阻隔或在根部被分离。来自激素类除草剂代谢相Ⅱ机制的轭合可以忍受代谢相Ⅲ的代谢，形成了中级偶联或纳入初级代谢成生物聚合物或不溶的残渣如木质素。

（1）单子叶和双子叶物种之间的选择性　双子叶物种对激素类除草剂的敏感性和单子叶物种对激素类除草剂的忍耐性主要是由植株的形态、除草剂的转运和代谢率所决定。单子叶植物对除草剂的耐受性是因为韧皮部有输导组织分散的维管束。另外，激素类除草剂对双子叶植物的敏感是因为双子叶植物茎中维管柱木质部与韧皮的形成层所致。而单子叶植物输导组织维管束中无形成层结构引起的，可能这是单子植物可以容忍的一个重要因素。其他方面激素类除草剂叶面处理的吸收与转运速度，单子叶植物叶比敏感的双子叶植物受限制的程度要大。

激素类除草剂的快速代谢和代谢产物的不同，也认为是选择性的可能机制。代谢可以改变除草剂的结构，激素类除草剂的代谢和代谢产物在单子叶植物和双子叶植物中的稳定性不同也是对激素类除草剂有不同反应的一种解释。在耐受性的单子叶植物，如小麦和大麦中，代谢主要是通过还原反应，而在双子叶的大豆，代谢是通过与氨基酸的轭合反应。

不同的植物物种在表皮形态有很大差异，包括角质层的厚度和内含物不同，也是造成单子叶和双子叶种之间选择性差异的原因。

（2）双子叶植物之间的选择　类似单、双子叶植物对生长素类除草剂的选择机制，也可来解释阔叶植物之间的选择性。例如，红醋栗（*Ribes rubrum* L.）和黑醋栗（*Ribes nigrum* L.）对 2,4-D 的选择性差异是因为支链降解的不同。通过叶面处理，在 24h 之内，红醋栗可以降解 2,4-D 醋酸侧链的 50%，而黑醋栗只能降解 2%。由于强的代谢能力，红醋栗比黑醋栗更能忍受 2,4-D。此外，一个抗性很强的苹果品种，Cox，在 92h 之内，可以把处理的 2,4-D 中的 57% 发生脱羧化，而易感的红色大苹果品种脱羧化只能发生 2%。两种途径解释苯氧基乙酸羧酸侧链的降解：一个涉及醚键的裂解，而另一个涉及脱酸产生二氧化碳。

侧链的加长是另一种去毒的方式。苜蓿（*Medicago sativa* L.）可以把 2,4-D 变成 2,4-D 丁酸（2,4-DB）。Hagin 等报道 2,4-D 的侧链可以通过碳单元加长。在 2,4-D 分子的羧基末端加上碳链是除草剂很有效的解毒方式。经由含氮氧基除草剂环的还原方式而解毒也是可能发生的。有人发现大豆可以把 2,4-D 转变成 2,3-二氯-4-羟酸和 2,5-二氯-4-羟酸。但是，这些改变不仅仅涉及一些简单的还原反应。环上 C4 位的氯可以移位到 3 或 5 位，这样就可以发生 4 位的还原。这个反应称为 NIH 迁移（即一个芳环氢原子发生分子内迁移反应）改变或诱导羟基化分子内迁移。羟基化分子内迁移或重排概念首次由美国国家健康研究院（National Institutes of Health）提出，此类反应简称"NIH 迁移或重排"。

对激素类除草剂最通常的解毒过程之一就是这些化合物与氨基酸和糖的轭合，例如 2,4-D、2,3,5-T、MCPA 和氨氯吡啶酸。许多植物物种都可以与 2,4-D、

2,3,5-T、MCPA 形成氨基酸轭合物。许多 2,4-D 与脂溶性氨基酸的轭合物，可以从大豆子叶愈伤组织的培养分离到。这些轭合物是通过氨基酸之间的酰胺键连接的。在大豆子叶愈伤组织中，可以与 2,4-D 轭合的氨基酸包括天冬氨酸、谷氨酸、丙氨酸、亮氨酸、苯丙氨酸和色氨酸。苯氧基乙酸和吡啶类除草剂的 O-糖苷、N-糖苷和葡萄糖醚轭合可以在多种植物得到分离鉴定。

激素类除草剂也可以通过代谢来增加活性。对 2,4-DB 和 MCPB 敏感的植物发生 β-氧化的概率很高，这种氧化可以把 2,4-DB 和 MCPB 转化成对植物有毒害作用的 2,4-D、MCPA。小种子的豆类通常对 2,4-DB 或 MCPB 有耐受性，是因为 β-氧化的活性很低。β-氧化是在同一个时间从羧酸基上去掉两个碳，如果只有一个碳附着，β-氧化将不会发生。

4. 激素类除草剂的生理效应和生化效应

（1）与天然生长激素的关系　一般认为激素类除草剂并不是天然生长素，而是 IAA 的仿合成品。但是，激素类除草剂与 IAA 有许多相同的特征。这些特征包括：①剂量反应，当在低剂量时，它可以作为植物生长调节剂，对植物细胞的生长有刺激作用，而在高剂量时又会表现出毒害的效应；②植物细胞培养的媒介，一些激素类除草剂（如 2,4-D、氨氯吡啶酸、草灭畏、麦草畏）可以代替 IAA 作为激素供应，用于植物细胞的生长；③不同的组织对激素类除草剂敏感性是不同的，例如根、芽、活性分生组织和愈伤组织，以及在生长的不同生理阶段之间也是不同的；④生长素和激素类除草剂在抑制细胞分裂的同时促使细胞加长来诱导植物生长。另外，因为 IAA 和 2,4-D 作用植物的生长是类似的机制，许多 IAA 的影响特点和作用机制用 2,4-D 可以代替或是其他的合成的激素。

（2）对植物生长和结构的影响　激素类除草剂对易感植物生长和结构的影响与 IAA 的相似。由于增加的剂量，吸入量增加和抑制作用加强，最后叶片生长停止。同时，茎的弯曲和破坏发生。根变得更粗和更硬，次生根开始压破韧皮部和皮层，最终导致茎组织破坏，随后植株蔫萎死亡。

（3）乙烯的产生　除草剂刺激多种植物产生乙烯，特别是激素类除草剂，如 2,4-D，2,4,5-D，百草枯（picloram），2,5-二氯苯氧基乙酸（2,5-dichlorophenoxyacetic acid）和麦草畏（dicamaba）均促进乙烯的合成。激素类除草剂诱导产生的反应，如叶片和茎的向上生长以及叶片的脱落，这些反应也许可以证明乙烯的存在。此外，激素类除草剂的类似物和人工合成的激素可以促进乙烯的合成，如苯氧羧酸和某些氯代-苯氧羧酸类等除草剂。

用 2,4-D 和 IAA 处理植物乙烯的产生，出现一个相似的剂量-依赖型。乙烯增加的速度是随激素或激素类除草剂用量而增加。Morgan 和 Hall 发现乙烯的量在棉花上用 2,4-D 处理过的要增多 26 倍，而在高粱上没有增多，说明这种作物对 2,4-D 具忍受性。用除草剂和 AVG（乙烯生物合成的抑制剂）处理，除草剂诱导的症状会推迟和减小损伤性。Hall 等得出乙烯生物合成的提高是由于除草剂的应用是导致形态结构改变的一个原因。另外，当用激素处理后大豆比棉花所产出的乙烯要多 8 倍。这个发现暗示：激素类除草剂的选择作用取决于两种植物之间产出的乙烯量不同。

（4）改变了核酸和蛋白质的合成 形态结构改变与激素诱导细胞生长刺激有关，应该说直接刺激了核酸合成。激素类除草剂在处理过的组织中，能增加 DNA、RNA 和蛋白质的量，特别是 RNA 水平提高。它们诱导不同的 DNA 复制、核酸的激活和蛋白的生物合成导致细胞的生长。

特定的 mRNA 序列的增加只发生在经过生长激素或是激素类除草剂处理过的植物细胞中，在非激素类似物处理植物细胞中没有发现有增加的现象。这个与诱导 mRNA 与蛋白质表达的机制还不清楚，但有证据表明激素和激素类除草剂能迅速激活特定 mRNA 和蛋白生物合成。因此，增加 mRNA 的合成可能是通过第二信使起调节作用有关。

（5）增加 H^+ 的进出 经过生长激素和激素类除草剂处理，质子泵通过细胞膜迅速进出 H^+。质子泵的增加说明细胞膜 ATPase 的活性增强。虽然机制还不清楚，可能是由于 Ca^{2+} 的大量涌进有关。

（6）Ca^{2+} 的增加 Ca^{2+} 在激素和激素类除草的反应中是一个热门研究课题。有人认为激素类除草剂在细胞膜上结合特定的受体诱导了一系列的生化反应，Ca^{2+} 作为第二信使。Ca^{2+} 参与的第二信使说明了激素在细胞质促使了一个迅速和短暂的 Ca^{2+} 增加。胞外 Ca^{2+} 的浓度约 0.1mmol/L，而在细胞壁上，胞内浓度为 1mmol/L，认为激素直接或是间接调转了钙离子通道。对于激素，钙离子通道打开和 Ca^{2+} 进入细胞间隔通过 H^+/Ca^{2+} 系统造成胞外 pH 降低。同时，钙离子通道打开，在激素处理的 15min 内，细胞膜经历了一个迅速极化和去极化的过程。总之，Ca^{2+} 的涌入跟激素和激素类除草剂暴露有关，导致一个快而短暂的效应产生，在 7～10min 内，通过细胞膜 ATPase 的作用使得细胞壁酸化和在 30～40min 内改变基因的活性。

参 考 文 献

[1] Burgos N R，Talbert R E，Kim K S. Growth inhibition and root ultrastructure of cucumber seedlings exposed to allelochemicals from rye (secale cereale). Journal of Chemical Ecology，2004，30(3)：671-689.

[2] Chen L，Liao L，Wang S. Effect of vanillin and P-hydroxybenzoic acid on physiological characteristics of Chinese fir seedlings. Chinese Journal of Applied Ecology，2002，13(10)：1291-1294.

[3] Gerhard H，Matthias W. Herbicides with bleaching properties phytoene desaturase inhibitors//Krämer W，Schirmer U. Modern crop protection compounds. Wiley-VCH Verlag Gmb H & Co. KGaA，Weinheim，2007，187-211.

［4］ Harun M，Robinson R W，Johnson J，et al. Allelopathic potential of chrysanthemoides monilifera subsp. monilifera （boneseed）：A novel weapon in the invasion processes. South African Journal of Botany，2014，93(1)：157-166.

［5］ Zeng R S，Luo S M，Shi Y H. Physiological and biochemical mechanism of allelopathy of secalonic acid on higher plants. Agronomy Journal，2001，93(1)：72-75.

［6］ 蔡金桓，薛立.高山植物的光合生理特性研究进展.生态学杂志，2018，37(1)：245-254.

［7］ 李培栋，王兴祥，李奕林.连作花生土壤中酚酸类物质的检测及其对花生的化感作用.生态学报，2010，30(8)：2128-2134.

［8］ 林武星.自身他感作用物对木麻黄苗木活性氧代谢影响.福建农业学报，2010，25(1)：108-113.

［9］ 刘苹，高新昊，孙明.3 种酚酸类物质对花生发芽和土壤微生物的互作效应研究.江西农业学报，2012，24(8)：85-87.

［10］ 谭效松，贺红武.除草剂的作用靶标与作用模式.农药，2005，44(12)：533-537.

［11］ 张姗姗，付颖，叶非.农药中色素合成抑制剂的研究和应用进展.植物保护，2011，37 (3)：23-28.

［12］ 徐汉虹.植物化学保护学.第 5 版.北京：中国农业出版社，2018.

第十二章　杀鼠剂生物化学

在约 5000 种哺乳动物中，啮齿类约有 2000 种，约占整个哺乳动物种类 35%。

鼠类为哺乳动物纲，啮齿目动物。它的主要特征为无犬齿，门齿与前臼齿与臼齿有空隙，门齿很发达，无齿根，终生不断生长，常借啮物以磨短，繁殖能力强。主食植物或杂食性，种类繁多，与人类共栖，广布农田、林草地。

常见鼠种：褐家鼠（*Rattus norvegicus*）、黄胸鼠（*R. flavipectus*）、黑家鼠（*R. rattus*）、小家鼠（*Mus musculus*）、黑线姬鼠（*Apodemus aqrarius*）、巢鼠（*Micromys minutus*）、灰仓鼠（*Cricetulus migratorius*）、东方田鼠（*Microtus fortis*）、麝鼠（*Ondatra zibethica*）、中华鼢鼠（*Myospalax psilurus*）、长爪沙鼠（*Meriones ungnicalatus*）、三趾跳鼠（*Dipus sagitta*）等。

害鼠除了为害农林、草原、盗吃粮食、破坏贮藏物和建筑物外，还将它们体内或体表所携带的病原体，通过粪便、尿液和唾液向外扩散，引起人群的鼠疫流行、鼠伤寒沙门氏菌的人肠传染病、钩端螺旋体的外氏病、立克次氏体的斑疹伤寒等疾病发生。特别是从 1347～1353 年，席卷整个欧洲被称之为"黑死病"的鼠疫，夺走了 2500 万欧洲人的性命，占当时欧洲总人口的 1/3。"黑死病"病原是由一种被称为鼠疫杆菌的细菌所造成的。这些细菌是寄生于跳蚤上，并借由黑鼠等动物来传播，由鼠给人类带来瘟疫，因此防治鼠害绝不能掉以轻心。

据统计，全世界因害鼠造成的贮藏物损失达 5%。目前，鼠疾的威胁虽有所降低，但许多国家和地区鼠疾仍在鼠间流行，对人类的威胁仍不可低估。为了经济发展、人类健康和环境保护，人类必须长期与鼠害作斗争。

人类控制鼠害主要方法是投放无机如砷试剂和有毒植物如狼毒（*Stellera chamajasme*）、山菅（*Dianella ensifolia*）、马钱子（*Strychos nux-vomica*）等制成毒饵毒杀害鼠，或设陷阱进行捕杀，或释放捕食性天敌如狗、猫等来控制鼠害。

现代人类对鼠害有了进一步的认识，灭鼠技术也不断提高。在砷试剂基础上，发明了多种有效灭鼠剂，如磺酸钡、黄磷、磷化锌等毒鼠药，红海葱、马钱子碱（士的宁）、安妥、氟乙酸钠、鼠立死等急性杀鼠剂相继得以应用。到 20 世纪 40 年代，发现双香豆素具有抗凝血作用，以双香豆素为先导化合物合成了以杀鼠灵为代表的第一代抗凝血杀鼠剂。这一杀鼠剂的问世，标志着灭鼠技术达到一个新的高度，成为化学防鼠的里程碑。

第一节　杀鼠剂的主要类型

一、神经毒剂

1. 代表品种

神经毒剂主要是一批急性杀鼠剂，在化学结构上属于有机磷酸酯和氨基甲酸酯类和其他杂环化合物，这类杀鼠剂对害鼠的毒杀作用快速，大面积使用时只需一次性投药，就可达到控制的目的。代表品种如磷化锌（zinc phosphide）。

$$P \underset{Zn}{\overset{Zn}{\rule{0pt}{0pt}}} \!\!\! Zn \!\!\! P$$

P₂Zn₃, 258.1, 1314-84-7

磷化锌是急性杀鼠剂，在动物胃内稀酸的作用下释放出剧毒的磷化氢。抑制动物中枢神经，对抗胆碱酯酶，影响呼吸代谢。对哺乳动物的毒力无选择性。鼠中毒后，引起肺水肿、肝、肾、中枢神经系统和心肌严重损伤，并表现出抽搐、麻痹、昏迷等症状，最后窒息致死。使用时可在磷化锌毒饵中掺入一些吐酒石（一种催吐剂），家畜误食后引起呕吐，以免中毒，而鼠类食用后仍中毒死亡。有二次中毒现象。长期接触磷化锌会产生慢性中毒。

有机磷杀鼠剂能抑制体内的乙酰胆碱酯酶活性，造成乙酰胆碱积累、神经传导受阻最终导致中毒死亡。

除了抑制乙酰胆碱酯酶活性的神经毒剂外，还有其他类型的神经毒素如 C 型肉毒素，它可抑制乙酰胆碱的释放，阻塞突触神经传导，引起神经末梢麻痹，全身瘫痪，最后窒息而死。

二、呼吸毒剂

作为呼吸毒剂的杀鼠剂主要有 3 种类型：①呼吸酶的抑制剂；②呼吸链抑制剂；③呼吸器官的破坏化合物。当受药后使呼吸代谢受阻，能量代应不足而死亡。

1. 呼吸酶抑制剂

亚砷酸（arsenicoxide）是一种古老的灭鼠剂，16 世纪开始用于防治褐家鼠和屋顶鼠。鼠取食亚砷酸毒饵后，很快被胃肠道细胞吸收，结合在丙酮酸脱氢酶系的硫辛酸转移酶的两个—SH 基团上，抑制了丙酮酸脱氢酶和 α-酮戊二酸脱氢酶的活性，使丙酮酸和 α-酮戊二酸氧化作用受阻，中毒后出现呕吐、腹泻、出血，最终休克死亡。

鼠甘伏（gliftor）系氟乙酸盐类急性杀鼠剂：鼠甘伏在体内代谢为剧毒的氟柠檬酸盐，这种氟柠檬酸与乙酰辅酶 A 结合形成氟乙酰辅酶 A，进一步与草酰乙酸形成氟柠檬酸，氟柠檬酸是乌头酸酶的抑制剂。在正常的三羧酸循环中，柠檬酸经过顺乌头酸转变异柠檬酸，必须有乌头酸酶参入催化反应，当乌头酸酶受抑制后，细胞整个三羧酸循环受阻，能量供应中断，细胞变性引起器官坏死，中毒的鼠死于心纤维性颤动或中枢神经系统损伤。

具有相同作用的杀鼠剂还包括氟乙酸钠（1080）和氟乙酰胺（1081）。氟乙酰胺除用作杀鼠剂，还可用于杀虫剂，主要防治作物蚜虫，柑橘介壳虫及森林螨类等，效果很好。氟乙酰胺对鼠消化道黏膜有一定刺激作用。口服中毒除出现消化道症状外，主要表现为中枢神经系统的过度兴奋，烦躁不安，肌肉震颤，反复发作的全身阵发性和强直性抽搐，出现精神障碍，该药易损害心肌。由于对人畜的毒性，从 1982 年 6 月 5 日起禁止使用含氟乙酰胺的农药和杀鼠剂，并停止其登记。农牧渔业部、卫生部颁发的《农药安全使用规定》中明文规定：氟乙酰胺禁止在农作物上使用，不准做杀鼠剂。因氟乙酸钠属剧毒药剂，根据《危险化学品安全管理条例》规定该药剂属公安部门管制。

2. 呼吸链抑制剂

氰化钙（cyanogas）主要用于草原和田野熏杀洞内的害鼠，是剧毒药物，会引起人畜中毒，使用时应严格按规则操作。该药剂系细胞色素氧化酶的抑制剂，与细胞色素氧化酶的亚铁原卟啉血红素第六配位形成共价结合，这个部位是氧结合位点，这样血红素失去了携带氧的能力，造成组织缺氧，出现呼吸中枢麻痹，最终个体死亡。

具有相同作用的杀鼠剂还有氰化氢（hydrogencyanide）、氰化钠（sodium cyanide）等。

3. 损伤呼吸器官的杀鼠剂

安妥（antu）系硫脲类杀鼠剂，它能引起害鼠毛细血管通透性增强，淋巴液渗入肺内，使肺的功能受到影响，正常的气体交换受阻，急性中毒时可引起高葡萄糖血症，肝糖下降，葡萄糖不能贮藏。多死于急性肺水肿。

三、抗凝血剂

1. 第一代抗凝血杀鼠剂

早期人们发现，当牛羊误食腐败的甜苜蓿后出现了致死性出血病。经生理生化分析，Roderick（1929）确定这种疾病是与体内的凝血酶的缺乏有关。1939 年由 Link 的研究小组从变质的苜蓿（*Melilotus albos*）中分离出引起出血病的化合物，经结构鉴定为双香豆素（dicoumarin）。

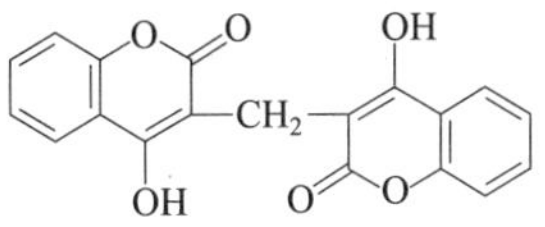

图 12-1　双香豆素化学结构

随后对双香豆素（图 12-1）进行广泛的研究，一方面以 Wisconsoin Alumini 研究基金的名义申请抗凝血剂专利，1941 年获准。到 1951 年批准双香豆素作为一种杀鼠剂使用。另一方面以双香豆素为先导化合物，合成了系列类似物。从中筛选出比天然的双香豆素杀鼠活性大 50 倍的 4-基-3-(3-氧代-1-苯基丁基) 香豆素。该发现于 1947 年获得美国专利。1950 年登记作为杀鼠剂生产、销售、使用，商品名为杀鼠灵（warfarin）。与此同时，H. Rabat（1944）在开发茚二酮类杀虫剂时，偶然发现 2-叔戊酰-1,3-茚满二酮具有抗凝血作用，并开发出茚二酮类抗凝血杀鼠剂——杀鼠酮（pindone）。

抗凝血杀鼠剂的出现，极大地改进杀鼠剂使用效益和提高了杀鼠剂的安全性。在 1950～1960 年的十年时间内，抗凝血杀鼠剂得到空前发展，新的品种不断出现，其中代表品种有香豆素类的杀鼠灵（tomorin）、克灭鼠（coumafuryl）和杀鼠醚（coumatetraly），以及茚二酮类的敌鼠（diphacinone）和氯鼠酮（chlorophacinone）。这些早期开发的香豆素和茚二酮类杀鼠剂统称第一代抗凝血剂。

2. 第二代抗凝血杀鼠剂

由于抗凝血杀鼠剂的杀鼠效果显著高于其他的急性杀鼠剂，这样很快取代其他类型的杀鼠剂。又由于选择压的缘故，抗性鼠相继出现。1960 年，Boyle 首次报道英国家鼠对杀鼠灵和敌鼠产生了抗性。随后，其他许多国家也发现抗性鼠。经统计，在 20 世纪 70 年代抗性鼠达 70 多种，这让抗凝血杀鼠剂面临历史性的挑战。抗性问题的出现也促进新型杀鼠剂的研究与开发。当时基本思路是两条：一是寻找非抗凝血杀鼠剂，二是继续研制对抗性鼠具有活性的新一代抗凝血杀鼠剂。

双管齐下，非抗凝血杀鼠剂开发出 α-氯醛糖（alphachloralose），利血平（reserpine）和骨化醇（calciferol）等。抗凝血杀鼠剂开发出鼠得克（difenacoum），溴鼠隆（brodifacoum），溴敌隆（bromadiolone）和杀它仗（flocoumafen）等一批新型抗凝血杀鼠剂。为了与第一代相区别，人们把 20 世纪 70 年代后新开发的香豆素杀鼠剂称为第二代抗凝血杀鼠剂。

第二代抗凝血杀鼠剂与第一代抗凝血杀鼠剂相比，不仅对抗性鼠有效，而且活性也大大提高，另外，第二代抗凝血杀鼠剂在施用上更加方便，不需多次投药，一次投药便可奏效，称之为"一次性投药抗凝血剂"（single feed anticoagulants）。

3. 维生素 K 类似物抗凝血剂

维生素 K 类似物，2-氯维生素 K（chloro-K）作为维生素 K 的拮抗物已由 Lowentha 等（1970）合成出来。通过生物活性测定表明，2-氯维生素 K 抗凝血作用机理不同于灭鼠灵和 2-苯基-1,3-茚二酮，而且 2-氯维生素 K 能有效防治抗性鼠。2-氯维生素 K 已由 Wisconsin Alumni 研究基金申请专利，在 1977 年获准专利作为杀鼠剂（US 4021568）。

另一发现是 Bjornsson 等（1987）合成出 2-氯-萘醌，经生物活性测定表明具有优良杀鼠活性。有效成分在 $0.005\%\sim0.05\%$ 之间，杀鼠活性高于杀鼠灵和 2-氯维生素 K。作为新的杀鼠剂已获准美国专利（EP 244308）。

四、不育杀鼠剂

不育杀鼠剂通过抗生育作用机理，控制鼠类数量和密度。不育杀鼠剂具有抗生育和慢性致死的双重防治作用。代表药剂有：雷公藤甲素、莪术醇、α-氯代醇。其中，雷公藤甲素和莪术醇为植物源农药，毒性较低，对环境无污染。

雷公藤甲素来源于卫矛科雷公藤（*Tripterygium wilfordii*）植物。雷公藤提取物雷公藤多苷目前已分离出 70 余种成分，具有多种药理活性，雷公藤甲素是其中最具药理活性的物质，具有显著的抗生育作用，主要是损伤鼠类睾丸生精细胞，减少精子，为雄性不育杀鼠剂。

莪术醇（curcumol）是从姜科植物莪术（*Curcuma phaeocaulis*）分离的，又称姜黄环奥醇，为具有半缩酮的氢化奥类化合物，由五元环和六元环并合而成，其中的七元环通过半缩酮的氧桥，又形成了一个五元环和六元环，因而使得三个环的张力变小，形成了具有刚性结构的较稳定的化合物。分子式 $C_{15}H_{24}O_2$，化学结构式：

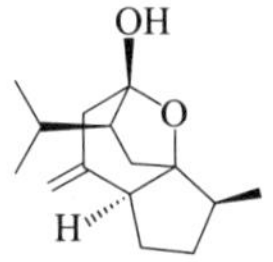

莪术醇属鼠类抗生育剂。作用机理是破坏雌性害鼠的胎盘绒毛膜组织，导致流产、死胎、子宫水肿等，破坏妊娠过程和显示不育的效果。从而降低害鼠的种群密度。

α-氯代醇属一类新兴不育灭鼠剂，处理过的害鼠出现雄性鼠的睾丸发育不良、体重下降、细精管管腔空虚、溃疡，管腔内精子数量减少，生精上皮细胞疏松、脱落，生精细胞和支持细胞均受损，严重影响害鼠的繁殖功能。

五、几种天然产物杀鼠剂

1. 海葱糖苷

海葱糖苷（scilliroside）是从百合科的海葱（*Drimia maritima*）植物中分离出来的化合物。化学名称为丁酰二烯胺苷。海葱糖苷具有像毛地黄一样的作用，主要影响心血管和中枢神经系统，引起惊厥和死亡。由于海葱糖苷味苦，适口性差，用作杀鼠剂有它的不足。经化学修饰，改变海葱糖苷的结构，合成出海葱糖苷宁（scillirosidin）。海葱糖苷和海葱糖苷宁的化学结构见图 12-2。这种海葱糖苷宁是无味的，对鼠更适口味，而且海葱糖苷与海葱糖苷宁的毒性是相同的。通过向血管注入到猪体内海葱糖苷宁（0.12mg/kg）的毒性比海葱糖苷（0.2mg/kg）的毒性更大。估计活性毒素为糖苷配基，这个糖苷配基是在肠道内由 β-糖苷酶的代谢而产生。海葱糖苷宁更容易被肠道吸收和透过血脑屏障。由于海葱糖苷宁具有适口性，成为天然源杀鼠剂之一。

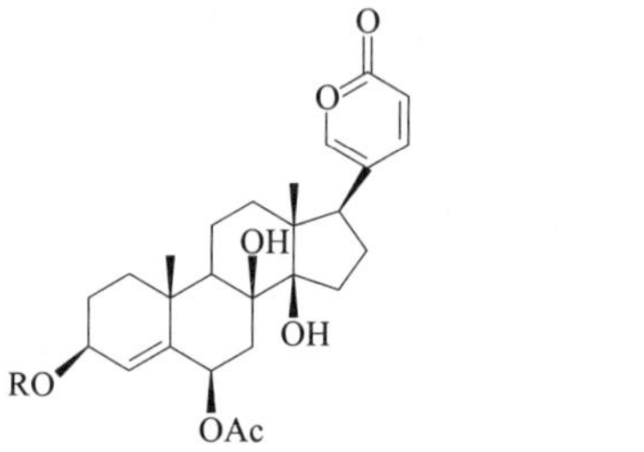

海葱糖苷(scilliroside),
R=glucos

海葱糖苷宁(scillirosidin),
R=H

图 12-2　海葱糖苷及海葱糖苷宁化学结构

2. 利血平

利血平（reserpine）是从夹竹桃科植物萝芙木（*Rauvolfia verticillata*）的根中分离的一种生物碱，医用为降血压药。化学结构如下：

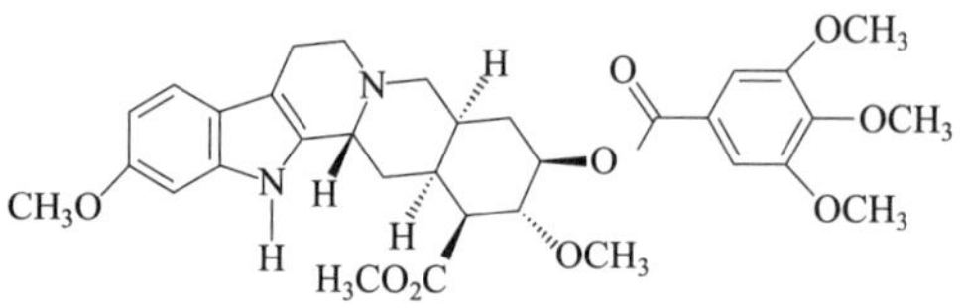

利血平杀鼠毒理是它能引起动物中枢神经系统释放儿茶酚胺，释放后使脑组织中贮藏的儿茶酚胺浓度降低。儿茶酚胺是一种调节体温、引起神经传导的神经递质。它的含量降低会导致体温下降，传入神经冲动受阻，导致中枢呼吸抑制和深度镇静。后因动物不能活动，取食困难，体温和体重下降最终死亡。

3. 麦角钙化醇和胆钙化醇

麦角钙化醇（ergocalciferol）和胆钙化醇（cholecaliciferol）为 D 族维生素，分别称为维生素 D_2 和维生素 D_3。维生素 D 为固醇衍生物，具有抗佝偻病和骨软化病的功能，现已用于杀鼠剂。

维生素 D 主要存在于肝、奶及蛋黄中，而鱼肝油含量最高。可由胆固醇转化成 7-脱氢胆固醇并贮存于皮下，在日光或紫外线照射下，后者可转变为维生素 D_3。植物油或酵母所含的麦角固醇，在日光或紫外线照射后，则转化为维生素 D_2。维生素 D_2 和维生素 D_3 的化学结构十分相似，D_2 仅比 D_3 多一个甲基和一个双键。大剂量使用后，能引起毒性效应，它能刺激从肠道吸收钙和动员骨组织释放钙，引起血液中钙水平提高。这种过量的钙能引起各种软组织的钙化，并使它们的功能降低，特别影响的器官是肾、肺和心脏等。

配制毒饵一般有效成分为 0.1%，该剂量田间使用防治鼠害效果达 80%～100%，剂量为 0.095% 时，在室内可控制家鼠的为害，施用时注意猫中毒。

4. 马钱子碱

马钱子碱（strychnine）是从马钱科的马钱子（*Strychnos nux-vomica*）植物

种子中分离出的生物碱。早在 1818 年分离出来，直到 1931 年由 Robinson 鉴定结构。化学结构如下：

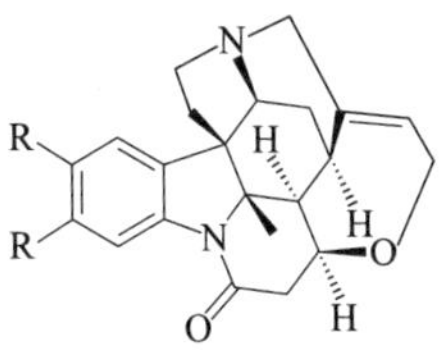

1963 年，由 Woodward 首次完成人工合成。一般认为生物合成的起源色氨酸和香叶醇，同时 C2 单位来源于乙酸。但详细的生物合成途径还不清楚。马钱子碱和它的盐对所有的哺乳动物是有剧毒的，对褐家鼠的 LD_{50} 值为 4.8mg/kg。马钱子碱可引起肌肉剧烈抽搐，常持续几分钟，由于麻痹中枢神经系统，通常 30min 内死亡。

马钱子碱是非常苦的化合物，一般用于防治地鼠等，由于马钱子碱对人畜高毒性，马钱子碱制成的杀鼠剂仅施于地下洞穴防鼠，使用时需注意安全。

第二节　抗凝血杀鼠剂作用机理

1. 血液凝结过程和伤口修复

血液凝固过程中，是在凝血酶的作用下，由纤维蛋白原生成血纤维蛋白，然后经过几种反应形成纤维蛋白块，引起血液的凝固。这种蛋白质是由单体的小分子聚合在一起而产生，通常只在需要时由身体产生，在受伤时会发出生产纤维蛋白的信号，称为纤维蛋白原的可溶性蛋白质。这两种物质在伤口部位结合，产生纤维蛋白使血液凝固。除凝结以外，纤维蛋白还在激活血小板、信号传导和蛋白质聚合等相关活动中扮演一定的角色，如果难以产生或缺乏这种蛋白质，可能会导致危及生命的疾病。

哺乳动物血液凝结的基本过程：血液凝固是高等动物生理上止血机制的重要组成部分，正常血液在心血管中循环不止。当血管损伤后，血液与创伤组织接触时，血液即迅速凝固，血块封闭伤口，阻止继续出血。血液的这种能凝固的性质对机体具有保护作用。

血液凝固是由许多凝血因子参入的连锁生化反应。目前发现与凝血有关的因子至少存在 16 种，并按其被发现先后顺序，采用罗马数字给予官方命名。在一系列凝血因子的参与下，其结果是溶胶状态的纤维蛋白原转化为凝胶状态的纤维蛋白，纤维蛋白真正起到凝血作用。在各种凝血因子中，除凝血因子Ⅳ为钙离子外，其他的都是蛋白质。这些蛋白质大部分是在肝细胞内合成的。

凝血过程有外源性凝血途径和内源性凝血两种途径。

外源性凝血途径（extrinsic pathway），是指参加的凝血因子并非全部存在于血液中，还有外来的凝血因子参与止血。其过程是：血管受损后胶原暴露，组织因子激活，然后活化的组织因子激活Ⅶ因子，活化的Ⅶ因子激活Ⅹ因子。活化的Ⅹ因子和钙离子、凝血因子Ⅴ形成凝血酶原激活物，然后激活凝血酶原，凝血酶原活化成凝血酶，就可以激活纤维蛋白原形成纤维蛋白，纤维蛋白聚合在一起形成纤维蛋白凝块，从而发挥凝血作用。

内源性凝血途径（intrinsic pathway），是指参与凝血的因子全部来自血液。内源性凝血途径是机体凝血的主要途径，其过程是：当血管破坏胶原暴露以后，就会激活机体的凝血因子Ⅻ。然后依次激活凝血因子Ⅺ、Ⅸ、Ⅷ、Ⅹ、Ⅴ、Ⅱ，最后激活纤维蛋白原，使纤维蛋白原变成有活性的纤维蛋白，形成纤维蛋白血栓，从而达到止血的目的。

机体凝血途径与纤维蛋白形成的过程见图 12-3 所示。

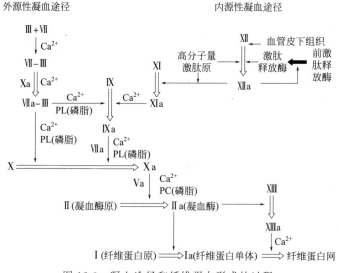

图 12-3　凝血途径和纤维蛋白形成的过程

凝血因子Ⅹ、Ⅸ、Ⅷ和凝血酶原（凝血因子Ⅱ）的合成必须有维生素 K 的参入。目前知道，正常的凝血酶原的氨基酸末端部位含有 10 个 γ-羧基谷氨基酸残基，这些 γ-羧基谷氨基酸残基具有强烈地结合钙的能力，钙离子能将凝血酶原直接结合于磷脂胶粒表面。而在缺乏维生素 K 的血液中，出现一种所谓的"异常凝血酶原"，这种异常凝血酶原不含 γ-羧基谷氨酸残基，取而代之是谷氨基酸残基，而这种异常凝血酶原不能与钙结合，故无凝血活性。其他的凝血因子如Ⅹ、Ⅸ、Ⅶ也需 γ-羧基谷氨酸。因此，维生素 K 的作用是在肝细胞内参入谷氨

酸的 γ-羧基化作用。

牛凝血酶原 6～9 位氨基酸残基结构式：

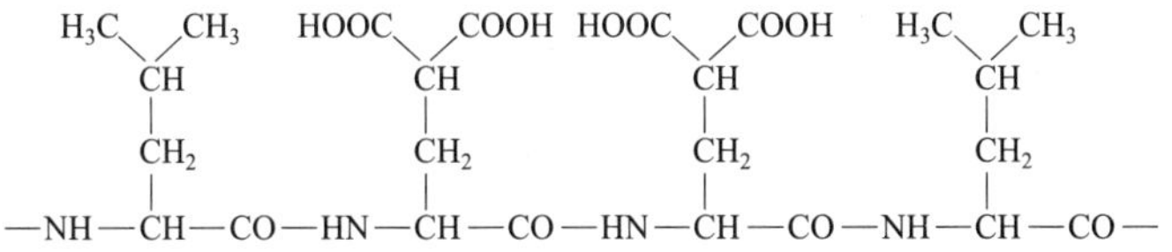

研究表明谷氨酸的羧化作用是在细胞内的粗糙内质网上，由依赖维生素 K 羧化酶催化完成的。在这个反应中，还需要还原型的维生素 K、氢醌、分子氧、二氧化碳和肽键上的谷氨酰底物的参入。

在这个羧化反应中，维生素 K 经历了维生素 2,3-环氧化物，维生素羟醌化合物的转变。通过维生素环氧化酶的催化维生素 K 转化为维生素 2,3-环氧化物，这个环氧化物是失活的。而且这个生化反应是与羧化作用偶联。凝血因子的不断合成需要从失活的环氧化物中再生维生素 K 氢醌化合物。这个再生应需要两步反应完成。第一，环氧化物通过维生素 K 环氧化物还原酶催化形成醌的形式；第二，通过两个酶系完成还原作用，即维生素 K 还原酶或微粒体吡啶核苷酸（辅酶 I）相连的脱氢酶。

通常情况下，维生素 K 还原酶具有环氧化物还原酶的性质，有可能环氧化物的还原与醌还原反应在相同的酶位点。已有实验表明，在两种酶活性位点上存在有还原的二硫键，因为两个底物中一个将保护酶免遭乙基马来酰亚胺对—SH 的修饰作用。基于活性位点硫键的参入，Preusch 和 Silverman（1980）提出了这个还原机理。

2. 抗凝血剂的作用机理

早期研究发现，给动物饲喂香豆素和茚二酮，在动物体内可测得维生素环氧化物高于维生素 K。随后证实，这些抗凝血化合物能抑制微粒体环氧化物还原酶。采用饲喂杀鼠灵的抗性鼠研究香豆素的作用机理，从抗性和敏感的鼠肝中分离出微粒体维生素 K 依赖的羧化酶、维生素 K 环氧化物酶、维生素 K 环氧化物还原酶和胞质 DT-硫辛酰胺脱氢酶。

离体活性测定比较杀鼠灵和鼠得克（difenacoum）对这些酶的影响。发现环氧化物还原酶对香豆素类化合物最敏感，抑制作用最强。比较对杀鼠灵抗性与敏感酶抑制活性，这种环氧化物还原酶表现出抗性鼠提取酶对杀鼠灵与鼠得克的不同敏感性。通过比较杀鼠灵对环氧化物还原酶和醌还原酶的影响表明，醌还原酶也对香豆素类抗凝血剂敏感，而且测得引起对这个酶 50% 抑制率的抑制剂的量，抗性鼠提取酶要高于敏感品种的酶 3～4 倍。通过一系列生化实验表明，香豆素和茚二酮抗凝血剂的作用机理包括对维生素 K 环氧化物还原酶和 DTT 依赖的醌还原酶的抑制作用。这样香豆素化合物切断维生素 K 的再生利用，从而抑制了与之相联的羧化反应，使肝微粒体的前体蛋白不能转为具有生物活性的凝血酶原和其他的凝血因子，进而干扰血液凝固作用。

抗凝血剂还具损伤毛细血管，使毛细血管壁通透性发生改变。中毒的鼠不断出血，却又不能凝固，结果死于大出血。前面提及的 2-氯维生素 K 抗凝血剂，该化合物抗凝血机理是抑制环氧化酶。离体测定表明，$3\mu mol/L$ 2-氯维生素 K 能抑制 75% 的环氧化酶活性，同时 2-氯维生素 K 还能抑制依赖维生素 K 的羧化作用。事实上，羧化和环氧化是紧密偶联的，而且两个作用是由相同酶所催化的。

参 考 文 献

[1] Brooks J E，Rowe F P. Commensal rodent control. Training and information guide. WHO Vector Biology and Control Division，WHO/VBC，1987.

[2] Hone J，Mulligan H. Vertebarate Pesticides. Science Bulletin 89. Department of Agriculture. New South Wales，1982.

[3] 邓址.啮齿动物的生态与防除.北京：北京师范大学出版社，1989.

[4] 董天义.鼠类抗药性研究论文集.北京：中国科学技术出版社，1991.

[5] 费有春.农药问答.北京：化学工业出版社，2000.

[6] 福建省农业厅.农田害鼠防除.福州：福建科学技术出版社，1995.

[7] 刘乾开.农田鼠害及其防治.北京：中国农业出版社，1996.

[8] 吕国强.村实用灭鼠方法.郑州：河南科学技术出版社，1997.

[9] 汪诚信，刘起勇.家庭防虫灭鼠.北京：化学工业出版社，1997.

[10] 吴宥析.α-氯代醇对雄性高原鼠兔生殖功能的影响.四川农业大学，2010.

[11] 王祖望，张知彬.鼠害治理的理论与实践.北京：科学出版社，1996.

[12] 赵桂芝，施大钊.农业鼠害防治指南.北京：金盾出版社，1994.

[13] 赵桂芝.鼠药应用技术.北京：化学工业出版社，1999.

[14] 徐汉虹.植物化学保护学.北京：中国农业出版社，2018.

[15] 郑智民.鼠害控制的理论与应用.厦门：厦门大学出版社，2000.

第十三章　杀线虫剂生物化学

植物线虫（nematoudes）是一类低等的无脊椎动物，种类很多。据报道植物线虫有 207 个属，4832 个种。一般都比较小，虫体透明。通常只有在显微镜或解剖镜下才能看到。许多线虫不仅寄生在植物体内，而且还危害植物生长发育，造成植物产品损失和质量变劣。几乎每种植物都可被一种或多种线虫寄生危害。线虫可寄生在植物的根系、幼芽、茎叶、种子和果实内，造成根系衰弱、畸形或腐烂；茎叶发育不良，矮化或整个地上部分死亡；可使种子变成虫瘿等。线虫入侵造成的伤口，有利于病原菌的侵染，造成复合病害。

由于植物线虫寄生的特点，加之线虫体壁结构对杀线虫剂渗透性较差，神经系统又不甚发达，因而很难寻找有效的杀线虫剂，给防治工作带来很多困难。早期的杀线虫剂主要是土壤熏蒸剂，其中效果最好的是二溴氯丙烷，D-D 混剂等。但这些土壤熏蒸剂因环境污染问题，可杀伤男性生殖细胞而被禁用。目前，杀线虫剂的主要品种是有机磷和氨基甲酸酯类，大多为神经毒剂。这些品种多为高杀线虫剂，对环境影响较大。研制新型的环境和谐杀线虫剂是农药界紧迫的工作之一。

第一节　线虫的生物学特性和几种重要的植物线虫

一、线虫的生物学特性

线虫属原腔动物门或线形动物门（Nemathelminthes），身体呈圆筒形，没有纤毛，没有焰细胞，有四条主纵表皮索（longitudinal epidermal chords），有一个呈三角形的内腔的咽（pharynx），有一个围成圆形的神经环（nerve ring），交合刺（copulatory apicules），一个或两个管装的生殖腺（gonads），雌性生殖管独立开口，雄性管通入直肠。

根据有无侧尾腺分为二个亚纲：①有侧尾腺亚纲，此亚纲有六个目，其中与植物相关的为垫刃目和滑刃目，其他的为自由生活和动物寄生线虫；②无侧尾腺亚纲，与植物有关的有矛线虫目的剑线虫属、长针线虫属、毛刺线虫属、拟长针线虫属、拟毛刺线虫属。

线虫的发育经历卵、幼虫和成虫三个虫态，幼虫有四个龄期，经四次蜕皮后成为成虫。幼虫卵孵化出的卵壳分为一期和二期两个幼虫类型。无侧尾腺线虫以一期幼虫孵化出卵壳，有侧尾腺线虫以二期幼虫孵化出卵壳。

二、重要的植物线虫

1. 根结线虫

根结线虫为有侧尾腺亚纲，垫刃目，根结科。雌雄异性线虫，幼虫和雄虫为线形，3～4龄幼虫外形为豆荚形，雌成虫膨大为葫芦形、鸭梨形、卵肾形，幼虫大小为（280～530）μm×（12～23）μm，雄成虫为（108～1550）μm×（28～40）μm，雌成虫为（380～850）μm×（200～560）μm。根结线虫从卵发育到成虫需要15～30天。

根结线虫全球性分布，可寄生达2000多种植物。可随土壤、粪肥、流水、风、人畜和农用工具扩散。严重危害种类有北方根结线虫（*Meloidogyne hapla*）、南方根结线虫（*M. incognita*）、花生根结线虫（*M. arenaria*）、爪哇根结线虫（*M. javaniea*）。

根结线虫的二期幼虫入侵植物幼嫩的根尖部位，刺入维管束细胞，由背食道腺分泌多糖酶的生长调节物质，刺激线虫周围的4～6个细胞增大，形成多核巨细胞（比正常细胞大15～20倍）。营养物质流入巨细胞，为线虫提供营养。同时周围细胞组织受到刺激增大形成结，内包线虫（至少1个，多者5个）。

根结线虫造成的危害有：①线虫取食植物营养，造成植物根结形成，损耗了分生组织中大量的营养物质；②线虫的分泌物使维管束韧皮部的细胞变成巨细胞，细胞不能分化出导管与筛管，这样，使无机盐、水分不能上行传导，生理生化代谢受阻，造成营养不良、矮黄不长；③线虫所造成的伤口有利于土壤病原菌的侵染，如棉花镰刀菌所引起的枯萎病，就是真菌与线虫共生影响的结果；根结线虫所造成的收获物如花生减产30%～50%，严重时达80%或颗粒不收。

2. 孢囊线虫

孢囊线虫（heroderinae-cyst nematode）为垫刃目，孢囊科线虫，分为4个属，约有783种，属定居型内寄生线虫。幼虫在根内从二龄发育到四龄，雌成虫迅速膨大，撑鼓根皮为稍微突起的小包。最后撑破根组织，露出柠檬形、梨形或者球形的体躯于根皮外。雌雄异形，雌虫体壁加厚，颜色加深，由白色透明变为黄褐色，坚韧如革，即为孢囊。孢囊仍为膜质白色透明。三虫态与根结线虫相同。

受害的植株明显矮黄，幼虫侵入寄主主根，在其内发育，撑破根皮，使输导组织损伤，造成水分和营养损失，加上次生菌的危害，使全株萎蔫死亡。

主要危害的种类有甜菜孢囊线虫（*Heterodera schachtii*）、马铃薯孢囊线虫（*Globodera rostochensis*）、大豆孢囊线虫（*H. glyoines*）、麦类巨孢囊线虫（*H. avenae*）。

3. 松材线虫

松材线虫（*Bursapheleachus xylophilus*）为重要的检疫性线虫，属滑刃目，伞滑刃属。本属有 35 种，均与昆虫有关，其中，钝尾伞滑刃线虫（松材线虫）和尖尾伞滑刃线虫（拟松材线虫）（*B. Mucronatus*）两个种对松树的危害严重，蔓延很快，是现在所知的植物线虫种唯一以昆虫为媒介的移居性内寄生线虫，但主要以植物为寄主的移居性寄生线虫。二者之中，尤以钝尾伞滑刃线虫的危害性大。

雌雄成虫均为线形，长 1000μm 左右，口针细瘦，大多数有基部球，交合刺粗壮，常在末端融合。尾端被一个发育不全的抱片（交合伞）包围。松材线虫是菌食性线虫，以各种丝状菌为食料，但在树内生存的线虫则以薄壁细胞为食物来源。松材线虫从卵发育为成虫要经过四龄幼虫期，雌雄交配产卵，雌虫可保持 30 天的产卵期，产卵约 100 粒，在 25℃ 下，卵产出后 30h 孵化。幼虫在卵内蜕皮二次，孵出的幼虫为二期幼虫。在 30℃ 以下 3 天可完成一个世代。

在自然条件下，7 月中旬至 8 月中旬，松树逐渐表现松脂分泌停止，针叶黄化，死亡的苗木每克干重木材中所含线虫约 1 万条。每克干重木材中 1000 条以上。线虫快速增殖，在整个树木种中形成巨大的种群。

主要传播媒介为松褐天牛（*Monochamus altoratus*），每头松褐天牛可携带线虫量平均为 16312 条，最多可达 9 万条以上。患病树上羽化的天牛几乎 100% 携带松材线虫。线虫通过天牛腹部气门进入体内，定居在虫体气管内。羽化飞出的松褐天牛，当在松树上补充营养 3～6 天后，线虫幼虫就经天牛取食造成的伤口，进入树脂道，继而在松树内大量繁殖。在松树体内寄生大量的松材线虫，严重堵塞了筛管和导管，使上下物质运输严重受阻，同时线虫在松树体内代谢产生大量有毒物质，如从肝病的松树中分离出苯甲酸、儿茶酚、二氢松柏醇、10-羟基马鞭烯桐等，综合各种因素，可使一棵 30m 高的黑松大树感染后三个月就枯死。线虫寄主范围有黄松、赤松、黑松、红松、云南松、湿地松、马尾松、冷杉、云杉等。

除了以上三大类主要的植物线虫外，还存在许多对植物造成危害的植物寄生线虫，如小麦粒线虫（*Angunia tritici*），茎线虫（*Dityenchus*）、水稻茎线虫（*D. Angustus*）、起绒草茎线虫（*D. Dipsaci*）、腐烂茎线虫（*D. Destructor*）、半穿刺线虫（*Tylenchulus*）、滑刃线虫的水稻干尖线虫（*Aphelenchoides besseyi*），往往造成水稻毁灭性的危害；椰子细杆滑刃线虫（*Rhadinaphe lenchus cocophilus*），能致害椰子、油棕的茎秆发生红环霉病，叶片枯黄，全树枯死，在热带地区为毁灭性病害；潜根线虫属（*Hirschmanniella*）的水稻潜根线虫（*H. oryzae*）给水稻造成一定的损失。

第二节　杀线虫剂的主要类型与作用机理

一、神经毒剂类

1. 有机磷酸酯类与氨基甲酸酯类

有机磷和氨基甲酸酯类是目前杀线虫剂的主要类群，许多品种兼有杀虫作用。具有杀线虫和杀虫作用的有机磷有对硫磷（parathion）、内吸磷（systox）、亚砜吸磷（metasystox）、田乐磷（tinox）、乐果（dimethoate）、马拉硫磷（malathion）、磷胺（phosphamidon）、速灭磷（phosdrin）、二嗪磷（diazinom）、乙拌磷（disulfoton）、甲拌磷（phorate）、杀螟腈（cyanophos）、灭线磷（ethoprophos-methy）、氯唑磷（miral）、特丁硫磷（terbufos）、克线丹（sebufos）、甲基异硫磷（isofenphos-methy），专用于杀线虫的药剂有苯线磷（nemacur）、丰索磷（fensulphothion）、虫线磷（thionazin）、除线磷（dichlofenthion）等。氨基甲酸酯类杀线虫剂品种有涕灭威（temik）、克百威（furadan）、杀线威（oxamyl）等。

上述杀线虫剂中剧毒或高毒的氨基甲酸酯类有涕灭威、杀线威、克百威以及高毒的有机磷酸酯类有克线磷、特丁硫磷等。它们大多数具有内吸传导作用。在有效的使用剂量下，作物一般不会产生药害，作物播种期和生长期均可使用。剂型多为粒剂、微粒剂和种衣剂。

作用机理：有机磷和氨基甲酸酯类杀线虫剂的作用机理是抑制胆碱酯酶的活性，一般认为与杀虫作用机制类似。多种线虫神经系统存在有胆碱酯酶，该酶存在于神经传导的触突部位，有机磷和氨基甲酸酯类杀线虫剂可使酶失活或钝化，中毒的线虫神经细胞受损，表现出麻痹症状，并非真正的死亡。当中毒的线虫从药液中移出，线虫可复苏。施用该类杀线虫剂可减少线虫的活动，干扰线虫侵入植物取食行为，破坏雌虫引诱雄虫的能力。因而，导致线虫发育、繁殖滞后，延迟线虫对作物的侵入时间和为害峰期，防治效果和增产显著，但虫口密度不见下降。

2. 阿维菌素

阿维菌素（avermectin）是由土壤阿佛曼链霉菌（*Streptomyces avermitillis*）分泌物中分离出的一种十六元大环内酯的抗生素类杀虫、杀螨、杀线虫剂。在该菌的发酵产物中，存在四对十分相似的十六元环内酯天然混合物，命名为avermectins。通常这 8 个组分采用 A、B，1、2 以及 a、b 的组合命名。A_{1a}、A_{1b}、A_{2a}、A_{2b}、B_{1a}、B_{1b}、B_{2a}、B_{2b} 天然产物中，组分 A_{1a}、A_{2a}、B_{1a}、B_{2a} 的含量80%，组分 A_{1b}、A_{2b}、B_{1b}、B_{2b} 的含量20%，且 B 组分活性高于 A 组分。

其中 B_{1b} 活性最强，商品化制剂中包含 B_1 在 C_{22} 和 C_{23} 的双键上选择性的氢化还原产物，其中含双氢 avermectin B_1 的含量 80% 和双氢 avermectin B_{1b} 的含量 20%。依维菌素与阿维菌素有一致的杀虫活性，但对高等动物的毒性更低。一般依维菌素用于畜兽寄生虫的防治，可治疗牛、羊、猪等多种体外寄生虫病，如蠕虫、肠道线虫、寄生蝇、虱、蚤和螨等。依维菌素不能用于作乳品动物产乳期防治寄生虫的药剂。目前用于乳品动物产乳期防治体内外寄生虫的也是阿维菌素进行结构改造后的埃伯利诺菌素（erprinomectin）。阿维菌素的化学结构见图 13-1。

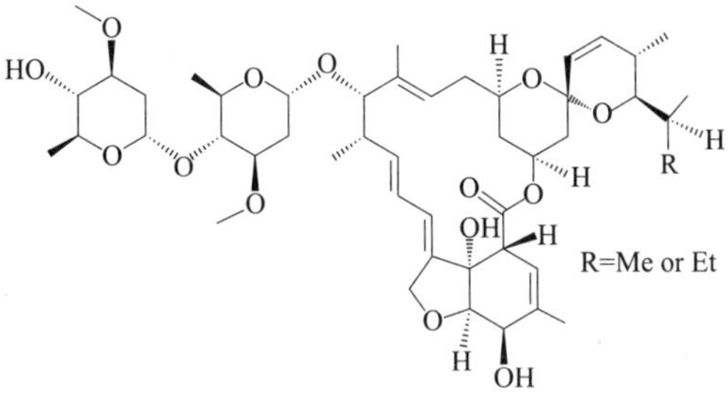

图 13-1　阿维菌素的化学结构

阿维菌素的杀植物线虫的药剂，对土壤线虫的防治效果也很好。对根结线虫属，根腐线虫属，穿孔线虫属以及半穿孔线虫属的线虫均有较好防效。在 $0.16\sim0.24kg/ha$ 用量下，可有效地防治南方根结线虫。这一计量不及常用杀虫剂的 $1/30\sim1/10$。阿维菌素 B_1 的衍生物 B_1-23-酮，在培养皿下杀虫活性竟相当于杀线威的 1000 倍，但在土壤的条件下却只有 $10\sim30$ 倍，说明土壤对该药剂有吸附作用，影响了它的杀线虫活性。

作用机理：研究表明，阿维菌素的作用靶标为神经和肌肉细胞膜上的氯离子通道蛋白受体，干扰正常的神经传导功能。在可兴奋细胞膜上，氯离子通道的功能与钾离子通道类似，即抑制细胞的兴奋性，促进去极化的细胞复极化，维持细胞的静息电位。此外氯离子通道有两种类型，第一是快速化学突触氯离子通道，主要分布在抑制性突触，受 GABA、谷氨酸、甘氨酸等化学递质所调节，属于配体门控离子通道。第二是电压依赖性门控氯离子通道，如位于快肌肉纤维的"背景"氯离子通道，它能被 Zn^{2+} 或 pH 值降低阻断，这类通道还可通过 Br^-、I^-、NO_3^-、SCN^- 及某些有机酸等，曾称漏通道。

经研究发现阿维菌素可作用于几种氯离子通道类型：

（1）作用于 γ-氨基丁酸门控氯离子通道（GABA gated chloride channel）　电生理学研究表明，阿维菌素能阻断龙虾（*Homatus americanus*）肌肉兴奋性突触后电位（EPSPs）和诱导抑制性突触后电位（IPSPs），这种现象可观察 GABA

的拮抗剂木防己苦毒碱所逆转。利用阿维菌素处理猪蛔虫（*Ascaris suum*）腹神经索发现，中间神经元到运动神经元的神经突触传导和神经肌肉间周围神经突触体的传导均被阻断。采用放射性同位素标记的方法，测得阿维菌素与家蝇头部GABA受体有很强的亲和力，^{3}H-Ivermectins与秀丽隐杆线虫（*Caenorhabditis elegans*）神经膜也有高亲和力（$K_d = 0.26nmol/L$）。通过电生理和放射性同位素标记测定，可以推断：①阿维菌素与通道蛋白结合，干扰正常的GABA的传导功能，阻断GABA氯离子流，激活通道，大量氯离子流入细胞膜内，造成神经膜电位超极化，使神经膜处于抑制状态，阻断神经冲动正常的传导而使昆虫或线虫死亡；②阿维菌素刺激突触前膜释放GABA，干扰正常传导，造成大量的GABA作用于神经后膜受体，产生抑制性后电位，使昆虫或线虫麻痹而死。

（2）作用于谷氨酸门控氯离子通道   谷氨酸门控氯离子通道（glutamate-gated chloride channels）是另一类氯离子通道蛋白，存在于肌肉纤维膜上。它能被谷氨酸和鹅膏蕈氨酸所激活，而不被GABA和甘氨酸所激活。阿维菌素也干扰此通道，使通道激活，氯离子涌入膜内，造成神经膜去极化，阻塞神经冲动的传导。电生理测定表明，谷氨酸和阿维菌素所引发的电流有近似的电流-电压关系。阿维菌素激活的最大电流还能减少通道对谷氨酸和鹅膏蕈氨酸的反应。说明阿维菌素和谷氨酸激活同样的通道，推测这个通道也是阿维菌素的作用靶标。当秀丽隐杆线虫（*Caenorhabditis elegans*）的mRNA注入蛙母细胞后，在胞内能表达线虫的谷氨酸门控氯离子通道。实验结果表明，阿维菌素能直接激活此通道。

许多研究表明，阿维菌素是一类多靶标位点的杀虫、杀线虫剂。脊椎动物的神经-肌肉系统中缺乏谷氨酸门控氯离子通道。因此，阿维菌素成为了低毒杀虫、杀线虫剂的原因之一。而且，吸虫与条虫不以GABA为传导物质。因此，阿维菌素和依维菌素对这类寄生虫无效。

二、熏蒸剂类

熏蒸剂主要是对土壤起熏蒸作用的杀生性药剂，除能杀线虫外，也可杀死土壤中的害虫、细菌和杂草，不易诱发线虫的抗性。但该类药剂对作物产生药害，杀伤植物线虫的天敌-肉食性线虫，不利于土壤活化以及可持续的生态调控，对环境有负面影响。有的品种对人毒性大，具致癌或影响生殖等毒性效应。作为防治性的杀虫剂，只能用于播种前的空地，不能在播种后或作物生长期施药。使用技术上要求：第一，需闷闭土面熏杀一周以上，再覆土让药气挥发一周后才能种上作物；第二，由于土传线虫随作物根系分布在整个耕作层，要达到一定的防治效果，需用药量大，如D-D混剂，杀灭根结线虫需施用$80 \sim 90mL/m^2$，1,2-二氯乙烷，杀灭孢囊线虫需施用浓度高于$40t/ha$；第三，熏蒸剂大多数为液体，要使之汽化扩散并在土壤间隙中见效，要求施药时温度在 15～18℃ 为宜，土壤湿度要适中，施药深度要求达到 15～20cm，施药后要求立即覆土压平表土，以防跑药气。作为熏蒸剂主要有三大类，即卤代烃类、异硫氰酸类以及特异性杀线虫剂。

1. 卤代烃类杀线虫剂及其作用机理

卤代烃类杀线虫剂主要品种有溴甲烷（methyl bromide），二溴乙烷（bromafum），1,2-二溴乙烷（EDB），1,3-二氯丙烷（telone），1,2-二溴-3-氯丙烷混剂（nemafume、vidden D）（由 1,2-二氯丙烷和 1,3-二氯丙烷分别占 27% 和 55% 配制而成）。

作用机理：卤代烃中毒的症状为最初线虫表现兴奋，活动增加，继而麻痹死亡。关于作用机制，一般认为通过烷基化和氧化作用使线虫致死。

（1）蛋白、酶的烷基化作用　卤代烃作为一种烷基化试剂，当进入细胞后，能与细胞内的蛋白质，酶结构中的羟基、巯基和氨基发生烷基化反应，使蛋白和酶的空间结构发生绝缘效应，使蛋白和酶的活性受到抑制，最终个体死亡。反应式如下：

$$酶\text{-}AH + RX \longrightarrow 酶\text{-}AR + HX$$

AH：羟基、巯基和氨基

RX：卤代烃类

HX：还原产物

这种与蛋白质或酶的烷基化反应属于亲核的双分子取代反应（Sn2）。土壤中，水也可以与卤代烃发生取代反应，使药剂失去活性。反应如下：

$$RH + H_2O \longrightarrow ROH + HX$$

与水发生的羟基化反应属于单分子取代反应（Sn1）。一般情况下，双分子取代反应强的卤代烃具有较强的杀线虫活性。

（2）呼吸链细胞色素 Fe 离子的氧化作用　线粒体有氧呼吸链细胞色素分子的铁卟啉的铁能进行可逆的氧化还原反应。Fe^{3+} 接受电子还原成 Fe^{2+}，然后再将电子交给另一个细胞色素，最后将电子传递给氧，生成氧离子，氧离子可与 $2H^+$ 结合生成 H_2O，卤代烃类杀线虫剂可使细胞色素电子传递链中 Fe 离子部位氧化，使呼吸链电子传递受阻，从而导致线虫死亡。一般情况下 Fe 离子氧化作用比蛋白、酶的烷基化作用快得多，因此，在实际应用的剂量下氧化作用似乎更重要。

卤代烃类杀线虫剂的 1,2-二溴乙烷（EDB）、二溴氯乙烷（DBCP）对动物有致畸、致癌作用。1983 年起，EDB 相继被一些国家禁用。而 DBCP 同样具有致癌和引起男性的精子减少现象，因此在 1977 年首先在美国禁用，我国在 1983 年禁止生产、进口、销售、使用 1,2-二溴乙烷和二溴氯丙烷。

2. 异硫氰酸甲酯释放剂及其作用机理

硫威钠（matham，vapam）和噻嗪硫酮（mylone，dazomet）是异硫氰酸甲酯释放剂中最重要的品种。这两个品种在土壤中都能被水解为硫化氢和异硫氰酸甲酯，而后者才具有杀线虫活性。

硫威钠在土壤中的转化过程如下：

$$H_3C-N-C-S-Na \xrightarrow[-NaOH]{H_2O} H_3C-N-C-Na \xrightarrow{-H_2S} H_3CN=C=S$$

硫威钠在土壤中的转化与降解与土壤通气状况和酸碱度有密切的关系，当土质偏碱时，甲基二硫氨基甲酯可转化为异硫氰酸甲酯和释放出硫元素。而在酸性介质中，除可转化异硫氰酸甲酯外，还可产生二硫化碳和甲氨。随后，二硫化碳和甲氨结合为异硫氰酸甲酯。

噻嗪硫酮转化反应式如下：

$$\xrightarrow{2H_2O} H_3CN=C=S + CH_3NH_2 + 2CH_2O + H_2S$$

作用机理：异硫氰酸甲酯是一个氨基甲酰化试剂，它能与细胞内的蛋白，酶分子中亲核部位，如氨基、巯基、羟基发生氨基甲酰化反应，使蛋白、酶的结构受到破坏，活性受到抑制，最终线虫中毒死亡。

3. 特异性杀线虫剂

已报道对植物寄生线虫具有抗性作用的植物约有 41 科，73 属，近 90 个种。已明确抗线虫的植物和它们的代谢物主要有菊科的万寿菊（*Tagectes ereata*）、孔雀草（*T. patula*）和堆心菊（*Helenium autumnale*），这几种植物中含有的抗线虫的化合物是 α-三联噻吩、5-(3-丁烯-1-炔基)-2,2-二噻吩和 2,3-二氢-2-羟基-3-甲基-6-甲基苯并呋喃。这三种化合物是植物源光敏剂，具有强烈的抗线虫作用。百合科的石刁柏（*Asparagus officinalis*）中的天冬氨酸（asparagusic acid）和二氢天冬氨酸（dihydro asparagusic acid），罂粟科的博落回（*Macleya cordata*）中的血根碱（sanguinarine）、菜季铵碱（chelerythrine）及亭功树碱（bocconine），还有植物的代谢产物对线虫具有独特的作用方式，如从马铃薯块茎中分离的 2,3-二羟基萘（rishitin），从刀豆植物中分离出的刀豆氨酸（canavanine）可抑制马铃薯金线虫卵孵化，从秘鲁梭果豆（*Lonchocarbus utilis*）中分离的一种多羟生物碱-(2R,5R)-二羟基甲基-(3R,4R)-二羟基吡咯烷（DMDP），使用后能显著降低受害植物上虫瘿的数量。DMDP 为昆虫味觉感受细胞膜上的糖苷酶的抑制剂，影响昆虫取食，其对线虫作用机理如何，有待进一步研究。

光敏化合物作用机理：光敏化合物 α-三联噻吩、5-(3-丁烯-1-炔基)-2,2-二噻盼和 2,3-二氢-2-羟基-3-甲基-6-甲基苯并咪唑，在有太阳光或紫外线的作用下，能显著提高它们的毒杀活性。毒杀作用机制分为光动力反应（photodynamic response）和光诱发毒性反应（photogenotoxic response）。当光敏化合物吸收光子能量后，使基态转变为激发态分子，激发态的能量可转移给氧分子，使三线态氧转变为单线态氧（$^1O_2$），$^1O_2$ 这种活性态的氧与细胞内的集中蛋白氨基酸、蛋白酶类和脂质分子等发生氧化反应，主要攻击靶标为生物膜，使细胞结构迅速分解，个体死亡。这种需氧参入的氧化反应即为光动力学反应。而光敏分子受光子激活后，能转移能量使细胞内的某些分子转变为自由基与自由基离子。这些自由基与自由基离子可氧化细胞内的生物分子，破坏细胞结构，干扰细胞代谢。有的光敏分子可嵌入 DNA 分子螺旋的沟槽内，当受光激活后，与 DNA 分子的碱基发生共价加合反应，使 DNA 分子的复制和转录功能受到干扰，产生遗传毒性效应。这一类作用方式为光诱发毒性反应。寻找天然源光敏化合物，开发光活化农药正是农药界研究的热点。

三、植物线虫对杀线虫剂的抗性

抗药性是使用农药过程中伴随产生的一种自然现象，是生物适应环境的一种本能反应，只要使用农药必然产生抗性。有关植物线虫的抗性问题，就目前情况来看，报道线虫的抗性事例比其他有害生物的抗性事例少很多。由于杀线虫剂在土壤中的持久性不是太长，加上使用频率相对于其他的农药要低得多，造成选择压低。加上试药区域主要分布在作物根际，未施药区的线虫可迁移到施药区，起到稀释基因的作用。综合以上因素，说明线虫的抗性发展是缓慢的。实际上，有研究表明，在温室环境下，连续使用 10 次苯线磷和涕灭威，*Paratylenchus hamatus* 线虫和起绒草茎线虫（*Dityleenchus dispsaci*）均出现抗药种群。玉米田使用克百威 4～5 年后，丝状副叶线虫（*Paratylenchus seribneri*）对克百威也表现出抗药性。因此，在药剂防治线虫工作中，仍要关注抗性问题，特别是那些经常使用兼有良好缓冲作用的杀虫剂、除草剂和杀菌剂的地区，应引起注意。还要注意作用机制不同于已有的种类，如阿维菌素，这类杀线虫剂活性很高，作用机理又不同于常用的种类，应给予特别的关注。

参 考 文 献

[1]　Aheinz D. Phytonematodes and their control（phytonematology）. New York：Amerind publishing CO. PVT. LTD，1981.

[2]　陈品三. 杀线虫剂主要类群、特性及其作用机制. 农药科学与管理，2001，22(2)：33-35.

[3]　刘志伟. 植物病原线虫学. 北京：中国农业出版社，2000.

[4]　杨华铮. 农药化学. 天津：南开大学出版社，2000.

第十四章　植物生长调节剂生物化学

植物生长调节剂（plant growth regulators）是一类与植物激素具有相似生理和生物学效应的物质。植物生长调节剂是人们在了解天然植物激素的结构和作用机制后，通过人工合成与植物激素具有类似生理和生物学效应的物质，在农业生产上使用，以有效调节作物的生育过程，达到稳产增产、改善作物品质、增强作物抗逆性等目的。

现已发现具有调控植物生长和发育功能的物质有胺鲜酯（DA-6）、氯吡脲、复硝酚钠、生长素、赤霉素、乙烯、细胞分裂素、脱落酸、油菜素内酯、水杨酸、茉莉酸、多效唑和多胺等，而作为植物生长调节剂被应用在农业生产中的主要是前9大类。

第一节　生长素类植物生长调节作用及生物化学机理

一、生长素类植物生长调节作用

1. 生长素类植物生长调节剂主要类型

除吲哚乙酸（indole-3-acetic acid，IAA）外，还在大麦、番茄、烟草及玉米等植物中先后发现苯乙酸（phenylactic acid，PAA）、4-氯吲哚-3-乙酸（4-chloroindole-3-acetic acid，4-Cl-IAA）及吲哚丁酸（indole butyric acid，IBA）等天然化合物，它们都不同程度地具有类似于生长素的生理活性。人工合成了多种生长素类的植物生长调节剂，如2,4-D、萘乙酸等。生长素植物生长调节物质主要品种的化学结构见图14-1。

生长素类植物生长调节剂主要有三大类。

（1）芳香环为吲哚环，主要品种：吲哚乙酸、吲哚丁酸、4-氯-吲哚-3-乙酸、吲哚-3-乙醇、吲熟酯。

（2）芳香环为萘环，主要品种：萘乙酸、萘乙酰胺、萘氧乙酸。

（3）芳香环为苯环，该类品种也称为苯氧羧酸类植物生长调节剂，占有重要的地位。主要结构为在苯环上连接氧基羧酸，品种之间的差异主要在苯环上取代基团和羧酸不同，典型代表为2,4-D。

生产上使用主要品种有吲哚丁酸（indole butyric acid，生根素）、萘乙酸

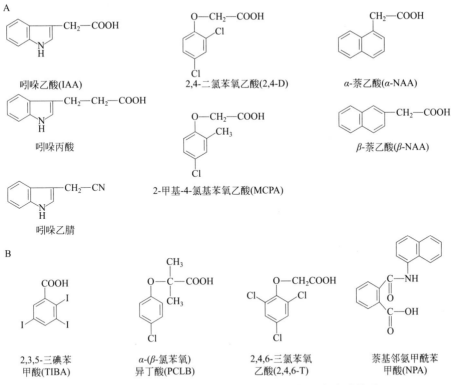

图 14-1　促进植物生长的生长素类物质（A）和抗生长素类物质（B）

（α-naphthaleneacetic acid，NAA）、4-氯苯氧乙酸、增产灵、复硝钾、复硝酚钠和复硝铵等。

苯氧羧酸类植物生长调节剂在高浓度下对阔叶类植物有明显的抑制作用，甚至可导致植物死亡，因此，一些品种可作为除草剂应用。如 2,4-D 衍生物 2,4-D 丁酯等就是常用的除草剂。

2. 生长素的分布与运输

分布：各种器官中都有生长素的分布，但其较集中在生长旺盛的部位，如正在生长的茎尖和根尖，正在展开的叶片、胚、幼嫩的果实和种子，禾谷类的居间分生组织等，衰老的组织或器官中生长素的含量则更少。

运输：生长素在植物体内的运输具有极性，即生长素只能从植物的形态学上端向下端运输，而不能向相反的方向运输，这称为生长素的极性运输（polar transport）。其他植物激素则无此特点。

生长素的极性运输与植物的发育有密切的关系，如扦插枝条不定根形成时的极性和顶芽产生的生长素向基部运输所形成的顶端优势等。对植物茎尖用人工合成的生长素处理时，生长素在植物体内的运输也是极性的。

生长素极性运输部位：在茎中为上端→下端；根中为根基→根尖（中柱中）；根尖→根基（皮层中）。

生长素在细胞间的移动，同样遵循顶端向基部移动的规律。移动过程见图14-2。

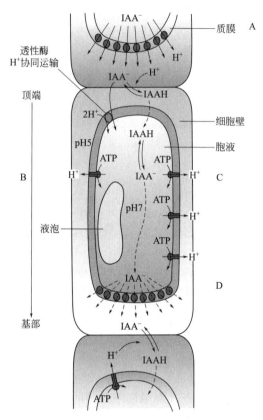

图14-2　生长素极性运输的化学渗透模型

图中所示的是一组生长素转运细胞中的一个细胞

A：IAA未离解的形式（IAAH）被动性地进入细胞，或以阴离子协同运输进入细胞；

B：细胞壁通过质膜 H^+-ATP 酶而持续在一个酸性 pH 值上；C：在中性胞液中，

生长素以阴离子形式存在；D：生长素阴离子通过纵向移动，积聚细胞基部，形式离子流出细胞

3. 生长素类的生理作用与应用

生长素类植物生长调节剂可被植物根、茎、叶、花、果吸收，并传导到作用部位，促进细胞伸长生长；诱导和促进植物细胞分化，尤其是促进植物维管组织的分化；促进侧根和不定根发生；调节开花和性别分化；调节坐果和果实发育；控制顶端优势。

应用于生产中，生长素类植物生长调节剂可促进插条生根、果实膨大，防止落花落果，提高坐果率，最终达到增产目的。

生产中应用较为普遍的品种有吲哚丁酸、萘乙酸、2,4-D、对氯苯氧乙酸（防落素）等。

吲哚丁酸主要用于番茄、辣椒、黄瓜、茄子、草莓等，促进坐果和单性结实，还可促进多种植物插枝生根及某些移栽作物早生根、多生根。

萘乙酸可用于小麦、大豆、萝卜、烟草等作物浸渍处理，可促使发芽长根；用于棉花可减少自然落铃；用于果树可起到疏花作用，防止采前落果；可以作为柞树、水杉、茶、橡胶、水稻、番茄等苗木、作物的生根剂。

二、生长素的作用机理

1. 酸生长理论

Ray 将燕麦胚芽鞘切段放入一定浓度生长素的溶液中，发现 10～15min 后切段开始迅速伸长，同时介质的 pH 下降，细胞壁的可塑性增加。

将胚芽鞘切段放入不含 IAA 的 pH 3.2～3.5 的缓冲溶液中，则 1min 后可检测出切段的伸长，且细胞壁的可塑性也增加；如将切段转入 pH7 的缓冲溶液中，则切段的伸长停止；若再转入 pH 3.2～3.5 的缓冲溶液中，则切段重新表现出伸长。理论推测：

（1）原生质膜上存在着非活化的质子泵（H^+-ATP 酶），生长素与泵蛋白结合后使其活化。

（2）活化了的质子泵消耗能量（ATP）将细胞内的 H^+ 泵到细胞壁中，导致细胞壁基质溶液的 pH 下降。

（3）在酸性条件下，H^+ 一方面使细胞壁中对酸不稳定的键（如氢键）断裂，另一方面（也是主要方面）使细胞壁中的某些多糖水解酶（如纤维素酶）活化或增加，从而使连接木葡聚糖与纤维素微纤丝之间的键断裂，细胞壁松弛。

（4）细胞壁松弛后，细胞的压力势下降，导致细胞的水势下降，细胞吸水，体积增大而发生不可逆增长。

2. 基因活化学说

当 IAA 与质膜上的激素受体蛋白（可能就是质膜上的质子泵）结合后，激活细胞内的第二信使，并将信息转导至细胞核内，使处于抑制状态的基因解阻遏，基因开始转录和翻译，合成新的 mRNA 和蛋白质，为细胞质和细胞壁的合成提供原料，并由此产生一系列的生理生化反应。

3. 生长素受体

激素受体（hormone receptor），是指能与激素特异结合并能引发特殊生理生化反应的蛋白质。然而，能与激素结合的蛋白质却并非都是激素受体，只可称其为某激素的结合蛋白（binding protein）。激素受体的一个重要特性是激素分子和受体结合后能激活一系列的胞内信号转导，从而使细胞作出反应。

303

生长素受体在细胞中的存在位置有多种说法，但主要有两种：一种存在于质膜上，它能促进细胞壁松弛，是酸生长理论的基础；另一种存在于细胞质（或细胞核）中，它能促进核酸和蛋白质的合成，是基因活化学说的基础。

生长素促进生长作用机理见图 14-3。

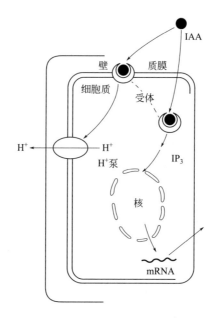

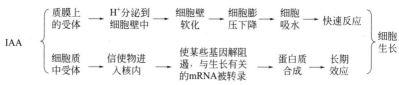

图 14-3　生长素促进生长作用机理示意图

第二节　赤霉素类植物生长调节作用及生物化学机理

植物体内存在有内源赤霉素，从高等植物和微生物中找到的赤霉素已经有 95 种之多，一般用于植物生长调节剂的赤霉素主要是 GA_3。赤霉素类可以打破植物体某些器官的休眠，促进长日照植物开花，促进茎叶伸长生长，改变某些植物雌雄花比率，诱导单性结实，提高植物体内酶的活性，促进植物种的萌发。

一、赤霉素的种类和化学结构

赤霉素的种类很多，它们广泛分布于植物界，从被子植物、裸子植物、蕨类植物、褐藻、绿藻、真菌和细菌中都发现有赤霉素的存在。

到 1998 年为止，已发现 121 种赤霉素，可以说，赤霉素是植物激素中种类最多的一种激素。

赤霉素的种类虽然很多，但都是以赤霉烷（gibberellane）为骨架的衍生物。赤霉素是一种双萜，由四个异戊二烯单位组成，有四个环，其碳原子的编号如下图所示：

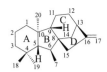

A、B、C、D 四个环对赤霉素的活性都是必要的，环上各基团的种种变化就形成了各种不同的赤霉素，但所有有活性的赤霉素的第七位碳均为羧基。

根据赤霉素分子中碳原子的不同，可分为 20-C 赤霉素和 19-C 赤霉素。前者含有赤霉烷中所有的 20 个碳原子（如 GA_{15}、GA_{24}、GA_{19}、GA_{25}、GA_{17} 等），而后者只含有 19 个碳原子，第 20 位的碳原子已丢失（如 GA_1、GA_3、GA_4、GA_9、GA_{20} 等）。19-C 赤霉素在数量上多于 20-C 赤霉素，且活性也高。

商品 GA 主要是通过大规模培养遗传上不同的赤霉菌的无性世代而获得的，其产品有赤霉酸（GA_3）及 GA_4 和 GA_7 的混合物。GA_3 的化学结构如下：

GA_3(赤霉酸)

主要品种：赤霉素（gibberellic acid，regulex，九二〇）。

二、赤霉素的生物合成与运输

1. 生物合成

种子植物中赤霉素的生物合成途径，根据参与酶的种类和在细胞中的合成部位，大体分为三个阶段（图 11-4）。

生物合成前体为甲羟戊酸，植物体内合成部位为顶端幼嫩部分，如根尖和茎尖；生长中的种子和果实，其中正在发育的种子是 GA 的丰富来源。

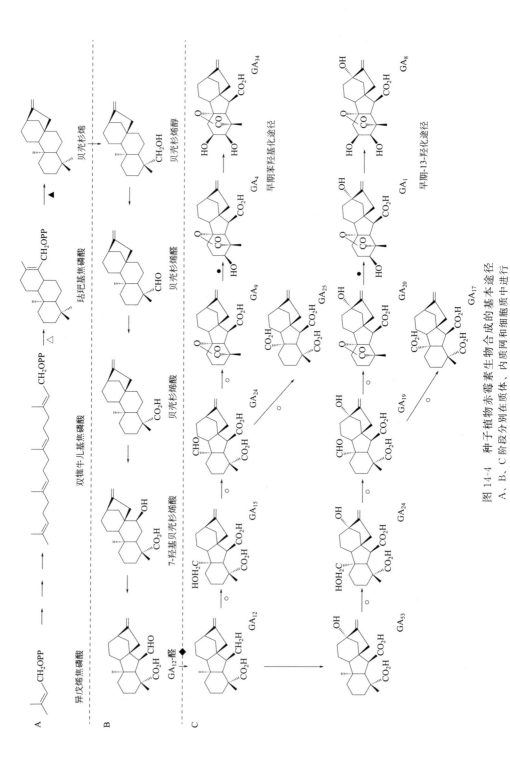

图 14-4 种子植物赤霉素生物合成的基本途径

A，B，C 阶段分别在质体、内质网和细胞质中进行

△：古巴焦磷酸合成酶（CPS）；▲：贝壳杉烯合成酶（KS）；◆：贝壳杉烯合成酶；○：20-氧化酶；●：7-氧化酶；●：3β-羟化酶

2. 运输与转化

GA 在植物体内的运输没有极性，可以双向运输。

转化：在植物体内可以游离型 GA 向束缚型 GA（GA-葡萄糖酯和 GA-葡萄糖苷）相互转化，两种形式可贮藏和运输。

三、赤霉素的生理效应和应用

1. 促进茎的伸长生长

GA 促进生长具有以下特点：

（1）促进整株植物生长　用 GA 处理，能显著促进植株茎的伸长生长，尤其是对矮生突变品种的效果特别明显。但 GA 对离体茎切段的伸长没有明显的促进作用，而 IAA 对整株植物的生长影响较小，却对离体茎切段的伸长有明显的促进作用。

（2）促进节间的伸长　GA 主要作用于已有节间伸长，而不是促进节数的增加。

（3）不存在超最适浓度的抑制作用　即使 GA 浓度很高，仍可表现出最大的促进效应，这与生长素促进植物生长具有最适浓度的情况显著不同。

2. 诱导开花（代替低温、长日照）

某些高等植物花芽的分化是受日照长度（即光周期）和温度影响的。例如，对于二年生植物，需要一定日数的低温处理（即春化）才能开花，否则表现出莲座状生长而不能抽薹开花。若对这些未经春化的植物施用 GA，则不经低温过程也能诱导开花，且效果很明显。此外，也能代替长日照诱导某些长日植物开花，但 GA 对短日植物的花芽分化无促进作用。

3. 打破休眠，促进萌发

用 $2\sim3\mu g/g$ 的 GA 处理休眠状态的马铃薯能使其很快发芽，从而可满足一年多次种植马铃薯的需要。对于需光和需低温才能萌发的种子，如莴苣、烟草、紫苏、李和苹果等的种子，GA 可代替光照和低温打破休眠，这是因为 GA 可诱导 α-淀粉酶、蛋白酶和其他水解酶的合成，催化种子内贮藏物质的降解，以供胚的生长发育所需。

在啤酒制造业中，用 GA 处理萌动而未发芽的大麦种子，可诱导 α-淀粉酶的产生，加速酿造时的糖化过程，并降低萌芽的呼吸消耗，从而降低成本。

4. 促进雄花分化

对于雌雄异花同株的植物，用 GA 处理后，雄花的比例增加；对于雌雄异株植物的雌株，如用 GA 处理，也会开出雄花。GA 在这方面的效应与生长素和乙烯相反。

5. 其他生理效应

GA 还可加强 IAA 对养分的动员效应，促进某些植物坐果和单性结实、延缓叶片衰老等。此外，GA 也可促进细胞的分裂和分化，GA 促进细胞分裂是由于缩短了 G1 期和 S 期。但 GA 对不定根的形成却起抑制作用，这与生长素又有所不同。

四、赤霉素的作用机理

1. GA 与 α-淀粉酶的合成

关于 GA 与酶合成的研究主要集中在 GA 如何诱导禾谷类种子 α-淀粉酶的形成上。大麦种子内的贮藏物质主要是淀粉，发芽时淀粉在 α-淀粉酶的作用下水解为糖以供胚生长的需要。实验：①去胚种子＋糊粉层，不能产生 α-淀粉酶；②去胚种子＋GA＋糊粉层，能产生 α-淀粉酶；③去胚种子＋GA，不能产生 α-淀粉酶。理论推测：

GA 促进无胚大麦种子合成 α-淀粉酶具有高度的专一性和灵敏性，在一定浓度范围内，α-淀粉酶的产生与外源 GA 的浓度成正比。

大麦籽粒在萌发时，贮藏在胚中的束缚型 GA 水解释放出游离的 GA，通过胚乳扩散到糊粉层，并诱导糊粉层细胞合成 α-淀粉酶，酶扩散到胚乳中催化淀粉水解，水解产物供胚生长需要。

2. 分子作用机理

赤霉素 GA 作为第一信使分子与细胞膜的特异受体结合，在细胞表面形成 GA 受体复合体与 G-蛋白相互作用，启动两个独立的信号传导链，一个包括 cGMP 的蛋白钙离子的体结合时，DELLA 蛋白抑制物被降解。DELLA 蛋白是由 5 个氨基酸即天冬氨酸（D）、谷氨酸（E）、亮氨酸（L）、亮氨酸（L）和丙氨酸（A）组成（简称 DELLA）。DELLA 抑制物的钝化，导致 *MYB* 基因的表达。另一信号传导启动即新合成的 MYB 蛋白（即含 $51 \sim 52$ 个氨基酸的肽段的转录因子）进入细胞核并与 α-淀粉酶以及水解酶的活动因子基因结合；α-淀粉酶与其他水解酶的转录作用激活，α-淀粉酶与其他水解酶在粗糙内质网上合成，蛋白质通过高尔基体分泌；分泌途径需要 GA 通过一个钙离子-钙调素依赖的信号传导途径的刺激作用，见图 14-5 赤霉素诱导合成 α-淀粉酶与其他水解酶的结构模型。

3. GA 调节 IAA 水平

GA 可使内源 IAA 的水平增高。原理是：

（1）GA 降低了 IAA 氧化酶的活性；

（2）GA 促进蛋白酶的活性，使蛋白质水解，IAA 的合成前体（色氨酸）增多；

（3）GA 促进束缚型 IAA 释放出游离型 IAA。

GA 与 IAA 形成的关系见图 14-6。

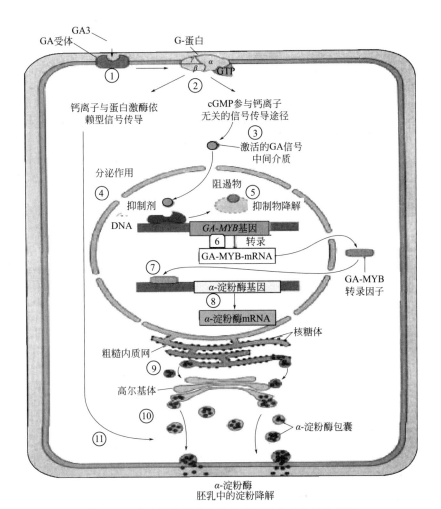

图 14-5 大麦糊粉层中由赤霉素诱导合成的结构模型

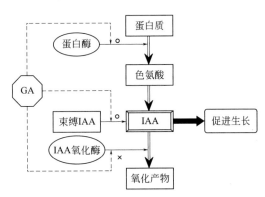

图 14-6 GA 与 IAA 形成的关系

双线箭头表示生物合成；虚线箭头表示调节部位

○表示促进；×表示抑制

第三节　细胞分裂素类植物生长调节作用及生物化学机理

一、细胞分裂素的种类和结构特点

　　细胞分裂素类是以促进细胞分裂为主的一类植物激素。1963 年，莱撒姆（D. S. Letham）从未成熟的玉米籽粒中分离出了一种类似于激动素的细胞分裂促进物质，命名为玉米素（zeatin，ZT），其化学结构为 6-(4-羟基-3-甲基-反式-2-丁烯基氨基）嘌呤，分子式为 $C_{10}H_{13}N_5O$，分子量为 219。1965 年斯库格等提议将来源于植物的、其生理活性类似于激动素的化合物统称为细胞分裂素（cytokinin，CTK）。在高等植物中已至少鉴定出了 30 多种细胞分裂素。常见的天然细胞分裂素和人工合成的细胞分裂素的结构式见图 14-7。

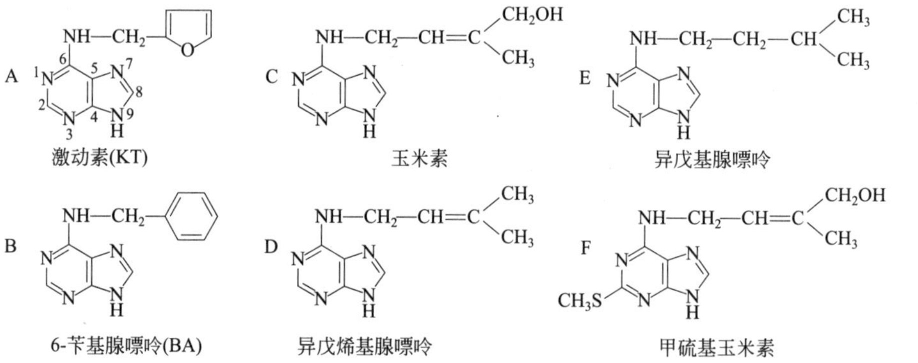

图 14-7　常见的天然细胞分裂素和人工合成的细胞分裂素的结构式

A，B：人工合成的细胞分裂素；C，D，E，F：天然细胞分裂素

　　天然细胞分裂素分为结合态细胞分裂素（CTK），即结合在 tRNA 上，构成 tRNA 的组成成分和游离态 CTK，即玉米素、玉米素核苷、二氢玉米素、异戊烯基腺嘌呤（iP），异戊烯基腺苷（iPA）、甲硫基异戊烯基腺苷、甲硫基玉米素等。

　　CTK 均为腺嘌呤的衍生物，结构如下：

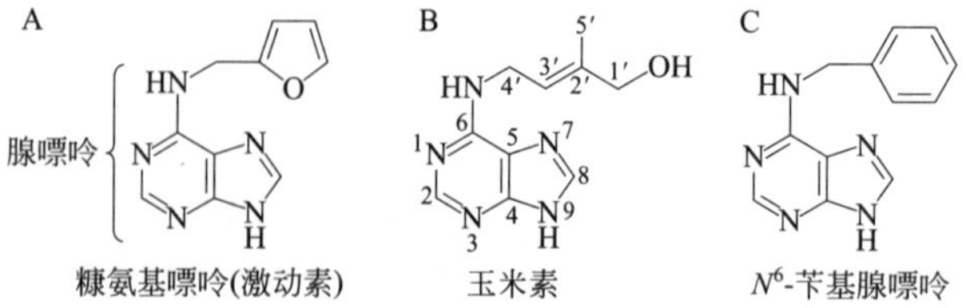

二、细胞分裂素的运输与代谢

1. 分布与运输

分布：可进行细胞分裂的部位，如茎尖、根尖、未成熟的种子、萌发的种子和生长着的果实等；从高等植物中发现的细胞分裂素，大多数是玉米素或玉米素核苷；

合成部位：根尖；

运输：经木质部向上运输，无极性；

运输形式：玉米素、玉米素核苷。

2. 代谢

植物体内游离型细胞分裂素的来源主要为 tRNA 的降解和生物合成。

（1）细胞分裂素的来源

tRNA 的降解：tRNA 的降解物在腺嘌呤磷酸核糖转移酶（adenine phosphoribosy transferase）、5'-核苷酸酶（5'-nucleotidase）、腺苷核苷酶（adenosine nucleosidase）、腺苷激酶（adenosine kinase）和腺苷磷酸化酶（adenosine phosphorylase）作用下，三类细胞分裂素即核苷酸细胞分裂素（nucleotide cytokinisns）、核苷细胞分裂素（nucleoside cytokinins）和游离碱基细胞分裂素（Free base cytokinins）间的相互转化，见图 14-8。

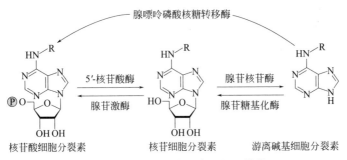

图 14-8　三类细胞分裂素的相互转化

生物合成：合成前体为 5'-单磷酸腺苷（adenosine 5-monophosphates，5'-AMP）和二甲基二磷酸（dimethylally diphophate，DMAPP）。

植物体内游离型细胞分裂素的合成途径见图 14-9。

（2）细胞分裂素的钝化　细胞分裂素的钝化则通过糖基化、乙酰基化等方式转化为结合态形式。细胞分裂素的结合态形式较为稳定，适于贮藏或运输。细胞分裂素的结合态形式见图 14-10。

（3）细胞分裂素分解　在细胞分裂素氧化酶（cytokinin oxidase）的作用下，

玉米素、玉米素核苷和异戊烯基腺嘌呤等可转变为腺嘌呤及其衍生物。细胞分裂素氧化酶可能对细胞分裂素起钝化作用，防止细胞分裂素积累过多，避免产生毒害。细胞分裂素分解见图 14-11。

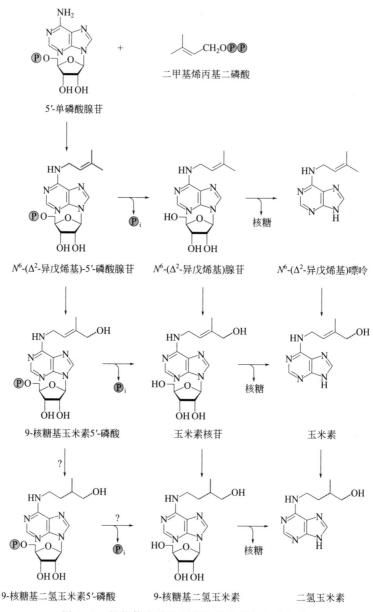

图 14-9　植物体内游离型细胞分裂素的合成途径

O-糖基化细胞分裂素：

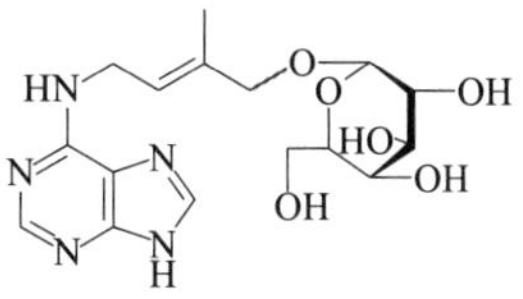

O-β-葡糖基玉米素

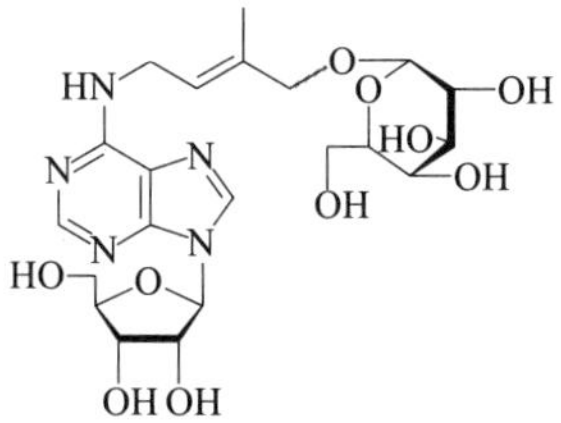

O-β-葡糖基-9-核糖基玉米素

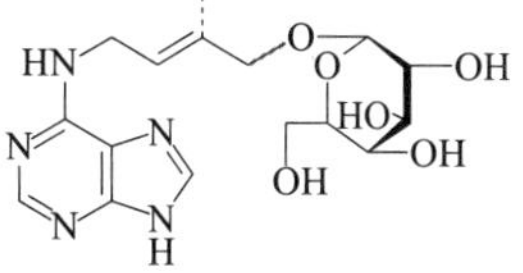

O-β-葡糖基二氢玉米素

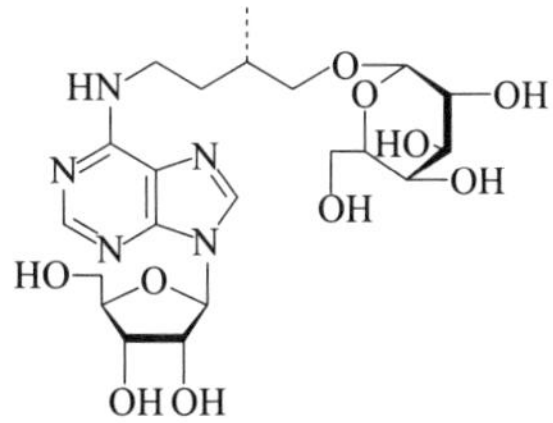

O-β-葡糖-9-核糖基二氢玉米素

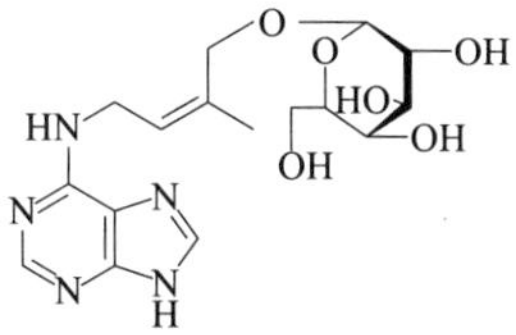

O-β-葡糖基顺式玉米素

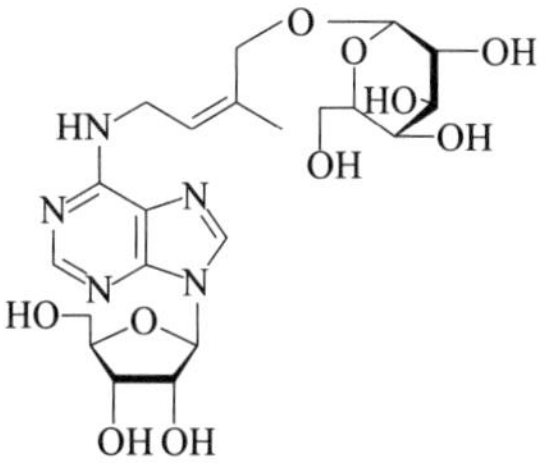

O-β-葡糖-9-核糖基顺式玉米素

N-糖基化细胞分裂素：

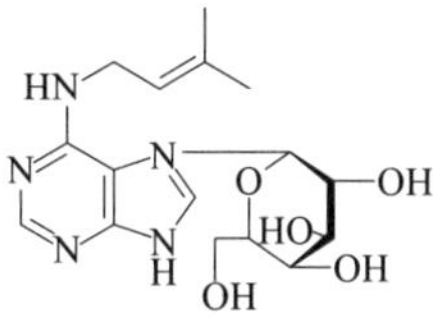

7-β-葡糖基-*N*⁶
(Δ²-异戊烯酰)嘌呤

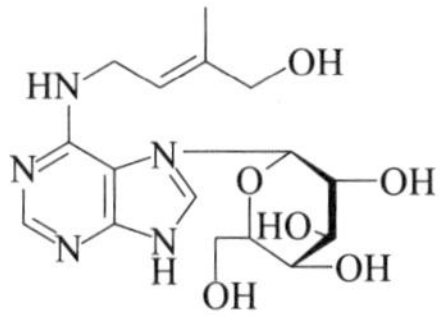

7-β-葡糖基玉米素

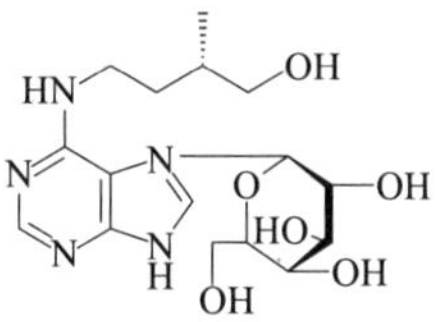

7-β-葡糖基二氢玉米素

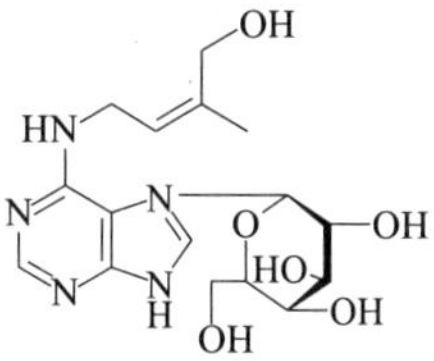

7-β-葡糖基顺式玉米素

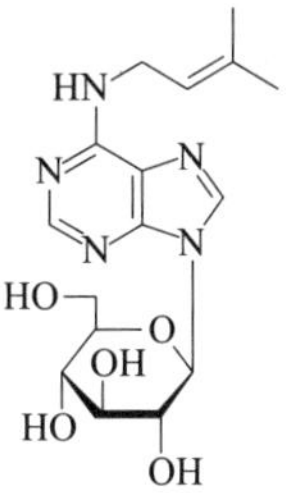

9-β-葡糖基-*N*⁶
(Δ²-异戊烯酰)嘌呤

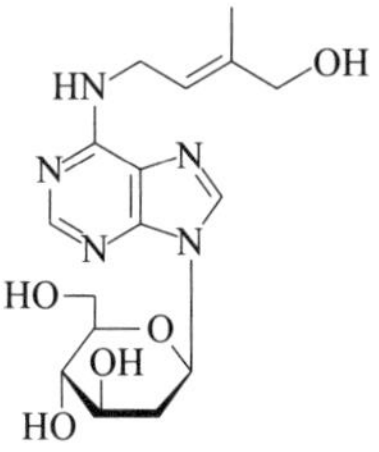

9-β-葡糖基玉米素

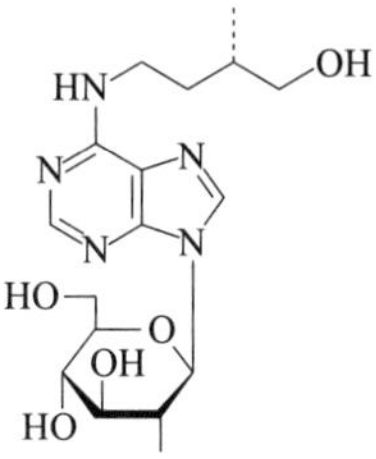

9-β-葡糖基二氢玉米素

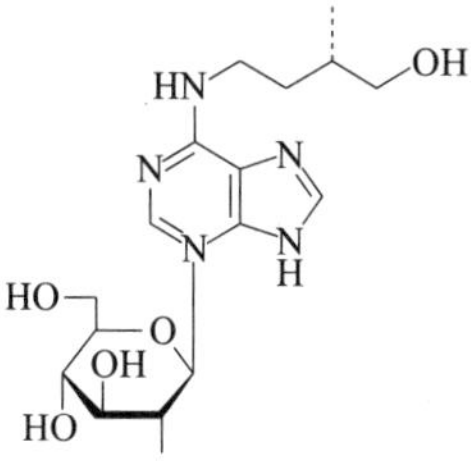

3-β-葡糖基二氢玉米素

氨基酸结合：

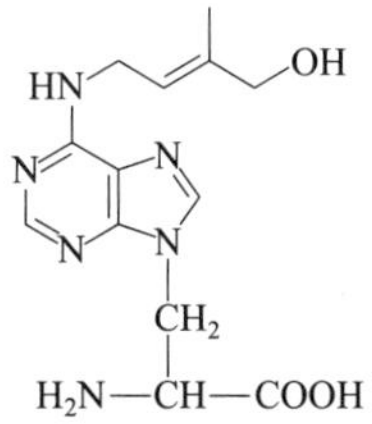

9-丙氨酰玉米素

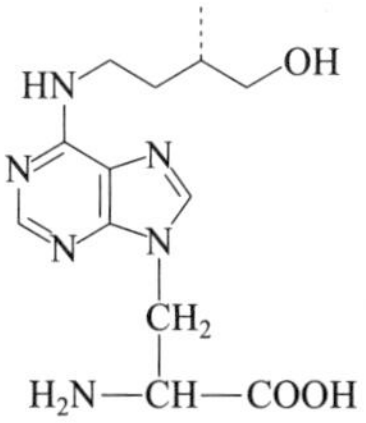

9-丙氨酰二氢玉米素

图 14-10　细胞分裂素的结合态形式

313

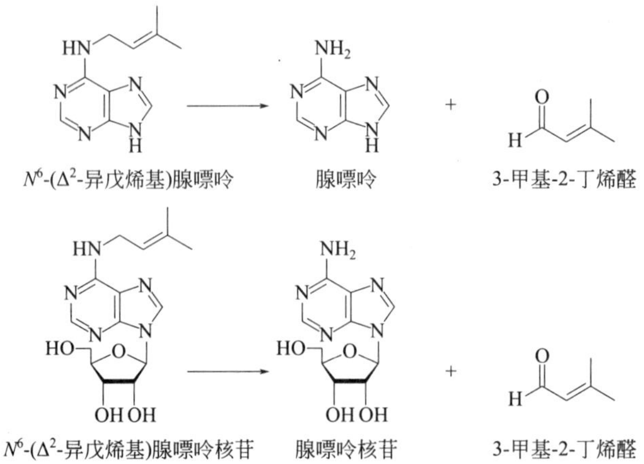

N^6-(Δ²-异戊烯基)腺嘌呤   腺嘌呤   3-甲基-2-丁烯醛

N^6-(Δ²-异戊烯基)腺嘌呤核苷   腺嘌呤核苷   3-甲基-2-丁烯醛

图 14-11　两种细胞分裂素分解图

三、细胞分裂素的生理效应

1. 促进细胞分裂

细胞分裂素的主要生理功能就是促进细胞的分裂。生长素、赤霉素和细胞分裂素都有促进细胞分裂的效应，但它们各自所起的作用不同。

生长素只促进核的分裂（因促进了 DNA 的合成），而与细胞质的分裂无关。

而细胞分裂素主要是对细胞质的分裂起作用，所以，细胞分裂素促进细胞分裂的效应只有在生长素存在的前提下才能表现出来。

而赤霉素促进细胞分裂主要是缩短了细胞周期中的 G1 期（DNA 合成准备期）和 S 期（DNA 合成期）的时间，从而加速了细胞的分裂。

2. 促进芽的分化

植物组织培养时发现，细胞分裂素（激动素）和生长素的相互作用控制着愈伤组织根、芽的形成。当培养基中［CTK］/［IAA］的比值高时，愈伤组织形成芽；当［CTK］/［IAA］的比值低时，愈伤组织形成根；如二者的浓度相等，则愈伤组织保持生长而不分化；所以，通过调整二者的比值，可诱导愈伤组织形成完整的植株。

3. 促进细胞扩大

细胞分裂素可促进一些双子叶植物如菜豆、萝卜的子叶或叶圆片扩大，这种扩大主要是因为促进了细胞的横向增粗。

由于生长素只促进细胞的纵向伸长，而赤霉素对子叶的扩大没有显著效应，所以 CTK 这种对子叶扩大的效应可作为 CTK 的一种生物测定方法。

4. 促进侧芽发育，消除顶端优势

CTK 能解除由生长素所引起的顶端优势，促进侧芽生长发育。

5. 延缓叶片衰老

如在离体叶片上局部涂以激动素，则在叶片其余部位变黄衰老时，涂抹激动

素的部位仍保持鲜绿。这不仅说明了激动素有延缓叶片衰老的作用，而且说明了激动素在一般组织中是不易移动的。

细胞分裂素延缓衰老是由于细胞分裂素能够延缓叶绿素和蛋白质的降解速度，稳定多聚核糖体（蛋白质高速合成的场所），抑制 DNA 酶、RNA 酶及蛋白酶的活性，保持膜的完整性等。

此外，CTK 还可调动多种养分向处理部位移动，因此有人认为 CTK 延缓衰老的另一原因是促进了物质的积累，现在有许多资料证明激动素有促进核酸和蛋白质合成的作用。

由于 CTK 有保绿及延缓衰老等作用，故可用来处理水果和鲜花等以保鲜、保绿，防止落果。

人工合成的细胞分裂素类植物生长调节剂有多种，如糠氨基嘌呤、植物细胞分裂素、苄氨基嘌呤等。其中噻苯隆的生理活性是细胞分裂素的 1000 倍，兼用作棉花脱叶剂，它能促使棉花叶柄与茎之间离层的形成而脱落，便于机械收获，并使棉花收获期提前 10 天，棉花品质也得到提高。

四、细胞分裂素的作用机理

1. 细胞分裂素结合蛋白

研究表明核糖体存在含有一种高度专一性和高亲和力的细胞分裂素结合蛋白，分子质量为 183kDa，含有四个不同的亚基。其可能与 RNA 翻译作用有关。

有研究认为绿豆线粒体膜上有与细胞分裂素高亲和力的结合蛋白，小麦叶片叶绿体膜中也存在细胞分裂素受体，认为细胞分裂素结合蛋白可能参与叶绿体能量转换的调节。

2. 细胞分裂素对转录和翻译的控制

细胞分裂素能与染色质结合，调节基因活性，促进 RNA 合成。表明细胞分裂素有促进转录的作用。

多种细胞分裂素是植物 tRNA 的组成成分，占 tRNA 结构中约 30 个稀有碱基的小部分。细胞分裂素和 tRNA 之间存在某种关系。

细胞分裂素可以促进蛋白质的生物合成。因为细胞分裂素存在于核糖体上，促进核糖体与 mRNA 结合，形成多核糖体，加快翻译速度，形成新的蛋白质。

3. 细胞分裂素与钙信使的关系

细胞分裂素的作用可能与钙密切相关。在多种依赖细胞分裂素的植物生理试验中，钙与细胞分裂素表现相似的或相互增强的效果，如延缓玉米叶片老化，扩大苍耳子叶面积等。

钙可能是细胞分裂素信息传递系统的一部分。

钙往往通过钙-钙调素复合体而作为第二信使。研究表明，细胞分裂素作用还与钙调素活性有关。此外，细胞分裂素与钙的关系还可因细胞发育阶段而变化。

第四节　脱落酸类植物生长调节作用及生物化学机理

脱落酸（abscisic acid，ABA）是指能引起芽休眠、叶子脱落和抑制生长等生理作用的植物激素。ABA 是以异戊二烯为基本单位的倍半萜羧酸，分子式为 $C_{15}H_{20}O_4$，分子量为 264.3。

ABA 环 1′位上为不对称碳原子，故有两种旋光异构体。植物体内的天然形式主要为右旋 ABA 即（＋）-ABA，写作（S）-ABA。人工合成的 ABA 为外消旋体（±）-ABA，写作（R）-ABA。化学结构如下：

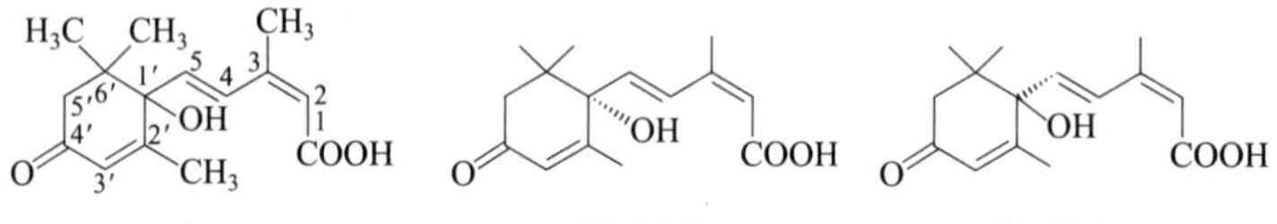

(R)-ABA　　　　　　(S)-ABA

一、脱落酸的分布与运输

高等植物各器官和组织中都有脱落酸，其中以将要脱落或进入休眠的器官和组织中较多，在逆境条件下 ABA 含量会迅速增多。

运输：脱落酸运输不具有极性。主要以游离型的形式运输，也有部分以脱落酸糖苷的形式运输。

二、脱落酸的代谢

（一）　ABA 的生物合成

合成部位：根冠和萎蔫的叶片，在茎、种子、花和果等器官中也能合成脱落酸。合成前体为甲羟戊酸（MVA），脱落酸生物合成的途径主要有两条。

1. 类萜途径

脱落酸的合成是由甲羟戊酸（MVA）经过法尼基焦磷酸（farnesylpyrophosphate，FPP），再经过一些未明的过程而形成脱落酸。此途径亦称为 ABA 合成的直接途径，即：MVA→→iPP →→ FPP→→ABA。

2. 类胡萝卜素途径

类胡萝卜素（如紫黄质、叶黄素等）→→黄质醛→→ABA。

直接途径是指从 C_{15} 化合物（FPP）直接合成 ABA 的过程。间接途径则是指从 C_{40} 化合物经氧化分解生成 ABA 的过程。高等植物中生物合成脱落酸的可能途径见图 14-12。

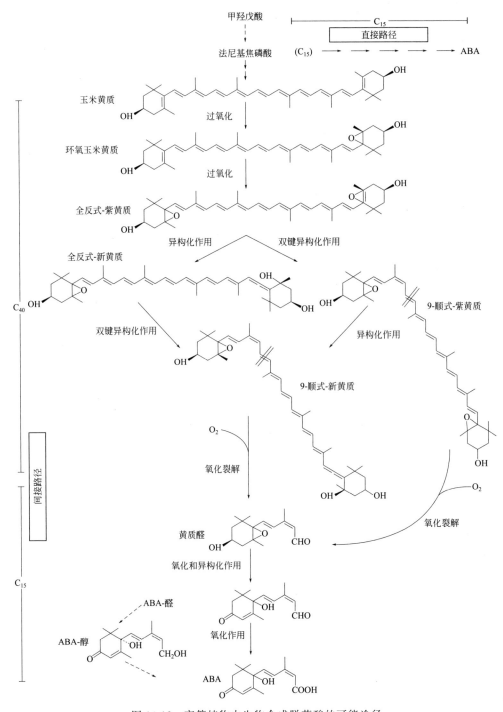

图 14-12　高等植物中生物合成脱落酸的可能途径

（二） ABA 的钝化和氧化

钝化：ABA＋糖或氨基酸←→结合态 ABA（无活性 ABA 的贮藏形式）。

氧化：ABA→8′羟基 ABA→红花菜豆酸→二氢红花菜豆酸。

ABA 的钝化和氧化途径见图 14-13。

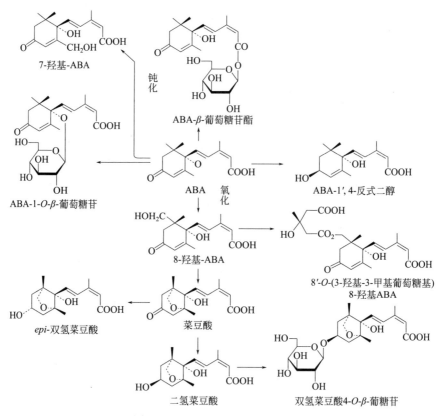

图 14-13　ABA 的钝化和氧化途径

三、脱落酸的生理效应和植调作用

1. 促进休眠（与 GA 拮抗）

外用 ABA 时，可使旺盛生长的枝条停止生长而进入休眠，这是它最初也被称为"休眠素"的原因。在秋天的短日条件下，叶中甲羟戊酸合成 GA 的量减少，而合成的 ABA 量不断增加，使芽进入休眠状态以便越冬。

种子休眠与种子中存在脱落酸有关，如桃、蔷薇的休眠种子的外种皮中存在脱落酸，所以只有通过层积处理，脱落酸水平降低后，种子才能正常发芽。

2. 促进气孔关闭

ABA 可引起气孔关闭，降低蒸腾，这是 ABA 最重要的生理效应之一。科尼什（Cornish，1986）发现水分胁迫下叶片保卫细胞中的 ABA 含量是正常水分条件下含量的 18 倍。

ABA 促使气孔关闭是由于它使保卫细胞中的 K^+ 外渗，造成保卫细胞水势高于周围细胞水势而使保卫细胞失水所引起的。

3. 抑制生长（与 IAA 拮抗）

ABA 能抑制整株植物或离体器官的生长，也能抑制种子的萌发。ABA 的抑制效应比植物体内的另一类天然抑制剂——酚要高千倍。酚类物质是通过毒害发挥其抑制效应的，是不可逆的，而 ABA 的抑制效应则是可逆的，一旦去除 ABA，枝条的生长或种子的萌发又会立即开始。但 ABA 在低浓度下可促进生长（促发根）。

4. 促进衰老、脱落（与 CTK 拮抗）

ABA 是在研究棉花幼铃脱落时发现的。ABA 促进器官脱落主要是促进了离层的形成。将 ABA 溶液涂抹于去除叶片的棉花外植体叶柄切口上，几天后叶柄就开始脱落，此效应十分明显，已作为脱落酸的生物鉴定法。

5. 增加抗逆性（如渗透胁迫）

一般来说，干旱、寒冷、高温、盐渍和水涝等逆境都能使植物体内 ABA 含量迅速增加，同时抗逆性增强。因此，ABA 被称为应激激素或胁迫激素（stress hormone）。外源 ABA 处理，也可提高抗逆性。有人建议将 ABA 改为"诱抗素"。如生产中应用的品种 S-诱抗素（abscisic acid）。

6. 脱落酸的生理促进作用

脱落酸通常被认为是一种生长抑制型激素，但它也有许多生理促进的性质。如：在较低浓度下可以促进发芽和生根，促进茎叶生长，抑制离层形成，促进果实肥大，促进开花等。ABA 的这种生理促进性质与其抗逆激素的性质是密切相关的。因为 ABA 的生理促进作用对于最适条件下栽培的植物并不突出，而对低温、盐碱等逆境条件下的作物表现最为显著。ABA 改善了植物对逆境的适应性，增强了生长活性，所以在许多情况下表现出有益的生理促进作用。

代表品种：S-诱抗素（ABA），又称休眠素或脱落素。最早是 20 世纪 60 年代初从将要脱落的棉铃或将要脱落的槭树叶片中分离出的一种植物激素。S-诱抗素是一种抑制植物生长发育和引起器官脱落的物质。它在植物各器官中都存在，尤其是在进入休眠和将要脱落的器官中含量最多。S-诱抗素能促进休眠，抑制萌发，阻滞植物生长，促进器官衰老、脱落和气孔关闭等。这一类植物生长调节剂的作用特点是促进离层形成，导致器官脱落，增强植物抗逆性。

四、脱落酸调节气孔运动的作用机理

ABA 调节植物气孔关闭分子机制推测是，ABA 与细胞膜上受体结合，激活下游的信号传递途径；ABA 诱导膜上钙离子通道的开放，R 型 Cl⁺ 通道活化，质膜快速去极化反应；继而促进 S 型 Cl⁺ 通道开放，进一步延长和加速质膜的去极化过程；ABA 诱导 IP₃ 的生成；IP₃ 诱导液泡膜上的钙离子通道开放，使液泡内的钙离子释放到细胞质内；胞质钙离子浓度的增加，激活 Cl⁺ 通道的开放，抑制内向的 K⁺ 通道，这种阴离子的净流出使质膜的去极化得到进一步的加强和维持；ABA 刺激胞内 pH 值升高；活化外向 K⁺ 通道，促使 K⁺ 外流，导致保卫细胞的膨压下降，气孔关闭，见图 14-14。

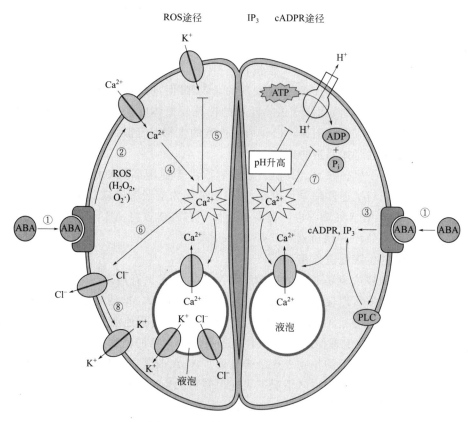

图 14-14　脱落酸作用机理示意图

①—ABA 与膜上受体结合；②—ABA 的结合诱导了反应氧的形成并激活质膜 Ca²⁺ 通道；③—ABA 提高循环的 ADP-核糖及 IP₃ 水平，并且激活液泡膜上多余的 Ca²⁺ 通道；④—Ca²⁺ 输于启动细胞内 Ca²⁺ 的摆动现象，并且促进了液泡中的 Ca²⁺ 进一步释放；⑤—细胞内 Ca²⁺ 的升高，抑制了 K⁺ 通道；⑥—细胞内 Ca²⁺ 的升高，促进了质膜上 Cl⁻ 外出的通道，导致膜的去极化；⑦—质膜质子泵被 ABA 诱导的细胞质中 Ca²⁺ 的上升，使质膜去极化；⑧—膜的去极化作用，激活了 K⁺ 的外出通道；⑨—经过质子膜释放的 K⁺ 和阳离子先从液泡进入细胞质

第五节　乙烯类植物生长调节作用及生化机理

乙烯（ethylene，ET，ETH）是一种不饱和烃，其化学结构为 $CH_2\!\!=\!\!CH_2$，是各种植物激素中分子结构最简单的一种。乙烯在常温下是气体，分子量为 28，轻于空气。乙烯在极低浓度（$0.01\sim0.1\mu L/L$）时就对植物产生生理效应。

乙烯具有促进果实成熟，抑制细胞伸长生长，促进叶、花、果实脱落，诱导花芽分化，促进发生不定根的作用。

一、乙烯的生物合成及输导

1. 生物合成及其调节

乙烯生物合成前体物为蛋氨酸（甲硫氨酸，Met），直接前体为 1-氨基环丙烷-1-羧酸（ACC）。在植物的所有活细胞中都能合成乙烯。合成途径：蛋氨酸在 SAM 合成酶作用下合成 S-腺苷甲硫氨酸（SAM），SAM 在 ACC 合成酶作用下合成 1-氨基环丙烷-1-羧酸（ACC）和 $5'$-甲基硫代腺苷。ACC 在 ACC 环化酶作用下合成乙烯。而 $5'$-甲基硫代腺苷在 MTA-核苷酶作用下脱腺嘌呤，生成 5-甲基硫代核糖后，在 MTR 激酶作用下，产生 5-甲基硫代核糖-1-磷酸和 α-酮基-γ-甲基硫代丁酸，由 α-酮基-γ-甲基硫代丁酸转化蛋氨酸，进入下一轮循环。乙烯合成循环见图 14-15。

乙烯的生物合成受到许多因素的调节，这些因素包括发育因素和环境因素。在乙烯合成循环中，ACC 也可转变为 N-丙二酰 ACC（MACC），此反应是不可逆反应。当 ACC 大量转向 MACC 时，乙烯的生成量则减少，因此 MACC 的形成有调节乙烯生物合成的作用。

代谢调节：对于具有呼吸跃变的果实，当后熟过程一开始，乙烯就大量产生，这是由于 ACC 合成酶和 ACC 氧化酶的活性急剧增加的结果。IAA 也可促进乙烯的产生。IAA 诱导乙烯产生是通过诱导 ACC 的产生而发挥作用的，这可能与 IAA 从转录和翻译水平上诱导了 ACC 合成酶的合成有关。

影响乙烯生物合成的环境条件有 O_2、氨基乙氧基乙烯基甘氨酸（aminoethoxyvinyl glycine，AVG）、氨基氧乙酸（aminooxyacetic acid，AOA）、某些无机元素和各种逆境。

从 ACC 形成乙烯是一个双底物（O_2 和 ACC）反应的过程，所以缺 O_2 将阻碍乙烯的形成。AVG 和 AOA 能通过抑制 ACC 的生成来抑制乙烯的形成。

所以在生产实践中，可用 AVG 和 AOA 来减少果实脱落，抑制果实后熟，延长果实和切花的保存时间。

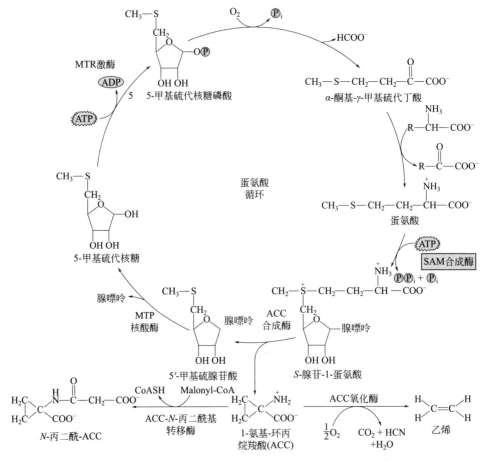

图 14-15　乙烯生物合成蛋氨酸循环图

在无机离子中，Co^{2+}、Ni^{2+} 和 Ag^+ 都能抑制乙烯的生成。

2. 乙烯的输导

乙烯在植物体内易于移动，是被动的扩散过程，一般情况下，乙烯就在合成部位起作用。乙烯的前体 ACC 可溶于水溶液，因而推测 ACC 可能是乙烯在植物体内远距离运输的形式。

二、乙烯的生理效应

1. 改变生长习性

乙烯对植物生长的典型效应是抑制茎的伸长生长、促进茎或根的横向增粗及茎的横向生长（即使茎失去负向重力性），这就是乙烯所特有的"三重反应"（triple response）。

乙烯促使茎横向生长是由于它引起偏上生长所造成的。所谓偏上生长，是指器官的上部生长速度快于下部的现象。乙烯对茎与叶柄都有偏上生长的作用，从而造成了茎横生和叶下垂。

2. 促进成熟

催熟是乙烯最主要和最显著的生理效应，因此也称乙烯为催熟激素。乙烯对果实成熟、棉铃开裂、水稻的灌浆与成熟都有显著的效果。

3. 促进脱落

乙烯是控制叶片脱落的主要激素。这是因为乙烯能促进细胞壁降解酶——纤维素酶的合成并且控制纤维素酶由原生质体释放到细胞壁中，从而促进细胞衰老和细胞壁的分解，引起离区近茎侧的细胞膨胀，从而迫使叶片、花或果实机械脱离。

4. 促进开花和雌花分化

乙烯可促进菠萝和其他一些植物开花，还可改变花的性别，促进黄瓜雌花分化，并使雌、雄异花同株的雌花着生节位下降。乙烯在这方面的效应与 IAA 相似，而与 GA 相反，现已知 IAA 增加雌花分化就是由于 IAA 诱导产生乙烯的结果。

5. 乙烯的其他效应

乙烯还可诱导插枝不定根的形成，促进根的生长和分化，打破种子和芽的休眠，诱导次生物质（如橡胶树的乳胶）的分泌等。

代表品种为乙烯利（ethephon，一试灵），其在酸性介质中十分稳定，但在 pH 值大于 4 时，则分解释放出乙烯。乙烯利可由植物的叶片、树皮、果实或种子进入植物体内，然后传导到作用的部位，释放出乙烯，能起内源激素乙烯所起的生理功能。如促进果实成熟及叶、果实的脱落，矮化植株，改变雌雄花的比率，诱导某些作物雄性不育等。

三、乙烯的作用机理

乙烯能提高很多酶的活性，如过氧化物酶、纤维素酶、果胶酶和磷酸酯酶等，因此，乙烯可能在翻译水平上起作用。

近年来通过对拟南芥（*Arabidopsis thaliana*）乙烯反应突变体的研究，发现了分子量为 147000 的 ETR1 蛋白作为乙烯受体在乙烯信号转导过程的最初步骤上起作用。

乙烯信号转导过程中某些组分的分子特性正在被阐明，但受体与乙烯结合的机理尚不清楚，正在研究之中。

第六节　其他植物生长调节物质

植物体内除了有上述五大类激素外，还有很多微量的有机化合物对植物生长发育表现出特殊的调节作用。此外，众多的植物生长调节剂也可对植物生长发育起重要的调节控制作用。

一、油菜素甾体类（BRs）

1970 年，美国的米切尔（Mitchell）等报道在油菜的花粉中发现了一种新的生长物质，它能引起菜豆幼苗节间伸长、弯曲、开裂等异常生长反应，并将其命名为油菜素（brassin）。

因为它是甾醇内酯化合物，故将其命名为油菜素内酯（brassinolide，BR1）。油菜素内酯及多种结构相似的化合物纷纷从多种植物中被分离鉴定，这些以甾醇为基本结构的具有生物活性的天然产物统称为油菜素甾体类化合物（brassinosteroids，BRs），BR 在植物体内含量极少，但生理活性很强。BR 以及多种类似化合物已被人工合成。

1. BR 的结构特点与性质

现在已从植物中分离得到 40 多种油菜素甾体类化合物，分别表示为 BR1、BR2…BRn。最早发现的油菜素内酯（BR1）其熔点为 274～275℃，分子式 $C_{28}H_{48}O_6$，分子量 480，化学名称是 2α、3α、22α、23α-4 羟基-24α-甲基-B-同型-7-氧-5α-胆甾烯-6-酮。它的结构式如下：

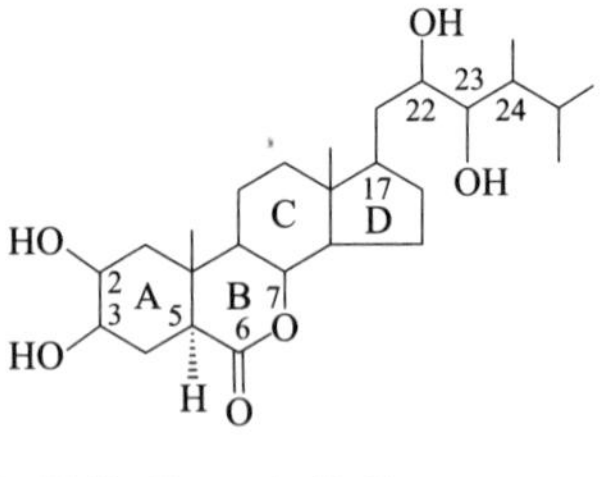

BR 的基本结构是有一个甾体核，在核的 C-17 上有一个侧链。已发现的各种天然 BR，根据其 B 环中含氧的功能团的性质，可分为 3 类，即内酯型、酮型和脱氧型（还原型）。

2. BR 的分布

BR 在植物界中普遍存在。油菜花粉是 BR1 的丰富来源，但其含量极低，只有 $100～200\mu g/kg$，BR1 也存在于其他植物中。BR2 在被分析过的植物中分布最广。

BR 虽然在植物体内各部分都有分布，但不同组织中的含量不同。通常 BR 的含量是：花粉和种子 $1～1000ng/kg$，枝条 $1～100ng/kg$，果实和叶片 $1～10ng/kg$。某些植物的虫瘿中 BR 的含量显著高于正常植物组织。

3. 油菜素甾体类化合物的生理效应

（1）促进细胞伸长和分裂　用 $10ng/L$ 的油菜素内酯处理菜豆幼苗第二节间，

便可引起该节间显著伸长弯曲，细胞分裂加快，节间膨大，甚至开裂。

BR1 促进细胞的分裂和伸长，其原因是增强了 RNA 聚合酶活性，促进了核酸和蛋白质的合成；BR1 还可增强 ATP 酶活性，促进质膜分泌 H^+ 到细胞壁，使细胞伸长。

（2）促进光合作用　BR 可促进小麦叶 RuBP 羧化酶的活性，因此可提高光合速率。BR1 处理花生幼苗后 9d，叶绿素含量比对照高 $10\%\sim12\%$，光合速率加快 15%。放射性 CO_2 示踪试验表明，BR1 对叶片中光合产物向穗部运输有促进作用。

（3）提高抗逆性　水稻幼苗在低温阴雨条件下生长，若用 10^{-4} mg/L BR1 溶液浸根 24h，则株高、叶数、叶面积、分蘖数、根数都比对照高，且幼苗成活率高、地上部干重显著增多。此外，BR1 也可使水稻、茄子、黄瓜幼苗等抗低温能力增强。

除此之外，BR 还能通过对细胞膜的作用，增强植物对干旱、病害、盐害、药害等逆境的抵抗力，因此有人将其称为"逆境缓和激素"。

根据其生理活性效应，一些科学家已提议将油菜素甾醇类列为植物的第六类激素。

二、茉莉酸类（JAs）

1. 茉莉酸的代谢和分布

茉莉酸类（jasmonates，JAs）是广泛存在于植物体内的一类化合物，现已发现了 30 多种。茉莉酸（jasmonic acid，JA）和茉莉酸甲酯（methyl jasmonate，JA-Me）是其中最重要的代表。茉莉酸（结构式 R＝H）和茉莉酸甲酯（结构式 R＝CH_3），化学结构如下：

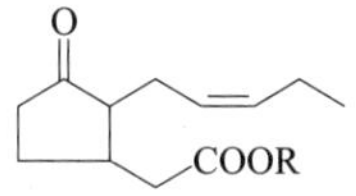

JA-Me 是 1962 年从素馨属（*Jasminum*）的素馨花（*Jasminum* grandiflorum）中分离出来作为香精油的有气味化合物。

茉莉酸的化学名称是 3-氧-2-(2'-戊烯基)-环戊烷乙酸（3-oxo-2-(2'-pentenyl)-cyclopentanic acetic acid），其生物合成前体来自膜脂中的亚麻酸（linolenic acid），目前认为 JA 的合成既可在细胞质中，也可在叶绿体中。

已发现 160 多个科的 206 种植物中均有茉莉酸类物质的存在。被子植物中 JAs 分布最普遍，裸子植物、藻类、蕨类、藓类和真菌中也有分布。

通常 JA 在茎端、嫩叶、未成熟果实、根尖等处含量较高，生殖器官特别是果实比营养器官如叶、茎、芽的含量丰富。蚕豆中含量每克鲜重为 3100ng，大豆中每克鲜重为 1260ng。

JAs 通常在植物韧皮部系统中运输，也可在木质部及细胞间隙运输。

亚麻酸经脂氧合酶（lipoxygenase）催化加氧作用产生脂肪酸过氧化氢物，再经过氧化氢物环化酶（hydroperoxide cyclase）的作用转变为 18 碳的环脂肪酸（cyclic fatty acid），最后经还原及多次 β-氧化而形成 JA。

2. 茉莉酸类的生理效应及应用

（1）抑制生长和萌发　JA 能显著抑制水稻幼苗第二叶鞘长度、莴苣幼苗下胚轴和根的生长以及 GA_3 对它们伸长的诱导作用。

（2）促进生根　JA-Me 能显著促进绿豆下胚轴插条生根，$10^{-8}\sim10^{-5}\,mol/L$ 处理对不定根数目无明显影响。

（3）促进衰老　从苦蒿中提取的 JA-Me 能加快燕麦叶片切段叶绿素的降解；用高浓度乙烯利处理后，JA-Me 能促进豇豆叶片离层的产生。

（4）抑制花芽分化　烟草培养基中加入 JA 或 JA-Me 则能抑制外植体花芽形成。

（5）提高抗性　JA-Me 预处理也能提高水稻幼苗对低温（5～7℃，3d）和高温（46℃，24h）的抵抗能力。JA 还能促进水稻开颖，抑制光和 IAA 诱导的含羞草小叶的运动，抑制红花菜豆培养细胞和根端切段对 ABA 的吸收。

三、水杨酸（SA）

1763 年英国的斯通（E. Stone）首先发现柳树皮有很强的收敛作用，可以治疗疟疾和发烧。后来发现这是柳树皮中所含的大量水杨酸糖苷在起作用，于是经过许多药物学家和化学家的努力，医学上便有了阿斯匹林（aspirin）药物的问世。阿斯匹林即乙酰水杨酸（acetylsalicylic acid），在生物体内可很快转化为水杨酸（salicylic acid，SA）。20 世纪 60 年代后，人们开始发现了 SA 在植物中的重要生理作用。水杨酸（左）与乙酰水杨酸（右）的化学结构如下：

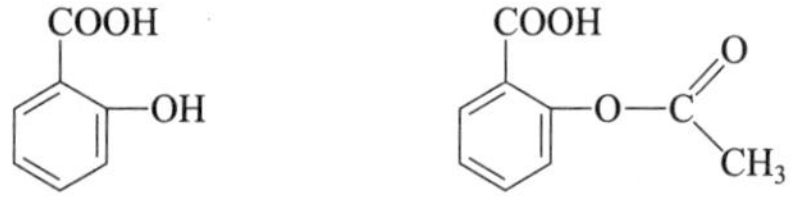

1. 水杨酸的分布和代谢

SA 在植物体中的分布一般以产热植物的花序较多，如天南星科的一种植物花序，含量达 $3\mu g/g\,FW$，西番莲花为 $1.24\mu g/g\,FW$。在不产热植物的叶片等器官中也含有 SA，在水稻、大麦、大豆中均检测到 SA 的存在。

植物体内 SA 的合成来自反式肉桂酸（trans-cinnamic acid），即由莽草酸（shikimic acid）经苯丙氨酸（phenylalanine）形成的反式肉桂酸可经邻香豆酸（ocoumaric acid）或苯甲酸转化成 SA。SA 也可被 UDP-葡萄糖：水杨酸葡萄糖转移酶催化转变为 β-O-D-葡萄糖水杨酸，这个反应可防止植物体内因 SA 含量过高而产生的不利影响。

在植物组织中，非结合态 SA 能在韧皮部中运输。

2. 水杨酸的生理效应

（1）生热效应　天南星科植物佛焰花序的生热现象很早就引起了人们的注意。外源施用 SA 可使成熟花上部佛焰花序的温度增高 12℃。

生热现象实质上是与抗氰呼吸途径的电子传递系统有关。

在严寒条件下花序产热，保持局部较高温度有利于开花结实，此外，高温有利于花序产生具有臭味的胺类和吲哚类物质的蒸发，以吸引昆虫传粉。可见，SA 诱导的生热效应是植物对低温环境的一种适应。

（2）诱导开花　用 $5.6\mu mol/L$ 的 SA 处理可使长日植物浮萍 gibba G3 在非诱导光周期下开花。在其他浮萍上也发现了类似现象。后来发现这一诱导是依赖于光周期的，即是在光诱导以后的某个时期与开花促进或抑制因子相互作用而促进开花的。

SA 能使长日性浮萍 gibba G3 和短日性浮萍 paucicostata 6746 的光临界值分别缩短和延长约 2h。SA 还可显著影响黄瓜的性别表达，抑制雌花分化，促进较低节位上分化雄花，并且显著抑制根系发育。

（3）增强抗性　某些植物在受病毒、真菌或细菌侵染后，侵染部位的 SA 水平显著增加，同时出现坏死病斑，即过敏反应（hypersensitive reaction，HR），并引起非感染部位 SA 含量的升高，从而使其对同一病原或其他病原的再侵染产生抗性。

某些抗病植物在受到病原侵染后，其体内 SA 含量立即升高，SA 能诱导抗病基因的活化而使植株产生抗性。

感病植物也含有有关的抗性基因，只是病原的侵染不能导致 SA 含量的增加，因而抗性基因不能被活化，这时施用外源 SA 可以达到类似的效果。

SA 可诱导植物产生某些病原相关蛋白（pathogenesis related proteins，PRs）。有人报道，抗性烟草植株感染烟草花叶病毒（TMV）后，产生的系统抗性与 9 种 mRNA 的诱导活化有关，施用外源 SA 也可诱导这些 mRNA。

（4）其他　SA 还可抑制大豆的顶端生长，促进侧生生长，增加分枝数量、单株结角数及单角重。SA（$0.01\sim1mmol/L$）可提高玉米幼苗硝酸还原酶的活性，还拮抗 ABA 对萝卜幼苗生长的抑制作用。SA 还能抑制蒸腾、抑制 ETH 生成，被用于切花保鲜、水稻抗寒等方面。

四、多胺类（PA）

1. 多胺的种类和分布

多胺（polyamines，PA）是一类脂肪族含氮碱，包括二胺、三胺、四胺及其他胺类，广泛存在于植物体内。

20 世纪 60 年代人们发现多胺具有刺激植物生长和防止衰老等作用，能调节植物的多种生理活动。高等植物的二胺有腐胺（putrescine，Put）和尸胺（cadaverine，Cad）等，三胺有亚精胺（spermidine，Spd），四胺有精胺（spermine，Spm），还有其他胺类。通常胺基数目越多，生物活性越强。植物体内游离多胺种类见表 14-1。

表 14-1　植物体内游离多胺种类

胺类	结构	来源
二氨丙烷	$NH_2(CH_2)_3NH_2$	禾本科
腐胺	$NH_2(CH_2)_4NH_2$	普遍存在
尸胺	$NH_2(CH_2)_5NH_2$	豆科
亚精胺	$NH_2(CH_2)_3NH(CH_2)_4NH_2$	普遍存在
精胺	$NH_2(CH_2)_3NH(CH_2)_4-NH(CH_2)_3NH_2$	普遍存在
鲱精胺	$NH_2(CH_2)_4NH\ CNH_2$ $\qquad\qquad\quad \parallel$ $\qquad\qquad\ \ NH$	普遍存在

高等植物的多胺不但种类多，而且分布广泛。多胺的含量在不同植物间及同一植物不同器官间、不同发育状况下差异很大，每克鲜重可从数纳摩尔到数百纳摩尔。通常，细胞分裂最旺盛的部位也是多胺生物合成最活跃的部位。

2. 多胺的代谢

（1）多胺的生物合成　多胺生物合成的前体物质为三种氨基酸，其生物合成途径大致如下：

① 精氨酸转化为腐胺，并为其他多胺的合成提供碳架；

② 蛋氨酸向腐胺提供丙氨基而逐步形成亚精胺与精胺；

③ 赖氨酸脱羧形成尸胺。

（2）多胺的氧化分解　在植物中至少发现三种多胺氧化酶。豆科植物如豌豆、大豆、花生中的多胺氧化酶含 Cu，催化含有—CH_2NH_2 基团（一级氨基）的胺类，如尸胺、腐胺、组胺、亚精胺、精胺、苯胺等。其氧化后的产物为醛、氨和 H_2O_2 等。

禾本科植物如燕麦、玉米中的多胺氧化酶含 FAD，主要作用于二级和三级氨基，如亚精胺和精胺。其氧化后的产物为二氢吡咯、氨丙基二氢吡咯、二氨丙烷和 H_2O_2 等。

3. 多胺的生理效应和应用

（1）促进生长　多胺能够促进菊芋块茎的细胞分裂和生长。多胺在刺激块茎外植体生长的同时，也能诱导形成层的分化与维管组织的分化，又如亚精胺能够刺激菜豆不定根数的增加和生长的加快。

（2）延缓衰老　置于暗中的燕麦、豌豆、菜豆、油菜、烟草、萝卜等叶片，在被多胺处理后均能延缓衰老进程。而且发现，前期多胺能抑制蛋白酶与 RNA 酶活性的提高，减慢蛋白质的降解速率，后期则延缓叶绿素的分解。多胺和乙烯有共同的生物合成前体蛋氨酸，多胺通过竞争蛋氨酸而抑制乙烯的生成，从而起到延缓衰老的作用。

（3）提高抗性　在各种胁迫条件（水分胁迫、盐分胁迫、渗透胁迫、pH 变化等）下，多胺的含量水平均明显提高，这有助于植物抗性的提高。例如，绿豆在高盐环境下根部腐胺合成加强，由此可维持阳离子平衡，去适应渗透胁迫。

（4）其他　多胺还可调节与光敏色素有关的生长和形态建成，调节植物的开花过程，参与光敏核不育水稻花粉的育性转换，并能提高种子活力和发芽力，促进根系对无机离子的吸收。

第七节　植物生长调节剂的功能类型

一、生长促进剂

生长促进剂可以促进细胞分裂、分化和伸长生长，也可促进植物营养器官的生长和生殖器官的发育。如吲哚丙酸、萘乙酸、激动素、6-苄基腺嘌呤、二苯基脲（DPU）、长蠕孢醇等。

二、生长抑制剂

生长抑制剂是指抑制植物茎顶端分生组织生长的生长调节剂。生长抑制剂通常能抑制顶端分生组织细胞的伸长和分化，但往往促进侧枝的分化和生长，从而破坏顶端优势，增加侧枝数目。有些还能使叶片变小，生殖器官发育受到影响。

外施生长素可以逆转抑制效应，而外施赤霉素则无效。

常见的生长抑制剂有三碘苯甲酸、青鲜素、水杨酸、整形素等。

三、生长延缓剂

抑制植物亚顶端分生组织生长的生长调节剂称为植物生长延缓剂（growth retardant）。亚顶端分生组织中的细胞主要是伸长，由于赤霉素在这里起主要作用，所以外施赤霉素往往可以逆转这种效应。

这类物质包括矮壮素、多效唑、比久（B9）等，它们不影响顶端分生组织的生长，而叶和花是由顶端分生组织分化而成的，因此生长延缓剂不影响叶片的发育和数目，一般也不影响花的发育。

参 考 文 献

[1] 段留生，田晓莉.作物化学控制原理与技术.第 2 版.北京：中国农业大学出版社，2011.

[2] 毛景英，闫振领.植物生长调节剂调控原理与实用技术.北京：中国农业出版社，2005.

[3] 沈岳清，马永文.植物生长调节剂与保鲜剂.北京：化学工业出版社，1990.

[4] 唐除痴，李煜昶，陈彬，等.农药化学.天津：南开大学出版社，1998.

[5] 徐汉虹.植物化学保护学.第 5 版.北京：中国农业出版社，2018.

第十五章　农药抗性生物化学机制

农药在提高作物产量，提升作物品质方面发挥了重要作用。然而，由于农药不合理的使用，导致抗药性、残留以及有害生物再猖獗问题越来越严重。其中，抗药性是有害生物在农药选择压力条件下自然进化的必然结果。抗药性是有害生物发展并可遗传的，可忍受对大多数个体致死剂量的能力，其是在农药的选择压力下，有害生物种群通过遗传适应性忍受农药毒力的一种微进化过程。近半个世纪以来，农药抗药性发展迅速，其增长速度以指数增加，目前已报道有 1000 多种有害生物包括转基因植物对一种或多种农药产生抗药性。因此，明确有害生物抗药性的分子机理以及抗性适应性机制，可为有害生物综合治理和农药新靶标发现提供理论依据。

在前期生物化学以及生理学技术手段对有害生物抗药性机制研究基础上，近年分子遗传学和基因组学技术进一步详细揭示了有害生物个体以及种群抗药性微进化的演变、遗传、生理和生态分子机理，为有害生物的抗药性治理打下了基础。农药抗药性可分为：①药效动力学机制。即有害生物抗药性是由于农药对靶标蛋白的敏感性下降。叶绿体 DNA 点突变改变了植物类囊体蛋白构型，从而产生对三嗪类除草剂的抗药性；相似的现象发生在乙酰乳酸合成酶靶标点突变引起对磺酰脲类除草剂的抗药性。在杀虫剂方面，昆虫 γ-GABA 受体 302 位密码子点突变（Rdl）引起对环戊二烯类杀虫剂的抗药性；昆虫钠离子通道上 kdr 和 $super\text{-}kdr$ 突变引起对 DDT 和拟除虫菊酯杀虫剂的抗药性。靶标点突变引起负交互抗性在杀菌剂中被发现，如 β-微管蛋白点突变对苯并咪唑类杀菌剂产生抗药性，而对 N-苯基氨基甲酸酯类杀菌剂更敏感。② 药代动力学机制。药代动力学抗药性包括农药的吸收、输导、渗透和代谢作用，几个解毒基因往往属于多基因家族，包括解毒基因的扩增作用。

第一节　杀虫剂抗药性生化机理

在农业和卫生害虫防治方面，杀虫剂抗药性是重要的全球问题。由于害虫种群个体间的遗传差异，在杀虫剂的作用下可存活下来的种群，我们称为抗药性种群。杀虫剂抗性委员会对抗药性定义为害虫种群对杀虫剂敏感性的一种遗传变化，这种变化反映在当按照推荐剂量使用杀虫剂时，产生屡次未能达到预期控制效果的现象。

一、不同类型杀虫剂抗药性现状

根据杀虫剂的来源，杀虫剂可分为化学合成杀虫剂和生物源杀虫剂。其中化学合成杀虫剂可分为新烟碱类、有机磷类、氨基甲酸酯类、有机氯类、拟除虫菊酯类、双酰胺类和昆虫生长调节剂等七类杀虫剂；生物源杀虫剂可分为病毒类、细菌类、真菌类、植物源、线虫、信息素、转基因植物等。在发现的杀虫剂抗药性中，有一半以上集中在重要农业害虫中，且大部分抗药性包含难以治理的多抗和交互抗药性（表15-1）。

表 15-1　节肢动物对杀虫剂抗药性现状

化学类型	杀虫剂总数	农业、森林和观赏植物害虫	医学、兽医和城市害虫	捕食和寄生虫	其他节肢动物	传粉昆虫	总数
有机磷	112	715	358	52	10	—	1135(44.1%)
有机氯	26	484	329	10	15	2	840(32.6%)
拟除虫菊酯	33	133	74	11	1	—	219(8.5%)
氨基甲酸酯	35	132	57	14	1	—	204(7.9%)
细菌	38	42	4	—	—	—	46(1.8%)
混合物	30	37	8	1	—	—	46(1.8%)
熏蒸剂	6	21	—	—	—	—	21(0.8%)
生长调节剂	10	16	2	—	3	—	21(0.8%)
有机锡	3	8	—	—	—	—	8(0.3%)
甲脒	2	4	2	—	—	—	6(0.2%)
砷化合物	2	2	11	—	—	—	13(0.5%)
阿维菌素	2	2	3	1	—	—	6(0.2%)
氯代烟碱类	1	2	1	—	—	—	3(0.1%)
鱼藤酮	1	2	—	—	—	—	2
二硝基苯酚类	1	1	—	—	—	—	1
硫化合物	2	1	—	1	—	—	2
苯基吡唑类	1		1	—	—	—	1
总数	—	1602(62.2%)	850(33.0%)	90(3.5%)	30(1.2%)	2(0.1%)	2574

在田间，大部分抗药性是不稳定的。基于此可将杀虫剂抗药性分为以下几类：①交互抗性，由单个主要遗传因子控制的对多个杀虫剂产生抗药性现象；②多抗，由多个遗传因子控制的对多个杀虫剂产生抗药性现象；③稳定抗药性，杀虫剂停用后，害虫仍可保持高的抗性频率的现象；④不稳定抗药性，杀虫剂停

用后，害虫抗性频率自然衰退的现象。其中杀虫剂的选择压力在害虫抗药性形成中发挥重要作用，其也是引起杀虫剂抗药性的重要原因。不同杀虫剂的抗药性机理总结如下（表15-2）。

表15-2 常用杀虫剂抗药性机理

序号	类型	举例	作用机理	抗性机理
1	新烟碱类	啶虫脒、噻虫胺、吡虫啉、烯啶虫胺、噻虫嗪	烟碱型乙酰胆碱受体激动剂	穿透性下降、靶标突变、细胞色素P450过量表达
2	有机磷类	甲基吡啶磷、毒死蜱、敌敌畏、杀螟硫磷、马拉硫磷、对硫磷	胆碱酯酶抑制剂	靶标突变、羧酸酯酶过量表达
3	氨基甲酸酯类	涕灭威、克百威、甲萘威、仲丁威、杀线威、灭多威	胆碱酯酶抑制剂	靶标突变、羧酸酯酶过量表达
4	有机氯类	艾氏剂、氯丹、DDT、硫丹、林丹、甲氧滴滴涕	γ-氨基丁酸受体阻断剂、昆虫钠离子通道阻断剂	靶标突变（Rdl、kdr）、GST脱氯作用
5	拟除虫菊酯类	丙烯菊酯、氟氯氰菊酯、氯氰菊酯、三氟氯氰菊酯、氟胺氰菊酯	钠离子通道调控剂	靶标突变（kdr）、细胞色素P450过量表达
6	双酰胺类	氯虫苯甲酰胺、溴氰虫酰胺、氟虫双酰胺	鱼尼丁受体调节剂	靶标突变
7	昆虫生长调节剂	除虫脲	几丁质合成酶抑制剂	—
8		烯虫乙酯、烯虫炔酯、烯虫酯	保幼激素激动剂	—
9	病毒类	核多角体病毒、颗粒体病毒	破坏昆虫分泌细胞	—
10	细菌类	Bt	细胞内毒素	钙黏蛋白结合率下降、氨肽酶突变、ABCC2基因错位拼接
11		梭状芽孢杆菌、假单胞菌	毒素	—
12	抗生素类	糖多孢菌、链霉菌、阿维链霉菌	胆碱受体抑制剂、γ-氨基丁酸受体调节剂	—
13	真菌类	白僵菌、蜡蚧轮枝菌、绿僵菌	毒素	—
14	植物源	烟碱、印楝、肉桂醛、百里香酚	驱避和拒食	—
15	线虫类	斯氏线虫	寄生	—
16	信息素	性信息素干扰剂	干扰嗅觉系统	—

注："—"表未发现。

二、杀虫剂抗药性生化机理

害虫对杀虫剂可形成多种抗药性机理，且单一抗药性机理可进化成交互抗性和多重抗性，害虫抗药性机理主要有以下几种：

1. 改变杀虫剂的渗透

害虫通过结合蛋白或脂肪体储存以及表皮降解酶共同作用，降低杀虫剂对害虫表皮的渗透能力，从而减少杀虫剂到达作用靶标的有效剂量，进而产生抗药性。

2. 改变代谢解毒能力

害虫对杀虫剂的代谢解毒能力提升，使可有效到达靶标位点杀虫剂的剂量大大降低，从而降低杀虫剂药效。如抗性桃蚜过量表达羧酸酯酶，可水解含酯键杀虫剂分子，如有机磷酸酯和氨基甲酸酯杀虫剂。

3. 改变代谢解毒作用

害虫代谢解毒酶包括氧化还原酶、转移酶、水解酶、裂解酶、异构化酶、连接酶等过表达或构象变化，改变了杀虫剂在害虫体内的代谢、隔离和排泄，引起害虫对杀虫剂的抗药性。一般代谢解毒作用分为两步：

第一步是细胞色素 P450、水解酶等介导的氧化、还原或水解反应引入亲水性基团到杀虫剂分子中增加化合物的水溶性。在杀虫剂分子中引入一个或多个极性基团，使其可以参与第二步的轭合反应。如细胞色素 P450 单加氧化酶引入含氧等极性基因；羧基还原酶，羟基脱氢酶，醛基脱氢酶等脱氢作用；水解酶的酯解，胺解，环氧基团的裂解等引入极性基团到杀虫剂分子中。引入的功能基团包括与生物大分子 DNA 和蛋白反应的亲电基团如环氧化基团，α,β-不饱和羧基等和含羟基，酚羟基或氨基，巯基和羧基等亲核分子。

第二步是谷胱甘肽-S-转移酶介导的轭合反应。从第一步代谢产物中引入水溶性基团如糖类、蛋白或硫酸根离子化合物等，进一步增加化合物的水溶性，有助于化合物的排泄。包括谷胱甘肽-S-转移酶介导的与亲电基团以及乙酰转移酶，硫酸基转移酶，乙酰辅酶 A 氨基酸 N-甲基转移酶，葡萄糖苷酸转移酶介导的与亲核基团的轭合反应。

杀虫剂的代谢主要包括细胞色素 P450 单加氧化酶（P450s），谷胱甘肽-S-转移酶（GSTs），羧酸酯酶（CCEs）。桃蚜 P450s 亚基 *CYP6* 和 *CYP9* 过表达引起对新烟碱类杀虫剂的抗药性；伊蚊 GSTs 亚基 *GSTE2* 和 *GSTE7* 过表达引起对溴氰菊酯的抗药性；伊蚊尿苷 $5'$-二磷酸-糖基转移酶过量表达引起对拟除虫菊酯和双硫磷的抗药性。

（1）单加氧化酶　单加氧化酶也称为多功能氧化酶（MFO）是位于内质网微粒体上的 NADPH 作为辅因子的以细胞色素 P450 为终端氧化酶的氧化酶系，广泛分布于昆虫的脂肪体、马氏管和中肠中。细胞色素 P450 是一类在真核生物内质网和线粒体上的亚铁血红素-硫醇盐蛋白超家族。氧化态细胞色素 P450 在黄素蛋白酶 NADPH、细胞色素 c 还原酶的作用下与底物结合，从 NADPH 得到一个电子变为还原态细胞色素 P450，使底物被环氧化、羟基化以及发生去饱和作用、脱烷基化作用、杂环的氧化作用或氧原子的替代作用。步骤包括含铁离子的氧化态细胞色素 P450 附着在底物（RH）上，氧化态细胞色素 P450 通过黄素蛋白从 NADPH 得到一个电子变为含亚铁离子的还原态细胞色素 P450，还原态细胞色素 P450-底物复合物与氧原子结合形成氧化态细胞色素-过氧化物底物复合物，最终氧化物离子与质子形成水，氧原子与底物反应形成氧化代谢物（R—OH），反应式如下：

$$RH + NADPH + H^+ + O_2 \longrightarrow ROH + NADP^+ + H_2O$$

细胞色素 P450 是一种多功能酶系，其在内源毒素以及外源杀虫剂的氧化代谢中发挥了重要作用，包括参与了昆虫对拟除虫菊酯类、DDT、保幼激素类、几丁质合成抑制剂、氨基甲酸酯类以及很多有机磷类杀虫剂的抗药性。研究表明反式和顺式作用因子的突变、编码基因序列的改变、基因扩增导致细胞色素 P450 基因的过表达以及嵌合 P450 酶等基因亚型的多样性。对抗性昆虫的生物化学与免疫学特性的不同，可能是导致抗性的另一个原因。另外，细胞色素 P450 还原酶 b_5 也参与了绿头苍蝇、锯谷盗、家蝇、小菜蛾、德国小蠊对杀虫剂的抗药性。目前已在昆虫中鉴定出了 6 类细胞色素 P450 基因（*CYP4*，*CYP6*，*CYP9*，*CYP12*，*CYP18*，*CYP28*），其中家蝇中 *CYP6A1* 和 *CYP6D1*，果蝇中 *CYP6G1*，*CYP6A2* 和 *CYP6A9*，棉铃虫中 *CYP9A1* 过量表达与杀虫剂的抗性相关；棉铃虫的 4 类 *CYP6B2*，*CYP6B6*，*CYP6B7*，*CYP4G8* 与拟除虫菊酯的抗性相关。

（2）水解酶　水解酶主要催化含酯、酰胺和磷酸酯杀虫剂的水解作用。其不需要另外辅助酶可直接水解拟除虫菊酯、氨基甲酸酯、有机磷类杀虫剂。根据相应的抑制剂不同，可分为不可被磷酸酯抑制的芳香酯酶（A-酯酶）；可被磷酸酯抑制的脂芳酯酶（B-酯酶），也叫丝氨酸水解酶，其又可分为胆碱酯酶和羧酸酯酶；乙酰酯酶（C-酯酶）三类。目前研究表明酯酶活性的增加对有机磷和拟除虫菊酯类杀虫剂的抗药性具有重要的作用。

（3）环氧化物水解酶　环氧化物水解酶属于 α/β 水解折叠酶，主要水解环氧环。底物为 3 个氨基酸，天冬氨酸为亲核基团，组氨酸-谷氨酸或组氨酸-天冬氨酸为水分子质子化基团。水解作用分为环氧环攻击天冬氨酸形成酶-底物酯中间体，水被组氨酸-谷氨酸或组氨酸-天冬氨酸质子化后，水解酶-底物酯中间体，使酶重新复活，产生邻二醇。

（4）谷胱甘肽-*S*-转移酶（GSTs）　谷胱甘肽-*S*-转移酶属于多功能氧化酶，其在生物体内主要是通过对有毒化合物的生物转化作用，对抗氧化应激反应以及参与细胞调节功能。在昆虫中 GSTs 通过共轭作用与杀虫剂偶联产生代谢抗性。

谷胱甘肽（GSH，γ-谷氨酰半胱氨酸甘氨酸）是一种低分子量包含二个肽键，二个羧基，一个氨基和一个硫醇的三肽巯基化合物。由于硫醇的氧化还原、硫醇转换、硫醚键形成以及清除自由基等化学特性，使其参与了细胞解毒有害物质，降低羟基过氧化物，生物合成白三烯素和前列腺素，维持细胞蛋白和膜生物结构和调节酶生物活性的生物代谢过程。GSH 参与了不同酶的生物转化过程，如维持细胞高还原电位的谷胱甘肽还原酶（GR）利用 NADPH 作为还原剂，催化还原氧化型谷胱甘肽（GSSG）；硒依赖性谷胱甘肽过氧化物酶利用 GSH 作为还原剂催化还原过氧化物；GSTs 催化 GSH 与有毒化合物轭合，增加有毒化合物的极性。

GSTs 几乎存在于所有生物包括植物、微生物和动物，其一般为大约 26kDa 分子质量的二聚体，包括 GSH 结合位点（亲水性位点）和亲电性结合位点（疏水性位点），具有广泛的催化底物特性，其主要催化卤代烃的卤素替代、双键加成、环氧化合物的裂解以及过氧化物的还原反应。昆虫 GSTs 分为：第一类（Delta class）包括黑腹果蝇的 DmGSTD1-DmGST10，家蝇的 MdGSTD1-MdGSTD5，按蚊的 AgGSTD1-AgGSTD6；第二类（Sigma class）包括黑腹果蝇的 DmGSTS1 和按蚊的 AgGSTS1；第三类（Epsilon class）包括按蚊的 AgGST3-1 和 AgGST3-2。GSTs 催化还原型 GSH 的硫醇基团与卤代硝基苯、有机磷、甾醇类、不饱和羰基化合物、芳基卤代环氧化合物、醌类、异硫氰酸酯类、芳基硝化物等亲电底物的亲核反应，产生对杀虫剂的抗药性。研究表明，GSTs 活性增加协助昆虫对保棉磷、对硫磷、拟除虫菊酯类、马拉硫磷等杀虫剂的抗药性。其催化杀虫剂解毒化学反应主要包括：O-脱烷基或 O-脱芳基有机磷杀虫剂与 GSH 轭合反应，形成无活性或活性低的 O-烷基或 O-芳基有机磷轭合物；脱氯有机氯杀虫剂与 GSH 轭合物；GSTs 隔离拟除虫菊酯类杀虫剂脂质过氧化物，阻止拟除虫菊酯类杀虫剂对细胞的氧化损伤作用。

（5）ABC-转运蛋白调控的抗性 研究表明 ABC-转运蛋白参与了杀虫剂的抗药性，家蚕 ABC-转运蛋白跨膜区 TM3 和 TM4 的连接胞外环上的酪氨酸的插入导致对 Bt 毒素 $Cry1Ab$ 的抗药性，烟草夜蛾 ABC-转运蛋白氨基酸的突变也导致对 $Cry1Ac$ 微生物杀虫剂的抗药性，同时 ABC-转运蛋白参与了高抗 DDT 果蝇种群的抗药性。烟草夜蛾和果蝇表皮 P-糖蛋白的过表达分别导致硫双威和阿维菌素的渗透抗性。

4. 改变杀虫剂与靶标蛋白的相互作用强度

任何一个有潜力的杀虫化合物与靶标生物大分子有一个或多个结合位点，且杀虫剂与靶标蛋白相互作用的强度与方式，决定杀虫剂生物活性的强度。结合杀虫剂的功能异常的生物大分子导致昆虫死亡或生长异常，同时大量研究证明杀虫剂与靶标生物大分子结合强度的变化，也会导致抗药性出现，如桃蚜和伊蚊乙酰胆碱酯酶靶标上氨基酸的突变产生了对有机磷和氨基甲酸酯杀虫剂的抗药性；伊蚊电压门控钠离子通道靶标上氨基酸的突变产生了对拟除虫菊酯和 DDT 的抗药性（kdr）；桃蚜 γ-氨基丁酸受体靶标上氨基酸的突变产生了对环戊二烯类杀虫剂的抗药性（Rdl）；小菜蛾鱼尼丁受体靶标上氨基酸的突变产生了对双酰胺类杀虫剂的抗药性；鳞翅目害虫钙黏蛋白和氨肽酶靶标上多个突变位点引起对 *Cry* 毒素的抗药性；果蝇乙酰胆碱受体亚基的丢失导致对多杀菌素的抗药性。

（1）烟碱型乙酰胆碱受体　乙酰胆碱与突触后膜上的烟碱型乙酰胆碱受体（nAChR）结合后，打开昆虫神经钠离子通道形成瞬时去极化电位。为新烟碱类、多杀菌素以及杀蚕毒素类杀虫剂作用靶标。研究表明，果蝇 Dα6 nAChR 亚基多个不同位点突变，使杀虫剂完全丢失与靶标蛋白的结合力；花蓟马 α6 nAChR 亚基 G275E 的突变位点可明显降低多杀菌素的杀虫活性。褐飞虱 Nlα1 和 Nlα3 AChR 亚基 Tyr151Ser 突变，引起新烟碱类杀虫剂吡虫啉的抗药性。

（2）γ-氨基丁酸受体等配体门控氯离子通道　γ-氨基丁酸（GABA）是昆虫中枢神经和肌肉神经节神经中主要的抑制性神经递质，由五个亚基组成的五聚体γ-氨基丁酸受体（GABAR）神经氯离子通道导致昆虫神经系统的超极化，受体上具有丰富的异源化合物的结合位点。另外昆虫神经系统中还有配体门控氯离子通道谷氨酸受体（GluR）和组胺受体，其中阿维菌素同时作用于 GluR 和 GABAR 两个受体。研究表明，果蝇 *RDL* GABAR 上的 A302S 突变导致对狄氏剂、木防己苦毒宁和氟虫腈等杀虫剂的靶标抗性。而作用于 GluR 和 GABAR 两个受体的杀虫剂阿维菌素的抗药性则为不同 GluR 亚基对阿维菌素敏感性的差异。果蝇、伊蚊、德国小蠊、家蝇、小菜蛾、白背飞虱等 GABA 受体 TM2 跨膜区 302 位丙氨酸被丝氨酸或甘氨酸替代产生对环戊二烯类杀虫剂和氟虫腈的抗药性；谷氨酸氯离子通道 P299S、G323D 和 G326E 突变分别导致果蝇、叶螨对阿维菌素的抗药性。

（3）电压门控钠离子通道　电压门控钠离子通道是调控昆虫神经系统动作电位的主要离子通道，其通道激活（打开）使昆虫神经系统产生去极化电位。作用于昆虫激活的电压钠离子通道的拟除虫菊酯和 DDT 杀虫剂，延缓钠离子通道的失活（关闭），产生与复极化重叠的尾电流，导致昆虫神经动作电位的重复放电，直至昆虫中毒。作用于昆虫电压钠离子通道失活阶段的茚虫威可阻断昆虫神经钠离子通道电流。目前关于拟除虫菊酯和 DDT 杀虫剂的靶标抗性（*kdr*）突变位点已报道有 10 多个，其中部分为无效突变。昆虫钠离子通道上 F1845Y 和 V1848I 两个靶点的突变均可导致钠离子通道阻断剂茚虫威的靶标抗药性。

（4）乙酰胆碱酯酶　乙酰胆碱酯酶主要是消除结合到乙酰胆碱受体上的乙酰胆碱，导致昆虫神经系统兴奋性神经动作电位，为有机磷和氨基甲酸酯类杀虫剂的作用靶标，其通过抑制乙酰胆碱酯酶活性，使乙酰胆碱持续刺激乙酰胆碱受体，导致乙酰胆碱受体脱敏，昆虫神经系统中断，最终死亡。乙酰胆碱酯酶 S238G、G228S、A391T、F439W 靶标位点的突变，导致有机磷和氨基甲酸酯杀虫剂与靶标的结合能力和催化效率下降，降低杀虫剂的抑制效果以及适合度代价。

（5）鱼尼丁受体　小菜蛾鱼尼丁受体跨膜区 TM4 和 TM5 连接环上的 G4946E 突变产生对双酰胺类杀虫剂氯虫苯甲酰胺和氟虫双酰胺的抗药性。

（6）章鱼胺受体　牛蜱虫章鱼胺受体第一跨膜区（TM1）I61F 突变产生对双甲脒的抗药性，推测该突变可能为甲脒类杀虫剂的主要抗性突变。

（7）杀虫微生物毒素　当前有 *Bacillus thuringiensis*（Bt）和 *B. sphaericus*（Bs）两类微生物蛋白毒素应用于害虫的防治，其中 Bt 的活性物质为 δ-内毒素晶体蛋白。Bt 内毒素通过与昆虫中肠上皮细胞上的糖基磷脂酰肌醇氨肽酶和钙黏素受体结合，插入腔膜形成孔洞，使昆虫中肠离子流失，破坏昆虫中肠细胞渗透压，导致昆虫死亡。关于 Bt 杀虫剂的抗药性目前报道主要有棉铃虫编码钙黏蛋白密码子提前终止导致对 *Cry1Ac* 内毒素的抗药性；删除棉红铃虫三个隐性钙黏蛋白等位基因任何两个，均可导致 Bt 杀虫剂的抗药性。

（8）线粒体电子传递链　害虫线粒体复合体Ⅲ Q_0 的 G126S、I136T、S141F、P262T 突变协助棉红蜘蛛对联苯肼酯的抗药性，其中 G126S/I136T 和 G126S/S141F 双突变产生协同作用。

（9）几丁质合成酶　叶螨几丁质合成酶 1 第五跨膜区 I1017F 突变导致对乙螨唑的抗药性。

（10）脂类生物合成酶　温室白粉虱乙酰辅酶 A 羧化酶 E645K 突变导致对螺虫酯的靶标抗性。

三、杀虫剂抗药性影响因子

害虫抗药性的影响因子通常包括生物、生态、遗传和操作因子等。

1. 生物和生态因子

由于生物和环境因子的变化，在没有使用任何杀虫剂的自然环境条件下，害虫也会产生抗药性。如抗性等位基因 *Cyp6g1* 可提升害虫的适合度。生物因子如活动能力、繁殖能力以及每年世代数可明显影响害虫的抗药性发展。地理隔离也是影响杀虫剂抗药性发展的重要生态因子。食源和迁移能力是另外两个影响抗药性的生态因子，如杀虫剂的使用减少了捕食螨的食源，影响捕食螨的繁殖和敏感捕食螨的迁入，从而影响抗药性的发展。

2. 遗传因子

环境因子影响害虫的表型可塑性、分散传播以及适应进化，进而影响遗传因子引起害虫的抗药性。明确抗性害虫遗传学可以帮助我们治理抗性害虫以及阻止抗性害虫种群的扩散。氨基酸突变是影响害虫抗性等位基因形成的重要因素，抗药性发展可通过调查抗性种群显性、隐性和共显性基因编码来标定。

（1）基因复制　一个抗性基因拷贝为多个抗性基因。如抗性桃蚜酯酶 *E4* 基因成比例扩增，相似的抗性基因复制也发生在 *P450s* 基因上。

（2）单基因单位点突变　一个抗性位点只发生单基因突变。如桃蚜 γ-氨基丁酸氯离子通道 301 位丙氨酸突变（*Rdl*），引起对环戊二烯类杀虫剂和硫丹的抗药性。抗新烟碱类杀虫剂桃蚜发现烟碱型乙酰胆碱受体 β 亚基的单基因突变。

（3）多基因单位点突变　一个抗性基因位点可通过基因突变、基因插入和基因复制等产生复杂等位基因，同一位点的不同等位基因均产生对杀虫剂的抗药性。如按蚊钠离子通道 1014 位非同义突变（L1014F，L1014C 和 L1014S）均产生对拟除虫菊酯的抗药性。黑腹果蝇转座子插入的 *Cyp6g1* 单控制基因突变的基因复制，调节对不同杀虫剂的抗药性。

（4）基因转换　昆虫 *P450s* 基因通过两个母系 *P450s* 基因不等交换，产生对氰戊菊酯的抗药性。

（5）多重抗性机理　昆虫通过多个突变位点或代谢酶产生对农药的抗药性。

3. 操作因子

操作因子是影响杀虫剂抗药性另外一个重要因素，其中杀虫剂的化学性质、残留、施药次数以及施药浓度是影响杀虫剂抗性进程的主要因子。如连续施用高浓度杀虫剂可加速抗性进程，而庇护策略则可减缓抗药性发展。

第二节　杀菌剂抗药性生化机理

杀菌剂在控制植物病害方面发挥重要作用，与此同时抗药性严重威胁杀菌剂的药效。直到 20 世纪 70 年代杀菌剂的抗药性才引起人们的重视，特别是单靶标杀菌剂和内吸性杀菌剂抗药性的发生越来越普遍，更是引起人们的关注。自 200 多年前人们使用氯化钠水溶液处理小麦种子防治小麦腥黑穗病以来，之后的硫酸铜和有机汞作为种子处理剂防治植物病害，到硫黄和波尔多液用于叶面喷雾防治葡萄霜霉病和马铃薯的枯萎病，杀菌剂才得以大面积推广使用。随后，有机合成杀菌剂如二硫代氨基甲酸酯类如福美双、代森锰、代森锰锌，邻苯二甲酰亚胺类如克菌丹、敌菌丹，以及百菌清等保护性杀菌剂推广应用于市场，但这些保护性杀菌剂由于缺乏渗透和内吸性对新生长的植物部分没有防效作用，只能作为植物病害的预防治疗剂。然而，这些杀菌剂为多靶标杀菌剂，抗药性产生慢，直到现在还在广泛使用。直到 20 世纪 60 年代后，系列具有治疗作用的内吸性杀菌剂被开发并商品化，如苯并咪唑类、吗啉类、2-氨基嘧啶类、有机磷类、二甲酰亚胺类、苯酰胺类、三唑类、三乙膦酸铝、苯胺基嘧啶类、苯基吡咯类、苯甲酰胺类，对已发病植物病害具有明显的治疗效果，被广泛推广应用。由于这类内吸性杀菌剂与植物的生物化学和生理学过程具有密切的关联，通常为单靶标杀菌剂，植物病原菌极易产生高水平的抗药性。并且不同化学类型和作用机制的杀菌剂出现的抗药性速度不同（表 15-3）。

表 15-3　商品化杀菌剂抗药性时间表

抗药性出现时间	杀菌剂种类	产生抗药性时间/年	防治作物病害
1960	芳香烃类	20	柑橘腐烂病
1964	有机汞	40	谷类叶斑病和条斑病
1969	多果定	10	苹果黑星病
1970	苯并咪唑类	2	多个靶标病原菌
1971	2-氨基嘧啶类	2	黄瓜、大麦白粉病
1971	春雷霉素	6	稻瘟病
1976	磷酸酯类	9	稻瘟病
1977	三苯基锡	13	甜菜叶斑病
1980	苯基酰胺类	2	马铃薯晚疫病、葡萄霜霉病
1982	二甲酰亚胺类	5	葡萄灰霉病
1982	甾醇脱甲基酶抑制剂	7	多个靶标病原菌
1985	萎锈灵	15	大麦散黑穗病
1998	苯醌外部抑制剂	2	多个靶标病原菌
2002	黑色素生物合成抑制剂	2	稻瘟病

　　由于杀菌剂为破坏病原菌的新陈代谢，威胁病原菌的生存，因此病原菌自然种群中存在抗杀菌剂的基因，尤其真菌病原菌基因组包含数以千计的可塑性基因多态性，并且杀真菌药剂往往为单靶标，因此真菌易于对杀菌剂产生高水平的抗药性。另外，抗性病原菌往往伴随着代谢酶和遗传背景基因的改变，从而影响病原菌的适合度；作用于同一靶标的不同化学结构的杀菌剂与靶标蛋白亲和力的差异，如由于与靶标蛋白结合方式的不同作用于甾醇 14α-脱甲基酶的丙硫唑对其他三唑类产生抗药性的病原菌仍然有防效，同样对病原菌抗性的发展产生影响。

　　后来人们发现，一种杀菌剂产生抗药性后，往往化学结构相似或作用机理相同的杀菌剂也相应产生抗药性，即杀菌剂的交互抗性。如病原菌对苯菌灵产生抗药性后，对其他的苯并咪唑类杀菌剂多菌灵、噻菌灵和甲基硫菌灵也产生了抗药性。相反，当一种病原菌对一种杀菌剂产生抗药性后，对另外一种杀菌剂更敏感的现象，称为负交互抗性，如由单或多靶点的突变，对三唑类杀菌剂产生抗性的禾生球腔菌对杀菌剂咪鲜胺更敏感。如果一种病原菌具有多个不同的抗性机理对多种不同的杀菌剂均产生抗药性的现象，称为多药抗性，如病原菌的外排机制，可同时对多种杀菌剂产生作用，减少到达靶标位点的作用剂量。杀菌剂的抗药性与当地病原菌基数、特性和杀菌剂的使用密切相关，即杀菌剂的使用对抗药性的产生起到选择压的作用。病原菌的特性影响抗药性发展包括：杀菌剂的生物化学杀菌机理以及病原菌的抗药性生物化学机理；病原菌的传播方式如风、雨、土壤传播等；病原菌的丰度、生命周期、侵染作物阶段以及敏感病原菌的迁入等流行病学因素；不同敏感型病原菌的基因型丰度和适合度，病原菌的繁殖方式和抗性等位基因的遗传优势等遗传因素。杀菌剂的理化特性及使用方式影响抗药性发展包括：杀菌剂与靶标蛋白的代谢作用以及亲和力的生物化学因素；杀菌剂的稳定性、溶解性、挥发性、极性以及分配、输导等理化和毒理学因子；杀菌剂的剂型，使用剂量与次数，使用范围以及与其他防控病害措施的联合使用等农事操作因子。

一、杀菌剂抗药性遗传基础

杀菌剂的抗药性在病原微生物中是非常普遍的现象。耐药性是指病原微生物由于缺少特定的分子靶标或代谢作用降低抗菌剂有效作用的本质特征。抗药性是指病原菌基因改变并可遗传给下一代，降低杀菌剂对病原菌的敏感性的现象。病原菌的抗药性遗传背景及遗传基础是影响病原菌抗药性发展的重要因子。如病原菌通过有性繁殖的基因重组，明显影响着抗性种群的发展。影响病原菌抗药性遗传基础包括：抗性基因位点的数目；抗性基因位点变构体的数量；抗性种群显性和隐性抗性基因进化关系；不同抗性基因之间的互作关系。

抗药性基因可以存在于细胞核的染色体上和染色体外基因上，存在于染色体上的核基因可以通过有性繁殖形成抗性二倍体，如接合子分别从其亲本中获得一条等位基因。存在于细胞质上的基因也叫核外基因通过细胞分裂遗传卵细胞抗性基因。

由一个或几个主效基因突变引起的杀菌剂抗药性称为单基因或寡基因抗药性。同一等位基因位点不同的突变体对杀菌剂的抗药性也存在差异，同一条基因上有多个突变点称为多等位基因抗性。大部分杀菌剂的抗药性是由主效基因突变引起的，由几个主效基因突变引起的寡基因抗药性，往往存在着突变基因之间的协同作用，从而提高抗药性水平。同时，不同的突变基因可能存在部分或完全显性或隐性，因此当突变基因与野生型基因存在于同一病原菌细胞或菌丝中，可能表现对杀菌剂的抗药性或敏感性。因此，同时存在多个突变基因的病原菌其表型与单突变基因可能不同，其表型主要由其中的强主效基因决定，其抗药性发展呈现质量遗传特性。当表型突变体病原菌生活力增加即适合度增加时，则有利于抗性病原菌发生，其抗性发展速度就快。

由多个微效基因突变引起的抗药性称为多基因抗性。每个微效基因突变对病原菌表型产生微小的影响，甚至对杀菌剂的抗药性产生可以忽略的影响。然而，大量微效基因突变对杀菌剂抗药性产生累加作用，则可表现明显的抗药性水平，其抗药性发展呈现数量遗传特性。部分真菌杀菌剂抗药性遗传基础见表 15-4。

表 15-4 部分真菌杀菌剂抗药性遗传基础

杀菌剂	作用机理	抗性遗传基础	靶标点突变
苯并咪唑和硫菌灵类	有丝分裂和细胞分裂;抑制有丝分裂中 β-微管蛋白的组装	单基因和多基因抗性	多位点突变如 β-微管蛋白 E198A/G/K,F200Y 氨基酸突变
二甲酰亚胺类	信号传导;激活调节渗透压分泌系统Ⅲ组氨酸激酶	单基因和多基因抗性以及超敏高渗透压	多位点突变如组氨酸激酶 I365S 氨基酸突变
苯基吡咯类	信号传导;激活调节渗透压分泌系统Ⅲ组氨酸激酶	单基因突变,增强渗透压敏感性以及外排转运蛋白过表达	调节渗透压分泌系统Ⅲ组氨酸激酶上氨基酸突变
苯酰胺类	核酸合成:RNA 聚合酶Ⅰ	单基因或单基因和多基因突变	—
琥珀酸脱氢酶抑制剂	呼吸作用:复合体Ⅱ	单基因和多等位基因突变	琥珀酸脱氢酶 H257/267/272Y/L;P225L/T/F 氨基酸突变
醌外抑制剂	呼吸作用:复合体Ⅲ	线粒体基因突变,改变呼吸以及外排转运蛋白过表达	细胞色素 b G143A,F129L、G137R 氨基酸突变
苯基嘧啶类	氨基酸和蛋白合成:甲硫氨酸合成酶	单基因突变以及外排转运蛋白过量表达	—
甾醇脱甲基酶抑制剂	细胞膜上甾醇生物合成:甾醇生物合成 C14-脱甲基酶	单基因和多基因突变以及外排转运蛋白过量表达	Cyp51 或 Cyp51 启动子上 V136A、 Y137F、 A379G、I381V 氨基酸点突变
吗啉类	甾醇生成 Δ^{14} 还原酶及 $\Delta^{8\rightarrow7}$ 异构酶	多基因突变	—
酰胺类	甾醇生成 3-酮还原酶,C-4 脱甲基化	单基因突变以及 P450 调控的解毒代谢作用	C-4 脱甲基酶 F412S/I/V 氨基酸突变
羧酸酰胺类	细胞壁生物合成:纤维素合成酶	隐性核基因单基因突变	纤维素合成酶基因 G1105A/G1105S/G1105V/G1105W,V1109L/M 和 Q1077K 氨基酸突变

注:"—"表未发现。

1. 倍性水平

抗性病原菌同一抗性基因位点上不同等位基因数量即倍性水平,影响着杀菌剂抗药性的发展。倍性水平直接影响病原菌抗药性突变频率,进而形成不同突变靶点的抗性菌株。单倍体病原菌抗性突变通常可以直接显现抗药性,而双倍体或多倍体病原菌抗药性突变首先出现杂合态,它们的抗药性通常被同源染色体上的显性等位基因所掩盖,因此单倍体病原菌抗药性发展速度快于双倍体和多倍体。而双倍体和多倍体通常存在基因重组现象,因此多倍性、异核性以及染色体错位也会影响病原菌的抗性发展。

2. 异核和核数

异核体中的两个异质核发生融合，形成杂合二倍体，杂合二倍体在有丝分裂过程中进行单倍体化和有丝分裂交换，产生遗传性不同于亲本的单倍体后代，这种基因重组叫拟性重组。在真菌中，同时存在菌丝体中两个或多个不同的单倍体是真菌遗传变异的基础，在多核的子囊菌中这种现象通常称为异核现象。异核现象是病原菌拟性重组的先决条件。在雌雄异体的担子菌中，两个亲本单倍体分别存在于各自的细胞中，形成稳定的双核体，如果这种双核分别存在于不同的细胞核中，则这种双核体像二倍体一样，保留两个不同的单倍体基因。含有多个细胞核的异核和双核体基因之间往往形成遗传互补。杀菌剂可以诱导异核体产生抗性细胞核，而抗性细胞核可以通过调节抗性和敏感细胞核的比例和分配产生对杀菌剂不同强度的抗药性。

3. 抗性水平和多效性

杀菌剂的抗药性水平通常采用有效中浓度或最小抑制浓度来判断。然而，含有突变株和敏感株混合种群以及是由主基因突变还是多基因突变引起的抗药性很难由生物活性的差异来判断。病原菌抗药性基因往往具有多效作用，即基因发生抗性突变，也可能同时引起其他表现型特征的变化，这是基因之间特异性互作发生改变的结果。如抗性菌株的适合度会下降，抗性突变往往会使病原菌竞争力、毒力、生存力、繁殖力下降；生理机制抗药性往往造成病原菌代谢作用的消耗。然而，抗性的发展是由抗性种群基因决定的，杀菌剂的抗药性是由自然存在的少量抗性等位基因引起的，还是由于杀菌剂的诱导作用引起的依然是一个争论的问题。杀菌剂在抗药性发展中起到选择压的作用是一个不争的事实，抗药性的发展速率主要依赖于大量抗性突变基因发展的速度。单抗性一般很快形成分散的抗药性亚种群；而多抗性通常使整个种群形成抗药性，但速度较慢。在不同方式的选择压下，多抗性基因种群和敏感种群比例存在动态平衡：①分化选择（多基因抗性中称为定向选择）。当种群中存在适合度强的抗性种群和敏感种群以及适合度差的中间型时，杀菌剂的使用则保存大量的抗性种群，有利于病原菌抗药性发展；②稳定选择。由于抗药性种群存在负多效作用，如杀菌剂的使用，降低了抗性种群的适合度，使敏感种群相对数量较大，则不利于病原菌抗药性发展。

二、杀菌剂抗药性机理

1. 抗 β-微管蛋白组装杀菌剂抗药性机理

病原菌微管丝的主要组成成分包括 α-亚基微管蛋白二聚体和 β-亚基微管蛋白二聚体，在真核细胞核分裂中将微管蛋白组装成微管多聚体。很多杀菌剂可以通过抑制细胞微管的组装或阻止微管的分解来破坏细胞的有丝分裂，达到杀菌作用。商品化的抗 β-微管蛋白组装杀菌剂包括苯并咪唑类、N-苯基氨基甲酸酯类和苯甲酰胺类三大类。这些化合物通过结合在病原菌的 β-微管蛋白抑制细胞微管的组装。苯并咪唑类杀菌剂包括多菌灵、苯菌灵、噻菌灵、甲基硫菌灵和麦穗宁，主要用于防治子囊菌植物病害，然而很快发生了抗药性，导致田间防效下降，目前已有 100 多种病原菌对其产生了抗药性。组合遗传学和生物化学技术研究表明，苯并咪唑类杀菌剂主要通过结合在 β-微管蛋白上，阻止细胞微管的组装，从而抑制细胞核分裂。研究表明，曲霉菌属和链孢霉属病原菌的 β-微管蛋白上大量的氨基酸突变引起苯并咪唑类杀菌剂的抗药性。这些突变主要集中在密码子 6，50，167，198，200 和 240 上，β-微管蛋白上的 E198A/G/K/Q 和 F200Y 氨基酸突变最常见。这些抗性突变甚至在苯并咪唑类杀菌剂停用后，仍然可以在病原菌中保留很多年。大部分植物病原菌中只有一个 β-微管蛋白亚型，少数存在两个亚型。镰刀菌和炭疽菌中包含有两个微管蛋白亚型，而对苯并咪唑类杀菌剂产生抗药性的突变只在其中一个亚型的密码子 198 位被发现。一般的苯并咪唑类杀菌剂之间存在明显的交互抗性，然而构巢曲霉 β-微管蛋白 A165V 氨基酸发生突变对噻菌灵产生抗药性，反而对多菌灵更敏感，表现负交互抗性。除了靶标抗药性外，病原菌的外排蛋白过表达，对多菌灵和噻菌灵的药效也产生明显的影响。另有研究表明，刺盘孢属中的炭疽菌微管蛋白过量表达以及密码子 198 位的赖氨酸替代谷氨酸可能是炭疽菌对苯并咪唑类杀菌剂敏感性低于其他刺盘孢属的原因，这也可能是病原菌对苯并咪唑类杀菌剂产生抗药性的另一个原因。

由 N-苯基氨基甲酸酯类除草剂对抗苯并咪唑类真菌具有抑菌活性，而对敏感种群没有抑菌活性的现象，开发出了 N-苯基氨基甲酸酯类杀菌剂乙霉威，进一步研究表明乙霉威的作用机理与苯并咪唑类杀菌剂相似。并且由于乙霉威对抗苯并咪唑类病原菌具有负交互抗性，被应用于防治抗 N-苯基氨基甲酸酯类杀菌剂的灰霉病以及其他真菌病害，由于 β-微管蛋白 F200Y 氨基酸突变，形成了交互抗性，然而杀菌剂停止使用后，其对杀菌剂的敏感很快可恢复。进一步研究表明，密码子 E198A/G/K/N 氨基酸突变可导致对乙霉威的敏感性差异。遗传学研究表明，乙霉威对抗苯并咪唑类杀菌剂病原菌 β-微管蛋白的结合能力优于敏感菌株，可能为乙霉威对抗性菌株高效的原因。

苯甲酰胺类杀菌剂苯酰菌胺和噻唑菌胺主要用于防治卵菌病害，作用机理是抑制细胞核分裂和破坏细胞微管骨架，其主要与病原菌 β-微管蛋白 239 位的半胱氨酸形成共价键作用。抗 β-微管蛋白组装杀菌剂苯甲酰胺类、苯并咪唑类以及 N-苯基氨基甲酸酯类与病原菌微管蛋白具有共同的作用靶点，其抗药性主要由于 β-微管蛋白 198 和 200 密码子氨基酸的突变导致。然而，直到现在苯甲酰胺类杀菌剂抗药性未见相关报道，因此杀菌剂抗性委员会将苯并咪唑类和乙霉威归为高风险抗性杀菌剂，而将苯酰菌胺和噻唑菌胺归为低风险到中风险抗性杀菌剂，相关原因需进一步研究。

2. 复合体 Ⅱ（琥珀酸脱氢酶）呼吸抑制剂抗药性机理

复合体 Ⅱ（琥珀酸脱氢酶）是一种连接线粒体呼吸与柠檬酸循环膜锚定蛋白，其包括催化氧化琥珀酸为延胡索酸的黄素蛋白（SDH-A），把电子从琥珀酸传递给辅酶 Q 的包含三个铁-硫簇的铁-硫蛋白（SDH-B），亚铁血红素 b 附着在两个反向平行螺旋膜锚定蛋白亚基（SDH-C 和 SDH-D）。杀菌剂中复合体 Ⅱ 抑制剂是一类广谱性酰胺类杀菌剂。自 1969 和 1975 年分别将萎锈灵和氧化萎锈灵作为种子消毒剂和叶面喷雾剂以来，大量的结构相似的化合物被商品化，如 1974 年的麦锈灵和甲呋酰胺；1980 到 1990 年间的灭锈胺、氟酰胺、呋吡菌胺、噻呋酰胺用于防治水稻、马铃薯等作物上的纹枯病。通过对萎锈灵 1,4-氧硫杂环和苯环的替代，设计合成出啶酰菌胺，并于 2003 年商品化，其具有广泛的杀菌活性和作物适应性。在啶酰菌胺的基础上，进一步设计合成了大量的琥珀酸脱氢酶抑制剂如苯并烯氟菌唑、联苯吡菌胺、氟吡菌酰胺、氟唑菌酰胺、异丙噻菌胺、吡唑萘菌胺、氟唑菌苯胺、吡噻菌胺和氟唑环菌胺等系列产品。琥珀酸脱氢酶抑制剂（酰胺类杀菌剂）结构与活性关系表明，中间酰胺分子与琥珀酸脱氢酶辅酶 Q 铁硫蛋白上的色氨酸以及膜锚定蛋白上的酪氨酸形成氢键作用，羧酸分子可以阻止辅酶 Q 与口袋底部的组氨酸的相互作用，达到抑制琥珀酸脱氢酶的作用；而且苯胺芳香环保证分子的疏水性以及与靶标形成 π-π 相互作用，分子另一端的含氮杂环增加 π-π 相互作用以及形成附加的氢键作用，可进一步提高化合物的生物活性。尽管琥珀酸脱氢酶抑制剂一般应用 5～7 年产生抗药性，可以考虑为一种低抗性风险杀菌剂，然而该类杀菌剂的抗药性机理，抗性种群的适合度，靶标氨基酸突变对抗性的作用以及抗性突变基因的遗传稳定性等，人们作了大量的研究。结果表明，单一氨基酸突变即可明显降低化合物的生物活性，并且靶标蛋白铁硫蛋白亚基（SDH-B）以及两个膜锚定蛋白亚基（SDH-C 和 SDH-D）的不同位置的氨基酸突变均可影响田间药效。目前已发现同一位点上的不同突变基因如 *B-P225L/F/T* 和 *B-H272Y/R/L/V* 以及不同位点不同突变基因如 *B-H277Y*，*C-N75S*，*C-G79R*，*C-H134R*，*C-S135R*，*D-D124N/E*，*D-H143R*，*D-D145G* 均可降低杀菌剂的生物活性。辅酶 Q 结合位点 225 位脯氨酸被带大位阻侧链的苯丙氨酸或亮氨酸或极性强的苏氨酸代替，可降低琥珀酸脱氢酶抑制剂的活性。与琥珀酸脱氢酶抑制剂以氢键结合的 272 位的组氨酸发生突变，也直接影响杀菌剂的活性，并且该突变体几乎对所有的琥珀酸脱氢酶抑制剂均产生抗药性。225 位的脯氨酸和 272 位的组氨酸在铁硫蛋白亚基附近，突变体也可影响电子从琥珀酸到辅酶 Q 的传递。琥珀酸脱氢酶抑制剂抗药性突变总结见表 15-5。

表 15-5　琥珀酸脱氢酶抑制剂抗药性真菌种类、来源以及突变

病原菌	寄主	点突变
玉蜀黍黑粉菌	实验室	B-H257L
米曲霉	实验室	B-H249Y/L/N, C-T90I, D-D124E
小麦大斑病菌	实验室	B-N225I, B-H267Y/R/L, B-I269V, C-A84V, C-H152R, C-T79I,C-N86K, C-G90R, D-H129E
小麦大斑病菌	小麦	B-N225T, C-T79N, C-W80S, C-N86S
大麦网斑病菌	大麦	B-H277Y, C-N75S, C-G79R, C-H134R, C-S135R, D-D124N/E, D-H134R, D-D145G
灰霉病菌	多种作物	B-P225L/T/F, B-H272Y/R/L/V, B-N230I, D-H132R, C-A85V
百合灰霉病菌	百合	B-H272Y/R
链孢菌	开心果	B-H277Y/R, C-H134R, D-D123E, D-H133R
链格孢菌	马铃薯	B-H277Y/R, D-H133R
棒孢菌	瓜类蔬菜	B-H278Y/R, C-S73P, D-S89P, D-G109V
蔓枯病菌	瓜类蔬菜	B-H277R/Y
白粉菌	瓜类蔬菜	B-H272Y
核盘菌	油菜	B-H273Y, C-H146R, D-H132R
囊状匐柄霉	芦笋	B-P225L, H272Y/R
黑星病菌	苹果	C-H151R

注：B 代表把电子从琥珀酸传递给辅酶 Q 的铁硫蛋白(SDH-B)；C 和 D 分别代表两个反向平行的膜锚定蛋白亚基(SDH-C 和 SDH-D)。

3. 复合体Ⅲ（细胞色素 bc_1 复合物）呼吸抑制剂抗药性机理

在农业杀菌剂中，呼吸抑制剂是除了三唑类杀菌剂外的第二大杀菌剂，重要的杀菌剂包括复合体Ⅱ和Ⅲ抑制，ATP 酶抑制剂以及解偶联剂。其中复合体Ⅲ抑制剂包括细胞色素 bc_1 复合物苯醌内抑制剂（QiⅠ），苯醌外抑制剂（QoⅠ）和标桩菌素结合点抑制剂（QoSⅠ）三大类。QoⅠ杀菌剂具有广谱高效的生物活性，几乎对所有植物病原菌均有效，而 QiⅠ杀菌剂主要用于防治卵菌纲病原菌。大面积使用 QoⅠ杀菌剂导致病原菌的抗性大量出现，其主要抗性机理是靶标细胞色素 b 基因的 G143A 氨基酸突变，其次为 F129L 和 G137R。但是 G143A 突变并不会影响酶的活性，而靠近亚铁血红素 F129L 突变可影响线粒体电子传递。到目前为止，G143A 突变是引起 QoⅠ杀菌剂抗性最普遍的突变，其次是 F129L 及其他突变，也有研究报道细胞色素 b 基因突变引起此类杀菌剂的抗药性。除锈病病原菌外，大部分病原菌对 QoⅠ杀菌剂均产生抗药性，其主要原因是由于在细胞色素 b 基因 G143 位置后面包括一个内含子，同时 QiⅠ和 QoSⅠ杀菌剂很少见有抗药性报道。

QoI杀菌剂也称为丙烯酸酯类杀菌剂，包括甲氧丙烯酸酯类的嘧菌酯、丁香菌酯、烯肟菌酯、氟菌螨酯、啶氧菌酯、唑菌酯；甲氧乙酰胺类的 mandestrobin；甲氧氨基甲酸酯类的氯啶菌酯；肟乙酸酯类的甲基醚菌酯和肟菌酯；肟乙酰胺类醚菌胺、fenaminostrobin、苯氧菌胺和肟醚菌胺；噁唑烷二酮类噁唑菌酮；二噁嗪类氟嘧菌酯；咪唑啉酮类咪唑菌酮；苄基氨基甲酸酯类吡菌苯威等九大类，所有化合物均包含有羧基氧药效团连接着疏水性的尾部基团。QiI杀菌剂主要包括氰基咪唑类的氰霜唑和磺酰胺三唑类的吲哚磺菌胺两大类；QoSI杀菌剂为三唑吡啶胺类的唑嘧菌胺，这两类杀菌剂主要用于防治霜霉目卵菌纲的霜霉病和枯萎病。

QoI杀菌剂主要作用于病原菌线粒体呼吸链中的细胞色素 bc_1 复合体上的苯醌外氧化位点，抑制电子传递造成病原菌能量缺乏。机理研究表明，QoI杀菌剂（除噁唑菌酮和咪唑菌酮外）主要依赖于羧基氧药效团结合物细胞色素 b 酶 ef 螺旋上 272 位谷氨酸起到抑菌作用，其他的药效团可与细胞色素 b 上的 Ala128 和 Phe129 发生分子间互作。

抗 QoI 突变分析表明，很多突变点位于细胞色素 b 基因 120～150 和 250～290 位氨基酸，细胞色素 b 复合体蛋白三维模型分析显示这些突变点主要集中在泛素结合位点。很多氨基酸突变并不会引起杀菌剂抗药性明显的表现，但可以损害酶的活性。病原菌对 QoI 的抗性还可通过交替氧化酶的过量表达绕过细胞色素 b，这种抗药性机理在田间不能导致明显的药效下降。目前三个突变在田间可表现明显的抗药性，其中细胞色素 b 基因的 143 位的甘氨酸被丙氨酸替代增加空间位阻降低 QoI 与靶标位点的结合能力，产生明显的抗药性；亚铁血红素 bL 附近的 129 位的苯丙氨酸被亮氨酸替代，主要通过影响抗性菌株的适合度。137 位甘氨酸被精氨酸替代主要通过影响菌株的适合度，可引起低到中等的抗药性。由于这三个突变点，使得很多病原菌对大部分 QoI 产生了明显的抗药性，也包括化学结构差异较大的杀菌剂如噁唑菌酮、咪唑菌酮和吡菌苯威。有趣的是，并不是所有病原菌对 QoI 均可产生抗药性，锈病是最典型的例子。比较线粒体细胞色素 b 基因结构可以看出，不同病原菌在数量、大小、内含子位置等存在明显的差异性。其中位于 143 和 144 位密码子 I 型自剪接内含子 bi2 可以明显影响 QoI 抗药性的发展。如果在细胞色素 b 的 143 位后含有内含子 bi2，可导致 RNA 前体错位拼接，产生无功能蛋白，最终降低细胞色素 b 含量和呼吸活性，阻止 143 位基因突变，从而降低抗性风险。第一个不包含任何细胞色素 b 基因突变的抗性苹果黑星病菌在瑞士果园中被发现，可能的抗性机制为病原菌线粒体基因的差异，导致呼吸率上升引起对 QoI 的敏感性差异或由于酯酶活性增强，对杀菌剂的代谢作用增加。

目前已报道有一些病原菌对 QoI 产生了抗药性，在三个主要植物病原真菌如子囊菌、半知菌和担子菌以及卵菌纲中均有发现（表15-6）。

表 15-6 复合体Ⅲ（细胞色素 bc_1 复合物）呼吸抑制剂抗药性现状

名称	寄主	分布	突变点	产生抗性时间/年	注释
早疫病	马铃薯和西红柿	欧洲	G143A	—	普遍
枯萎病	开心果	美国	G143A	5	普遍
斑点落叶病	苹果	美国	G143A	—	
早疫病	马铃薯	美国、欧洲	F129L	4	普遍
白粉病	小麦和大麦	欧洲	G143A	2	普遍
灰霉病	草莓、浆果	欧洲、日本、美国	G143A,10%内含子	8	普遍
褐斑病	甜菜	美国	G143A	—	日益增重
灰斑病	大豆	美国	G143A	12	有限发生
疮痂病	桃	美国			
炭疽病	草坪	美国	G143A	5	普遍
叶斑病	黄瓜	日本	G143A	6	普遍
蔓枯病	瓜类	美国	G143A	3	普遍
白粉病	葡萄	美国、欧洲	G143A	5	普遍
炭疽病	草莓、浆果	日本	G143A		普遍
赤霉病	小麦	欧洲、日本	G143A	5	普遍
褐腐病	桃	美国	G143A	12	
黑叶斑病	香蕉	中南美、非洲、亚洲	G143A	1	普遍
叶斑病	香蕉	南美	G143A		
叶霉病	茄子	日本	G143A		
叶霉病	西红柿	日本	F129L		
灰疫病	茶树	日本	G143A, F129L	—	
叶斑病	小麦	欧洲	G143A		重要性不清楚
霜霉病	葡萄	欧洲、日本	G143A, F129L	2	普遍
白粉病	瓜类	欧洲、日本			
霜霉病	瓜类	欧洲、亚洲	G143A	2	普遍
网斑病	大麦	欧洲	F129L	5	普遍
黄褐斑病	小麦	欧洲	G143A, F129L, G137R	5	普遍
灰斑病	草坪	美国	G143A, F129L	4	普遍
稻瘟病	水稻	日本	G143A	12	普遍
枯萎病	草坪	美国	F129L	4	普遍
灰霉病	棉花	巴西		—	普遍

续表

名称	寄主	分布	突变点	产生抗性时间/年	注释
白霉病	小麦	欧洲	G143A	4	普遍
纹枯病	水稻	美国	F129L	13	局部发生
叶枯病	小麦	欧洲	G143A	10	局部发生
白粉病	瓜类	欧洲,亚洲	G143A	1	普遍
褐斑病	芦笋,梨	欧洲	G143A	8	—
黑星病	苹果	欧洲、美国	G143A	4	普遍
黑星病	梨	美国	G143A	—	—
叶枯病	小麦	欧洲	G143A，F129L	4	普遍

注:"—"表未发现。

$Qi I$ 氰霜唑主要作用于细胞色素 b 的 Qi（苯醌内部）位点。细胞色素 b 的两个亚血红素中心（Qo 和 Qi）是相互隔离的，其允许分子可以分别结合在不同的位点。抗药性表明，$Qo I$ 突变点主要集在中细胞色素 b 基因的 $106\sim336$ 和 $279\sim336$ 位置，而 $Qi I$ 则主要集中在 $33\sim52$ 和 $209\sim252$ 位置。然而，卵菌纲对 $Qi I$ 的抗药性很少见报道，西瓜疫霉病对氰霜唑的抗药性在美国被报道，但与 $Qo I s$ 和 $QoS I$ 不存在交互抗性，并且目前未见靶标突变相关报道。

$QoS I$ 标桩菌素与细胞色素 bc_1 酶复合物 Qo 作用位点具有独特的互作氨基酸残基，细胞色素 b 基因 G143A，F129L，G137R，G37V 氨基酸突变不会影响唑嘧菌胺的生物活性，而替代氧化酶的过量表达引起病原菌的适合度下降，可影响唑嘧菌胺的生物活性。分子对接表明，唑嘧菌胺和标桩菌素细胞色素 bc_1 酶复合物 Qo 作用位点 181 位组氨酸形成氢键作用，并且羧酸酯药效团直接或间接与细胞色素 b 272 位谷氨酸相互作用。对霜霉菌和疫霉菌的抗性监测表明，田间病原菌没有抗性现象，也没有发现突变病原菌。唑嘧菌胺对某些霜霉菌的生物活性的差异与替代氧化酶的过量表达有关。

4. 杀卵菌剂（苯酰胺类和羧酸酰胺类）

卵菌纲是一种二倍体，细胞壁含有纤维素的类似于真菌的原生生物，其与真菌的区别包括生命循环如倍性，细胞壁和细胞膜的组成成分，代谢途径，对抑菌剂的敏感性差异等。植物病害卵菌纲包含水霉目、腐霉目、霜霉目和指梗霉目等。使用杀菌剂是防治卵菌纲植物病害的主要手段，主要包括苯酰胺类、醌外抑制剂（$Qo I s$）、羧酸酰胺类和多靶标抑制剂等（表 15-7）。

表 15-7　用于防治卵菌纲杀菌剂及抗性风险

分类	杀菌剂	抗性风险
苯酰胺类	甲霜灵、噁霜灵、苯霜灵	高

分类	杀菌剂	抗性风险
醌外抑制剂	嘧菌酯、咪唑菌酮、噁唑菌酮	高
多靶标杀菌剂	代森锰锌、百菌清、铜制剂	低
羧酸酰胺类	烯酰吗啉、氟吗啉、丙森锌、苯噻菌胺、双炔酰菌胺	中
氰基乙酰胺肟	霜脲氰	中
硝基苯胺	氟啶胺	中
磷酸酯	乙磷铝	低
醌内抑制剂	氰霜唑、吲唑磺菌胺	中到高
苯甲酰胺类	氟吡菌胺	中
酰胺类	噻唑菌胺、苯酰菌胺	低

苯酰胺类杀菌剂包括甲霜灵和苯霜灵，通过影响 rRNA 合成过程中聚合酶 I 复合物，从而抑制卵菌核糖体 RNA 聚合，并且可以作用于卵菌的菌丝生长、吸器以及孢子囊的形成等不同的生命阶段。苯酰胺类杀菌剂具有高的生物活性，尤其对卵菌纲中的霜霉目和指梗霉目的霜霉病和大部分腐霉目和水霉目植物病害高效，同时对种子和土传腐霉和疫霉也有高的防效，由于其具有好的内吸、治疗作用以及对作物良好的安全性，因此非常适合于与多靶标杀菌剂或不同作用靶标杀菌剂混用，用于防治卵菌纲病害以及抗性病害的治理。尽管人们对苯酰胺类杀菌剂的作用机理以及抗药性机理做了很多工作，然而其抗性机理还没有完全被解释。将 RNApol I 基因 Y382F 突变的抗疫霉病原菌编码的 RNA 聚合酶 I 大亚基转移到敏感菌株中，可以使菌株产生抗性。孟德尔遗传学研究表明，苯酰胺类杀菌剂抗性是由一个不完全显性单基因控制的遗传，并且一个半显性基因座和几个次基因座参入了苯酰胺类杀菌剂的抗药性，可能存在多靶标抗性现象。

羧酸酰胺类杀菌剂包括烯酰吗啉、氟吗啉和吡吗啉三个肉桂酰胺类；苯噻菌胺、丙森锌和 valiphenalate 三个缬氨酸酰胺类和一个扁桃酸酰胺类双炔酰菌胺。基因分析表明，纤维素合成酶的 $CesA3$ 基因的 1105 位的甘氨酸被丙氨酸或缬氨酸或丝氨酸或色氨酸替代 G1105A/V/S/W，可产生明显的抗药性，推测纤维素合成酶为羧酸酰胺类杀菌剂的主要作用靶标。通过遗传杂交分析表明，抗羧酸酰胺基因为一个隐性核基因控制的可遗传突变，并且该突变对所有羧酸酰胺类杀菌剂均可产生抗药性。然而疫霉病菌中的马铃薯疫霉和辣椒疫霉到目前为止未发现对羧酸酰胺类杀菌剂的抗性报道，虽然羧酸酰胺类杀菌剂特别是烯酰吗啉已在马铃薯和蔬菜中应用了近 20 年。人们通过紫外线人工诱导马铃薯和辣椒疫霉突变，产生了 G1105A/V 及 V1109L/M 突变。进一步研究表明，卵菌纲中带有的 L/M1109 氨基酸为卵菌纲对羧酸酰胺类杀菌剂耐药性的原因，也可能是未来对羧酸酰胺类杀菌剂产生抗药性的另一个靶标突变位点。

5. 黑色素生物合成抑制剂

真菌黑色素是通过五个异戊二烯单元聚合，再通过两步还原以及两步脱氢反应，最后1,8-二羟基萘通过氧化聚合等聚酮途径形成的黑色物质，其是真菌生命过程中的必需物质。因此，抑制黑色素的生物合成过程成为开发杀菌剂的重要方向。黑色素生物合成小柱孢酮脱氢酶抑制（MBI-D），环丙酰菌胺、双氯氰菌胺、氰菌胺，阻止小柱孢酮到1,3,8-三羟基萘和vermelone到1,8-二羟基萘脱氢反应；羟基萘还原酶抑制剂（MBI-R），三环唑、咯喹酮、四氯苯酞，阻止1,3,6,8-四羟基萘到小柱孢酮和1,3,8-三羟基萘到vermelone的还原反应。

环丙酰菌胺作为用于防治稻瘟病的长效型内吸性杀菌剂于1998年进入市场，随后2000年和2001年双氯氰菌胺和氰菌胺进入市场。然而，2001年抗小柱孢酮脱氢酶抑制（MDI-D）的稻瘟病菌于日本发现，但是该抗性菌株对羟基萘还原酶抑制剂（MBI-R）无交互抗性。且到目前为止，没有对黑色素生物合成羟基萘还原酶抑制剂抗药性报道。进一步研究表明，抗小柱孢酮脱氢酶抑制剂菌株和敏感菌株对环丙酰菌胺的代谢降解速率没有显著差异，表明可能存在靶标抗性。对抗性菌株小柱孢酮脱氢酶基因分析表明，抗性菌株中存在单点突变（G到A），导致75位缬氨酸突变为蛋氨酸（V75M），引起对小柱孢酮脱氢酶抑制剂的抗药性。蛋白晶体分析表明，位于C-端突变点V75M为小柱孢酮脱氢酶抑制剂的结合位点，同时也是底物与酶结合的重要位点，V75M突变使酶的活性下降，不但抑制了小柱孢酮脱氢酶抑制剂的结合，同时保持酶与底物的结合，因此引起小柱孢酮脱氢酶抑制剂的抗药性。

6. 组氨酸激酶抑制剂

20世纪70年代中期，二甲酰亚胺类组氨酸激酶抑制剂异菌脲、腐霉利、乙烯菌核利和乙菌利被商品化，主要用于防治灰霉病、菌核病、褐腐病和链格孢菌病害等。由于葡萄灰霉病菌对苯并咪唑类杀菌剂的抗药性，二甲酰亚胺类杀菌剂迅速被广泛推广使用。随后抗二甲酰亚胺类杀菌剂的灰霉病菌株在欧洲被发现，并且与苯并咪唑类杀菌剂形成交互抗性。停止使用二甲酰亚胺类杀菌剂，田间抗性种群数量会下降，可能为抗性菌株的适合度下降引起。苯基吡咯类杀菌剂拌种咯和咯菌腈是以吡咯菌素为先导化合物开发出来的组氨酸激酶抑制剂。且抗菌活性高于二甲酰亚胺类杀菌剂，因此除了用于叶面喷雾外，还广泛应用于种子处理剂。

尽管二甲酰亚胺类杀菌剂处理后不影响病原菌的呼吸作用以及初级代谢相关的DNA或RNA的合成，但是菌丝会停止伸长，增加隔膜数量，接着菌丝会膨胀导致细胞爆裂。苯基吡咯类和芳香碳氢类杀菌剂也具有相似的症状。二甲酰亚胺类杀菌剂通过干扰含黄素酶诱导细胞膜酯质过氧化作用，并且抗氧化剂 α-生育酚醋酸酯和细胞色素 P450 抑制剂胡椒基丁醚减缓二甲酰亚胺类和苯基吡咯类杀菌剂的杀真菌毒性。然而，苯基吡咯类杀菌剂拌种咯可导致镰刀菌多羟基化合物的积累，咯菌腈诱导链孢霉菌丙三醇的合成，这对二甲酰亚胺和苯基吡咯类杀菌剂的作用机理提出了挑战。进一步研究表明，真菌中丙三醇的积累为渗透压（Os）应激反应，并且几个渗透压敏感性突变被发现，同时这些突变可引起二甲酰亚胺类、苯基吡咯类和芳香碳氢类杀菌剂的抗药性。咯菌腈被发现可以抑制组氨酸激酶Ⅲ活性，基因分析表明 os-1 基因编码组氨酸激酶Ⅲ，os-4，os-5 和 os-2 基因分别编码一个 MAPKK 蛋白激酶，MAPK 蛋白激酶和 MAP 蛋白激酶组成丝裂原活化蛋白激酶（MAPK）级联信号系统。组氨酸激酶和三个蛋白激酶蛋白组成病原菌细胞渗透压调节通路，二甲酰亚胺类和苯基吡咯类杀菌剂干扰细胞渗透压调节通路起到杀菌作用。渗透压调节通路包括负责对外界环境感应的组氨酸-天冬氨酸磷酸基团转移系统（也称为双组分系统）和激活调节功能的组氨酸激酶。

二甲酰亚胺类杀菌剂广泛应用于防治灰霉病，同时其抗性菌株在全球均有分布。基因分析表明，抗性为单基因突变。系列分析表明，抗性突变位点位于负责编码组氨酸激酶Ⅲ的 BcOS1 蛋白，BcOS1 包含六个感知外界渗透压变化的组氨酸激酶-腺苷酸环化酶-甲基趋化蛋白磷酸酶（HAMP）结构域，一个组氨酸激酶结构域和一个响应调节结构域。尽管在 BcOS1 基因中发现几个单核苷酸多态性，但是两个氨基酸残基位上的五类点突变贡献二甲酰亚胺类杀菌剂的抗性。其中 BcOS1 基因 365 位异亮氨酸分别被丝氨酸（I365S）、天冬酰胺（I365N）和精氨酸（I365R）替代，产生三个突变菌株；另外一个是 369 位谷氨酰胺分别被脯氨酸（Q369P）和组氨酸（Q369H）替代，产生二个突变菌株。其中突变菌株 BcOS1 在全球广泛分布，其为主要抗性突变菌株。这些突变菌株产生对二甲酰亚胺类杀菌剂的中等抗性，但是不对咯菌腈产生抗药性和渗透敏感性的改变。二甲酰亚胺类杀菌剂抗性突变，I365S 和 Q369P，位于第二个 HAMP 终端结构域，氨基酸突变影响蛋白螺旋结构，从而引起对二甲酰亚胺类杀菌剂的抗药性和苯基吡咯类杀菌剂相关的渗透压敏感性的改变（表 15-8）。

组氨酸激酶抑制抗药性也发生在链格孢属病菌中，如链孢菌、生链格孢菌和长柄链格孢菌。在澳大利亚，经过 5 年的二甲酰亚胺类杀菌剂防治百香果链孢菌，田间产生明显的抗药性菌株，对二甲酰亚胺类和苯基吡咯类杀菌剂产生了高抗且渗透压中度敏感。HK AaHK1Ⅲ 基因系列分析表明，一类抗性菌株在组氨酸激酶第一结构域 M246 位插入 11 bp；另一类抗性菌株在组氨酸激酶第五结构域 A642 位缺失 4 bp，结果导致组氨酸激酶蛋白提前终止。抗二甲酰亚胺类和苯基吡咯类杀菌剂的生链格孢菌分别从法国和罗马尼亚被发现。基因系列分析表明，第五结构域和组氨酸激酶结构域的无义突变以及第四结构域的移码突变均会导致组氨酸激酶的翻译受损。由于错义突变，导致组氨酸激酶结构域 E753K 氨基酸突变，结果使组氨酸激酶丢失生物活性。一些没有突变的抗性菌株由于对渗透压敏感，使这些菌株表现明显的生长缺陷和弱的生长竞争力。抗组氨酸激酶抑制剂的长柄链格孢菌是由于组氨酸激酶Ⅲ基因 *AlHK1* 缺失突变或 *AlHK1* 第三结构域 G420D 氨基酸突变，均可引起对二甲基酰亚胺类和苯基吡咯类杀菌剂的高抗以及对渗透压的敏感。与其他抗组氨酸激酶抑制剂菌株一样，*AlHK1* 没有突变的菌株也表现对渗透压的敏感，然而这些抗性菌株表现出对寄主强的致病能力，对长柄链格孢菌来说，*AlHK1* 可能为致病力的负调控因子。三类抗二甲酰亚胺类杀菌剂的囊状匍柄霉菌在田间被发现，对腐霉利高抗，异菌脲、乙烯菌核利和乙菌利中抗菌株 R1 为分布最广的抗性菌株；对所有二甲酰亚胺类杀菌剂高抗菌株（R2）以及腐霉利和异菌脲轻微抗性菌株（S$^+$）发生在局部地区；对二甲酰亚胺类和苯基吡咯类杀菌剂表现交互抗性的只在 R2 菌株中发现。在抗性菌株 R1 和 S$^+$ 中分别发现组氨酸激酶Ⅲ第一结构域的 L290S 和 F267L 氨基酸突变；在菌株 R2 中发现组氨酸激素结构域的 T765R 或 Q777R 氨基酸突变。抗二甲基酰亚胺类杀菌剂异旋孢腔菌调控渗透压适应性以及杀菌敏感性 *Dic1*、*Dic2* 和 *Dic3* 三个基因被鉴定，其中 *Dic1* 和 *Dic2* 分别编码组氨酸激酶Ⅲ和反应调节因子 *Skn-7*。虽然 *Dic1* 基因表型是多向性的，无效突变和 N-端重复区域错义突变可产生对二甲基酰亚胺类和苯基吡咯类杀菌剂的高抗以及对渗透压的高敏感。然而，组氨酸激酶结构域或调节器结构域单个氨基酸突变就可改变病原菌对渗透压的敏感性以及产生对杀菌剂的中等抗性。虽然 *Dic3* 基因目前仍没有被鉴定，但是 RRG-1 类的反应调节因子 *ChSsk1*，OS-4 类的 MAPKK 蛋白激酶因子 *BmSsk2*，OS-5 类的 MAPK 蛋白激酶因子 *BmPbs2* 和 OS-2 类的 MAP 蛋白激酶因子 *BmHog1* 影响杀菌剂对异旋孢腔菌的敏感性。另外，田间菌株组氨酸激酶结构域无效突变主要影响病原菌的适合度。

靶标突变、靶标蛋白上调、酶催化药物降解、替代途径和过量表达外排蛋白等均可引起药物的抗药性。也有研究显示，外排蛋白活性增加导致的多药抗性在组氨酸激酶抑制剂中也被发现。一般靶标抗性可针对同一靶标杀菌剂产生高抗药性，然而 ATP-结合匣及其超家庭结合蛋白激活的外排泵介导的多药抗药性低于靶标抗性，但是其可以介导多种药物的抗药性。

表 15-8　抗二甲酰亚胺类和苯基吡咯类杀菌剂病原菌 BcOS1 突变位点

病原菌	突变点	位置	二甲酰亚胺类	苯基吡咯类	渗透压敏感性
灰霉菌	I365S	第二结构域	中抗	敏感	正常
	I365N	第二结构域	中抗	敏感	正常

病原菌	突变点	位置	二甲酰亚胺类	苯基吡咯类	渗透压敏感性
灰霉菌	I365R	第二结构域	中抗	敏感	正常
	I365S＋Q369P	第二结构域	中抗	敏感	正常
	Q369P＋N373S	第二结构域	中抗	敏感	正常
	V368F＋Q369H＋T447S	第二和第三结构域	中抗	敏感	正常
	基因敲除	—	高抗	高抗	敏感
链孢菌 (AaHK1)	M246(11bp·插入)	第一结构域	高抗	高抗	中度敏感
	A642(4bp 删除)	第五结构域	高抗	高抗	中度敏感
生链格孢菌 (AbNIK1)	M495(移码突变)	第四结构域	高抗	高抗	敏感
	W634*	第五结构域	高抗	高抗	敏感
	E753K	组氨酸激酶结构域	高抗	高抗	中度敏感
	Q988*	组氨酸激酶结构域	高抗	高抗	敏感
	基因敲除	—	高抗	高抗	敏感
长柄链格孢菌 (AlHK1)	G420D	第三结构域	高抗	高抗	敏感
	582～689(删除)	第五到第六结构域	高抗	高抗	敏感
	基因敲除	—	高抗	高抗	敏感
囊状匍柄霉菌 (SvHK1)	F267L	第一结构域	低抗	敏感	正常
	L290S	第一结构域	中抗	敏感	正常
	T765R	组氨酸激酶结构域	高抗	高抗	正常
	Q777R	组氨酸激酶结构域	高抗	高抗	正常

注：* 表无意突变，"—"表未发现。

7. 甾醇生物合成抑制剂：C14-脱甲基酶（DMIs）

甾醇在真菌细胞膜中起到非常重要的调节膜的稳定性和渗透性的作用，因此干扰甾醇生物合成是开发抑制真菌生长的重要杀菌剂靶标。其中子囊菌、担子菌和子囊半知菌细胞膜上主要是麦角甾醇，而白粉病、锈病、苹果黑星病细胞膜上主要是麦角甾-5,29(28)-二烯醇和 Δ^7-甾醇。由于麦角甾醇（甾醇）生物合成抑制剂广谱的杀菌活性以及内吸性，其在农业病害中得到广泛的应用（图15-1）。目前商品化的品种主要包括咪唑类、吗啉类、嘧啶类、吡啶类、哌嗪类、三唑类、哌啶类、羟基苯胺类、螺酮胺类等。放射性同位素标记生化机理研究表明，他们主要通过干扰真菌甾醇生物合成途径中的 C14-脱甲基酶、Δ^{14}-还原酶、C-4 脱甲基酶、$\Delta^{8\rightarrow7}$异构酶以及角鲨烯环氧化酶起到杀菌作用。其中商品化最多的为抑制 C14-脱甲基酶的甾醇生物合成抑制剂（DMIs），包括用于防治子囊菌、担子菌和子囊半知菌的三唑类、咪唑类、哌嗪类、嘧啶类和吡啶类。

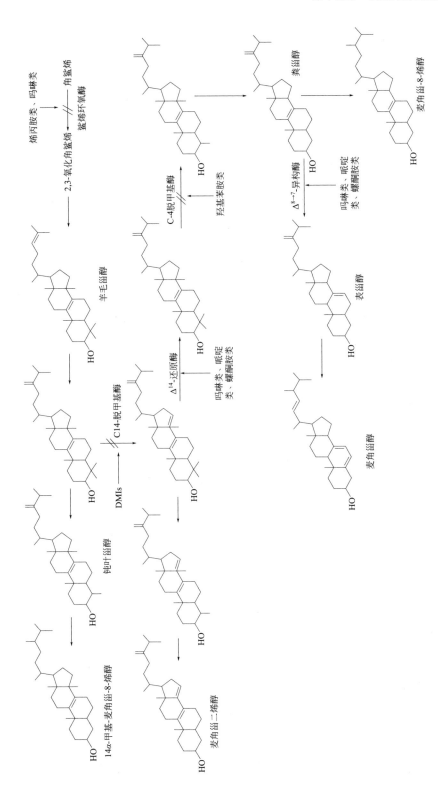

图 15-1　麦角甾醇生物合成抑制剂作用位点

包含血红素蛋白的多功能氧化酶细胞色素 P450 催化羊毛甾醇 C14-脱甲基化过程。而 DMIs 杀菌剂主要通过细胞色素 P450 上的氮原子与血红素铁结合，抑制氧与血红素铁结合，从而抑制羊毛甾醇 C14-脱甲基化过程。也有研究表明，丙硫唑直接与禾生球腔菌 cyp51 结合抑制多功能氧化酶活性，而不是与亚铁血红素结合。尽管甾醇生物合成抑制剂被广泛推广使用几十年，且该类杀菌剂为特定单靶点作用机理，但是其仍对很多病原菌保持高效的生物活性。认为多基因控制的多效性抗性突变是该类杀菌剂保持高效生物活性以及抗药性产生慢的重要原因。生物化学方法研究甾醇生物合成抑制剂的抗性机理包括：

（1）含未脱甲基的 C14-甲基甾醇病原菌仍可成活（C14-脱甲基作用缺失）由于突变等原因导致病原菌 C14 脱甲基化被阻断，而不能提供足够的功能膜脂蛋白对丝状真菌来说是致命的。然而，含有未脱甲基的 C14-甲基甾醇病原菌如芽生真菌黑粉病、酵母菌、白色念珠菌等仍可以存活，引起对 DMI 杀菌剂的抗药性。这一事实已在低浓度 C14-脱甲基抑制剂处理的几个丝状真菌中被证实。

（2）外排蛋白活性增强 药物转运蛋白可将外源化合物外排到细胞外，降低杀菌剂在杀菌剂靶标位点积累。转运蛋白调控的外排泵活性增强，则可产生多药抗性。最重要的药物转运蛋白家族包括 ATP-转运蛋白家族（ABC）和主要协助转运蛋白超家族（MFS）。过量表达基因编码杀菌剂转运蛋白引起三唑类杀菌剂的抗药性在医药中经常被发现。然而在腐生性植物病害中多药抗性往往伴随着低的适合度和毒力下降，因此田间植物病害中很少形成明显的抗药性现象。但是在丝状真菌中，由外排转运蛋白引起的 DMIs 杀菌剂的多药抗性在很多病原菌中被发现，同时多药抗性编码基因和药物外排泵编码基因被鉴定（表 15-9）。

表 15-9 DMIs 杀菌剂外排抗药性机制

病原菌	来源	基因（名称/家族）
草核腔菌	实验室	—
灰霉病菌	实验室	BcatrD/ABC
灰霉病菌	实验室	Bcmfs1/MFS
灰霉病菌	实验室	BcatrK/ABC
寄生曲霉菌	实验室	Mdr/ABC
构巢曲霉菌	实验室	AtrBp/ABC
烟曲霉菌	实验室	Afmdr
黄曲霉菌	实验室	Aflmdr
黑星病菌	实验室	—
红球菌	实验室	fen-1，fen-7，fen-9
灰霉菌	田间	AtrB/ABC

病原菌	来源	基因（名称/家族）
灰霉菌	田间	*mfsM2*/MFS
指状青霉菌	田间	*PMR1*，*PMR5*/ABC
青霉菌	田间	*PMR5*/ABC
Oculimacula yallundae	田间	—
毛果核盘菌	田间	*ShatrD*/ABC
禾生球腔菌	田间	*MgAtr*/ABC
褐腐病菌	田间	*MfABC1*/ABC

注："—"表未发现。

有趣的是，使用 ABC 转运蛋白阻断剂或调控剂处理多药抗性病原菌，结果增强了杀菌剂外排泵功能。使用多药抗性逆转剂阻止 ABC 转运蛋白表达，可明显增加杀菌剂在菌丝中的积累量。

（3）C14-脱甲基酶靶标突变　分子生物学技术应用之前，人们通过红球菌微粒体电泳图谱发现染色体主基因突变可使亚血红素从细胞色素 P450 脱辅基蛋白中离解，从而导致对三唑醇的抗药性。从基于 PCR 鉴定突变的诊断方法被应用后，大量的 C14-脱甲基酶的 *cyp51* 基因突变点被发现（表 15-10）。目前人类和植物病原菌中报道最多的突变点为 *cyp51* 基因 Y136 或 Y134 和 Y137 位酪氨酸（Y）被苯丙氨酸（F）替代。对 DMIs 杀菌剂易产生抗性突变的病原菌包括白粉菌、尾孢菌、禾生球腔菌、球腔菌、锈菌和寄生曲霉菌等。*Tapesia acuformis* 的 *cyp51* 基因 180 位苯丙氨酸被亮氨酸替代，被认为是对三唑类杀菌剂天然耐药性的主要原因。球腔菌的 *cyp51* 基因中丢失的 Y459/G460 两个氨基酸改变了抑制剂的结合以及酶的功能，导致成为对三唑类杀菌剂抗药性的主要原因。同时发现 cyp51 蛋白上的氨基酸突变对不同 DMIs 杀菌剂的毒力可能没有影响，可能降低杀菌活性，也可能提高杀菌活性或者多个突变点之间存在协同作用，某些病原菌如禾生球腔菌突变体可补偿适合度代价。因此，不同 DMIs 杀菌剂之间的轮用或混用可以用于病害的抗药性治理。

表 15-10　抗 DMIs 杀菌剂 *cyp51* 基因突变

病原菌	来源	置换或删除氨基酸
黄曲霉菌	实验室	K197N，Y132N，T469S，D282E，M288L，H399P，D411N，T454P，T486P
烟曲霉菌	实验室	G54W
寄生曲霉菌	实验室	G54W
白粉菌	田间	Y136F，K147Q
白粉菌	田间	Y136F，S79T，K175N

病原菌	来源	置换或删除氨基酸
尾孢菌	田间	E297K，I330T，P384S
白粉菌	田间	Y136F
褐腐病菌	实验室	Y136F
球腔菌	田间	Y136F，A313G，A381G，Y461D，G462A，Y463D/H/N
禾生球腔菌	田间	L50S，D107V，D134G，V136A，V136C/G，Y137F，M145L，N178S，S188N，S208T，N284H，H303Y，A311G，G312A，A379G，I381V，A410T，G412A，Y459C，Y459D/N/S/P，G460D，Y461D/H/S，ΔY459，ΔG460，V490L，G510C，N513K，S524T
锈菌	田间	Y131F，Y131H，K142R，F120L，I145F，I475T
叶锈菌	田间	Y134F
核盘菌	田间	G460S，S508T

(4) C14-脱甲基酶过量表达　定量 PCR 的发展为人们评价 DMI 杀菌剂靶标编码基因 ($cyp51$) 过量表达导致的抗药性提供可能。目前已发现 $cyp51$ 基因的过表达引起 DMI 杀菌剂的抗药性已在多种病原菌中被发现（表 15-11）。在 $cyp51$ 基因上游插入转座子上调 cyp51 mRNA 水平在很多植物和人类病原菌中被发现。尤其指状青霉的 126bp 或 199bp 转座子，$Blumeriella\ jaapii$ 的 2kb～5kb 逆转座子，黑星病菌的 553bp 插入，褐腐病菌的 65bp 重复单元，灰霉菌的 1.3kb 逆转座子，人类病原真菌烟曲霉的 1.8kb $Aft1$ 均可导致 $cyp51$ 基因的过表达。与靶标突变抗性不同，$cyp51$ 基因的过表达可引起所有 DMIs 杀菌剂的抗药性，但是 $cyp51$ 基因转录一般增加 5～12 倍，导致的抗药性明显低于靶标突变产生的抗药性强度。但是田间甜菜生尾孢菌的基因转录水平可提高 160～230 倍，产生对氟环唑的 65～115 倍的抗药性是一个例外。

表 15-11　过量表达 C14-脱甲基酶的抗 DMIs 杀菌剂病原菌

病原菌	来源	过表达机制
寄生曲霉	实验室	未知
$Blumeriella\ jaapii$	田间	上游插入
尾孢菌	田间	未知
褐腐病菌	田间	启动子区域插入"$mona$"基因
禾生球腔菌	田间	启动子插入
指状青霉	田间	启动子插入
锈菌	田间/实验室	未知
叶锈菌	田间	未知

病原菌	来源	过表达机制
核盘菌	田间	上游插入
菌核病菌	田间	未知
黑星病菌	田间	启动子插入或未知
烟曲霉	临床分离	启动子插入

（5）多重旁系同源基因 $cyp51s$　到目前为止，关注植物病原菌多重旁系同源基因 $cyp51s$ 功能的研究非常少。在曲霉属、镰孢属、稻瘟菌、青霉属和喙孢属病原菌中鉴定出了三种旁系同源 $cyp51$ 基因（$cyp51A$，$cyp51B$，$cyp51C$）。自从禾谷镰刀菌全基因组完成后，三个旁系同源 $cyp51$ 基因被鉴定，并进一步证明 $cyp51A$ 和 $cyp51C$ 基因与 DMIs 杀菌剂的敏感性相关。烟曲霉中负责减少对三唑类杀菌剂敏感性的旁系同源基因 $cyp51A$ 和对真菌生长和维持外形但对杀菌剂抗性不造成影响的 $cyp51B$ 被发现。然而在指状青霉中旁系同源基因 $cyp51A$ 和 $cyp51B$ 均可对 DMIs 杀菌剂的抗药性造成影响。黄曲霉、黑曲霉、稻瘟菌中 $cyp51A$ 基因的过表达，可产生明显的 DMIs 类杀菌剂的抗药性。在一些病原菌中，当 DMIs 杀菌剂抑制麦角甾醇生物合成后，某些旁系同源 $cyp51$ 基因被诱导满足病原菌对麦角甾醇的需求，从而产生抗药性。因此，病原菌中的多重旁系同源基因 $cyp51s$ 可增加 DMIs 杀菌剂靶标突变的频率以及基因过表达，可提高病原菌产生抗药性的概率。总之，C14-脱甲基酶的结构改变或编码基因的过量表达减少病原菌的适合度代价，从而增加多种杀菌剂的抗药性。生物化学和分子生物学研究表明，同时存在多种抗药性机理贡献了田间病原菌对 DMIs 杀菌剂的抗药性。

8. 甾醇生物合成抑制剂

甾醇生物合成抑制剂（SBIs，图 15-2）在农业和医学中广泛应用于防治真菌病害。最主要的终端甾醇——麦角甾醇是病原菌生物膜和代谢功能的物质基础。抑制麦角甾醇生物合成过程的酶系，结果导致麦角甾醇的损失，以及麦角甾醇前体物和有害甾醇的积累，最终改变病原菌细胞膜和代谢功能导致功能毒性。根据内质网上膜结合的酶可将 SBIs 杀菌剂分为四大类。以角鲨烯为原料通过 15 步反应的病原菌甾醇生物合成过程中有 5 个酶为 SBIs 杀菌剂的作用靶标。鲨烯环氧酶（Erg1）是医药上广泛应用的丙酰胺类杀菌剂特比萘芬和硫代氨基甲酸酯类托萘酯、pyributicarb 的作用靶标；14α-脱甲基酶细胞色素 P450 单氧酶（Erg11/cyp51）是唑类杀菌剂的作用靶标；Δ^{14}-还原酶（Erg24）和 $\Delta^{8\rightarrow7}$ 异构酶（Erg2）是叔胺类杀菌剂的作用靶标。C-4 脱甲基酶，甾醇 3-酮还原酶（Erg27），是环酰菌胺和胺苯吡菌酮的作用靶标，其包含负责将 4α-甲基转化为醇，醛，最终转化为酸的 C-4 甲基氧化酶（Erg25）；C-3 甾醇脱氢酶（Erg26）负责 3-酮羧酸甾醇中间体脱去羧酸；3-酮还原酶（Erg27）负责将 3-酮转化为 3β-羟基三个酶系。另

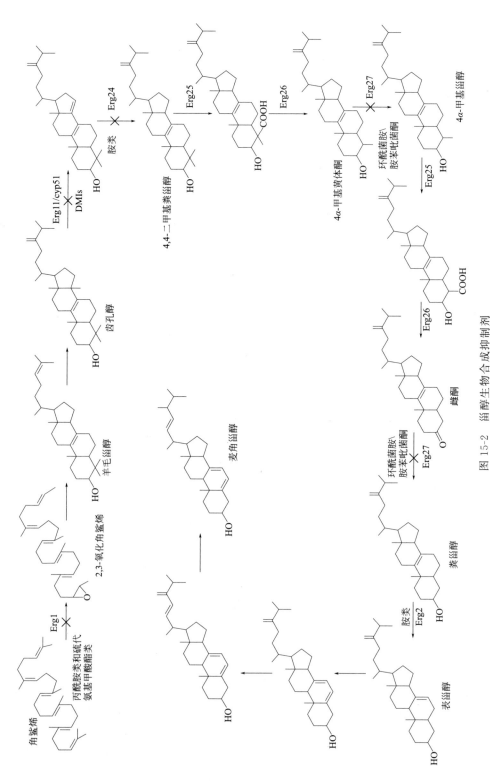

图 15-2　甾醇生物合成抑制剂

外一个酶系（Erg28）促进 C-4 脱甲基酶复合物蛋白-蛋白之间的相互作用。由于 3-酮还原酶（Erg27）在不同真菌中结构上的差异，导致环酰菌胺和胺苯吡菌酮杀菌谱窄，但对灰霉病特效。靶标抗性需 3-酮还原酶（Erg27）在结构上发生改变，因此这类杀菌剂靶标抗性很少见报道。

由于在农业和医药上的广泛使用，病原菌对此类杀菌剂产生了不同程度的抗药性。目前报道相关的抗药性机制主要包括靶标酶构型的改变，减少杀菌剂与靶标蛋白的结合能力和外排转运蛋白过量表达，增加对杀菌剂的代谢能力。

抑制甾醇 C-4 脱甲基过程中 3-酮还原酶的杀菌剂（SBIs），环酰菌胺和胺苯吡菌酮，是一种对葡萄孢属真菌高效的杀菌剂，尤其对灰葡萄孢菌引起的病害褐腐病和菌核病高效。SBIs 杀菌剂主要抑制芽管伸长和菌丝生长，而对孢子萌发没有影响。环酰菌胺可明显减少灰葡萄孢菌和眼斑病菌麦角甾醇的含量，产生大量的真菌毒素 4-甲基粪甾酮、粪甾酮和孕酮。其中 ATP-结合匣转运蛋白（ABC）或协助转运蛋白超家族（MFS）协助的外排泵多抗性是 SBIs 杀菌剂的主要抗药性机制。由于使用其他杀菌剂引起的灰霉菌的多抗药性，同样引起对环酰菌胺、DMIs、嘧菌环胺、二甲嘧菌胺、琥珀酸脱氢酶抑制剂的抗药性在田间被发现。灰霉菌的这种多抗机理是由于 MFS 基因插入一个逆转录因子和删除一个 bcmfsM2 启运子导致转运蛋白过量表达引起的。

9. 外排转运蛋白介导的多药抗性

在杀菌剂选择压力作用下，外排转运蛋白对杀菌剂外排代谢能力的增强也是一类重要的代谢抗性机理（多药抗性，multidrug resistance，MDR）。与改变靶标蛋白结构的靶标位点突变，减少杀菌剂对靶标蛋白的结合能力和减少吸收以及增加代谢能力的杀菌剂抗药性，一般针对相同或相似化学结构杀菌剂不同，多药抗性是由药物外排转运膜蛋白介导的抗药性，其一般可将多种有毒外源物质或自身产生的有毒物质排出细胞膜外，减少有毒物质在细胞内的积累量。在真核生物中主要有 ATP-结合匣转运蛋白（ABC）和主要协助转运蛋白超家族（MFS）两大类。ATP-结合匣转运蛋白包括两部分，一部分为六个跨膜域（TMD），另一部分为位于细胞质的结合和水解 ATP 的核苷酸结合域（NBD）。通常药物外排蛋白在正常生理状态下其活性较弱，当有毒物质出现后被迅速诱导表达，且可对多种化学结构的有毒物质具有外排能力，即细胞可以迅速适应大量有毒化合物的存在。在植物病原菌中，有多个 ABC 转运蛋白基因组被鉴定，然而大部分的生理功能还有待深入研究。灰霉菌中可外排植保素、白藜芦醇和几个杀菌剂的外排转运蛋白被鉴定。灰霉菌过量表达 *BcatrB* 外排蛋白基因可诱导多药抗性，另外 *BcatrD* 基因过量表达可明显调控三唑类杀菌剂的抗药性。稻瘟病菌中 MgABC1 转运蛋白诱导对几种杀菌剂的抗药性，而 MgABC3 转运蛋白调控内源毒素甾醇皂苷的毒性。采用转录组技术从禾谷镰孢菌中鉴定得到 15 个外排转运蛋白基因，

其中突变 *FgABC3* 和 *FgABC4* 基因可明显增加对三唑醇和氯苯嘧啶醇的敏感性，而 *FgABC1* 和 *FgABC3* 基因可明显增加杀菌剂的毒力，基中 *FgABC1* 负责外排有毒化合物，而 *FgABC3* 负责调控寄主的防御代谢物。与 ABC 转运蛋白一样，质子逆向转运蛋白——主要协助转运蛋白超家族（MFS）在杀菌剂抗药性中也发挥了重要作用。在灰霉病菌中，主要协助转运蛋白超家族 *Bcmfs1* 负责外排转运植物毒素喜树碱，真菌毒素尾孢菌素和几个甾醇脱甲基抑制剂杀菌剂（DMIs）。MFS 外排转运蛋白 *Bcmfs1* 基因和 ABC 外排转运蛋白 *BcatrD* 基因双突变体比 ABC 外排转运蛋白 *BcatrD* 基因单突变对 DMIs 杀菌剂更敏感，表明 MFS 外排转运蛋白对杀菌剂的抗药性也起到一定的作用。烟草尾孢菌 MFS 转运蛋白 CTB4 负责外排真菌毒素尾孢菌素，灰霉 *ctb4* 突变明显降低尾孢菌素的产生以及病原菌的致病力。病原菌外排转运蛋白通常由次生代谢物生物合成基因簇编码，主要负责毒素的生物合成、分配和转运。一般在无药物或外源压力下药物外排转运蛋白处于沉默或低表达，一旦有毒物质出现外排转运蛋白在 $10 \sim 15 min$ 内迅速被诱导，然而迟滞期足够使多种毒素扩散到细胞膜内，达到作用靶标并抑制病原菌的代谢和生长。植物病原菌中第一个多药抗性菌株是从柠檬中分离得到的抗甾醇脱甲基抑制剂的指状青霉。机理研究表明该菌株过量表达 ABC 转运蛋白 PMR1，但甾醇脱甲基酶启运子 *cyp51* 包含 5 倍的 126bp 序列编码 DMI 靶标与 PMR1 过量表达正相关，也有研究表明 ABC 转运蛋白过量表达对 DMI 杀菌剂抗性贡献并不明显，但可降低杀菌剂的毒力。

第三节　除草剂抗药性生化机理

一、杂草抗除草剂的概况

自从 19 世纪 90 年代后期耐除草剂作物特别是耐草甘膦大豆和玉米商品化以来，除草剂抗药性在田间被大量发现，尤其是抗草甘膦和作用于乙酰辅酶 A 羧化酶、乙酰乳酸合成酶等除草剂。为了治理抗性杂草，新的作用靶标除草剂开发显得尤为重要。然而，令人遗憾的是最新一个商品化的除草剂作用靶标是 19 世纪 80 年代开发的 4-羟基苯丙酮酸-双加氧酶（HPPD）。2000 年后开发商品化的除草剂包括 10 个乙酰乳酸合成酶（AHAS/ALS）抑制剂，8 个 4-羟基苯丙酮酸-双加氧酶（HPPD）抑制剂，3 个生长素受体抑制剂，3 个乙酰辅酶 A 羧化酶（ACCase）抑制剂，3 个长链脂肪酸合成抑制剂，以及 1 个纤维素生物合成抑制剂和 1 个八氢番茄红素脱氢酶（PDS）抑制剂，具有内吸和苗后除草活性的除草剂是未来的主要发展方向。与此同时由于自然选择作用，除草剂的抗药性在田间也迅速发展。

除草剂的抗药性是指施用防治该杂草的除草剂后，杂草获得可以存活下来的能力。从 1957 年第一次报道野胡萝卜对 2,4-D 的抗药性以来，到 2020 年全球 71 个国家 96 种农作物中已报道 511 例除草剂抗药性事件，包括 266 种双子叶杂草和 245 种单子叶杂草，164 种除草剂，其中 31 个除草剂靶标中的 21 个靶标已发现有抗药性报道（表 15-12）。

表 15-12　已报道除草剂抗药性统计表

序号	作用机理	除草剂	双子叶杂草	单子叶杂草	总数
1	乙酰乳酸合成酶抑制剂	氯磺隆	102	65	167
2	光系统Ⅱ抑制剂-264 丝氨酸结合剂	绿麦隆	53	34	87
3	烯醇丙酮酸酯磷酸合成酶抑制剂	草甘膦	26	27	53
4	乙酰辅酶 A 羧化酶抑制剂	稀禾啶	0	49	49
5	生长素模拟物	2,4-D	33	8	41
6	光系统Ⅰ电子转移	百草枯	22	10	32
7	长链脂肪酸生物合成抑制剂	丁草胺	3	11	14
8	原卟啉原氧化酶抑制剂	乙氧氟草醚	10	3	13
9	微管组装 2 抑制剂	氟乐灵	2	10	12
10	番茄红素环化酶抑制剂	杀草强	1	5	6
11	八氢番茄红素脱氢酶抑制剂	吡氟酰草胺	4	1	5
12	光系统Ⅱ抑制剂-215 组氨酸结合剂	溴草腈	3	1	4
13	谷氨酰胺合成酶抑制剂	草铵膦	0	4	4
14	羟苯基丙酮酸双加氧酶抑制剂	异噁唑草酮	3	0	3
15	纤维素生物合成抑制剂	敌草腈	0	3	3
16	抗微管有丝分裂剂	燕麦灵	0	3	3
17	微管组装抑制剂	异噁草酮	0	2	2
18	微管骨架抑制剂	苯胺灵	0	1	1
19	核苷酸抑制剂	有机砷	1	0	1
20	—	内氧草索钠盐(草藻灭)	0	1	1
21	细胞伸长抑制剂	野燕枯	0	1	1
合计	—	—	263	239	502

对于种群水平来说，除草剂的抗药性是基于自然存在的少量抗性个体在除草剂作用下的重复选择和进化过程的结果，一般选择压力越高抗性发展越快。但良好管理措施包括不同作用靶标除草剂的轮用或混用，土壤管理和耕种，延迟耕种，使用覆盖物，清除成熟杂草种子等，可以减缓杂草抗药性的发生，达到综合

治理杂草的目的。另外，抗除草剂的作物尤其是抗草甘膦的大豆、玉米大面积单一种植，大大减少其他作用靶标除草剂的使用，但转基因作物产生对除草剂的抗性比预期的快。

除草剂的抗性机理可以归纳为以下几类：①靶标抗性。即除草剂减少或丧失结合靶标蛋白的能力。靶标抗性一般发生在植物细胞代谢或细胞组成成分的生物合成相关酶系，其机理一般为编码基因介导的靶标蛋白的突变或由于转录/翻译或基因复制介导的靶标蛋白的过量表达。②非靶标抗性。即减少到达靶标位点的除草剂的数量。其主要包括除草剂的解毒作用即代谢抗性和减少吸收/输导或液泡隔离作用。③交互抗性。单一抗性机理导致对多个除草剂的抗性现象称为交互抗性。靶标交互抗性通常指作用于同一靶标不同除草剂，而非靶标交互抗性指单个非靶标抗性机理导致对几个作用靶标相同或不同的除草剂的抗药性。④多重抗性。两个或多个抗性机理在一种杂草或杂草种群同时出现的现象。

二、除草剂抗药性机理

1. 靶标抗性

（1）光系统Ⅱ抑制剂（PSⅡ） 最早报道光系统Ⅱ抑制剂的抗性是1970年关于三嗪类除草剂的抗性。自那以来，关于双子叶杂草对三嗪类除草剂的抗性大量被报道。研究表明，三嗪类除草剂的靶标抗性机理为光系统Ⅱ反应中心的D1蛋白上的Qb位点氨基酸发生突变。三嗪类除草剂结合Qb位点，抑制光合作用电子传递。由叶绿体 psbA 基因编码的D1蛋白在高等植物、藻类和蓝藻中是一种高保守蛋白。几乎所有田间三嗪类除草剂靶标抗性突变位点为D1蛋白的264位丝氨酸被甘氨酸替代，因此这种抗性遗传通常为母系遗传。这也说明丝氨酸上的羟基与三嗪类除草剂形成氢键相互作用。马齿苋D1蛋白上264位丝氨酸被苏氨酸替代产生S264T突变体，该突变体对苯基脲类和三嗪类除草剂均产生抗药性，这可能是S264T突变改变了D1蛋白构型，导致对光系统Ⅱ抑制剂的广谱抗性。D1蛋白上219位缬氨酸被异亮氨酸替代，产生对敌草隆和嗪草酮的抗药性。

（2）乙酰辅酶A羧化酶抑制剂（ACCase） 乙酰辅酶A羧化酶催化乙酰辅酶A羧化作用生成丙二酰辅酶A，其为脂肪酸生物合成的第一步，也是植物新陈代谢的关键步骤。目前作用于乙酰辅酶A羧化酶的除草剂包括芳氧苯氧丙酸酯类（APPs和FOPs）、环己二酮类（CHDs和DIMs）和苯基吡唑啉类（PPZ和DEN）三大类。

遗传学研究英国牛津和诺丁汉两个高抗噁唑禾草灵、禾草灵、吡氟禾草灵、烯禾啶看麦娘种群，抗性等位基因为完全显性的单基因核遗传。同时，乙酰辅酶A羧化酶抑制剂芳氧苯氧丙酸酯类和环己二酮类靶标交互抗性在狗尾草、大狗尾草、马唐中也被发现。进一步研究表明，黑麦草、野燕麦、看麦娘和狗尾草叶绿体乙酰辅酶 A 羧化酶 CT 结构域异亮氨酸被亮氨酸替代后，导致对乙酰辅酶 A 羧化酶抑制剂的靶标抗性。另外 Ile1781Leu，Trp1999Cys，Trp2027Cys，Ile2041Asn，Ile2041Val，Asp2078Gly，Cys2088Arg 和 Gly2096Ala 也分别被发现。其中 Ile1781Leu 突变为最普遍，Ile1781Leu 和 Asp2078Gly 突变对所有乙酰辅酶 A 羧化酶抑制剂均产生抗性。然而，不同杂草之间靶标交互抗性并不常见。乙酰辅酶 A 羧化酶抑制剂的交互抗性主要原因为抗性多倍体是纯合子还是杂合子或其他的非靶标抗性如吸收、输导或代谢抗性。另外，由于乙酰辅酶 A 羧化酶过量表达，导致石茅对精喹禾灵产生中等水平的抗药性。

（3）乙酰乳酸合成酶抑制剂（ALS/AHAS）　乙酰乳酸合成酶是植物支链氨基酸如缬氨酸、亮氨酸和异亮氨酸生物合成的关键酶。乙酰乳酸合成酶抑制剂包括磺酰脲类（SUs）、咪唑啉酮类（IMIs）、三唑嘧啶类（TPs）、嘧啶基硫代苯甲酸酯类（PTBs）、磺酰氨基羰基三唑啉酮类（SCTs）。早在 20 世纪 90 年代就有关于黑麦草对乙酰乳酸合成酶抑制剂的代谢抗性报道。随后，双子叶杂草繁缕、地肤、猪毛菜、毒莴苣等抗性种群被发现。在韩国发现对苄嘧磺隆、吡嘧磺隆和唑嘧磺草胺产生交互抗性的鸭舌草种群，但对咪唑喹啉酸只有低的交互抗性。认为这种抗性应为乙酰乳酸合成酶改变引起的靶标交互抗性，且为核编码基因调控的单显性或部分显性遗传。进一步研究表明，这种抗药性为乙酰乳酸合成酶保守氨基酸，位于 N 端的 Pro197，Ala122，Ala205 和位于 C 端的 Asp376，Arg377，Trp574，Ser653，Gly654 等单点突变引起的。然而毒莴苣高抗磺酰脲类除草剂，中抗咪唑啉酮类除草剂种群中发现 197 位脯氨酸被组氨酸替代，但该突变并没有改变乙酰乳酸合成酶的丙酮酸结合能力。但是在地肤抗性种群中发现 197 位脯氨酸被苏氨酸、精氨酸、亮氨酸、谷氨酰胺、丙氨酸替代后，产生对磺酰脲类除草剂的抗药性以及磺酰脲类、咪唑啉酮类和三唑嘧啶类除草剂的交互抗性，574 位色氨酸被亮氨酸替代后，产生对磺酰脲类和咪唑啉酮类除草剂的交互抗性，这个突变点后来在其他双子叶杂草也被发现。在长芒苋中发现 653 位丝氨酸被苏氨酸或天冬酰胺替代后只产生对咪唑啉酮类除草剂的抗药性。乙酰乳酸合成酶抑制剂的靶标突变引起杂草适合度代价也有相关报道，只有苋菜中发现 574 位的色氨酸被亮氨酸替代的突变体对适合度产生影响。然而，乙酰乳酸合成酶抑制剂的非靶标抗性如代谢抗性等很少见报道，有待进一步研究。

（4）5-烯醇式丙酮酸莽草酸-3-磷酸合成酶（EPSPS）抑制剂：草甘膦靶标　草甘膦是目前使用最普遍的非选择性除草剂和转基因作物上的选择性除草活性成分，其改变了除草剂的使用方式和杂草管理方式。草甘膦抑制催化莽草酸-3-磷酸（S3P）和磷酸烯醇式丙酮酸（PEP）合成 5-烯醇式丙酮酸莽草酸-3-磷酸的 5-烯醇式丙酮酸莽草酸-3-磷酸合成酶（EPSPS）活性，阻断植物莽草酸合成途径和芳香氨基酸生物合成，最终导致植物死亡。自 1974 年草甘膦商品化到 1997 年抗草甘膦转基因作物商品化后，改变了杂草管理系统的多样化，草甘膦抗性在多种杂草治理中才成为主要问题。靶标抗性和非靶标抗性被发现，牛筋草、黑麦草、硬直黑麦草中发现 EPSPS 的 106 位脯氨酸分别被丝氨酸、苏氨酸和丙氨酸替代，突变体产生对草甘膦的中等抗性。后来发现在草甘膦的选择压力下，牛筋草先产生 106 位脯氨酸的丝氨酸突变，接着产生 102 位的苏氨酸的异亮氨酸的双突变体，产生对草甘膦的高抗药性。另外，苋菜、黑麦草、地肤和雀麦的 EPSPS 基因扩增也产生对草甘膦的高水平抗性。

（5）原卟啉原氧化酶（PPO）抑制剂 原卟啉原氧化酶是叶绿体细胞中催化氧化原卟啉原Ⅸ（PPGⅨ）生成叶绿体和亚铁血红素前体物原卟啉Ⅸ（PPIⅨ）。抑制 PPO 活性不但阻止了叶绿体和亚铁血红素的生物合成，还产生攻击脂类和蛋白质膜的高活性物质破坏细胞膜，使细胞组织迅速分解，导致植物死亡。PPO 抑制剂通常为非内吸性除草剂，主要包括二苯醚类、N-苯基酞酰亚胺类、噁二唑类、噁唑烷双酮类、苯基吡唑类、嘧啶类、噻二唑类和三唑啉酮类八大类。研究表明，糙果苋、长芒苋、豚草中发现 ΔG210，Arg98Gly，Arg98Met 和 Arg98Leu 突变体可产生对 PPO 抑制剂的抗药性。

2. 非靶标抗性——提高代谢解毒能力

植物的酶系可催化代谢外源化合物包括除草剂产生极性大的化合物被代谢到体外或产生对植物无毒或毒性低的代谢物。在这些代谢酶系中催化外源化合物羟基化或氧化脱烷基化作用的细胞色素 P450 单加氧酶和在芳烃基上催化轭合谷胱甘肽的谷胱甘肽-S-转移酶最为重要。

耐除草剂的作物或杂草通常为对除草剂的解毒代谢速率的差异。当杂草的解毒代谢速率增强时，到达作用靶标的除草剂的量将会减少，杂草就会被选择存活下来即产生代谢抗性。一般代谢抗性与作用靶标没有关系，但与除草剂的化学结构相关，经常会导致杂草的多重抗药性。抗禾草灵的黑麦草种群同时对磺酰脲类的氯磺隆、甲磺隆、醚苯磺隆产生代谢抗性的交互抗性。进一步研究表明，氯磺隆的代谢抗性分为羟基化和基因轭合两步化学反应。澳大利亚两个抗 PSⅡ 抑制剂的黑麦草抗性种群主要通过 N-脱烷基化作用产生对敌草隆、莠去津、西玛津、三嗪类等除草剂的多重抗药性。抗异丙隆的细蔺草种群的抗性机理为细胞色素 P450 单加氧酶的解毒作用，而抗莠去津的苘麻则为 GST 参与的代谢抗性。也有研究表明，代谢酶活性提高可减少杂草的生物量和繁殖率。

3. 非靶标抗性——改变除草剂分布

改变除草剂分布的非靶标抗药性在百草枯和草甘膦 2 个灭生性除草剂中被发现。由于百草枯长期重复使用，多种杂草对百草枯已产生抗药性。机理研究表明，改变除草剂在植物中的分布是杂草对百草枯产生抗性的原因之一。抗性小蓬草中存在百草枯膜转运蛋白，其可携带百草枯到细胞壁或液泡中，大大减少百草枯到达靶标部位植物叶绿体的量。由于叶片液泡对百草枯的隔离作用，抗百草枯的大麦草明显降低百草枯的由上往下输导能力。

草甘膦由于具有从植物木质部和韧皮部输导到植物生长点和根分生组织以及多年生植物的生殖器官，使其具有高的除草活性。抗草甘膦杂草机理研究表明不存在靶标抗性和代谢抗性，草甘膦主要积累在植物的叶尖，而敏感杂草则主要积累在叶基和根，其抗性机理主要为改变了草甘膦在植物中的分布。抗性杂草膜转运蛋白负责将草甘膦转运到液泡或叶绿体外，减少到达靶标位点的量。

关于植物激素类除草剂如 2,4-D 或麦草畏的抗性转运输导机理以及代谢抗性机理也有相关报道，虞美人对 2,4-D 的抗性即为转运抑制抗性。

4. 多重抗性

除草剂的多重抗性是指一个杂草群或杂草个体包含一个以上的抗药性机理（靶标抗性和非靶标抗性）的现象。多重抗性一般是在一种除草剂或几种除草剂连续或混合选择压力的作用结果，或含不同抗性机理的杂草的杂交也可产生多重抗性后代。如单一氯磺隆选择压力下的硬直黑麦草不但对乙酰乳酸合成酶的敏感性下降（靶标抗性），同时对氯磺隆的代谢能力也增强（代谢抗性）。在澳大利亚由于多种除草剂的使用，硬直黑麦草具有对乙酰辅酶 A 羧化酶和乙酰乳酸合成酶抑制剂的代谢能力增强以及对乙酰辅酶 A 羧化酶和乙酰乳酸合成酶敏感性下降的多重抗药性。北美洲地肤杂草在三嗪类除草剂的多年连续使用后产生光系统 Ⅱ D1 蛋白的靶标抗性，接着使用乙酰乳酸合成酶抑制剂后，产生对磺酰脲类和咪唑啉酮类除草剂的靶标抗性。一些澳大利亚和南非的黑麦草属杂草表现对草甘膦的靶标抗性和输导性下降的抗性。表现广谱抗性的多重抗性在杂草抗药性中经常被发现，尤其是在杂交授粉的杂草种群中，其对田间杂草的控制提出了新的挑战。

参 考 文 献

［1］ Srivastava P K，Singh V P，Singh A，et al. Pesticides in crop production. Wiley Online Library，2020.

［2］ Ishaaya I，Degheele D. Insecticides with novel modes of action：mechanisms and application. Springer Science & Business Media，2013.

［3］ Sparks T C，Bryant R J. Crop protection compounds - trends and perspective. Pest Management Science，2021，77(8)：3608-3616.

［4］ Mota-Sanchez D，Bills P S，Whalon M E. Arthropod resistance to pesticides：status and overview. Pesticides in Agriculture and the Environment，CRC Press，2002：255-286.

［5］ Simon J Y. The toxicology and biochemistry of insecticides. CRC press，2011.

［6］ Casida J E. Insecticide action at the GABA-gated chloride channel：recognition，progress，and prospects. Archives of insect biochemistry and physiology，1993，22(1-2)：13-23.

［7］ Ffrench-Constant R H. The molecular genetics of insecticide resistance. Genetics，2013，194(4)：807-815.

［8］ Otto S P，Gerstein A C. The evolution of haploidy and diploidy. Current Biology，2008，18(24)：

R1121-R1124.

［9］ Davidse L C. Benzimidazole fungicides: mechanism of action and biological impact. Annual review of phytopathology, 1986, 24(1): 43-65.

［10］ Sauter H. Strobilurins and other complex Ⅲ inhibitors. Modern crop protection compounds, 2007, 2: 457-495.

［11］ Gisi U, Sierotzki H. Fungicide modes of action and resistance in downy mildews. The Downy Mildews-Genetics, Molecular Biology and Control, Springer, 2008: 157-167.

［12］ Soteres J K, Peterson M A. Industry views of monitoring and mitigation of herbicide resistance. Weed Science, 2015, 63(4): 972-975.

［13］ Powles S B, Yu Q. Evolution in action: plants resistant to herbicides. Annual review of plant biology, 2010, 61: 317-347.

［14］ Menne H, Köcher H. HRAC classification of herbicides and resistance development. Modern crop protection compounds, 2007, 1: 5-28.

［15］ Bradshaw L D, Padgette S R, Kimball S L, et al. Perspectives on glyphosate resistance. Weed Technology, 1997, 11(1): 189-198.

［16］ Schuler M A, Werck-Reichhart D. Functional genomics of P450s. Annual review of plant biology, 2003, 54 (1): 629-667.